土工离心模型试验技术与应用

王年香　章为民　著

中国建筑工业出版社

图书在版编目（CIP）数据

土工离心模型试验技术与应用/王年香，章为民著. —北京：中国建筑工业出版社，2015.2

ISBN 978-7-112-17688-5

Ⅰ.①土… Ⅱ.①王…②章… Ⅲ.①离心模型-土工试验 Ⅳ.①TU41

中国版本图书馆CIP数据核字（2015）第018903号

土工离心模型技术由于能模拟原型应力，在岩土工程的许多领域都得到广泛关注和应用。本书较系统地介绍了土工离心模型试验技术，重点介绍了作者20余年来的离心模型试验技术在岩土工程诸多领域的应用研究成果。全书共分六章，内容主要包括土工离心模型试验技术、高土石坝离心模型试验研究、高土石坝地震反应离心模型试验研究、软土地基离心模型试验研究、超大型桥梁基础离心模型试验研究、公路膨胀土离心模型试验研究。

全书内容丰富，理论性、先进性、实用性和可操作性强，可供岩土工程专业试验研究、设计、施工、建设的工程技术人员使用，也可供高等院校相关专业的师生参考或作为研究生教材。

责任编辑：王　梅　辛海丽
责任设计：张　虹
责任校对：陈晶晶　刘梦然

土工离心模型试验技术与应用
王年香　章为民　著
*
中国建筑工业出版社出版、发行（北京西郊百万庄）
各地新华书店、建筑书店经销
北京红光制版公司制版
北京天来印务有限公司印刷
*
开本：787×1092毫米　1/16　印张：16½　字数：402千字
2015年4月第一版　2015年4月第一次印刷
定价：**49.00**元
ISBN 978-7-112-17688-5
（26993）

序

土工离心模型试验技术是近二三十年迅速发展起来的一项崭新的土工物理模型试验技术。离心模型试验是通过施加在模型上的离心力使模型的应力状态和应力水平与原型一致，这样就可以用模型反映、再现原型的性状，因此离心模型方法是各类物理模型试验中相似性最好的方法，从而在国内外受到广泛的重视，取得了飞速的发展与进步，试验研究的课题涉及了几乎所有的岩土工程研究领域，成为研究岩土力学现象、解决岩土工程问题的重要手段。

南京水利科学研究院在国内最早开展离心模型试验技术研究，现有400gt、60gt、50gt大中型离心机三台，研制成国内首台离心机振动台，在“七五”、“八五”、“九五”国家科技攻关项目、国家自然科学基金项目、“十一五”交通重大科技攻关专项、西部交通科技项目、部省重点科技项目及重大工程项目等的研究中开展了百余项离心模型试验研究，在岩土力学基本理论、模型模拟技术、土与结构物相互作用以及土石坝与地震工程、海洋与港口工程、道桥工程、软土地基加固等方面积累了丰富的研究经验，为高土石坝、大型港口、高速公路、超大型桥梁等的基础设施建设提供了重要技术支撑。

作者从事土工离心模型试验研究工作20余年，先后承担了国家863计划、国家科技支撑计划、国家自然科学基金项目、部省重点科研项目及重大工程项目等的离心模型试验研究，此书是他们及其团队的科技成果汇集。全书共分六章，内容主要包括土工离心模型试验技术、高土石坝离心模型试验研究、高土石坝地震反应离心模型试验研究、软土地基离心模型试验研究、超大型桥梁基础离心模型试验研究、公路膨胀土离心模型试验研究。

此书注重理论与实践相结合，既论述了土工离心模型试验的原理、设备和模拟技术，突出了理论性和先进性，又系统总结了土工离心模型试验在解决各行业岩土工程技术难题的成果，富有实用性和可操作性。此书反映了我国土工离心模型试验研究的当前水平。我深信其出版对土工离心模型试验技术的发展和推广应用具有重要的推动作用。因此我乐于为序。

中国水利学会理事、岩土力学专业委员会名誉主任 郦能惠
南京水利科学研究院教授级高级工程师

2014年12月9日

前　言

土工离心模型试验技术由于具有与原型应力水平相同的优点，在以自重为主要荷载的岩土工程研究中占有独特的地位，在岩土工程的许多领域都得到广泛关注和应用。我国岩土力学研究的开拓者黄文熙先生称“离心模型是土工模型试验技术发展的里程碑”，在他的倡导下，我国土工离心模型试验技术得到了高速发展，也取得了长足进步。南京水利科学研究院在国内最早开展离心模型试验技术研究，现有400gt、60gt、50gt大中型离心机三台，研制成国内首台离心机振动台，在国家863计划、国家科技支撑计划、国家973计划、国家自然科学基金重大项目、国家自然科学基金项目、部省重点科研项目及重大工程项目等研究中，开展了百余项离心模型试验研究，十余项研究成果获国家和部省级科技奖励。在岩土力学基本理论、土与结构物相互作用以及土石坝与地震工程、海洋和港口工程、道桥工程、软土地基加固、模型模拟技术等方面积累了丰富的研究经验。

本书是作者20余年来承担国家863计划、国家科技支撑计划、国家自然科学基金项目、部省重点科研项目及重大工程项目离心模型试验研究所取得的研究成果。全书共分六章。第一章阐述了离心模型试验的意义、发展、特点、基本原理，介绍了离心模型试验的主要设备、模拟技术。第二章介绍了离心模型试验在高土石坝中的应用，研究了高心墙堆石坝坝体变形特性、防渗墙和廊道应力规律，分析了初次蓄水速度影响，研究了高面板砂砾堆石坝和高挡墙混凝土面板混合坝的应力、变形和稳定特性。第三章介绍了离心机振动台模型试验在高土石坝地震反应中的应用，推导了离心机振动台模型相似理论，研究了高堆石坝坝体、坝基防渗墙、心墙与岸坡连接部的地震反应特性，分析了大坝极限抗震能力，提出了高堆石坝地震反应复合模型，研究了高面板堆石坝和砂性地层地震反应特性。第四章介绍了在离心模型试验软土地基中的应用，研究了桩基码头与岸坡相互作用、深层搅拌法加固码头软基、重力式码头、长江口深水航道治理工程、深水软基斜坡堤、充填土袋筑堤、软土路基、软土地基微型桩基和大直径超长桩的受力、变形与稳定。第五章介绍了离心模型试验在超大型桥梁基础中的应用，针对苏通长江公路大桥主塔基础，研究了大直径超长单桩、超大群桩基础、主塔群桩基础的竖向承载特性，分析比选了不同设计方案。第六章介绍了离心模型试验在公路膨胀土地基与基础中的应用，研究了雨水入渗条件下膨胀土路基边坡的变形和破坏性状，以及桥涵地基的变形和受力性状，分析了膨胀土挡墙土压力的变化规律。

本书第一章由章为民、王年香编写，第二、四、五章由王年香、章为民编写，第三章由王年香、章为民、顾行文编写，第六章由徐光明、顾行文编写，全书由王年香统稿。本书亦凝聚了研究团队的其他同志的心血与智慧，在此表示诚挚的谢意。

本书得到国家自然科学基金项目（51179106、51379132）、南京水利科学研究院出版基金的资助，中国建筑工业出版社的策划编辑王梅、辛海丽为本书的出版做了大量艰辛、细致的工作，在此作者非常感激，并向支持该书出版的各位领导表示衷心的感谢。

离心模型试验工程技术发展很快，加之作者水平有限，书中定有不足甚至谬误之处，敬请各位专家和广大读者批评指正。

目　录

第一章　土工离心模型试验技术

第一节　概　　论

一、离心模型试验的作用

土工离心模型试验技术是近二三十年迅速发展起来的一项崭新的土工物理模型技术。通过施加在模型上的离心惯性力使模型的重度变大，从而使模型的应力与原型一致，这样就可以用模型反映、表示原型。离心模型是各类物理模型中相似性最好的模型。我国岩土力学研究的开拓者黄文熙先生称“离心模型是土工模型试验技术发展的里程碑”。离心模型方法在国内外受到广泛的重视，模型试验技术也有了飞速的发展与进步，试验的研究内容已涉及了几乎所有的岩土工程研究领域，它在岩土工程、岩土力学研究中的作用与意义主要表现为以下的几个方面：

（1）新现象研究。研究自然现象与复杂工程结构物的工作机理和破坏机理，为建立解释这些复杂现象的理论提供定性依据；

（2）模拟原型。研究实际工程问题，比选验证优化设计方案，了解工程运行状况，预测未来的运行安全性与可靠性；

（3）参数研究。针对某些理论和工程设计中的关键技术参数，用离心模型可以提供非常有用的数据资料，解决工程技术难题；

（4）验证新理论和新方法。用模型试验的结果验证理论与计算方法，检验数学模型；

（5）用于教学与工程师的培训。

到目前为止，许多复杂的岩土工程问题如非饱和土问题、污染介质的迁移问题、非线性破坏过程、地震反应问题等，运用计算机数值计算仍有不少困难，而模型试验却可以得到直观、清晰的结果。

二、离心模型试验技术的发展简史

1869 年 1 月，法国人 Edouard Philips 在巴黎科学杂志发表了一篇论文，指出了用弹性理论方法解决复杂结构问题的局限性，提出了模型模拟试验的准则与模型试验的方法。非常重要的是，他认识到在各种不同工程条件下，自重惯性力在模型试验中所起的重要作用，并推导了一个近似的模拟相似准则。通过这一准则，他认识到通过离心机施加的离心惯性力，就可以使模型的应力与原型相似。Philips 最初设想的目标是研究法国到英国横跨英吉利海峡的大铁桥，他想用离心模型试验方法来解决英吉利海峡大铁桥的复杂结构力学问题。他甚至还很具体、富有创造性地设计了模型试验的模型比尺为 1∶50，在 50g 离心加速度下进行试验。按他的设想这个模型大铁桥的长度将达到 8.6m。Philips 还提出用离心模型试验研究在跨海大铁桥建设中可能遇到的地基基础问题。同年 Philips 把他的这一设想提交给了法国科学院。然而，按照当时的条件这一方法不可能得到实现。这样，一个富有创造性的思想在法国科学院的档案柜里躺了 60 年。60 年后，离心模型才真正开始了它的发展。离心模型的发展过程，大体上可以分为三个阶段：

第一阶段是离心模型试验技术的初创与探索阶段：1931 年美国哥伦比亚大学的 Philip Bucky 发表了用离心模型试验方法研究矿山工程问题的论文。而与此同时，苏联也进行了更大规模的离心模型试验研究。1932 年苏联的波克罗夫斯基教授在莫斯科建成了两台离心机，主要用于土石坝与土坡问题的研究。1933 年苏联水工及水文地质研究所使用半径 110.5cm、最大离心加速度 $50g$ 的离心机为伏尔加工程设计局研究了伏尔加运河引水渠的允许坡降问题，获得成功。同年，苏联的军事工程学院还进行了莫斯科地下铁道高尔基车站的隧洞管壁土压力模型试验，他们用薄膜测压计来观测最大土压力分布，用试验结果来校核原设计的土压力计算。之后，斯大林矿业学院、莫斯科治泽学院、全苏铁路建筑、地基、基础设计及土坝科学研究所、巴库建筑材料研究所等都建设了离心机。1950 年苏联建成了有效半径 2.5m、模型尺寸 80cm×50cm×40cm、最大加速度 $250g$ 的土工大型离心机，可能是那个时期规模最大的离心机。从 1932 年之后约 20 年，苏联先后建设完成了十多台离心机，研究领域涉及了土坝、土坡稳定、隧洞土压力、运河工程、沼泽软土、矿山工程、挡土墙振动土压力以及土木工程的许多领域。波克罗夫斯基教授在他的文章中曾写道：“离心模型及其理论发展的历史，证明了苏联在 20 世纪 50 年代的研究获得了重大成功，并且在土的科学方面解决了一系列重大的实际问题”。他强调要继续发展离心模型技术，指出应当朝着加大离心机尺寸的方向发展。

尽管早在 1933 年就有了用同步摄影机来研究土坝变形的方法。但由于当时包括测量技术在内的试验整体水平不高，影响、限制了离心模型技术在岩土力学、岩土工程中应用的步伐。总体而言，20 世纪 60 年代之前的阶段属于初创的探索时期。这一时期苏联在离心模型试验技术研究方面，从研究的规模、深度、广度等方面都处于世界的领先水平，由于语言以及冷战等方面的原因，世界上多数国家特别是西方国家对苏联的研究成果不很了解。

离心模型试验技术发展的第二个重要阶段是从 20 世纪 60 年代中期开始的，1965 年日本大阪市立大学三笠正人教授开始使用半径为 1.0m 的土工离心机研究软黏土在自重条件下固结特性，此外他还利用离心模型研究地基的承载能力以及边坡的稳定性。在研究地震对土坝边坡稳定的影响时，他依据边坡稳定计算拟静力法的原理，在离心机里把模型偏转一个角度，非常简便地在模型上施加了等效的地震水平惯性力。在此同时，英国剑桥大学 Schofield 教授在一台小离心机上，进行了水位骤降时土坡的稳定性问题研究。1969 年，第七届国际土力学与基础工程学术会议（ISSMFE）在墨西哥举行，在会上来自英国、苏联、日本的学者提交了关于离心模型试验方面的研究论文，研究内容基本上都是土边坡稳定问题。

1968 年，曼彻斯特大学半径 1.5m 离心机建成。1969 年，日本东京工业大学建成两台离心机。1971 年，英国曼彻斯特大学半径 3m 离心机建成。1973 年，英国剑桥大学半径 4m 的离心机建成。1979 年，日本运输省港湾技术研究所有效半径 4m 的大型离心机建成。到 1985 年前，世界上有 20 多个研究小组开展离心模型试验技术研究，分布在英国、美国、日本、法国、丹麦、德国、意大利、荷兰、中国等 10 多个不同的国家。1981 年，国际土力学与基础工程学会成立了离心模型技术委员会，以期扩大在该领域研究中各个国家、机构的联系，促进技术交流。1985 年，国际土力学与基础工程学会在美国旧金山举办了第一次关于离心模型试验技术的专题学术研讨会，会议出版了离心模型在土力学中应用的第一本论文集。这次会议极大地推动了离心模型试验技术的研究发展，成为离心模型试验技术发展的一个新的起点。

1985年以后，离心模型试验技术进入了一个新的大发展阶段，这个新的大发展是在前两次发展的基础上、在当代高科技新技术飞速发展的条件下形成的。主要有以下几个特点：(1) 离心机的建设向着大尺寸、大型化的方向发展。日本运输省港湾研究所、美国科罗拉多大学、加州大学戴维斯分校、德国波鸿鲁尔大学、法国道桥研究中心（LCPC）都建成了大型土工离心机，20世纪90年代初我国建成了南京水利科学研究院400gt、中国水利水电科学研究院450gt大型土工离心机，1998年美国陆军工程兵师团（US Army Corps of Engineers）建成了容量1256gt的超大型土工离心机，2000年日本的大林组株式会社建成了容量700gt超大型土工离心机和目前最大规模的离心机振动台。(2) 微电子等高新技术的发展，为离心模型试验技术提供了重要的技术支撑。早期的离心模型试验只有简单的测量，获得表面变形等少量试验结果，远不能满足试验的要求。20世纪80年代以后，微型传感器等大量微电子新技术成果在离心模型试验中得到应用，通过微型传感器可以获得较为可靠的位移、土压力、孔隙水压力、加速度等结果，通过激光传感器获得结构物的变形，还可以通过X光来探测模型内部土体的变形。用于环境污染研究的多功能探头也获得了成功。(3) 大量采用自动机器人、自动机器手等高科技技术。由于高重力场的作用，在离心模型中采用自动机器人的技术难度很大。进入20世纪90年代以后，能模拟各种工程结构的作用力与自然作用力的自动化试验辅助装置，成为离心模型试验技术研究的热点。现在已经可以在离心模型试验中模拟土工建筑物所受到的主要作用力，如地震与波浪等循环动力，通过离心机振动台可以研究地震条件下砂土地基的液化与孔隙水压力的变化规律，模拟路堤、大坝对软弱基础的施工加荷过程。还可以模拟施工过程，如既可以模拟桩基础的打桩施工过程，也可以模拟城市地下铁道隧洞的开挖过程。高新技术的应用提高了离心模型试验的技术能力，扩大了研究范围，也越来越受到科学研究与工程设计者的重视。(4) 计算机技术的应用为离心模型试验技术的发展插上了翅膀。计算机技术的应用很好地解决了试验数据采集信号通过集流环传输的瓶颈问题，同时也解决了试验数据信号传输过程中容易受到干扰的技术难题。此外离心机的运转过程控制、离心机振动台、各种自动机器人机器手的控制、模型变形图像的数字化处理都应用了计算机技术。目前网络技术在离心模型试验中也得到应用，特别是无线网络技术的应用，将有可能使离心模型试验彻底摆脱集流环的约束，有利于采用新技术，并为在更大范围实现资源共享与交流创造了条件。

值得一提的是中国在离心模型试验技术发展过程中所起的作用。由于历史的原因，我国早在20世纪50年代中就已经开始接触了解离心模型试验方法在模拟土工建筑物性状和研究土力学基本理论等方面的重要作用和巨大潜力，并开始研究离心模型试验技术的基本理论与基本方法，中国水利水电科学研究院收集了一些资料，进行了建置离心机的可行性初步论证；长江水利水电科学研究院在苏联专家的协助下也曾经计划筹建容量为400gt的大型土工离心机；南京水利科学研究院土工研究所曾就离心模型试验的基本理论开展了专题研究，提出了数篇研究报告。然而由于当时客观条件的限制，直到20世纪80年代我国才开始进行离心机建置工作。

从20世纪80年代开始，我国先后建成了南京水利科学研究院400gt、50gt、5gt大中小型土工离心机，中国水利水电科学研究院450gt大型土工离心机，长江科学院180gt大型土工离心机，清华大学50gt中型土工离心机，河海大学30gt离心机，上海铁道学院20gt离心机，成都科技大学20gt土工离心机，西南交通大学等10余台大中小型土工离心机。南京水利科学研究院、清华大学还建成了离心机振动台。全世界已建成土工专用离心机约120余台，容量超过200gt的大型土工离心机约为20台，我国有4台。

与国外主要进行工程机理、验证理论的研究内容相比，我国在运用离心模型试验研究解决工程实际问题方面形成了自己的特色，先后结合三峡围堰工程、三峡高边坡稳定、瀑布沟坝基防渗墙、小浪底斜墙堆石坝、天生桥面板坝、京九铁路加筋挡土墙、深圳五湾码头、上海地下铁道、南水北调穿黄隧道工程、苏通长江大桥超长桩基础等国家大型重点工程项目建设完成了大量的研究工作，还开展了加筋土机理、边坡稳定、非饱和土、地震液化、新型大圆筒码头结构、软土地基加固机理、污染物的迁移等方面的基本理论研究。南京水利科学研究院1999年采用计算机网络技术建成的高速数据采集系统，基本与国外同步。

三、离心模型的试验原理与特点

1. 离心模型是力学相似性最好的物理模型

离心模型是力学相似性最好的物理模型试验方法，主要是从满足相似条件的角度来分析的。从连续介质力学的观点来看，物体的平衡可以用下面的方程来描述：

$$\frac{\partial \sigma_{ij}}{\partial x_j} + X_i = 0 \tag{1-1}$$

由此可以得到模型与原型的相似条件，

$$\frac{C_\sigma}{C_l C_\gamma} = 1 \tag{1-2}$$

式中，$C_\sigma = \sigma_p / \sigma_m$、$C_l = L_p / L_m$ 、$C_\gamma = \gamma_p / \gamma_m$ 是模型物理量与原型物理量之比，叫做相似常数。

为了便于比较，不妨先来看一看常规模型的情况。在常规的结构模型试验中（1g 条件），模型尺寸缩小，即 $C_l = L_p / L_m = n$，如采用原型材料制作模型，则 $C_\gamma = 1$，由式(1-2)的相似条件得到，$C_\sigma = \sigma_p / \sigma_m = n$，表示原型应力是模型应力的 n 倍。即模型应力与对应的原型应力不相等。这样，当原型的应力超过弹性极限进入塑性变形时，模型还在弹性阶段，因此常规模型试验只在弹性范围内有效，进行塑性、非线性试验较为困难，不能进行破坏性试验研究。

在离心模型试验中，模型中的每一点都受到一个比地球重力加速度（g）大 n 倍的离心惯性力，由于离心惯性力场的作用，模型的自重被加大了 n 倍，即 $\gamma_m = n\gamma_p$，便得到在离心机的离心惯性力场的作用下产生的特殊相似条件 $C_\gamma = 1/n$ 。把几何条件 $C_l = n$ 代入式（1-2），得到 $C_\sigma = 1$，即离心模型的应力与原型应力相等。因此，离心模型是一个与原型应力相等的“全真型”模型试验方法。它满足主要的关键相似条件，可以进行直至破坏的全过程等应力力学模拟试验，可以直接采用原型材料，比较简捷地实现“全相似”。因此，离心模型试验方法被认为是迄今为止相似性最好的力学模型试验方法之一。

下面我们来分析图1-1中的黏性土坡的施工期稳定问题。采用瑞典圆弧滑动法，考虑快速施工，用 $\varphi=0$ 方法来计算其安全系数。稳定安全系数计算公式：

$$F=\frac{\text{抗滑力矩}}{\text{滑动力矩}}=\frac{R\cdot l\cdot c}{\gamma\cdot A\cdot x} \tag{1-3}$$

对于常规模型（1g），把相似关系 $R_p=nR_m$、$l_p=nl_m$、$A_p=n^2A_m$、$x_p=nx_m$、$c_p=c_m$、$\gamma_p=\gamma_m$ 代入式（1-3），有：

$$F'_m=\frac{R_p/n\cdot l_p/n\cdot c_p}{\gamma_p\cdot A_p/n^2\cdot x_p/n}=n\frac{R_p\cdot l_p\cdot c_p}{\gamma_p\cdot A_p\cdot x_p}=nF_p \tag{1-4}$$

式（1-4）表明常规土坡模型（1g）的安全系数是原型的 n 倍，不能反映原型的实际安全状况。在离心模型中，由于惯性力场的作用，使模型的重度增大 n 倍，即 $\gamma_p=\gamma_m/n$，可以得到离心模型的土坡安全系数：

$$F_m=\frac{R_p/n\cdot l_p/n\cdot c_p}{n\gamma_p\cdot A_p/n^2\cdot x_p/n}=\frac{R_p\cdot l_p\cdot c_p}{\gamma_p\cdot A_p\cdot x_p}=F_p \tag{1-5}$$

这样离心模型得到的土坡安全系数与原型的安全系数完全相等，反映了原型的真实情况。

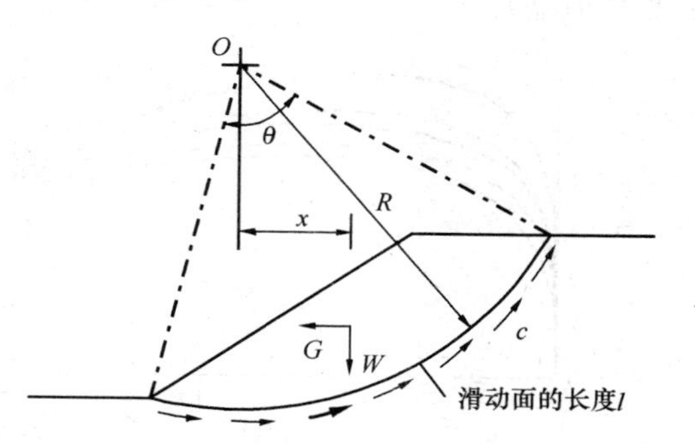

图 1-1 土坡的滑动稳定计算分析

2. 离心模型方法在岩土力学研究中的特殊优越性

土力学所以能从固体力学、材料力学中分离出来，成为力学学科的重要分枝，是由于岩土类材料具有的特性所决定的。与理想的金属类材料相比，岩土类材料主要有以下的重要特性：

（1）应力相关性——土体模量与强度等力学性质随应力水平（围压）的变化而变化；在研究土的单元力学特性时，常需要采用三轴试验方法，目的就是为了反映土在不同应力水平条件下的性质。而在进行金属材料单元力学特性试验时则不需要三轴试验，采用单轴试验就可以满足要求，因为金属材料的力学性质与应力水平无关。

（2）摩擦性——存在内摩擦角，$\tau=\sigma\tan\varphi+c$，存在强度与正应力的耦合；金属类材料的强度一般只有与 c 类似的强度，没有内摩擦角。

（3）非线性——应力应变关系呈非线性与弹塑性，几乎没有弹性变形阶段。

（4）剪胀性——剪切产生体积的变化，剪切应力与体积变化的耦合。

（5）多相性——土、水、气的多相混合体，带来的特殊问题是非饱和土、渗流问题、固结问题、液化问题等。

（6）各向异性——历史沉积产生的成层，以及土石坝的分层填筑。

（7）历史相关性——土体诸多的力学性质还取决于达到这一应力状态的历史过程。

（8）随时间变化的特性，如固结问题、流变（蠕变）问题。

（9）结构性——天然原始状态下土的强度与扰动土的强度有很大的差异。

岩土类材料有别于理想金属材料的上述特性，使岩土材料成为最为复杂、最为一般、有广泛代表性的工程材料之一，因为如果上述的性质完全退化，就得到了理想的金属材料性质。也正是岩土材料的复杂性与一般性，使得岩土类材料力学性质的研究成为目前工程力学研究中最为活跃的、最有生气的研究领域之一。

离心模型试验方法在岩土力学研究中的优越性，主要表现为能准确模拟土的应力相关性、剪胀性、摩擦性、非线性与多相性等特性。

初次接触离心模型的人常常会这样问一个问题：为什么非要把模型放在离心机上转呢？在地上做试验会有什么区别吗？要说清楚这个问题，就要对土的力学特性作进一步分析，图 1-2 是标准砂的三轴试验结果，它反映了土的几个特点：一是土的应力-应变关系是非线性的；二是土的应力应变、土的强度、变形模量是随它所受到的应力水平（σ_3）的大小而变化的；三是土的体积变形在不同应力水平之下表现不同，有时可能是相反的（如剪胀和剪缩）。

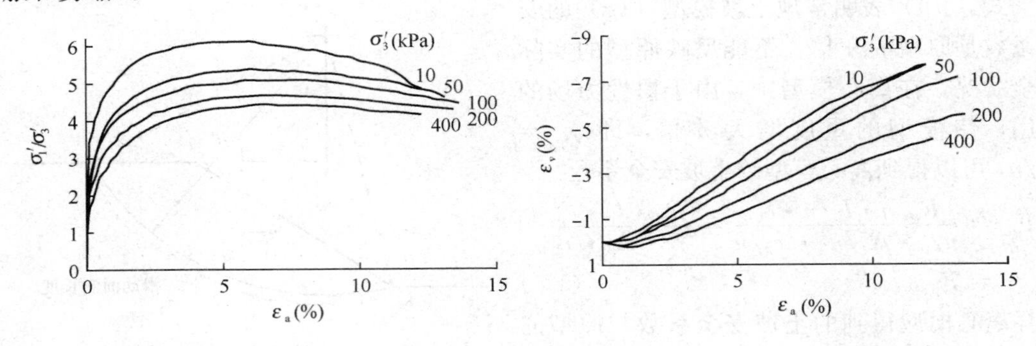

图 1-2　土的三轴试验结果

图中的曲线是在不同的围压条件下得到的，土所受到的围压压力的大小，实际上代表了原型不同位置土体的应力应变状态。可以认为 $\sigma'_3=10$kPa 和 $\sigma'_3=400$kPa 所对应的曲线，分别代表了原型顶与原型底土体的应力应变。在离心模型中，由于受到离心惯性力场的作用，模型中每一点的土体应力都与原型对应点的应力相等，模型的土又与原型相同，显然，相同的土体在相同的受力条件作用下，其力学表现必然是相同的。这样，就保证了模型与原型的整体相似性。这就是离心模型的基本原理。因此，把模型放到离心机上转，是为了向模型施加离心惯性力，离心惯性力使模型应力与原型相同，从而达到用模型表现、模拟原型的目的。

在地面上进行模型试验的方法是常规模型方法。常规模型没有离心惯性力场的作用，常规模型的应力是原型应力的 $1/n$。我们假定模型比尺 $n=40$，此时模型应力是原型应力的 1/40。从图 1-2 看出，用常规模型的应力水平 $\sigma'_3=10$kPa 的曲线来代表原型应力水平 $\sigma'_3=400$kPa 是不可能得到正确的试验结果的。这实际上也是用常规振动台进行时，得到的水平变形往往很大而与实际不符的根本原因，也是岩土力学研究中已很少采用常规模型试验方法的原因。

从以上的分析可以看出，离心模型中模型应力与原型应力相等的特点，恰好满足了岩土力学模型要求应力相等、应力状态相同的条件，这一功能与要求的完美结合，使离心模型成为目前岩土力学研究中的较为理想、非常有效的物理模型试验研究方法。

应当特别说明的是，离心模型本身与普通的物理模型相同，唯一的区别是试验需要在高重力场下进行。但就模型的性质而言，它是一个一般性的土工结构的整体物理模型研究方法，可以进行各种岩土力学、岩土工程问题的研究。就模型的目的而言，离心模型与我们熟知的常规室内土工试验（三轴剪切、压缩固结等）有着根本性的不同，常规土工试验是土体的单元试验，所研究的是土体结构中的一个点，有明确、理想状态的受力条件；而离心模型所研究的是土工结构的整体，其受力条件与原型实际相同。离心模型与三轴类型试验的关系，就如同结构模型试验与材料拉伸压缩试验一样。为了消除对离心模型试验方法的误解，进一步扩大离心模型的认知与应用范围，从 2002 年加拿大纽芬兰国际离心模型会议起，原来的“土工离心模型”国际会议（Geocentrifuge Modeling），改名为“土工物理模型”国际会议（Geotechnical Physical Modeling）。把离心模型方法理解为某种特别功能的单元土工试验，或叫离心机试验都是误解。

第二节　离心模型试验基本原理

一、相似的概念

相似是日常生活中常用的一个概念。我们常说某两个人长得很像，可能是眼睛长得像，也可能是脸形或神态相像，没有一个明确的定义。但在科学研究中说相似是有明确含义的。如我们说两个多边形相似，实际上是说它们的边数或角数相同，同时对应边保持相同的比例，或者是说它们对应的角相等。反过来，如果两个多边形满足了这些条件，它们就是相似的。在一个物理过程或物理现象中，如何来确定相似的条件和如何模拟一个物理现象呢？这就是物理相似的作用和目的。在一个力学过程中，常常涉及以下物理量的相似问题：

（1）力的相似，方向相同，大小成比例，作用点相同，分布相似。

（2）质量相似，质量大小成比例，分布相似。

（3）时间相似，对应的时间间隔成比例，频率成比例。

（4）变形相似，对应的变形成比例，或应变相同。

（5）速度和加速度相似，对应质点的速度和加速度成比例，或者它们的分布成比例。

由此可以看出，所谓物理量的相似，是指原型物理量与模型物理量在方向、大小、分布上存在某种确定的关系，而且有一个确定比例的关系，这个比例关系就是相似常数。用 C_{Ω} 表示物理量 Ω 的相似常数，如：

应力相似常数：

$$C_{\sigma}=\frac{\sigma_{\mathrm{p}}}{\sigma_{\mathrm{m}}}=\frac{\tau_{\mathrm{p}}}{\tau_{\mathrm{m}}}=\frac{p_{\mathrm{p}}}{p_{\mathrm{m}}} \tag{1-6a}$$

位移相似常数：

$$C_{\mathrm{u}}=\frac{u_{\mathrm{p}}}{u_{\mathrm{m}}}=\frac{v_{\mathrm{p}}}{v_{\mathrm{m}}}=\frac{w_{\mathrm{p}}}{w_{\mathrm{m}}} \tag{1-6b}$$

体积力相似常数：

$$C_{\mathrm{X}}=\frac{X_{\mathrm{p}}}{X_{\mathrm{m}}} \tag{1-6c}$$

剪切模量相似常数：

$$C_{\mathrm{G}}=\frac{G_{\mathrm{p}}}{G_{\mathrm{m}}} \tag{1-6d}$$

时间相似常数：

$$C_{\mathrm{t}}=\frac{t_{\mathrm{p}}}{t_{\mathrm{m}}} \tag{1-6e}$$

密度相似常数：

$$C_\rho = \frac{\rho_p}{\rho_m} \tag{1-6f}$$

长度相似常数：

$$C_l = \frac{l_p}{l_m} \tag{1-6g}$$

渗透系数相似常数：

$$C_k = \frac{k_p}{k_m} \tag{1-6h}$$

在物理过程或物理现象的相似问题中，物理量蕴于物理过程之中，物理现象的相似是通过这个现象的各个特征物理量的相似来表现的。一个物理现象的各个物理量之间是相互联系相互影响的；相似的物理现象之间的各个特征物理量之间也存在一定的关系，这个关系就是两个物理现象相似的条件，也是进行模拟试验必须遵守的原则。

对一般的力学现象而言，应当满足以下的相似条件：

（1）物质相似，指物质本身的力学特性相似，如，质量、密度、强度、模量等物理量的相似。

（2）几何相似。

（3）动力学相似。

（4）运动学相似。

以上四个方面的内容不过是一般相似的概念，对于相似的现象与过程有什么性质，如何应用现象的相似，如何才能使现象相似。相似的三个定理可以回答解释上述问题。

二、相似定理

1. 相似的正定理

彼此相似的现象，相似准数的数值相同或其相似指标等于 1。下面以牛顿第二定律为例，来解释相似准数与相似指标的含义。

对于原型

$$F_p = m_p \frac{dv_p}{dt_p} \tag{1-7}$$

对于模型：

$$F_m = m_m \frac{dv_m}{dt_m} \tag{1-8}$$

令：

$$\left.\begin{aligned} F_p &= C_F F_m \\ m_p &= C_m m_m \\ v_p &= C_v v_m \\ t_p &= C_t t_m \end{aligned}\right\} \tag{1-9}$$

将式（1-9）代入式（1-7），得：

$$\frac{C_F C_t}{C_m C_v} F_m = m_m \frac{dv_m}{dt_m} \tag{1-10}$$

只有当：

$$\frac{C_F C_t}{C_m C_v} = 1 \tag{1-11}$$

模型与原型相似。我们把 $\frac{C_F C_t}{C_m C_v}$ 称为相似指标，同样由式（1-11）得到：

$$\frac{F_P t_p}{m_p v_p} = \frac{F_m t_m}{m_m v_m} \tag{1-12}$$

而 $\frac{F_P t_p}{m_p v_p}$、$\frac{F_m t_m}{m_m v_m}$ 是无量纲量，称为相似准数，相似现象的相似准数应当相同。

2. π 定理

一个物理现象或物理过程往往涉及多个物理量，相似准数也往往超过一个，这时就需要运用π定理来研究。π定理的表述：描述一个物理现象的函数有 n 个物理量，其中有 k 个物理量（$x_1 \cdots x_k$）是相互独立的，那么这个函数可以改变为由（$n-k$）个无量纲准数（π）的函数式，可以得到（$n-k$）个相似准数。即，描述物理现象的方程：

$$f(x_1, x_2, x_3, \cdots, x_k, y_{k+1}, \cdots, y_n) = 0 \tag{1-13}$$

可以改写成：

$$\varphi(\pi_1, \pi_2, \cdots, \pi_{n-k}) = 0 \tag{1-14}$$

其中，

$$\left.\begin{aligned} \pi_1 &= \frac{y_{k+1}}{x_1^{\alpha_1}\ x_2^{\alpha_2}\ \cdots\ x_k^{\alpha_k}} \\ \pi_2 &= \frac{y_{k+2}}{x_1^{\beta_1}\ x_2^{\beta_2}\ \cdots\ x_k^{\beta_k}} \\ &\vdots \\ \pi_{n-k} &= \frac{y_n}{x_1^{\xi_1}\ x_2^{\xi_2}\ \cdots\ x_k^{\xi_k}} \end{aligned}\right\} \tag{1-15}$$

即 $n-k$ 个无量纲π数，可由这 k 个独立物理量的幂乘积得到。对于相似的现象，在对应点和对应时刻的相似准数都保持同值，则它们的π关系式也应相同，即：

原型：

$$\varphi(\pi_{p1}, \pi_{p2}, \cdots, \pi_{p(n-k)}) = 0 \tag{1-16}$$

模型：

$$\varphi(\pi_{m1}, \pi_{m2}, \cdots, \pi_{m(n-k)}) = 0 \tag{1-17}$$

其中，

$$\left.\begin{aligned} \pi_{p1} &= \pi_{m1} \\ \pi_{p2} &= \pi_{m2} \\ &\vdots \\ \pi_{p(n-k)} &= \pi_{m(n-k)} \end{aligned}\right\} \tag{1-18}$$

π定理表明，在彼此相似的现象中，只要将物理量之间的关系式转换成无量纲的形式，其关系方程式的各项，就是相似准数。

3. 相似逆定理

对于同一类物理现象，当单值条件（系统的几何性质，介质的物理性质，起始、边界条件）彼此相似，且由单值条件的物理量所组成的相似准数在数值上相等，则现象相似。

相似的正定理给出了相似现象的必要条件，描述了相似现象的特征与基本性质，相似的逆定理则规定了物理现象之间相似的必要与充分条件。模型试验中，应根据相似的正定理与逆定理来设计模型，才能得到正确的结果。

三、量纲分析方法

1. 量纲

物理量是描述自然现象、有物理意义、并可以度量的量。物理量单位的种类，也就是物理量类型，我们称之为量纲。它说明度量物理量时所用单位的性质，如量测距离可以用光年、公里、米、毫米、纳米等不同的单位，但它们都属于长度的性质，因此一般把长度定义为一种量纲，用［L］表示。而对于表示时间的年、月、日、时、分、秒等单位，显然与长度有明显的区别，用［T］表示。有的物理量可以由相关的基本物理量间接推导、换算出来，如速度 $v=s/t$，它的量纲用 $[LT^{-1}]$ 表示，这样我们把［L］、［T］称为基本量纲，而把速度量纲 $[LT^{-1}]$ 称为导出量纲。经过分析，一般的物理系统中用 5 个基本量纲就可以建立较为完善的量纲系统。在一般的力学系统中，用 3 个基本量纲可以满足要求，由于传统的原因，存在［M］、［L］、［T］的质量系统和［F］、［L］、［T］的力系统。

此外还有无量纲量，指量纲为零的量，一般是两个或者多个量的组合或者是量纲相同的量的比值，如应变、泊松比等。此外，无量纲量可以是变量也可以是常数。

2. 物理方程量纲齐次性与均衡性

表现物理现象和规律的物理方程中，各项的量纲应相同，同名的物理量应用同一种单位，这就是物理方程的量纲均衡性。均衡性是以物理方程所包含的量的物理意义去考察的，而方程的齐次性则是数学上的概念。只有方程式具有齐次性，才是均衡的物理量方程。例如，自由落体的运动方程：

$$s=\frac{1}{2}gt^2 \text{ 与 } v=gt \tag{1-19}$$

都是量纲均衡齐次的，但是：

$$\nu+s=gt+\frac{1}{2}gt^2 \tag{1-20}$$

虽然数值上仍然相等，但已没有意义。

3. 量纲分析方法的应用

下面来分析一个受均布荷载 p 的简支梁某截面的最大应力。梁的应力应当与均布荷载 p，及梁长度 l 有关，即有：

$$f(\sigma,p,l)=0 \tag{1-21}$$

根据 π 定理，上式可以用以下的幂乘积来表示：

$$\sigma=Kp^{a}l^{b} \tag{1-22}$$

式中的 K 是无量纲参数。方程的量纲可以写成：

$$[F][L^{-2}]=[F^{a}][L^{-a+b}] \tag{1-23}$$

根据量纲的均衡齐次性要求，方程式两边的量纲指数应相等，得到 $a=1$、$b=-1$，从而得：

$$\sigma=K\left(\frac{p}{l}\right) \tag{1-24}$$

上式表明，梁的应力 σ 是（p/l）的线性函数，根据π定理可以写成：

$$\varphi\left(\frac{p}{l\sigma}\right)=0,\ \pi=\frac{p}{l\sigma} \tag{1-25}$$

量纲分析方法是建立相似准数的一个重要方法与手段，特别是对于特别复杂的问题和无法用分析方法建立方程的问题，可能是唯一的手段。但量纲分析方法不能考虑单值条件，很难区别量纲相同但物理意义不同的物理量，不能控制无量纲量。量纲分析法的正确运用与分析者对问题的理解与经验密切相关。例如，前面的例子，对于不熟悉梁弯曲理论的人来说，可能不会知道弹性模量 E 对梁的应力并无影响。但是，如果把弹性模量 E 加入到问题的影响因素中，即：

$$f(\sigma, p, l, E) = 0 \tag{1-26}$$

$$\sigma = K p^{\mathrm{a}} l^{\mathrm{b}} E^{\mathrm{c}} \tag{1-27}$$

方程两边的量纲可以写成：

$$[FL^{-2}] = [F^{\mathrm{a+c}}][L^{\mathrm{-a+b-2c}}] \tag{1-28}$$

根据量纲的均衡齐次性要求，方程式两边的同名量纲指数应相等，由此得到：

$$\sigma = k\left[\frac{p}{l}\right]\left[\frac{El}{p}\right] \tag{1-29}$$

$$\varphi\left(\frac{p}{\sigma l}, \frac{El}{p}\right) = 0 \tag{1-30}$$

$$\pi_1 = \frac{p}{l\sigma},\ \pi_2 = \frac{El}{p} \tag{1-31}$$

很显然，由于加进了不必要的弹性模量 E，使相似条件中增加了一个原本不必要的相似准数，使问题复杂化，只有通过大量的试验，才能找出应力与弹性模量 E 无关，否则有可能使研究工作受到较大的干扰。

因此，采用量纲分析的方法时，首先应定性地研究现象，设法形成对现象机理的见解，正确地选择影响现象的物理量，有时还需要变换一些判据形式。只有正确的选择和识别物理量，才能使量纲分析得到揭示物理现象内在关系的结果。

四、根据基本方程推导相似条件的方法

1. 根据比奥（Biot）基本方程的导出方法

从连续介质理论中的欧拉（Euler）运动方程出发，加上太沙基（Terzaghi）的有效应力原理，得到可以考虑有效应力的纳维叶（Navier）方程，与渗流连续方程一起就构成了比奥动力固结方程，可以写成以下的形式：

$$-G\frac{\partial^2 u_i}{\partial x_{\mathrm{k}}\,\partial x_{\mathrm{k}}} - (\lambda + G)\frac{\partial^2 u_{\mathrm{k}}}{\partial x_i\,\partial x_{\mathrm{k}}} + X_i + \frac{\partial p}{\partial x_i} = \rho\frac{\partial^2 u_i}{\partial t^2} \tag{1-32}$$

$$-\frac{\partial}{\partial t}\left(\frac{\partial u_{\mathrm{k}}}{\partial x_{\mathrm{k}}}\right) + \frac{k}{\gamma_{\mathrm{w}}}\frac{\partial^2 p}{\partial x_{\mathrm{k}}\,\partial x_{\mathrm{k}}} = 0 \tag{1-33}$$

式中，G 为土的剪切模量；λ 为拉梅常数，$\lambda = K - \frac{2}{3}G$；$u_i$ 为 i 方向的位移；p 为孔隙水压力；t 为时间；k 为渗透系数；i=1，2，3 分别代表 x，y，z 三个方向。

比奥动力固结方程是土力学理论体系中的一个基本方程，土力学其他理论方程都可由它简化或派生得到。式（1-32）描述了动力平衡关系，略去右端项就简化为静力的固结方程，如再略去了孔隙水压力项（当 p=0 时），就还原为弹性理论的平衡方程。式（1-33）是连续方程。

把式（1-6）的相似常数代入式（1-32），可以得到，

$$-\frac{C_G C_u}{C_l^2}G\frac{\partial^2 u_i}{\partial x_k \partial x_k}-(C_\lambda \lambda + C_G G)\frac{C_u}{C_l^2}\frac{\partial^2 u_k}{\partial x_i \partial x_k}+C_X X_i+\frac{C_p}{C_l}\frac{\partial p}{\partial x_i}=\frac{C_p C_u}{C_t^2}\rho\frac{\partial^2 u_i}{\partial t^2} \tag{1-34}$$

当上式中关于相似常数 C_Ω 的各项系数都相等时，模型与原型相似。各项同除 C_X 后就得到模型与原型相似的相似指标：

$$\frac{C_G C_u}{C_l^2 C_X}=1 \tag{1-35}$$

$$\frac{C_\lambda C_u}{C_l^2 C_X}=1 \tag{1-36}$$

$$\frac{C_p}{C_l C_X}=1 \tag{1-37}$$

$$\frac{C_\rho C_u}{C_t^2 C_X}=1 \tag{1-38}$$

按照相似定理，相似现象的相似指标等于1。上式中，X_i 表示体积力，$X=\rho g$，因此 $C_X=C_\rho C_g$。代入后，有：

$$\frac{C_G C_u}{C_l^2 C_\rho C_g}=1 \tag{1-39}$$

$$\frac{C_\lambda C_u}{C_l^2 C_\rho C_g}=1 \tag{1-40}$$

$$\frac{C_p}{C_l C_\rho C_g}=1 \tag{1-41}$$

$$\frac{C_u}{C_t^2 C_g}=1 \tag{1-42}$$

有了相似指标，就可以根据试验的目的与条件来推导不同试验中的相似条件。在离心模型试验中，模型一般采用原型的土料，这样就可以做到模型土的物理力学指标参数与原型相同，即：

$$C_G=C_\lambda=C_\rho=1 \tag{1-43}$$

由于土具有应力水平相关性，土力学理论要求模型应力与原型应力相等，即：

$$C_p=1 \tag{1-44}$$

$C_\sigma=1(C_p=1)$ 是土体自身特性提出的试验目的与要求，也是离心模型最主要的特征。由式（1-41）、式（1-43）、式（1-44）可以得到离心模型的相似条件：

$$C_l C_g=1 \tag{1-45}$$

在离心模型试验中，为满足式（1-45）的相似条件而采用的选择是：

$$C_l=n \tag{1-46}$$

$$C_g=1/n \tag{1-47}$$

式（1-46）、式（1-47）表现了离心模型的基本特征，即模型几何尺寸缩小 $1/n$，同时提高离心惯性力场的离心加速度到地球重力加速度（$g=9.81\text{m/s}^2$）的 n 倍。由式（1-39）、式（1-42）、式（1-46）、式（1-47）可以得到离心模型的其他相似条件：

$$C_u=C_l=n \tag{1-48}$$

$$C_t=n \tag{1-49}$$

采用同样的方法来处理比奥理论的连续方程，可以得到：

$$-\frac{C_{\mathrm{u}}}{C_{\mathrm{t}}C_{l}}\frac{\partial}{\partial t}(\frac{\partial u_{\mathrm{k}}}{\partial x_{\mathrm{k}}})+\frac{C_{\mathrm{k}}C_{\mathrm{p}}}{C_{\gamma_{\mathrm{w}}}C_{l}^{2}}\frac{k}{\gamma_{\mathrm{w}}}\frac{\partial^{2}p}{\partial x_{\mathrm{k}}\partial x_{\mathrm{k}}}=0 \tag{1-50}$$

$$\frac{C_{\mathrm{u}}}{C_{\mathrm{t}}C_{l}}=\frac{C_{\mathrm{k}}C_{\mathrm{p}}}{C_{\gamma_{\mathrm{w}}}C_{l}^{2}} \tag{1-51}$$

由于 $\gamma_{\mathrm{w}}=\rho_{\mathrm{w}}g$，因此 $C_{\gamma_{\mathrm{w}}}=C_{\rho_{\mathrm{w}}}C_{\mathrm{g}}$，代入式（1-51），得到另外的相似指标：

$$\frac{C_{\mathrm{k}}C_{\mathrm{p}}C_{\mathrm{t}}}{C_{\mathrm{u}}C_{l}C_{\rho_{\mathrm{w}}}C_{\mathrm{g}}}=1 \tag{1-52}$$

考虑到离心模型的试验条件与特征，就可以得到相应的模型相似条件。

2. 由本构物理方程求相似判据

离心模型的相似判据还可以通过本构物理方程来推导。

应力应变关系：

$$\varepsilon_{\mathrm{x}}=\frac{1}{E}[\sigma_{\mathrm{x}}-\nu(\sigma_{\mathrm{y}}+\sigma_{\mathrm{z}})] \tag{1-53}$$

代入相似常数可以得到：

$$C_{\varepsilon}\varepsilon_{\mathrm{x}}=\frac{1}{C_{\mathrm{E}}E}[C_{\sigma}\sigma_{\mathrm{x}}-C_{\sigma}C_{\nu}\nu(\sigma_{\mathrm{y}}+\sigma_{\mathrm{z}})] \tag{1-54}$$

相似判据为：

$$\frac{C_{\sigma}}{C_{\varepsilon}C_{\mathrm{E}}}=\frac{C_{\sigma}C_{\mathrm{v}}}{C_{\varepsilon}C_{\mathrm{E}}} \tag{1-55}$$

得到 $C_{\nu}=1$，本构物理方程对模型的要求是泊松比相同。

3. 由几何方程推导

$$\varepsilon_{\mathrm{x}}=\frac{\partial u}{\partial x} \tag{1-56a}$$

$$\varepsilon_{\mathrm{y}}=\frac{\partial v}{\partial y} \tag{1-56b}$$

$$\varepsilon_{\mathrm{z}}=\frac{\partial w}{\partial z} \tag{1-56c}$$

$$\gamma_{\mathrm{xy}}=\left(\frac{\partial u}{\partial y}+\frac{\partial u}{\partial x}\right) \tag{1-56d}$$

$$\gamma_{\mathrm{yz}}=\left(\frac{\partial v}{\partial z}+\frac{\partial w}{\partial y}\right) \tag{1-56e}$$

$$\gamma_{\mathrm{zx}}=\left(\frac{\partial w}{\partial x}+\frac{\partial u}{\partial z}\right) \tag{1-56f}$$

将相似常数代入式（1-56a），可得到：

$$C_{\varepsilon}\varepsilon_{\mathrm{x}}=\frac{C_{\mathrm{u}}}{C_{l}}\left(\frac{\partial u}{\partial x}\right) \tag{1-57}$$

即：

$$\frac{C_{\mathrm{u}}}{C_{\varepsilon}C_{l}}=1 \tag{1-58}$$

式（1-58）表明，应变是无量纲量，$C_\varepsilon = 1$。所以，变形相似常数与几何相似常数相等，$C_u = C_l$。

4. 由边界条件的求取

由力边界条件：

$$Q_x = \sigma_x l + \tau_{xy} m + \tau_{xz} n \tag{1-59a}$$

$$Q_y = \tau_{yx} l + \sigma_y m + \tau_{yz} n \tag{1-59b}$$

$$Q_z = \tau_{zx} l + \tau_{zy} m + \sigma_z n \tag{1-59c}$$

将相似常数代入式（1-59a），可得到：

$$\frac{C_Q}{C_\sigma} Q_x = \sigma_x l + \tau_{xy} m + \tau_{xz} n \tag{1-60}$$

得到相似指标：

$$\frac{C_Q}{C_\sigma} = 1 \tag{1-61}$$

以上介绍了离心模型相似条件的推导方法，离心模型主要的常用相似关系在表 1-1 中列出。

离心模型律（假定模型与原型材料相同） **表 1-1**

分类	物理量	符号	量纲	原型（1g）	离心模型（ng）
几何量	长度	l	L	1	$1/n$
	面积	A	L^2	1	$1/n^2$
	体积	V	L^3	1	$1/n^3$
材料性质	含水率	w		1	1
	密度	ρ	ML^{-3}	1	1
	重度	γ	$ML^{-2}T^{-2}$	1	n
	不排水强度、凝聚力	c	$ML^{-1}T^{-2}$	1	1
	内摩擦角	φ		1	1
	变形模量	E_s	$ML^{-1}T^{-2}$	1	1
	抗弯刚度	EI	ML^3T^{-2}	1	$1/n^4$
	抗压刚度	EA	MLT^{-2}	1	$1/n^2$
	渗透系数	k	LT^{-1}	1	n
	质量	m	M	1	$1/n^3$
外部条件	速度	v	LT^{-1}	1	1
	角速度	ω	T^{-1}	1	n
	加速度	a	LT^{-2}	1	n
	集中力	F	MLT^{-2}	1	$1/n^2$
	均布荷载	p	$ML^{-1}T^{-2}$	1	1
	能量、力矩	E	ML^2T^{-2}	1	$1/n^3$
	频率	f	T^{-1}	1	n

续表

分类	物理量		符号	量纲	原型（1g）	离心模型（ng）
性状反应	应力		σ	$ML^{-1}T^{-2}$	1	1
	应变		ε		1	1
	位移		u	L	1	$1/n$
	时间	惯性动态过程	t_i	T	1	$1/n$
		渗流、固结或扩散过程	t_s	T	1	$1/n^2$
		蠕变、黏滞流现象	t_v	T	1	1

第三节　离心模型试验主要设备

一、土工离心机

通常离心机系统由拖动系统、调速系统和离心机与模型吊篮组成。离心机的作用是提供一个离心惯性力场。离心机又分为转臂式与转筒式两种。转筒式（也有称作鼓式）离心机结构相对简单，但通常有效半径较小，模型的直观性差，一般只能进行平面试验或者结构较为简单的模型。转臂式离心机由吊篮、转臂、平衡重与推力轴承组成，结构复杂，但便于模型制作，试验方便，应用范围广泛，是国际的主流机型，图 1-3 是国内外的大型离心机图片，表 1-2 是国内外容量超过 200gt 的大型土工离心机技术性能。

国内外大型土工离心机技术性能　　**表 1-2**

单位	时间	有效半径（m）	模型重（kg）	加速度（g）	容量（gt）
英国曼彻斯特大学	1971	3.2	4500	130	600
日本港湾研究所	1980	3.8	2769	113	312
法国道桥研究中心	1985	5.5	2000	200	200
德国波鸿鲁尔大学	1987	4.1	2000	250	500
意大利结构模型试验所	1987	2.0	400	600	240
美国加州大学	1988	9.1	3600	300	1080
美国科罗拉多大学	1988	6.0	2000	200	400
美国桑地那试验中心	1988	7.6	7257	240	800
荷兰代尔夫特土工所	1989	6.0	5500	350	
南京水利科学研究院	1992	5.0	2000	200	400
中国水利水电科学研究院	1993	4.0	1500	300	450
加拿大寒带海洋研究中心	1993	5.0	2200	200	220
日本竹中建设	1997	6.5	5000	200	500
日本土木研究所	1997	6.6	5000	150	400
日本西松建设	1998	3.8	1300	150	200
美国陆军水道试验站	1998	6.5	8800	350	1256
瑞士联邦技术研究院	2000	2.2	2000	440	880
香港科技大学	2000	4.0	3000	150	450
日本大林组	2000	7.0	7000	120	700
浙江大学	2008	5.0	2700	150	400
长江科学院	2008	3.7	1000	200	200
成都理工大学	2009	5.0	2000	250	500

美国加州大学戴维斯分校

荷兰 Delft 土工所

法国道桥研究中心（LCPC）

美国科罗拉多大学

日本土木研究所

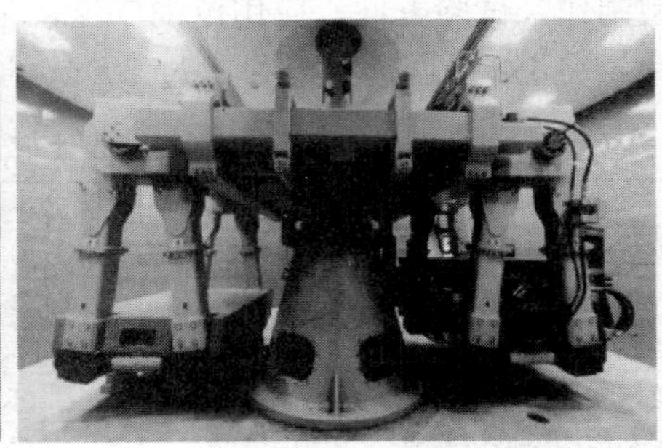

香港科学技术大学

美国陆军工程兵师团

南京水利科学研究院

图 1-3　国内外主要大型土工离心机

衡量离心机的技术性能一般采用以下的技术参数：

有效半径，从转动中心到模型中心的距离，有效半径越大，模型试验的精度就越高。目前国际上土工离心机最大有效半径达到 9m（美国加州大学戴维斯分校）。

模型重量，衡量离心机负载能力的大小。国内最大的是南京水利科学研究院 400gt 离心机为 2000kg，美国陆军工程兵师团离心模型试验中心新建成的超级离心机已达到 8800kg。

最大离心加速度，表现离心机的模拟范围大小。离心加速度越大，离心模型的模拟范围越大，但同时试验的难度也加大。

模型吊篮的几何尺寸，是土工离心机试验能力的重要指标，近年来，国际上新建的离心机都设计了尺寸巨大的模型吊篮，如日本大林组株式会社 2000 年建成的超大型离心机模型吊篮空间达到 $12m^3$（2.2m×2.2m×2.5m）。超大型离心机为进行大型复杂的岩土工程研究创造了必要的条件。

离心机容量，离心机容量(g-ton)＝离心加速度(g)×模型重量(ton)。常用(gt)或(g-ton)表示，是衡量离心机试验能力的一个总体指标。目前国际上最大的土工离心机是美国陆军工程兵师团离心模型试验中心的超级离心机，容量达到 1256gt。

离心机运行的平稳与安全是对离心机技术要求的一个基本方面，事实上也发生过因为运行过程产生振动而造成离心机损坏、试验室房屋开裂，迫使离心机重建或低加速度运行的事例。为了保证离心机的平稳运行，新型的离心机都设置了自动平衡装置，以调节离心机在试验过程中由于模型重心变化造成的不稳定。南京水利科学研究院 400gt 大型离心机的最大半径（吊篮平台至旋转中心）5.5m，最大加速度 200g，最大负荷 2000kg，吊篮平台 1100mm×1100mm，该机在离心机转臂与转轴的连接形式上，采用了直升机旋翼的跷跷板专利技术，对于减小离心机震动发挥了很好的作用。

二、离心模型的测试系统

1. 数据采集系统

数据采集系统是离心模型试验测试系统中的关键设备，它是试验研究人员获得试验数据的最主要手段，也是反映离心模型试验系统水平、试验能力的一个标志。在离心模型试验中对数据采集系统的要求是：

① 能采集不同的物理量以适应不同试验的要求，通常采集的信号物理量有电压、电流、频率等；

② 有足够的采集通道；

③ 采集的速度符合试验要求。根据试验需要的采集速度可分为静态数采系统（采集速度＜100 采样数/秒/通道）和动态数采系统（采集速度＞10000 采样数/秒/通道）；

④ 抗干扰能力强，离心模型试验环境中存在强电场、强磁场的不利干扰；

⑤ 采集系统自身的稳定性好，能满足试验的精度要求；

⑥ 主要部件能够抵抗离心惯性力的作用；

⑦ 由于离心模型处于旋转状态，数据信号必须通过集流环才能传输到控制室。

数据采集系统是离心模型试验系统中的关键部分，也是变化更新最快的部分。早期的数采系统放置在集流环的后端，采用传感器信号，通过导线、集流环直接传输到应变仪等信号测读设备的方式。由于传感器信号弱，易受干扰，而且要求集流环的通道多，这种方式现在一般已不再采用。此后，在集流环的前端，就采用信号放大技术，先把较弱的小信号放大，然后再让放大以后的信号通过集流环，增强了抗干扰的能力，但仍然需要较多的信道，干扰问题也没有根本解决。

随着计算机技术的发展，现在的数采系统多采用在集流环的前端，即在离心机的转臂上安装下位机（计算机），下位机在信号通过集流环之前完成数据采集工作，而已采集的数据先存放在下位机里，然后通过上位机与下位机的通讯来实现数据交换与传输，这时通过集流环的已是数字量信号，因而从根本上解决了信号干扰的问题，也解决了需要大量信号通道的问题。这种概念下的数采系统，已成为目前离心模型试验数据采集系统的主流，它的结构如图 1-4 所示。

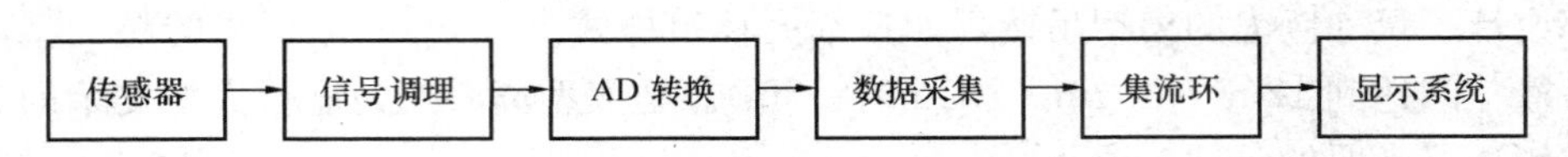

图 1-4　离心模型数据采集系统结构图

此外，分布式数据采集系统在离心模型中也得到应用，它把信号的调理、放大、传输的功能做在一个模块之中。一个模块一般可以采集 1～8 路信号，几个模块可以串联，扩展性强，使用也较为方便，目前这种产品较多，可选性强。但这种系统的采样速率不易提高，对于静态试验较为适用，不适用于动态的高速数据采集。

采用计算机串口通信方式来传输数据，对于动态试验的大量数据，往往需要较长的时间，使用不方便。随着计算机网络技术的发展，产生了基于网络技术的采集系统，这种新系统的主要变化是用网络技术来连接上、下位机，使网络数采系统与以往数采系统有了很大的提高。首先是数据的传输速度，通过串口方式通信、传输一次试验的数据需要 10 多分钟时间。采用网络共享方式，只要点击鼠标，在数秒钟之内便可完成上位机与下位机之间的数据传输。其次，采用网络技术的数采系统，不但很方便地解决了上、下位机的数据通信，避免了岩土工程研究人员不熟悉的计算机编程，一个更主要的优点是可以简单实现上位机对下位机的完全控制，便于直接选用最先进的数据采集产品，稍加改进即可使用，不再需要进行专门的研制。运用网络技术可以把下位机的键盘、鼠标、显示器映射到上位机，这样下位机的所有控制就可以通过操作上位机来实现，其过程就和直接操作下位机一样。

集流环是信号环、电力环、液压环的总称，其作用是传输信号和提供试验需要的动力。信号环、电力环的结构与电动机中的碳刷类似，在不断地运转中，存在强电干扰、磨损、跳动不能确保连接等问题。为了避免集流环对信号的不利影响，激光式信号滑环已被国内外许多试验室所采用，采用激光滑环的主要优点是抗干扰能力强，传输速度快。但是结构复杂，需要添置专门的光电转换装置。

随着计算机技术的发展，无线网络技术（蓝牙技术）已进入实用阶段，采用无线网络技术将可能从根本上解决集流环的数据传输瓶颈问题，国内外的许多试验室都在尝试采用无线网络技术，来实现数据采集的无线化、网络化，已取得成功。网络数据采集系统为实现国际的交流与合作共享创造了前提条件，欧美的一些大学就在积极筹划进行离心模型试验的网络共享。可以预期，无线网络式数据采集系统将成为未来离心模型数据采集系统的主流形式。

南京水科院 400gt 离心机配备有先进的静态数据采集和动态数据采集。静态测量系统共 90 个通道，由计算机、采集接口卡、8 块 IMP 测量模块组成；其中有 7 块 35951B 和一块 35951A 模块。每一块 35951B 有 10 个通道模块，用于全桥、半桥、四分之一桥信号的测量。35951A 模块有 20 个通道，用于电压信号的测量。采用分散式 IMP 模块，体积小，安装方便，使用灵活，对环境要求不高，可以平置或挂在离心机附近，很适合离心机中应用；功率低，每块IMP功率仅为600毫瓦，对于驱动7块IMP模块只需外接12V电源；测量精度高，测量范围可以从1mV～±2V，精度可达0.01%×读数±0.01%×满量程。转速信号采用研华PLC—836卡进行实时采集，然后计算机通过一根双芯电缆与S—网络采用双向异步方式进行数据传输。动态数采系统采用美国NI公司的测量模块，用来测量应变、位移、加速度和转速信号，共有32个通道，数据传输以以太网形式。

2. 图像系统

图像系统的目的是获得试验过程中模型的变形图像、进行试验监控，在环境岩土工程的试验研究中，是获得污染物质迁移运动的主要直观手段。随着计算机图像技术的快速发展，在离心模型中应用计算机图像技术有非常广阔的前景。图像系统主要可以分成几类：

① 高速摄影，通过安装在机坑的照相机，借助高速频闪灯，来拍摄模型的照片，用来分析模型的变形；

② X光机，其目的是为了得到模型的内部变形；

③ 运用摄像技术，直接把摄像头安装在模型前，直接观察模型的变形，也便于进行图像的数字化处理。

为了测读模型的变形，试验中需要在模型的观察面设置变形标志，常用的方法有：

① 标点法，用长3～5cm的银头针，要求银头针的重度与模型土相当；

② 面条法，主要用于黏性土的模型中，在模型的表面用面条划分成大小不同的网格线；

③ 染色法，主要用在砂性土的模型上，事先把模型砂染色，晾干，分层填撒；

④ 铅丸法，主要用于X光的内部变形测量。

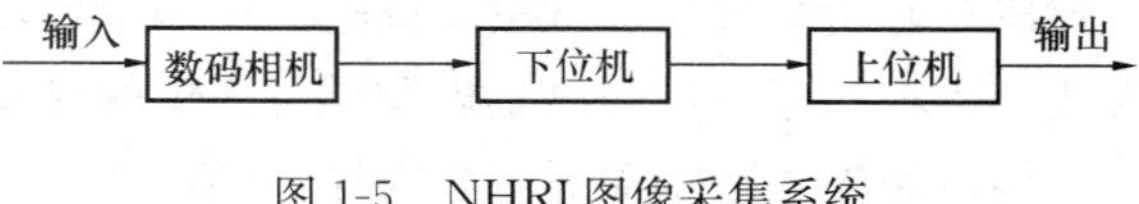

图1-5 NHRI图像采集系统

南京水科院图像采集系统如图1-5所示，通过安装在吊篮内的高速相机连续拍摄试验过程中模型剖面变化，图像采集卡位于工业控制计算机内，该计算机又称下位计算机，负责图像采集和存储，然后经过安装于图像分析计算机中的图像分析软件分析和输出图像。

PIV（Particle Image Velocimetry），即粒子图像测试技术，是一种非接触、瞬时、动态、全流场的速度场测量技术，为测量模型位移提供了一种行之有效的方法。利用摄像设备采集图片，将土体变形前后摄取的散斑（灰度）图像分割成若干均匀网格。将变形前某一网格在变形后图像指定范围内进行全场匹配和相关运算，根据峰值相关系数确定该网格在变形后的位置，由此可以得到该网格的像素位移，再根据一定的比例关系进行转换得到网格中心点的物理位移。对变形前所有网格进行类似运算就可以得到整个位移场。

3. 离心模型试验传感器

在离心模型试验中需要量测的主要物理量包括：水平变位、垂直沉降，表面变形与内部变形；作用外力；结构物的应变，应力；土的孔隙水压力；土压力；振动加速度；以及温度、含水率、污染物浓度等。这些物理量需要通过各种微型传感器来测量。

位移传感器，是离心模型试验测量位移的主要方法之一。位移传感器可分为接触式与非接触式两种。LVDT（Linear Variable Differential Transformer）位移传感器是常用的接触式位移传感器，特点是精度高，灵敏度好，是测量变形的主要传感器。激光式位移传感器是近年来新出现的一种非接触式位移传感器，其特点是不与模型接触，对模型结构无影响，使用方便。此外它可以测量某一点的变形，也可以用来扫描一个截面，可以得到一个截面的变形形状，虽然精度比点式测量低，但对有特殊要求的模型试验非常有用。

微型孔隙水压力计，用来量测地基和堤坝在荷载、水位作用过程中产生的孔隙水压力及其升高、消散的变化过程，也用来监测地基土的固结过程；在离心模型地震动力试验中，测量地震动孔隙水压力的产生与消散，判断砂土的液化；测量强夯加固地基中的动孔隙水压力等。国内外比较认同的产品是英国 Druck 公司的系列产品。

微型加速度传感器，加速度传感主要用在地震、爆炸等动力试验中，目前主要有三种类型，应变型、半导体型和压电晶体型。应变型加速度传感器的灵敏度不如半导体型的高，但由于试验中的温度变化，半导体传感器一般需要修正。主要有美国 PCB 公司、日本 SSK 等公司的产品。

微型土压力传感器主要可分为两种：应变式和半导体式。小的土压力传感器直径为 ϕ2mm。在土压力的测量中，应当注意的问题是模型土的种类、粒径的大小及其与传感器尺寸的关系，应避免尺寸效应的发生。此外微型土压力传感器有受力面，准确定位与安装也是试验应当注意的问题。为了避免传感器自身体积造成的不利影响，一般把土压力传感器嵌入结构物，使土压力传感器的受力面与结构物的受力面齐平，来进行测量。

微型多功能探头。近年来，国内外利用离心模型进行了大量的污染物在土中的迁移运动研究。也开发了许多特殊的传感器，如剑桥大学开发的微型多功能探测头，主要用来量测热量与污染物的迁移。

三、离心模型的试验配套设备装置

建成离心机，只是进行离心模型试验的第一步，没有必要的试验配套设备装置，试验是无法进行的。离心机为离心模型试验提供的仅仅是一个受到重力场作用的试验场地，就如同结构试验中才刚刚盖好试验大厅一样，如果没有加荷设备，没有测试设备，试验是无法进行的。要在离心模型中模拟重力以外的其他载荷，就需要特殊的专门设备装置。例如要研究桩基础的承载能力，就需要加载装置；要研究地基的地震液化问题就需要振动台。从目前的发展来看，离心模型试验水平的高低主要取决于试验设备装置的水平，研制开发各种功能的试验设备装置，已成为提高离心模型试验水平的关键。因此世界各国都非常重视试验配套设备装置的研究与开发。

有人说，离心模型的配套设备装置比太空技术的机器人还要难，因为太空技术的机器人处于失重状态，无重力的作用，其结构要求相对简单。而离心模型的试验设备要在高重力场中工作，这些设备装置要克服高重力场带来的种种不利因素。首先，要求设备装置有较高的强度与刚度，装置自身牢固可靠；其次，离心模型试验设备装置的动力源（电力、液压）和控制信号都需要通过集流环，特别是作为动力的电流和液压流都受到集流环的限制；第三，离心模型试验设备装置的安装空间与形状都受到离心机的限制。目前已开发成功的离心模型试验配套装置大致可以分成以下几类：

（1）模型制备设备：土样固结箱、自动砂雨器、模型真空饱和箱等；

（2）模型土的测试装置：微型自动十字板、微型多功能自动触探仪；

（3）加荷设备：在高加速度场中能施加垂直、水平的集中力，施加垂直分布力（模拟路堤荷载)，施加或释放水平分布力(模拟水的作用)，施加垂直、水平的循环动力；

(4) 离心机振动台：在离心机上模拟地震等动力作用；

(5) 深基础的开挖过程模拟器；

(6) 地下隧道的掘进过程模拟器；

(7) 波浪模拟器。

下面对其中主要设备装置作介绍。

1. 离心机振动台

离心机振动台是进行地震动态离心模型试验的关键设备。也是目前离心模拟技术中发展最快的研究方向之一。目前全世界已建成的离心机振动台超过 25 台套，新建设的大型离心机一般也同时建设配套了大型的离心机振动台。我国南京水利科学研究院和清华大学也先后研制配套了离心机振动台，填补我国在这一研究领域的空白。

根据相似准则，离心机振动台的技术要求是：

① 模型振动频率是原型振动频率的 n 倍，要求的振动频率高；

② 振动加速度大，模型振动加速度要达到原型振动加速度的 n 倍。

振动台的激振技术是离心模型振动试验的关键技术，目前世界各国先后研究开发了多种不同的激振方法与技术，主要的技术方案列在表 1-3 中。

各种振动台技术方案比较 **表 1-3**

振动台类型	工作原理	优 点	缺 点
压电式	压电材料在电场的作用下产生振动	重量轻，振动可准确控制，控制可数字化，可产生高频振动	需要很高的电压，无功电力损耗很大
颠簸道路	把模型箱底轮轨的上下运动转换成水平运动	稳定性好，出力大	不能控制频率，振动时间也不能控制
电磁式	通过电磁作用产生振动力	运动可控制，可数字化，出力大	重量大，尺寸大，电流大
爆炸式	电控爆炸产生激振力	重量轻，运动可数字化	难以控制振幅，需特制点火装置
机械式	通过弹簧及其他机械力产生振动	结构简单，重量轻，价格便宜	出力小，振动频率低，只能产生正弦波振动
电液式	通过电液伺服阀控制作动筒，产生振动	出力大，运动可数字化	结构复杂，价格昂贵，技术难度大

在各种技术方案中，经过多年的实践，电液激振系统已成为国际上最为流行并得到了普遍认同的方式。近年来，几乎新研制的振动台均采用此方式，优点是出力大，可产生任意波型，缺点是结构复杂，其技术关键是大流量高频响的电液伺服阀。国外的大型离心机振动台多采用专门研制的高性能专利电液伺服系统，或采用多个伺服阀并联。目前的大多数离心机振动台都是一维的，为了更好地模拟真实的地震震动，美国加州大学戴维斯分校、香港科学技术大学建成了大型平面二维双向振动台，日本东京工业大学研制开发了水平垂直二维双向振动台，日本大林组株式会社的超大型离心机振动台是目前规模最大的离心机振动台，振动质量 3000kg，振动台面 2200mm×1070mm，振动加速度 50g，把离心振动模拟技术推上一个新的水平。

图 1-6 是南京水利科学研究院研制的 NS-I 型离心机振动台。该振动台由振动台面、作动器、伺服阀、压力源等部分组成，其主要技术指标见表 1-4，主要几何尺寸见表 1-5。台体结构采用新型的高精密线性滑条，它具有较高的支承能力，摩擦系数极小，设计值为 0.01。电液伺服阀是振动台的核心部件，其型号为 FF106 喷水挡板式两级伺服阀，流量为 100L/min。用 25L 的高压蓄能器作为动力源。控制系统由计算机、控制柜和安装在伺服油缸上的电液伺服阀、加速度传感器、位移传感器组成信号控制回路。采用位移、速度和加速度三参数闭环控制方式。通过计算机发出指定的振动信号、伺服阀动作，同时依据安装在振动台上的位移和加速度传感器所测得的信号反馈，对振动状态进行调整，从而实现设定的振动。振动的方式可以是规则波亦可以是不规则随机波。

振动台设计性能参数与指标 **表 1-4**

离心加速度（g）	振动质量（kg）	振动频率（Hz）	最大振幅（mm）	水平振动加速度（g）	振动时间（s）
100	200	100	0.5	15	2

振动台面及台体构件 **表 1-5**

外形尺寸（mm）	整机质量（kg）	工作台面尺寸（mm）	工作台面质量（kg）	蓄能器容积（L）	回油油箱容积（L）
1345×990×520	675	700×500	80	25	8

图 1-6 NHRI 离心机振动台

图 1-7 NHRI 离心机机器人

2. 离心机机器人

1998 年，法国 LCPC 实验室的 Derkx 等在日本东京召开的国际离心机会议上对世界上第一台土工离心机机器人进行了详细报道。该机器人能够实现四轴联动，在离心机不停机条件下上拔构件、施加荷载、开挖施工等，使得离心模型试验各个方面都做到了完全符合离心模型相似律，可以说是土工离心模型试验发展史上的一个里程碑。

南京水科院成功研制了 400gt 大型土工离心机机器人，离心加速度达到 100g，图 1-7 为 NHRI 离心机机器人整体图，机器人操纵臂主要技术参数见表 1-6。机器人系统由机器人操纵臂传动系统、电气系统、数据图像采集系统及专门模型箱组成。机器人专用模型箱净尺寸为 1240mm(X)×750mm(Y)×650mm(Z)，机器人驱动结构有 X、Y、Z 轴方向的直线运动和 θ 轴方向的转动组成，机器人沿四轴方向的运动都由永磁同步交流伺服电机驱动。X 方向上采用双电机驱动，两滚珠丝杠在各自电机驱动下，沿滚珠直线导轨保持同步运行，带动整个 Y 支架在 X 方向导轨上滑动，从而实现在 X 向定位。Z 向及 θ 轴传动系统被固定在 Z 向支架上，丝杠螺母被固定在 Z 向支架上，Y 向电机驱动单丝杠，带动整个 Z 向支架在 Y 向导轨上滑动，从而实现 Y 向定位；Z 向伺服电机经同步带驱动丝杠旋转，丝杠螺母带动 Z 向支架在 Z 向导轨上移动，从而实现机械手的 Z 向定位；固定在 Z 向支架上的摆动汽缸可带动快换工具头作一定角度的旋转，实现工具的快换等动作，从而完成 θ 轴向转动。

NHRI 离心机机器人操纵臂技术指标 **表 1-6**

项　目	X 轴	Y 轴	Z 轴	θ 轴
最大行程	900mm	400mm	500mm	360°
重复精度	±0.2mm	±0.2mm	±0.2mm	±0.5°
承载能力	2500N	2500N	拉 5000N，压 18000N	5N·m
最大运行速度	30mm/s	30mm/s	20mm/s	20°/s

备注：机器人抓手提供 2-6bar 气压通道、6－5A 电气通道接口。

电气系统由 X、Y、Z 轴三维控制和 θ 轴的旋转控制系统及监视系统组成。监视系统由 CCD 摄像机、视频采集卡、监控软件及监视微机等组成，主要对机器人工作过程、动作以及准确性进行监控。

机器人的运动过程是由机器人控制系统来实现。对于该机器人三维位置控制系统，主要由工控机、ETCPC 模块、交流伺服电机、人机交互软件以及教学辅助部分等组成，以实现机器人在 X、Y、Z 三维空间内定位。其中，工控机、系统供电、降低主电源干扰的电抗器及一些手动保护等功能的控制柜位于控制室内。工控机用于实现机器人系统的人机交互，根据该机器人控制系统需要选择 ETCPC 模块，ETCPC 是整个系统的核心。它利用控制程序发来的指令进行轨道计算，然后将计算结果传递到驱动器装置执行控制命令。

3. 加荷设备

加荷设备主要是为了模拟结构物所受到的垂直与水平方向的作用力。根据相似条件，集中力的相似条件为 $F_p = n^2 F_m$。可分为液压式装置和电动式的两种。日本东京工业大学研制出电动式加荷设备，西澳大利亚大学研制出双向加荷设备，南京水科院研制出 200kN 伺服液压加荷系统，可以模拟超大型桥梁的 20 万吨级桩基荷载。

4. 开挖模拟装置

为了模拟开挖过程中，土与结构的力学表现，日本东京工业大学研制开发了能在离心机旋转过程中完成基础开挖的设备装置，可以比较好地实现对基础开挖过程的模拟。

模拟地下隧洞开挖对上部结构与地表的影响，可采用试验前挖洞，乳胶带充水、充压，在达到设计加速度后，把水放掉的办法来模拟隧洞及洞顶与周边土体的受力与变形情况。为了模拟隧洞的开挖掘进过程，日本已研制出了隧洞掘进模拟装置，可以模拟较为真实的掘进过程。

5. 砂雨装置

砂雨装置有两种类型与用途：一是用来模拟堤坝等结构物对地基的作用，目前的技术水平还不能在离心机高加速度的旋转中模拟堤坝本身的填筑过程，而主要用来模拟堤坝填筑荷载对下部地基的影响，是一种加荷装置，如荷兰代尔夫特大学研制的砂雨加荷装置，可以在离心机高加速度的旋转过程中模拟分层填筑的加荷过程；另一种是作为砂土地基模型的制作工具，可以排除人为的因素，做出均匀一致的模型，如美国哥伦比亚大学研制的自动砂雨制模装置。

6. 模型土检测装置

模型土强度检测装置是离心模型试验中常用的设备，这是因为多数模型的土样需要重新制备，快速得到土的强度指标是试验中需要解决的问题。目前，常用的方法有微型圆锥触探和微型十字板。

美国 RPI 研究所的圆锥触探设备，可以在离心机的高加速度旋转中进行多点的触探检测。荷兰代尔夫特大学的十字板检测仪，可以在离心机的高加速度旋转中自动检测土的强度。国内应用较多的是手动微型圆锥触探和手动微型十字板。

离心模型试验技术还处在不断的发展之中，它所涉及的研究范围越来越广泛，在不同类型的模型试验研究中，新的测试技术不断涌现，研究手段也越来越先进。可以预见，随着光电、微电子、计算机技术的不断发展进步，离心模型试验的模拟技术必将会有一个更大的发展。

第四节　离心模型试验模拟技术

一、模型土样的制备

出于采取原状土样将遇到各种各样的困难，目前大部分离心模型试验均采用人工制备土制作模型。到目前为止，仅有少数几个工程的模型试验使用了原状土样。对于离心模型试验来说，模型土料的制备是一个至关重要的问题。模型制备中有两个主要问题应当考虑：一是如何使制备的模型土样达到设计要求的物理力学指标；二是如何保持不同模型之间土样物理力学指标的一致性。从目前的技术水平来看，对于干砂、饱和砂以及饱和黏土的模型制作已初步形成了相对成熟的技术。

1. 饱和黏土模型的制备方法

国外的试验室在进行机理研究时，多数都采用具有较高渗透性的高岭土作为模型土料，一致性与重复性都比较好。在国内，有具体工程研究背景的项目较多，因此在进行工程项目的研究时，常常都取用原型的土料来进行模型制作与试验。

饱和黏土模型土样的制备步骤是：晾干、粉碎、过筛、浸泡、搅拌，制成含水率约为 2 倍液限的泥浆，把泥浆注入模型箱，使泥浆固结，固结完成后可根据需要来制作模型。

泥浆固结常用的方法有三种。为了模拟地层的固结历史过程，可以采用在离心机上直接固结的方法。固结时，可以在土层上下设置排水层，也可以根据固结压力的要求，先铺覆盖针刺无纺布再加适当重量的砂，以提高模型土的固结压力、加速模型的固结过程。为了模拟较长的地基固结历史过程，离心机常常需要连续运行 24h 以上。这对于性能较好的小型离心机而言，问题不是很大。而对于大型的离心机来说，就是一个比较高的技术要求。此外，用大型离心机固结土样，消耗的能源亦很大。为此，国内外许多试验室都专门研制了黏性土模型的固结箱，通常是用一个自动伺服的液压装置来控制，以达到在恒定压力固结的目的。用这种方法固结出来的土样，比较均匀，易于控制，见图 1-8。但也有人为了更为准确地模拟地基土的真实固结过程，利用渗透力的原理，在模型箱的顶部与底部施加一个渗透梯度，通过渗透体积力，来模拟实际土层在不同压力条件下的固结历史过程。

图 1-8 黏性土固结自动伺服液压系统（日本东京工业大学）

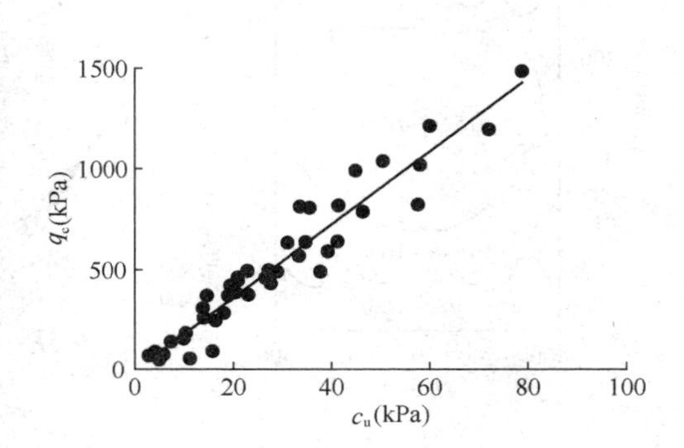

图 1-9 CPT 锥尖阻力 q_c 与不排水强度 c_u 的相关关系

通过大量的试验，Gamier J 初步建立了黏土的不排水强度 c_u 与超固结比 OCR 以及上覆垂直压力 σ'_v 的经验关系。这些关系，对于指导试验有一定参考价值。

$$c_u = K_1\sigma'_v(OCR)^m \tag{1-62}$$

式中，K_1、m 为经验系数，取 $K_1=0.19\sim0.40$，$m=0.57\sim0.59$。这些强度指标是专门设计的微型十字板和微型触探仪，在离心机运转过程中测定的。

对同一种土，Gamier J 还分别用微型十字板和微型触探仪，测定了土的强度。给出了不排水强度 c_u 与锥尖阻力 q_c 的关系（图 1-9）：

$$q_c = K_2c_u \tag{1-63}$$

式中，K_2 为经验系数，一般 $K_2=14\sim18.5$。

此外，Tani K 和 Craig W H 建议了通过含水率来估算固结土强度的方法；

$$\lg c_u = 3.804 - 0.101w \tag{1-64}$$

式中，w 为固结后土样含水率（%）。

由于重塑土破坏了土体原有的结构性，使重塑土难以模拟土体结构性的影响。日本港湾研究所的北诘昌树等，曾尝试在高温条件下固结土样的方法，成功地模拟了土体应力应变的结构特性，并通过离心模型试验研究了土的结构性对结构物的影响。此外，沈珠江、蒋明镜尝试在三轴试验的试样中添加碎冰屑和水泥，也比较好的模拟了土的结构特性。这些工作都是有益的，但更为可靠的模拟方法与技术尚待发展。

2. 砂性土模型的制备方法

砂雨法，即让模型砂在一定高度自由下落的模型制作方法。与击实方法相比，模型均匀，制作高密度模型时，不会产生颗粒的破碎。目前已开发出了多种砂雨器，如悬挂式、移动式、格板滤网式等，国外多家试验室开发出了各种手动和自动的砂雨器。用自动砂雨器制备的砂基模型结果令人满意（图 1-10）。整体来看在水平面上的密度分布比较均匀，干密度的大小相差在±0.5%以内。从局部情况来看，中间部分密度小，边缘部分密度大，最大密度分布在模型箱长方向的两个端部，见图 1-10（a），模型垂直应力沿深度分布见图

1-10 (b)，无量纲锥尖阻力 $Q_c=(q_u-\sigma'_v)/\sigma'_v$ 分布见图 1-10（c），q_u为锥尖阻力。

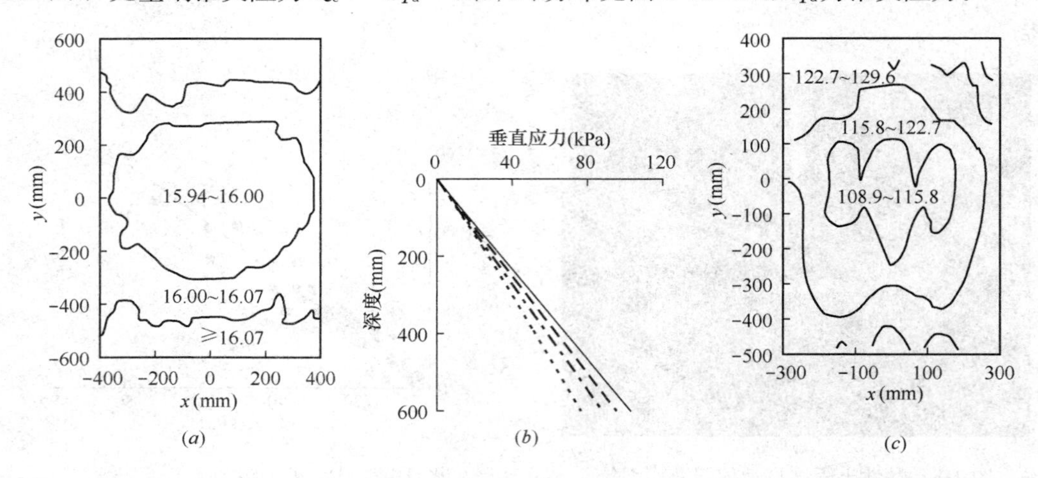

图 1-10　模型砂基结果

（a）干重度分布（kN/m³）；（b）应力分布；（c）无量纲锥尖阻力分布

二、粒径效应与几何尺寸效应问题

在离心模型试验中，一般用原型的土料来制作模型。但采用原型的土料，带来的问题是模型土料的粒径 d 与原型土料的粒径 D 之间不满足相似比例条件，模型的粒径 d 与模型结构物尺寸 B 之间，亦不满足相似的比例关系，由此而产生的试验偏差，叫做粒径效应与几何尺寸效应。粒径效应在离心模型试验中是始终存在的，它与时间比尺矛盾问题一起被认为是离心模型技术的两个缺陷。如果要把模型的土料严格按照相似比尺缩小后，原型无黏性的砂土在模型中就会变成有黏性的黏土，很显然，黏土与砂的力学性质有很大的差异，这样做就背离了模型材料力学性质与原型相同的离心模型试验基础，这种缩尺的做法不合时宜。也有人认为所谓的粒径效应并不存在，因为土力学本身就是在宏观的基础上建立的研究方法，不能按照细观甚至微观的要求来苛求宏观模型，宏观的力学表现一致应当作为第一要求。

大量的试验证实，细粒土不存在粒径效应。但在进行粗颗粒材料模型试验时，如土石坝、面板堆石坝等，原型的颗粒粒径太大，目前已达到 100～150cm。用原型的土料来进行试验已无可能，必须通过缩尺来配制模拟材料。在采用缩制的模拟材料时，主要考虑两个方面的问题。

其一是，缩制的土料最大粒径应为模型箱与模型结构物所允许，不会对试验结果产生影响。这个问题与进行粗颗粒材料的大型三轴仪试验时要考虑径径比的问题类似，试验结果表明，当模型箱的宽度与模型土料平均粒径之比在 60～250 时不会产生几何尺寸效应。

Ovesen 通过干砂圆形基础承载力试验表明：基础直径与砂平均粒径之比在 30～180 不产生尺寸效应。对于这个问题，徐光明、章为民通过试验，进一步证实，上述的径径比不应小于 23。

目前，国内外处理超粒径颗粒的方法大体有 3 种：剔除法、等量替代法和相似级配法。所谓剔除法，就是剔除超粒径颗粒，并将其剩余部分作为整体再计算各粒径组含量，这样使细粒含量相对增加，改变了粗粒土的性质，故除对超粒径颗粒含量极少的粗粒土外，一般不采用此法。所谓等量替代法，就是以模型箱最小尺寸所允许的最大粒径以下的粗粒，按比例等量替换超粒径颗粒部分，经替代后的粗粒土级配虽保持了原粗、细颗粒含量，但改变了粗粒部分的不均匀系数 C_u 及曲率系数 C_c，有关试验证实，用等量替代法制备的试样较剔除法符合实际情况。所谓相似级配法，就是根据所确定的最大允许粒径按几何相似原则等比例将原粗粒土粒径缩小，即其颗分曲线按一定几何模拟比尺平移。这种方法虽使 C_u、C_c 保持不变，但细粒含量有所增加，使原粗粒土的工程性质有所改变，特别是对土渗透性影响较大。如三笠正人在模拟土石坝时采用此法，结果发现模型料具有了明显的凝聚力特性。

其二是，缩制后的土料与原型土料的力学性质的变异及其影响。目前，关于粗颗粒模型料的缩制方法仍是一个值得进一步研究的课题。Saboya 的研究表明，土的力学特性与参数是随着粒径、级配与不均匀系数而变化的。图 1-11 中给出了邓肯模型参数随粒径的变化情况。由此看出，缩制后的模型料在力学特性上与原型存在一定的差异。在分析试验结果时应考虑这种差异带来的影响。在试验中，应当根据试验的主要目标，选择关键力学指标作为主要控制条件，以达到关键力学表现正确的目的。

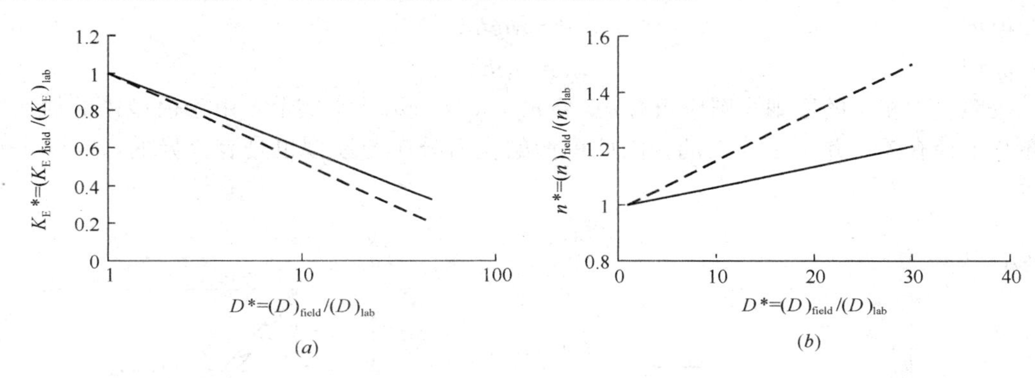

图 1-11 邓肯模型参数随粒径的变化

(*a*) K^* 与相对粒径的关系；(*b*) n^* 与相对粒径的关系

三、边界效应

离心模型试验中，模型是在模型箱里制作，并完成试验的。边界效应来自模型箱边壁对模型的约束作用。要消除边界效应，对于不同的结构要求有所不同，对于圆形地基基础，消除边界效应的界限为基础到模型箱边壁的距离与基础尺寸之比应大于 3。

对于土体的滑动破坏，在制模时也应当在滑弧前预留充分的空间，以保证滑动体不受边界的影响，

消除箱壁的摩擦约束是每个试验都应当注意的问题。箱壁应当尽可能光滑，常可以采用涂硅脂、粘贴聚四氯乙烯薄膜等方法，来减少箱壁的摩擦力。

在进行大型土工结构试验时，常常因为模型箱尺寸的限制，很难做到全断面的模拟，需要截取关键的部位来研究，这样就使模型失去了原型的整体连续性，从而引起边界的截断误差。对这类问题，采用数值模拟与物理模拟相结合的方法，来研究截断误差是一个可行的办法。

在地震等动力试验中，地震波在模型箱的边界会发生反射，对试验造成不利的影响。

常用的解决方法有两种：一种是采用常规刚性模型箱，在模型箱振动方向的两端加贴厚度为20～30mm吸波材料，吸波材料可以选购现成产品，也可以用乳胶制作，如南大703，可以避免振动波在模型箱边界的反射；另一种方法是研制特殊的叠层式模型箱（Laminar Model Box），这种模型箱在水平方向的剪阻力非常小，可以有效地消除振动波在模型箱边界的反射。国外的试验室和研究机构大都使用叠层式模型箱来消除振动波在边界的反射。

四、离心模型试验的误差与精度问题

离心惯性加速度场是通过离心机的旋转而产生的，离心机旋转产生的离心惯性加速场是沿旋转中轴形成的一个个圆形的柱面，在每个等半径的圆柱面上，其离心惯性加速度场的惯性势是相等的，离心加速度也相同，离心加速度的大小与半径成正比：$a=\omega^2R$。这样，在模型的不同高度上，所受到的离心惯性力是不同的。那么离心模型的误差应当如何来确定呢？如第一节的分析，土工模型中应力与原型相等是模型试验的核心，离心模型的误差应从应力的误差来分析。图1-12是在ng条件下，模型理想状态的垂直应力与原型的垂直应力分布。

模型 $$\sigma_{vm}=\rho ngh_m \tag{1-65}$$

原型 $$\sigma_{vp}=\rho gh_p \tag{1-66}$$

按照应力相等的原则，则应当有$\sigma_{vm}=\sigma_{vp}$，$h_p=nh_m$。事实上，由于模型中的加速度分布与半径有关，并不是均匀的，因此模型的应力分布与原型也是有差异的，如图1-13所示。

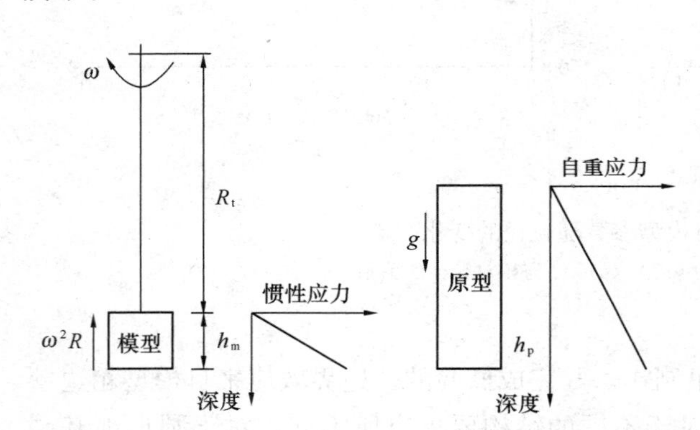

图1-12 原型的应力分布与模型的理想应力分布

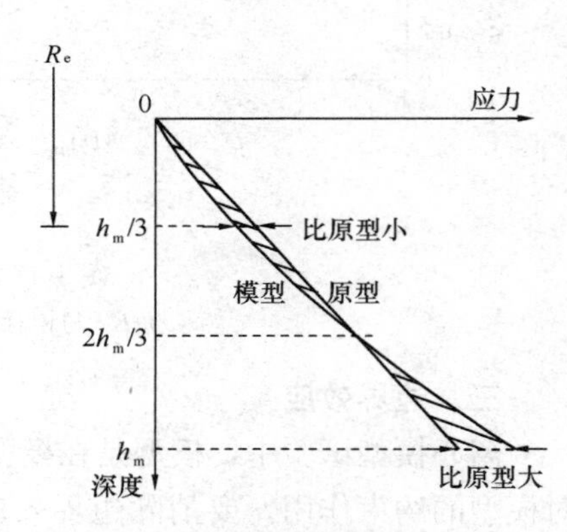

图1-13 模型的实际应力分布

用模型模拟原型就要使下式成立：

$$\sigma_{vp}=\rho gh_p=\rho gnh_m=\sigma_{vm} \tag{1-67}$$

离心模型的ng是通过离心机的旋转得到的，即：

$$ng=\omega^2R_e \tag{1-68}$$

式中，R_e是模型试验的计算有效半径。令R_t为转动中心到模型顶的半径，从模型顶起，深度为z处的应力：

$$\sigma_{vm}=\int_0^z\rho\omega^2(R_t+z)\mathrm{d}z=\rho\omega^2z\left(R_t+\frac{z}{2}\right) \tag{1-69}$$

如在 $z=z_0$ 处，模型应力等于原型应力，从式（1-67）、式（1-68）和式（1-69）可以确定模型的有效半径为：

$$R_e = R_t + 0.5z_0 \tag{1-70}$$

从图 1-13 中可以看到，在模型的上部，模型的应力比原型小，而在模型的底部，应力偏大，在偏小的部分，当高度为 $0.5z_0$ 时，模型应力与原型应力的误差最大，为：

$$\gamma_u = \frac{z_0}{4R_e} \tag{1-71}$$

应力偏大部分的最大误差发生在模型底部，即 $z=h_m$，同样的处理可以得到应力偏大部分的误差为：

$$\gamma_0 = \frac{h_m - z_0}{2R_e} \tag{1-72}$$

让应力偏大与应力偏小部分的误差相等，模型的整体偏差最小，可以得到：

$$z_0 = \frac{2}{3}h_m \tag{1-73}$$

亦即是：

$$R_e = R_t + \frac{h_m}{3} \tag{1-74}$$

上式表明，当把转动中心到模型的 2/3 高度处作为有效半径时，此时离心模型的应力误差最小，其值为：

$$\gamma_u = \gamma_0 = \frac{h_m}{6R_e} \tag{1-75}$$

对大多数的离心机来说，h_m/R_e 小于 0.2，因此模型中的应力与原型应力的最大误差要小于 3%。由此证明，用离心模型来研究岩土工程问题，其试验设备的精度是有足够保证的。

事实上，离心模型试验的准确性与误差的大小，并不是仅由离心机加速度场来决定的，而主要取决于试验人员对试验目标的把握，取决于模型的制备技术，取决于试验的模拟技术，如对施工过程的模拟、对粒径效应与几何尺寸效应、边界效应的处理等方面。

五、模型的模拟

模型的模拟是离心模型试验中较为独特的试验验证方法，也是离心模型的特点之一。根据相似理论：

$$l_p = nl_m \tag{1-76}$$

式中，l_p 为原型长度；l_m 为模型长度；n 为模型比尺。

对于某一个特定的原型而言，l_p 是固定的，而模型比尺却可以有无数种选择。原型的物理力学特性在确定的条件下是唯一的，一个好的科学的试验方法在不同模型比尺条件下，从模型试验所得到的原型结果应当是一致的。这个方法，就叫做模型的模拟。用模型的模拟可以找出粒径效应、几何效应与边界效应等试验偏差，验证试验结果的可靠性与正确性，是一个很有效的研究方法与手段。

如图 1-14 所示，土堤的试验可以在 $10g$ 加速度条件下进行，也可以在 $100g$ 的加速度条件下进行，由于它所模拟的为同一原型实体，它们之间也存在着相似的关系，它们所得到原型力学参量应当相同。

模型的模拟是离心模型试验中的一个特有的方法，常用图 1-15 的方式来表达。图中的 A1、A2、A3 分别代表图 1-14 中的原型与模型。在 Ovesen 的文章中，罗列了各种不同类型模型模拟的结果，这些结果充分展示了离心模型相似理论的完美一致性，这种在不同比尺条件下能够相互验证的试验方法，也是常规模型试验方法无法比拟的。

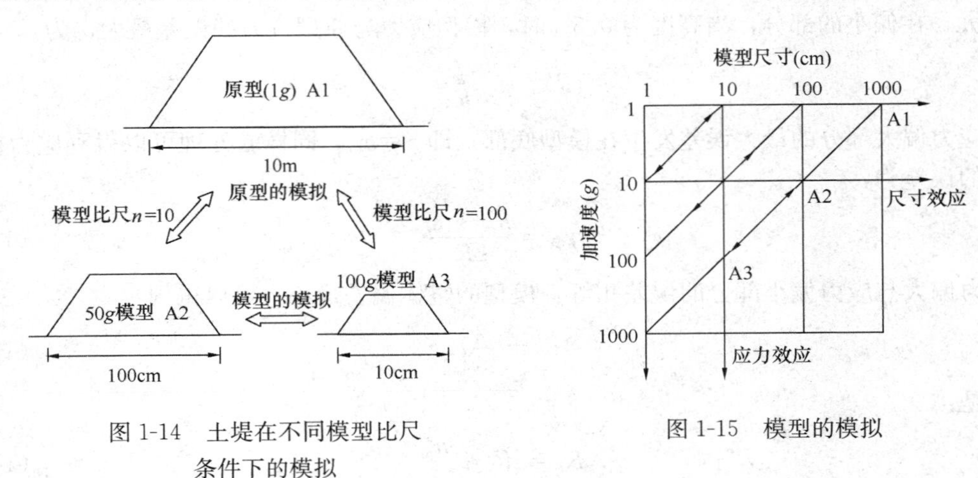

图 1-14　土堤在不同模型比尺条件下的模拟

图 1-15　模型的模拟

六、土石坝填筑变形的离心模拟方法

土石坝是分层填筑完成的，而离心模型一般则是试验前一次做成的，两者有明显的区别。由于离心模型模拟分层填筑施工过程存在较大难度，目前的分层填料装置，可以分层撒料，但在填筑密度的控制、变形标记设定、模拟坝体分区等方面遇到了巨大的困难。章为民、徐光明依据相似理论，提出了用加速度的增加过程来模拟坝体逐步升高的方法。

1. 土石坝变形的量测方法

土石坝的变形量测是边施工边进行的。在土石坝分层填筑的过程中，先填好一层以后再埋设量测变形的标记。只有待标记埋设完成以后，才能实施测量，而此时该标记以下部分坝体已填筑完成，其自重作用下的变形已近结束，因此刚填好的一层的变形此时就必然为零。由此看来，土石坝施工期变形测量是这样的一个过程，即把每一填筑层作为荷载，记录由此荷载所产生的各个标记的变形增量；把每一标点在各填筑层作用下所产生的增量叠加起来，就得到竣工期的变形。图 1-16 给出了某堆石坝施工期坝体的实测沉降过程线与沉降沿坝高分布，另外还给出了两个填筑层所产生的沉降增量沿坝高的分布。

2. 离心模拟方法

如上所述，土石坝施工期变形有两个特点：一是变形标点的埋设取决于坝体逐层加高的分层填筑过程；二是坝体的变形按增量方式叠加。如果离心模型能够模拟这两个特点，就可以模拟坝体的施工过程。首先，离心模型可以模拟坝体的分层填筑升高过程，根据相似理论，在离心机加速度增加的过程中，模型所模拟的原型坝体也是逐步增高的。如一个原型坝，高 100m，按模型比尺 $n=100$ 设计，模型高为 1m。当离心加速度上升到 $10g$ 时，模型所模拟的原型坝高为 10m，上升到 $20g$ 时模型模拟原型坝高为 20m，$30g$ 时原型坝高为 30m，当加速度达到 $100g$ 时，模型所模拟的原型坝就升到了竣工高度 100m，见图 1-17 (a)。因此，离心加速度的增加过程就模拟了坝体逐步填筑升高的过程。当然，离心

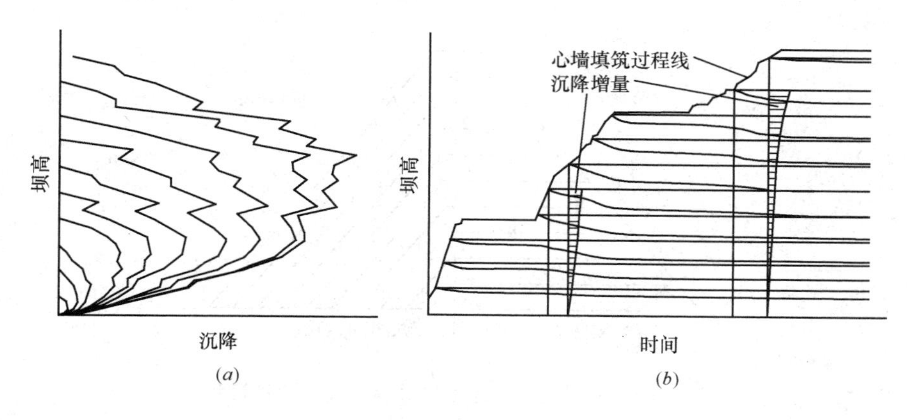

图 1-16　实测的坝体沉降分布及过程线

（a）沉降分布；（b）沉降过程线及沉降增量分布

模型所模拟的坝体升高过程与实际的坝体填筑过程并不完全一致。从图 1-18 可以看出，两种筑坝的过程在上、下游坝坡差别比较大，而在坝轴线附近的升高过程是完全一致的，从大坝的纵断面来看，两种方式的筑坝过程完全相同，见图 1-17（a）。

在离心模型试验中，变形可以通过位移传感器、高速摄影及图像数字化处理等手段来获得，一般可以得到一个变形与加速度的关系曲线，见图 1-17（b）。严格来说，这一曲线并不是坝体某一特定点的变形过程，它是坝体不同部位不同时刻变形的累加。因此这条线上某一点的变形并无准确的实际物理背景，但是某两点的变形差是有物理意义的，因为加速度的变化代表了坝体高度的变化，因而变形的变化就可以看作是坝体高度变化而产生的。

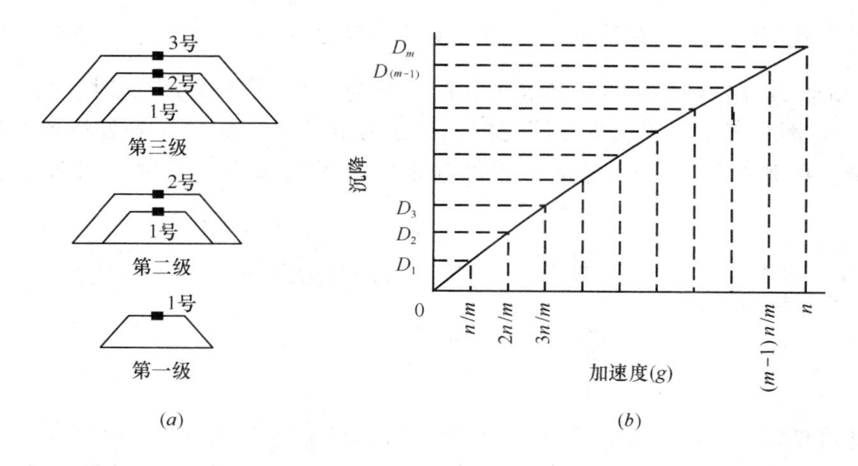

图 1-17　土石坝变形离心模型模拟方法

（a）土石坝分层填筑过程的模拟；（b）离心模型的变形

下面以安装在模型坝顶的位移传感器所测得的位移与加速度关系曲线为例，假定模型比尺为 n，为模拟分 m 层填筑的过程，把过程线分 m 份。从过程线上可读到 D_1，D_2，…，D_m m 个位移值，它们分别表示坝体填筑到不同高度时坝顶位移传感器累计读数。如图 1-17（b），在加速度达 n/mg 时读数为 D_1，此时坝体升高到 n/m 坝高，相当于完成第

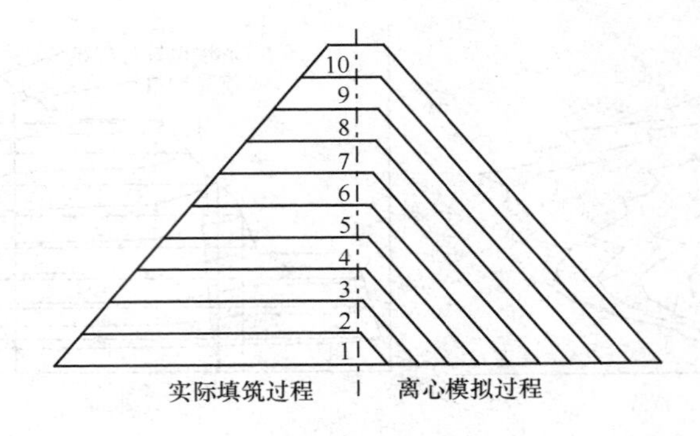

图 1-18　土石坝的实际填筑过程与离心模拟过程

一层的坝体填筑，对应于原型的情况，此时埋设第一层标记 1 号，因此第一层此时的沉降 $\delta_1=0$。当加速度达到 $2n/mg$ 时，模型所模拟的原型坝体升高到 $2n/m$ 坝高，相当于第二层填筑完成，同样埋设第二层标记 2 号，由于刚完成埋设，第二层的沉降 $\delta_2=0$。而此时第一层 1 号标记处则有一个由第二层填土重量而产生的沉降变形增量 $\Delta\delta_{12}$。事实上，这一沉降的增量可以根据实测的变形增量来假定模型的增量分布。图 1-16 中已给出了由填筑土层重量而产生的沉降增量分布的实测值。为简单起见，不妨假定分布是线性的。有了沉降增量的分布规律，就可以推出坝顶以下各层的沉降增量了。这样，当加速度从 n/mg 上升到 $2n/mg$，坝体则从 n/m 坝高升高到 $2n/m$ 坝高，此时坝顶的沉降增量为 $\Delta\delta_2=D_2-D_1$，由沉降增量沿坝高的分布可推出此时第一层标记 1 号处的沉降增量应为 $\Delta\delta_2/2$。此沉降的增量值是在 $2n/mg$ 时测读的，根据相似理论，此增量推算到原型时的模型系数是 $2n/m$，而不是模型的设计比尺 n，因此该沉降增量值还应乘一个比尺加权系数 $2/m$，这样第一层标点 1 号处由第二填筑层而产生的沉降增量应为 $\Delta\delta_{12}=\dfrac{2n}{m}\times\dfrac{1}{2}\times\Delta\delta_2$。同样在 $3n/mg$ 时，坝高从 $2n/m$ 升到 $3n/m$，坝顶的沉降增量为 $\Delta\delta_3=D_3-D_2$。此时，第三层刚填筑完毕，$\delta_3=0$，而由于第三层土重在第二层标记 2 号和第一层标记 1 号处将各产生一个新的沉降增量。把各标记点的沉降增量累加起来，便得到在第三层填完时各标点的总沉降量：

$$\left.\begin{aligned}\delta_{13}&=\frac{2n}{m}\times\frac{1}{2}\times\Delta\delta_2+\frac{3n}{m}\times\frac{1}{3}\times\Delta\delta_3\\ \delta_{23}&=\frac{3n}{m}\times\frac{2}{3}\times\Delta\delta_3\\ \delta_{33}&=0\end{aligned}\right\}\tag{1-77}$$

当加速度增加到 $4n/mg$，$5n/mg$，…，ng 时，按上述方法类推，就可得出符合实际的坝体沉降及其沿坝高的分布。一般地，填筑第 j 层时所引起第 i 层的沉降增量 $\Delta\delta_{ij}$ 为：

$$\Delta\delta_{ij}=\begin{cases}0 & i\geqslant j\\ \dfrac{in}{m}(D_j-D_{j-1}) & i<j\end{cases}\quad i,\ j=1,\ 2,\ \cdots,\ m\tag{1-78}$$

那么，当原型坝施工到第 k 层时，第 i 层（$i<k$）的总沉降 δ_{ik} 可按下式计算：

$$\delta_{ik}=\sum_{j=i+1}^{k}\Delta\delta_{ij}=\frac{in}{m}\sum_{j=i+1}^{k}(D_j-D_{j-1})\tag{1-79}$$

因此，当 $k=m$ 时，坝体竣工，原型第 i 层的最终沉降 δ_i 可按下式计算：

$$\delta_i = \sum_{j=i+1}^{m} \Delta\delta_{ij} = \frac{in}{m}\sum_{j=i+1}^{m}(D_j - D_{j-1}) \tag{1-80}$$

当模型沉降与加速度关系为线性分布时，则式（1-80）可简化为：

$$\delta_i = \frac{in}{m^2}D(m-i) \tag{1-81}$$

坝体施工期的最大沉降为：

$$\delta_{\max} = \frac{nD}{4} \tag{1-82}$$

式中，D 为模型坝顶的最终沉降量。

图 1-19 为按前述的方法得到的坝轴线上各点的沉降过程线及沉降沿坝高分布，可以看出，离心模拟所得的沉降分布和沉降过程与实际基本一致。

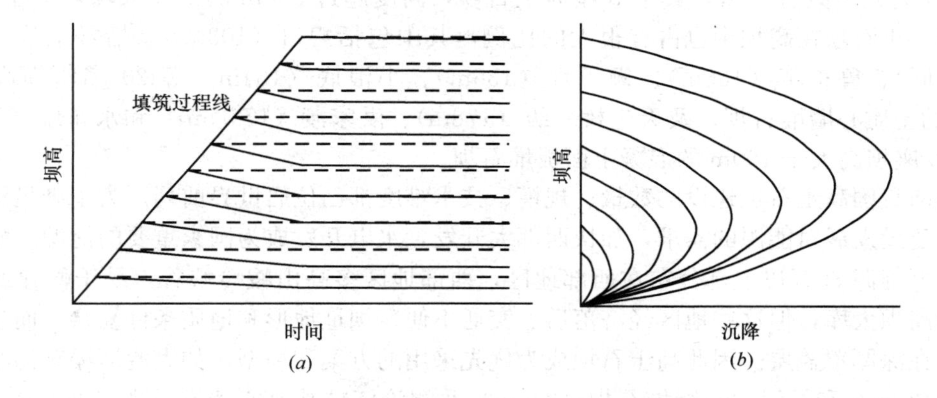

图 1-19　离心模拟方法得到的土石坝变形

（a）沉降过程线；（b）沉降分布

第二章　高土石坝离心模型试验研究

第一节　引　　言

高土石坝是国内外高坝中为数最多的坝型。高土石坝由于其具有对坝基地形地质条件适用性好、就地取材和充分利用建筑物开挖料、施工简单、施工速度快、造价较低和建设周期短等优点，已成为世界各国大坝建设中广泛采用的高坝坝型。在国外，已建成的坝高250m以上大坝共有9座，其中5座为土石坝，高度超过300m的2座大坝均为土石坝。在我国，土石坝在高坝中也占有很大的比例，其中包括碧口（103m）（括号中数字为坝高，下同）、鲁布革（106m）、狮子坪（136m）、小浪底（154m）等20多座坝高大于100m的土质心墙堆石坝，及天生桥一级（178m）、洪家渡（179.5m）和水布垭（233m）等近40座坝高大于100m的混凝土面板堆石坝。

当前我国高土石坝建设的数量、规模、技术难度都已位居世界前列。为了满足国家国民经济建设发展对能源的需求，加快西部大开发，水电开发成为国家重要的能源战略。我国的水电资源80%以上都分布在西部地区，西部地区多高山峻岭峡谷，易于修建调节性能好的高坝大库，但这些地区经济落后、交通不便、坝址地形和地质条件复杂，而且大多坝址存在深厚覆盖层。因此高土石坝成为优先采用的方案和坝型，如大渡河瀑布沟心墙堆石坝（182m）和长河坝心墙堆石坝（240m）及澜沧江糯扎渡心墙堆石坝（262m），计划建设有金沙江乌东德心墙堆石坝（225m）、雅砻江上两河口心墙堆石坝（293m）和坝高为314m的大渡河双江口心墙土石坝等。目前我国高土石坝（无论是混凝土面板堆石坝还是土质心墙堆石坝）的建设规模之宏伟、投资力度之巨大、建设势头之迅猛，可以说是史无前例的，我国已经迎来了一个高土石坝工程建设的黄金时代，其数量、规模、技术难度都居世界前列。

第二节　高心墙堆石坝坝体变形离心模型试验研究

一、工程概况

长河坝水电站系大渡河干流水电规划“三库22级”的第10级电站，上接猴子岩电站，下游为黄金坪电站。工程区位于四川省康定县境内，坝址位于大渡河上游金汤河口以下约7km河段，距上游的丹巴县城约85km，距下游的泸定县城为50km，距成都市约360km。电站采用水库大坝、地下引水发电系统的开发方式，枢纽建筑物由拦河大坝、泄洪消能建筑物、引水发电建筑物等组成。坝型为砾石土心墙堆石坝，正常蓄水位1690m。电站以单一发电为主，无航运、漂木、防洪、灌溉等综合利用要求。电站总装机容量2600MW，单独运行多年平均发电量108.3亿kWh。本工程为一等大（1）型工程，挡水、泄洪、引水及发电等永久性主要建筑物为1级建筑物，永久性次要建筑物为3级建筑物，临时建筑物为 3 级建筑物。

坝址河床覆盖层深厚，为 65～76.5m，具有多层结构，从下至上由老至新分为 3 层：第①层漂（块）卵（碎）砾石层（$fglQ_3$）：漂（块）卵（碎）砾石成分以花岗岩、闪长岩为主，少量砂岩、灰岩。漂（块）卵（碎）呈次圆～次棱角状，砾石呈次圆状、浑圆状。粗颗粒基本构成骨架，局部具架空结构，具中等～强透水性。第②层含泥漂（块）卵（碎）砾石层（alQ_4^1）：漂（块）卵（碎）砾石成分以花岗岩、闪长岩为主，呈次棱角状～次圆状，少量圆状，具中等～强透水性。该层局部有砂层②-c 分布，为中～粉细砂，埋藏浅，结构较松散，属可液化的砂层。第③层漂（块）卵砾石夹砂层（alQ_4^2）：分布河床浅部，厚 5.2～27.9m，漂（块）卵砾石成分以花岗岩、闪长岩为主，漂（块）卵呈次棱角状～次圆状，砾石呈次圆～圆状，以漂（块）卵砾石构成骨架，具中等～强透水性。

拦河大坝采用砾石土心墙堆石坝，大坝典型剖面图见图 2-1。心墙与上、下游坝壳堆石之间均设有反滤层、过渡层，防渗墙下游心墙底部及下游坝壳与覆盖层坝基之间设有水平反滤层。坝顶高程 1697.00m，坝体建基面最低高程为 1457.00m，最大坝高 240m，坝顶长度 497.94m，坝顶宽度 16.00m，上、下游坝坡均为 1：2.0；上游坝坡在 1645.00m 高程处设一条 5m 宽的马道，下游坝坡分别在 1645.00m、1595.00m、1545.00m 高程处各设一条 5m 宽的马道。砾石土直心墙顶高程为 1696.4m，顶宽 6m，上、下游坡均为 1：0.25，心墙底高程为 1457.00m，最大底宽 125.75m，由于坝线两岸岸坡陡峻，心墙与岸坡接触部位填筑高塑性黏土以协调二者之间的变形，高塑性黏土水平厚度 3m。心墙上、下游反滤层水平厚度分别为 8m 和 12m，上、下游过渡层水平厚度均为 20m。设计填筑标准是：心墙压实度≥0.99，其他筑坝材料（堆石料、过渡料、反滤料）的相对密度为 0.85。心墙料分为两个区，高程 1585m 以上为心墙Ⅱ区，为新莲心墙料，高程 1585m 以下为心墙Ⅰ区，为汤坝心墙料。堆石 1 为花岗岩，堆石 2 为闪长岩。

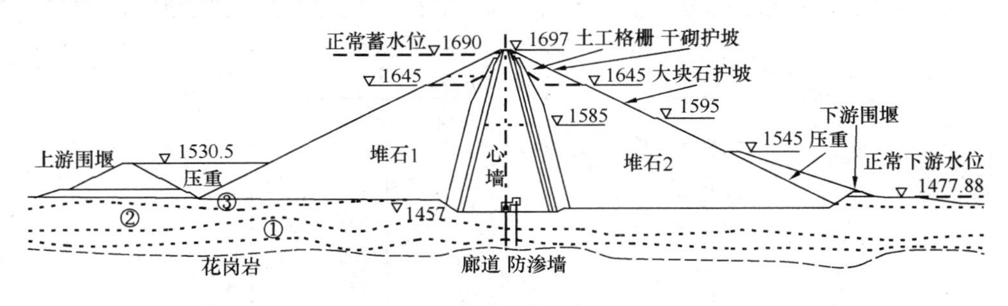

图 2-1　坝体典型剖面图

河床段心墙基面以下覆盖层深度约 50m，采取全封闭混凝土防渗墙方案，覆盖层以下坝基及两岸基岩防渗均采用灌浆帷幕，防渗要求按透水率 $q \leqslant 3$Lu 控制；坝基防渗墙采用两道，分别厚 1.4m 和 1.2m，两道墙采用分开布置形式，形成一主一副布置格局，两墙之间净距 14m。主防渗墙布置于坝轴线平面内，通过顶部设置的灌浆廊道与防渗心墙连接，墙体底部嵌入基岩 1.5m，最大墙深 50m，防渗墙与廊道之间采用刚性连接，墙内预埋基岩帷幕灌浆管；副防渗墙与心墙间采用插入式连接，插入高度 15m，墙体底部嵌入基岩 1.5m，最大墙深 50m。

二、试验内容和方法

长河坝高 240m，覆盖层厚 65～70m，坝最大底宽约 1050m，采用长×高×宽为 1000mm×1000mm×400mm 的模型箱，取大坝最大断面，按平面问题进行试验。由于模型箱的高度为 1000mm，离心机的极限加速度为 240g，即模型比尺不大于 240，模拟的高度不大于 240m，要在离心机中完全模拟长河坝是不可能的，离心模型采用等应力（即加速度比尺=模型比尺）分块模型组合和不等应力（即加速度比尺<模型比尺）全模型的方法进行模拟。(1) 坝体沉降模型：按等应力模型进行试验，模型比尺取为 240，只模拟全部坝体部分（坝高 240m），不考虑覆盖层，试验布置见图 2-2 (a)，以研究施工期和运行期坝体变形。为了研究坝体材料填筑密度和含水率对大坝变形的影响，坝体沉降模型做了 2

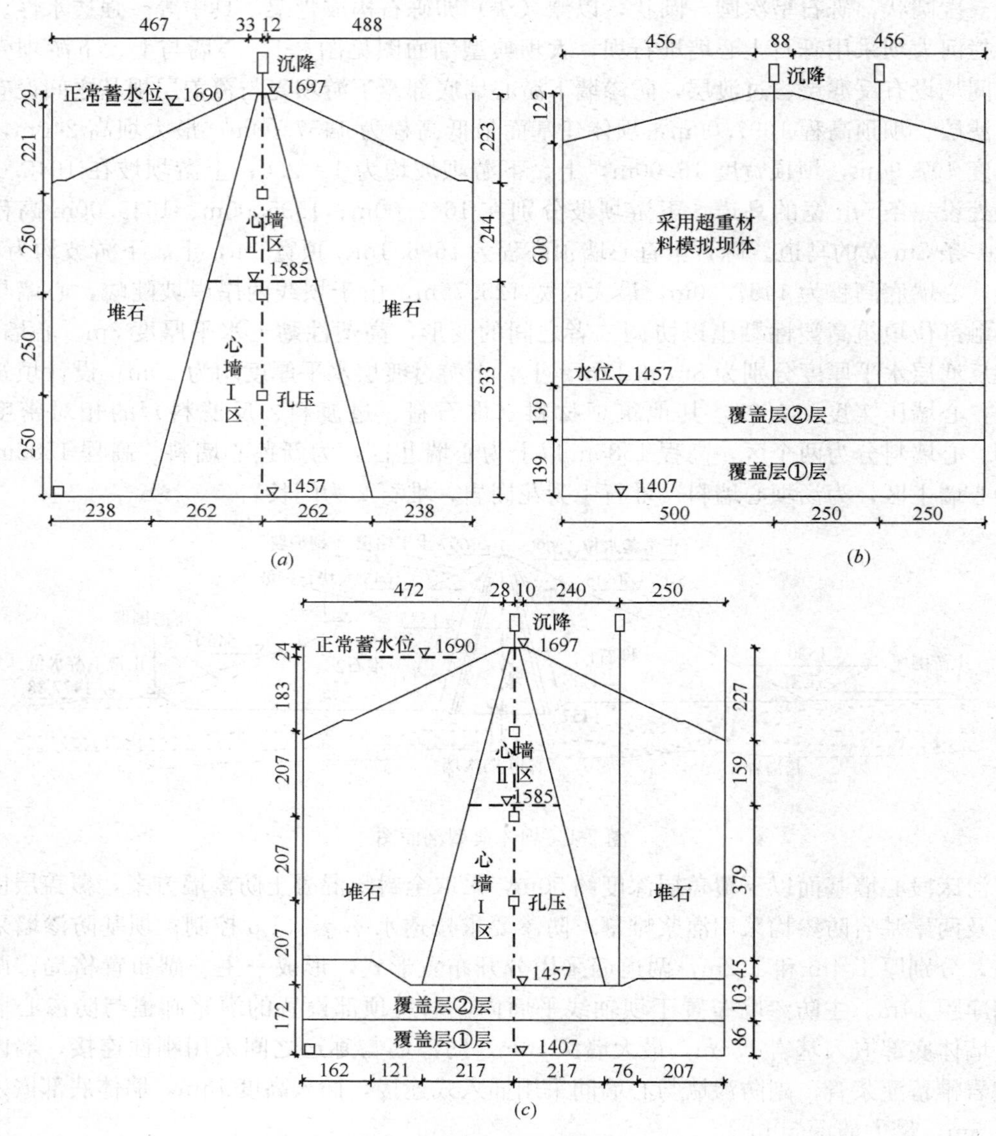

图 2-2　坝体变形试验布置图

(a) 坝体沉降模型；(b) 覆盖层沉降模型；(c) 坝体和覆盖层沉降复合模型

个试验，区别在于心墙料的填筑密度和含水率不同，坝体沉降模型1的心墙料为最优含水率，坝体沉降模型2的心墙料为天然含水率。(2) 覆盖层沉降模型：按等应力模型进行试验，模型比尺取为180，只模拟覆盖层厚50m，坝体部分采用超重材料按重量相似进行替代，试验布置见图2-2 (*b*)，以研究施工期和运行期覆盖层的变形。(3) 坝体和覆盖层沉降复合模型：按不等应力模型进行试验，模型比尺取为290，离心加速度为200*g*，模拟覆盖层和整个坝高，共290m，试验布置见图2-2 (*c*)，采用外推方法得出施工期和运行期坝体和覆盖层的变形。完成4个离心模型试验，分别为坝体沉降模型1、坝体沉降模型2、覆盖层沉降模型、坝体和覆盖层沉降复合模型，见表2-1。将坝体沉降模型1与覆盖层沉降模型进行组合成坝体和覆盖层沉降组合模型。通过以上5个模型，就可全面地研究施工期和运行期大坝的变形，做到相互验证，使结果更加合理、可靠。

试 验 模 型 **表 2-1**

名称	心墙料填筑含水率	汤坝心墙料		新莲心墙料	
		干密度 (g/cm^3)	含水率 (%)	干密度 (g/cm^3)	含水率 (%)
坝体沉降模型1	最优含水率	2.19	7.6	2.22	7.5
坝体沉降模型2	天然含水率	2.07	10.6	2.14	10.5
覆盖层沉降模型	最优含水率	2.19	7.6	2.22	7.5
坝体和覆盖层沉降复合模型	最优含水率	2.19	7.6	2.22	7.5

试验模拟了心墙料、堆石料、坝基覆盖层料。模型心墙料的限制粒径取为40mm，按等量替代法确定模型心墙料的颗粒级配，颗粒级配曲线见图2-3。模型堆石料限制粒径取

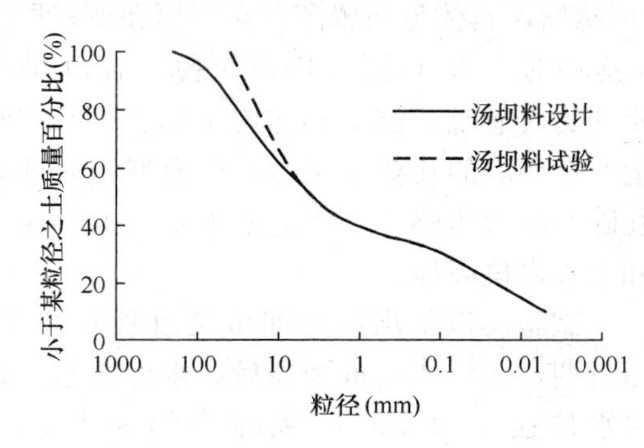

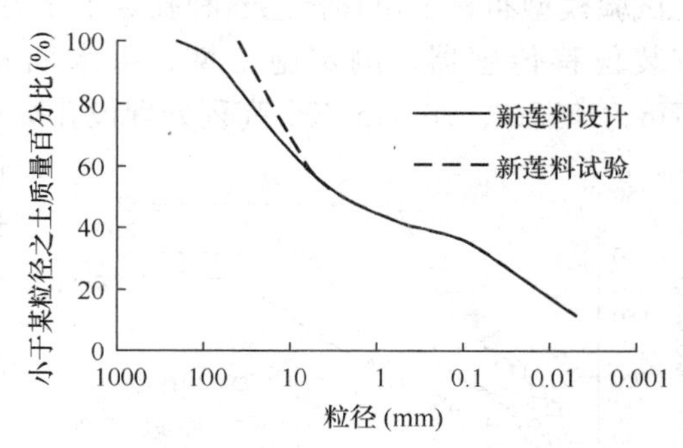

图2-3 心墙料颗粒级配曲线

为60mm，先按相似级配法进行缩尺，再按等量替代法确定模型堆石料的颗粒级配，颗粒级配曲线见图2-4，堆石料采用花岗岩，控制相对密度定为0.9，填筑密度为2.18g/cm^3。模型覆盖层料限制粒径取为40mm，按等量替代法确定模型覆盖层料的颗粒级配，颗粒级配曲线见图2-5。覆盖层②层试验的湿密度2.17g/cm^3，干密度2.12g/cm^3，孔隙比0.29，含水率2.55%。覆盖层①层试验的湿密度2.27g/cm^3，干密度2.22g/cm^3，孔隙比0.25，含水率2.28%。根据颗粒级配要求加工心墙料、堆石料和覆盖层料，按含水率要求的配制心墙料和覆盖层料，采用分层方法填筑心墙料、堆石料和覆盖层料，每层压实后的层厚为5cm。

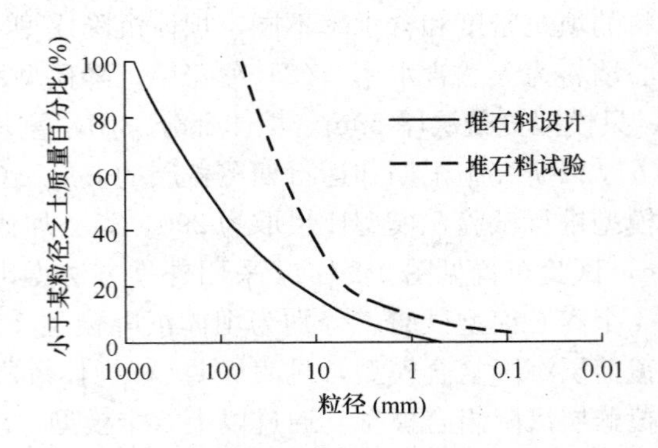

图 2-4 堆石料颗粒级配曲线

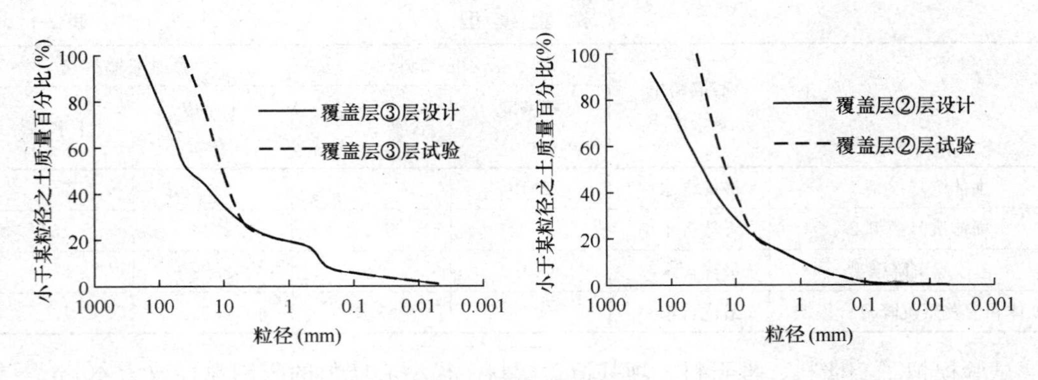

图 2-5 覆盖层颗粒级配曲线

试验模型布置了位移传感器和孔隙水压力传感器，具体见布置图。在坝顶和覆盖层表面安装位移传感器，测定施工期、蓄水期和运行期坝体和覆盖层的沉降。在坝轴线1517m、1577m、1637m 三个高程处埋设孔隙水压力传感器，测定坝体施工期、蓄水期和运行期心墙的孔隙水压力。在模型箱底埋设孔隙水压力传感器，测定蓄水水位上升速率和蓄水水位高程。

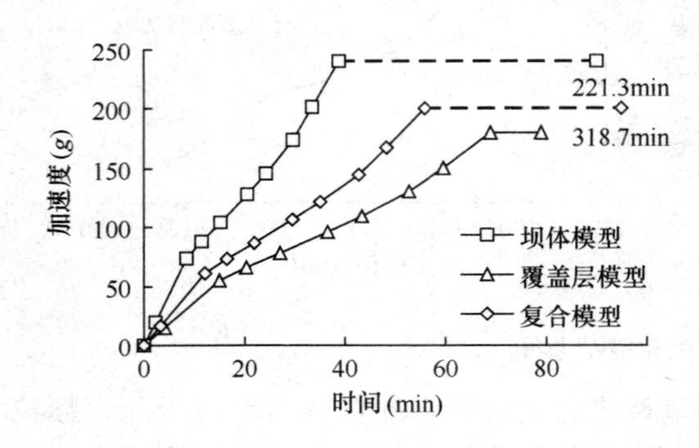

图 2-6 试验加速度-时间曲线

试验模拟了坝体分期填筑过程和 20 年运行期，在坝体填筑到顶后，水库蓄水，蓄水水位速率为 5m/d，蓄水高程为 1690m。在离心机加速上升过程中，根据大坝的施工速率，来控制离心机加速度的上升速率（图 2-6），以模拟大坝施工期。在离心机加速度达设计加速度后即开通电磁阀向上游放水，模拟蓄水期。保持离心机在设计加速度下运行，以模拟大坝 20 年运行期。

三、大坝沉降分析

1. 坝体沉降

图 2-7 为坝体沉降模型不同高程坝体沉降、坝体填筑高程、蓄水水位高程的实测过程线，从此可以看出，在坝体施工期，坝体沉降随着大坝填筑高度的增加而几乎线性

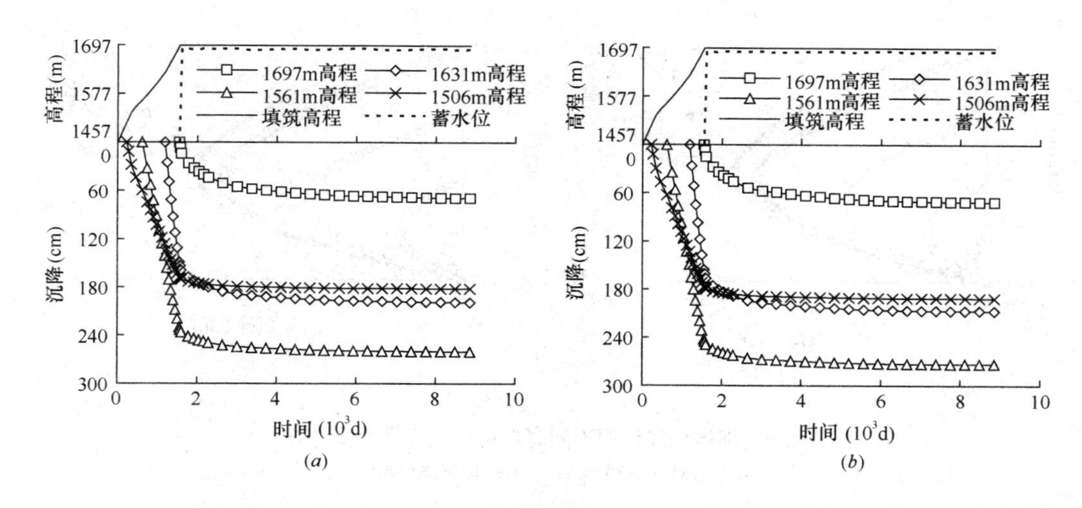

图 2-7　坝体沉降模型不同高程坝体沉降过程线

(*a*) 坝体沉降模型 1；(*b*) 坝体沉降模型 2

增大，蓄水期坝体沉降也以接近施工期的增长速率而增大，在运行期，坝体沉降继续有所增大，但增长速率明显小于施工期和蓄水期，且随着运行时间的延长，沉降速率逐渐减小。

图 2-8 为坝体沉降模型不同时期坝体沉降率（某时刻坝体沉降与竣工 20 年的坝体沉降之比）沿坝高分布，可以看出，坝体沉降率呈坝底大、坝顶小的形态分别，离坝顶越近减小幅度越大，竣工后时间越长坝体沉降率越大，竣工期 2/3 坝高以下的坝体沉降率基本达 0.8 以上，竣工 3 年坝顶沉降率比也达 0.75。

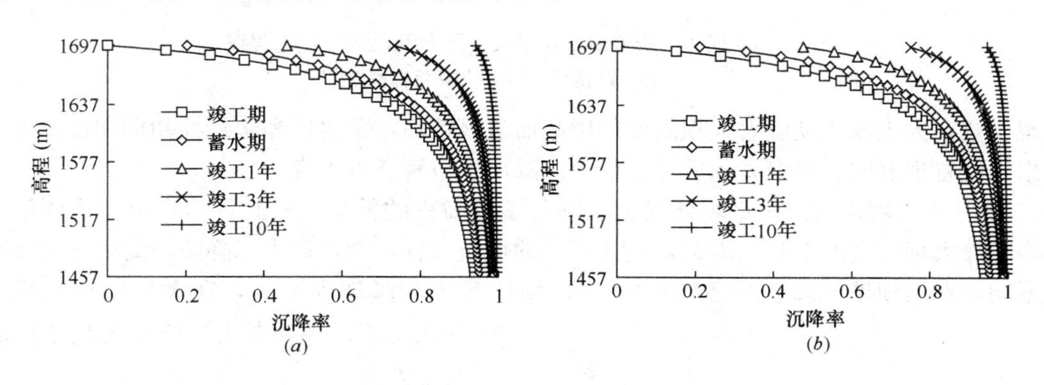

图 2-8　坝体沉降模型不同时期坝体沉降率沿坝高分布

(*a*) 坝体沉降模型 1；(*b*) 坝体沉降模型 2

图 2-9 为坝体沉降模型不同时期坝体沉降沿坝高分布，从此可以看出，不同坝体填筑高程的坝体沉降呈中间大、上下小的形态分布，最大沉降随着坝体填筑高程的增加而增大。

图 2-10 为坝体沉降模型坝体最大沉降及其出现位置过程线，从此可以看出，坝体最大沉降在大坝施工期随着大坝高度的增高而显著增大，蓄水期和运行期初期坝体最大沉降也有明显增大，但随着运行时间的延长，坝体最大沉降增长速率越来越小。坝体最大沉降

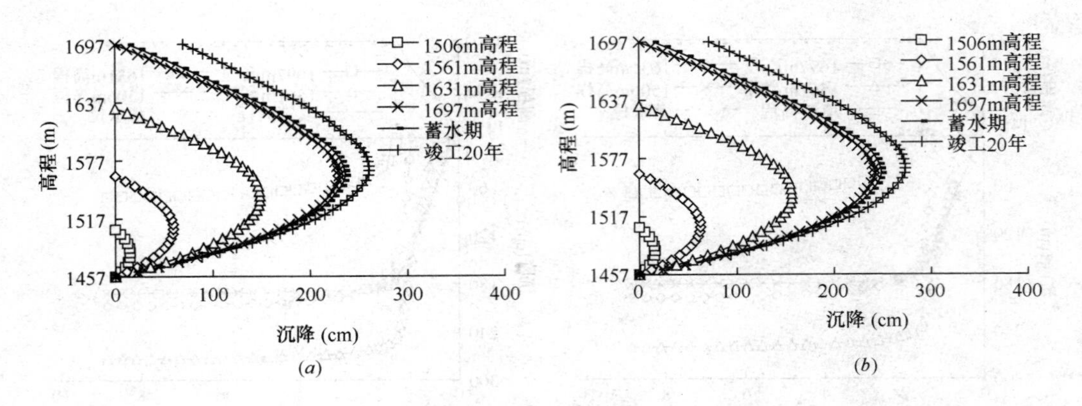

图 2-9　坝体沉降模型不同时期坝体沉降沿坝高分布

(*a*) 坝体沉降模型 1；(*b*) 坝体沉降模型 2

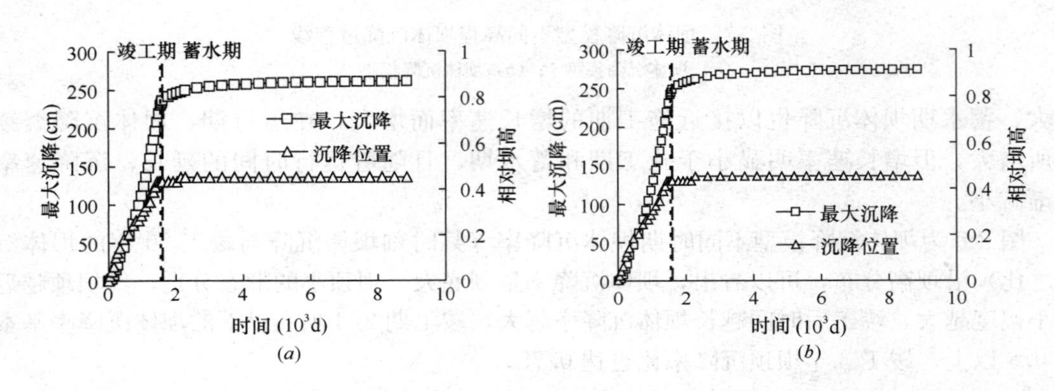

图 2-10　坝体沉降模型坝体最大沉降及其出现位置过程线

(*a*) 坝体沉降模型 1；(*b*) 坝体沉降模型 2

出现位置在大坝施工期随着大坝高度的增高而显著增高，蓄水期和运行期初期坝体最大沉降出现位置也有明显增高，尔后坝体最大沉降出现位置基本不变。

图 2-11 为坝体沉降模型坝体最大沉降与填筑高程的关系，从此可以看出，坝体最大沉降随着大坝高度的增高而增大，但在不同的填筑高程，坝体最大沉降随坝高的增大速率也不同，在大坝填筑高程小于 1500m 时，坝体最大沉降增大不大，在大坝填筑高程达 1500m 以上后，坝体最大沉降随着填筑高程几乎线性增大。

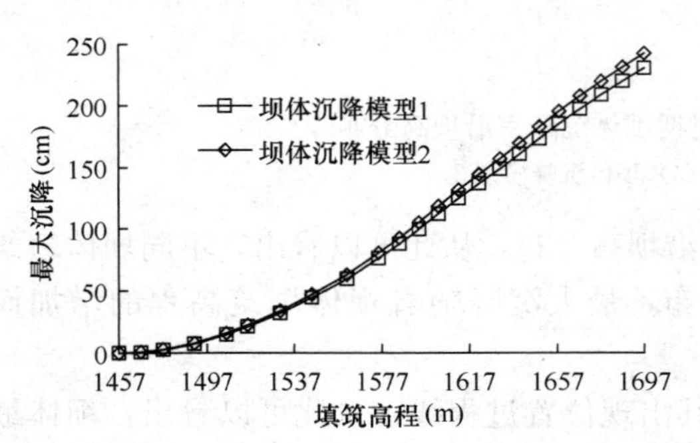

图 2-11　坝体沉降模型坝体最大沉降与填筑高程的关系

表 2-2 列出了坝体沉降模型坝体最大沉降特征值，从此可以看出，坝体最大沉降及其出现位置随着坝体填筑高度的增加和运行时间的延长而增大，坝体施工期的增大速率明显大于运行期。坝体沉降模型 1 竣工期坝体最大沉降为 230cm，出现在 0.433 坝高处，沉降比 1（坝体最大沉降占坝高的百分比）为 0.96％；蓄水期坝体最大沉降为 236cm，

出现在 0.433 坝高处，沉降比 1 为 0.98%；竣工 6 年坝体最大沉降为 257cm，出现在 0.453 坝高处，沉降比 1 为 1.07%；竣工 20 年坝体最大沉降为 261cm，出现在 0.453 坝高处，沉降比 1 为 1.09%。竣工期坝体最大沉降为竣工 20 年最大沉降的 0.882 倍，蓄水期坝体最大沉降为竣工 20 年最大沉降的 0.906 倍，竣工 6 年坝体最大沉降为竣工 20 年最大沉降的 0.983 倍。

坝体沉降模型坝体最大沉降特征值 **表 2-2**

填筑高程（m）或运行时间	坝体沉降模型 1		坝体沉降模型 2		最大沉降比较
	最大沉降（cm）	出现位置（相对坝高）	最大沉降（cm）	出现位置（相对坝高）	坝体模型 2/坝体模型 1
1477	2.5	0.042	2.6	0.042	1.057
1530.5	31.9	0.143	33.7	0.143	1.058
1545	44.6	0.184	47.1	0.184	1.056
1561	59.4	0.204	62.7	0.204	1.055
1585	87.4	0.265	92.4	0.265	1.057
1603	112.0	0.286	118.3	0.286	1.057
1631	148.5	0.346	156.8	0.346	1.056
1658	185.2	0.389	195.3	0.389	1.055
1697 竣工期	230.3	0.433	242.3	0.433	1.052
正常蓄水位	236.4	0.433	248.8	0.433	1.053
竣工 225 天	241.5	0.433	254.4	0.433	1.053
竣工 1 年	244.1	0.433	257.1	0.433	1.053
竣工 3 年	252.6	0.453	265.8	0.453	1.052
竣工 6 年	256.6	0.453	269.4	0.453	1.050
竣工 10 年	259.2	0.453	272.1	0.453	1.050
竣工 20 年	261.0	0.453	273.9	0.453	1.049

坝体沉降模型 2 竣工期坝体最大沉降为 242cm，出现在 0.433 坝高处，沉降比 1 为 1.01%；蓄水期坝体最大沉降为 249cm，出现在 0.433 坝高处，沉降比 1 为 1.04%；竣工 6 年坝体最大沉降为 269cm，出现在 0.453 坝高处，沉降比 1 为 1.12%；竣工 20 年坝体最大沉降为 274cm，出现在 0.453 坝高处，沉降比 1 为 1.14%。竣工期坝体最大沉降为竣工 20 年最大沉降的 0.885 倍，蓄水期坝体最大沉降为竣工 20 年最大沉降的 0.909 倍，竣工 6 年坝体最大沉降为竣工 20 年最大沉降的 0.984 倍。

坝体沉降模型 1 和坝体沉降模型 2 的区别在于心墙料的填筑干密度和含水率不同，其中坝体沉降模型 1：汤坝料干密度为 2.19g/cm^3，含水率为 7.6%，新莲料干密度为 2.22g/cm^3，含水率为 7.5%；坝体沉降模型 1：汤坝料干密度为 2.07g/cm^3，含水率为 10.6%，新莲料干密度为 2.14g/cm^3，含水率为 10.5%。坝体沉降模型 2 的最大沉降比坝体沉降模型 1 的大 5%左右，最大沉降出现位置基本不变。

表 2-3 列出了蓄水期和运行期坝体沉降模型坝顶沉降，从此可以看出，在蓄水期和运行初期，坝顶沉降增大比较显著，尔后坝顶沉降增速越来越小，在竣工 6 年后坝顶沉降增

加不大。在蓄水期，坝顶沉降为14～15cm，为竣工20年坝顶沉降的0.206倍，在竣工6年，坝顶沉降为60～62cm，为竣工20年坝顶沉降的0.86倍，在竣工20年，坝顶沉降为70～72cm。坝体沉降模型2的坝顶沉降比坝体沉降模型1的大5%左右。

坝体沉降模型坝顶沉降（cm） **表 2-3**

运行时间	正常蓄水位	竣工225天	竣工1年	竣工3年	竣工6年	竣工10年	竣工15年	竣工20年
坝体沉降模型1	14.1	26.0	31.8	51.0	59.7	65.4	68.0	69.5
坝体沉降模型2	15.0	27.8	34.0	53.7	61.6	67.6	70.7	71.5

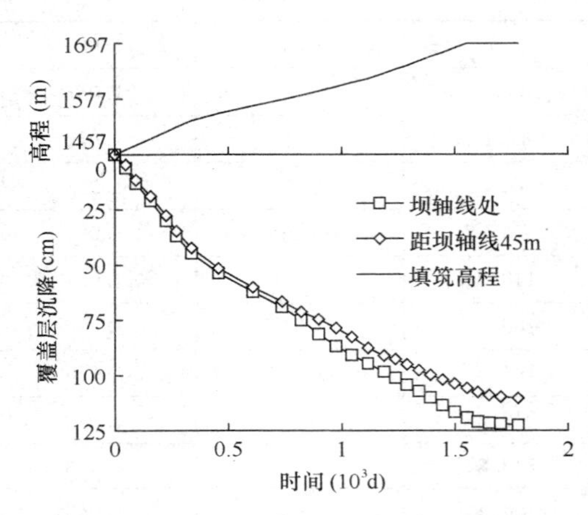

图 2-12　覆盖层沉降模型覆盖层沉降过程线

2. 覆盖层沉降

图2-12为覆盖层沉降模型覆盖层沉降、坝体填筑高程的实测过程线，表2-4列出了覆盖层沉降模型覆盖层沉降特征值。从此可以看出，随着坝体填筑高度的增加，覆盖层沉降明显增大，大坝竣工后，覆盖层沉降增加缓慢。坝轴线处覆盖层沉降与距坝轴线45m处覆盖层沉降相差不大。竣工期，坝轴线处覆盖层沉降为119cm，覆盖层压缩率（覆盖层沉降占覆盖层厚度的百分比）为2.38%，距坝轴线45m处覆盖层沉降为106cm，压缩率为2.12%；蓄水期，坝轴线处覆盖层沉降为121cm，压缩率为2.42%，距坝轴线45m处覆盖层沉降为108cm，压缩率为2.16%；竣工225d，坝轴线处覆盖层沉降为122cm，压缩率为2.44%，距坝轴线45m处覆盖层沉降为110cm，压缩率为2.20%。

覆盖层沉降模型覆盖层沉降特征值（cm） **表 2-4**

填筑高程（m）或运行时间	1477	1530.5	1545	1561	1585	1603	1631	1658	1697	正常蓄水位	竣工225d
坝轴线处	13.2	44.8	53.8	62.1	75.0	86.7	98.3	107.3	119.1	120.9	122.5
距坝轴线45m	11.5	42.3	51.5	60.1	71.2	78.5	91.0	97.6	105.8	107.6	110.4

3. 坝体和覆盖层沉降

图2-13为坝体和覆盖层沉降复合模型、坝体和覆盖层沉降组合模型的不同高程坝体沉降、坝体填筑高程、蓄水水位高程的实测过程线，从此可以看出，在坝体施工期，坝体沉降随着大坝填筑高度的增加而几乎线性增大，蓄水期坝体沉降也以接近施工期的增长速率而增大，在运行期，坝体沉降继续有所增大，但增长速率明显小于施工期和蓄水期，且随着运行时间的延长，沉降速率逐渐减小。

图2-14为坝体和覆盖层沉降复合模型、坝体和覆盖层沉降组合模型的不同时期坝体沉降沿坝高分布，从此可以看出，不同坝体填筑高程的坝体沉降呈中间大、上下小的形态分布，最大沉降随着坝体填筑高程的增加而增大。

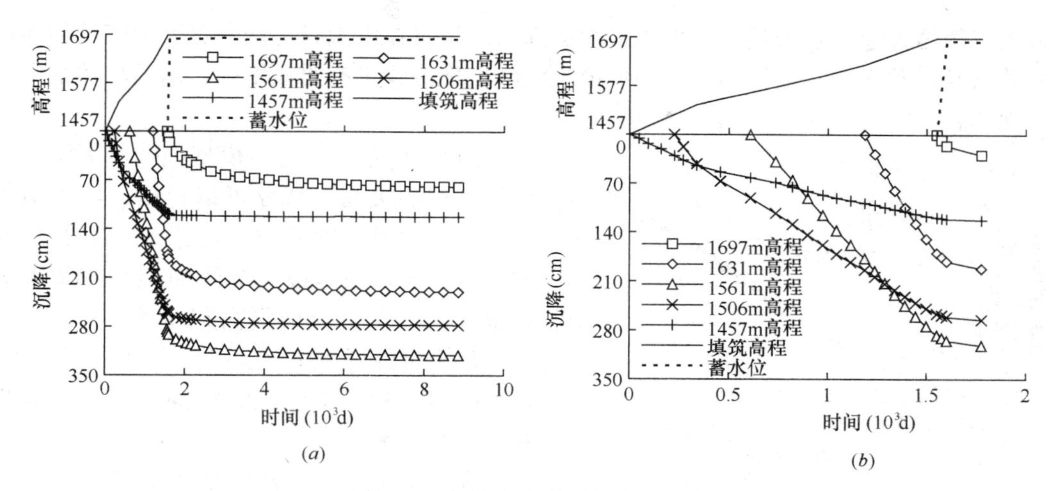

图 2-13　坝体和覆盖层沉降过程线

（a）坝体和覆盖层沉降复合模型；（b）坝体和覆盖层沉降组合模型

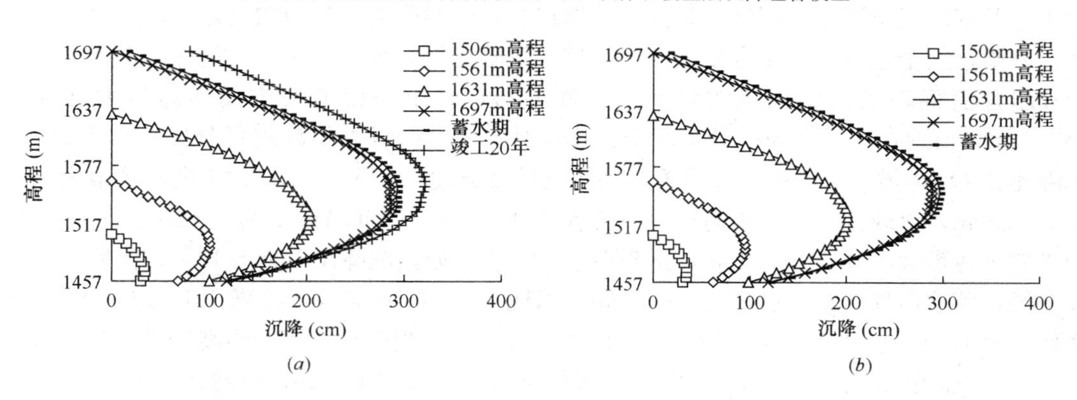

图 2-14　坝体和覆盖层沉降沿坝高分布

（a）坝体和覆盖层沉降复合模型；（b）坝体和覆盖层沉降组合模型

图 2-15 为坝体和覆盖层沉降复合模型、坝体和覆盖层沉降组合模型的坝体最大沉降及其出现位置过程线，从此可以看出，坝体最大沉降在大坝施工期随着大坝高度的增高而显著增大，蓄水期和运行期初期坝体最大沉降也有明显增大，但随着运行时间的延长，坝

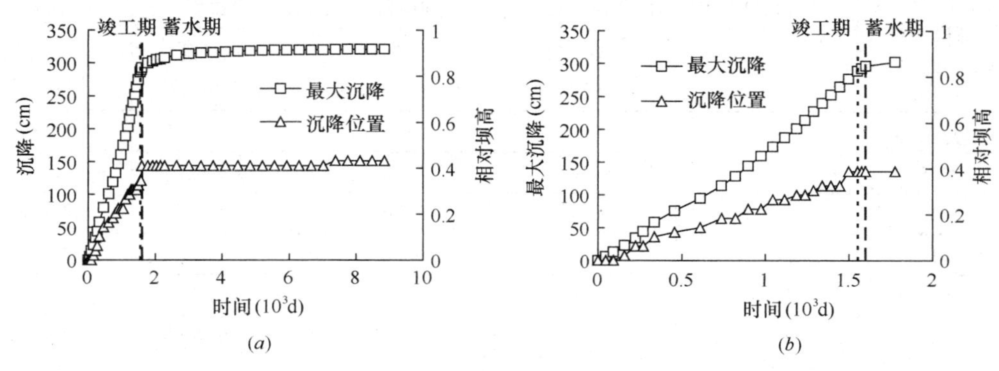

图 2-15　坝体最大沉降及其出现位置过程线

（a）坝体和覆盖层沉降复合模型；（b）坝体和覆盖层沉降组合模型

体最大沉降增长速率越来越小。坝体最大沉降出现位置在大坝施工期随着大坝高度的增高而显著增高，蓄水期和运行期初期坝体最大沉降出现位置也有明显增高，尔后坝体最大沉降出现位置基本不变。

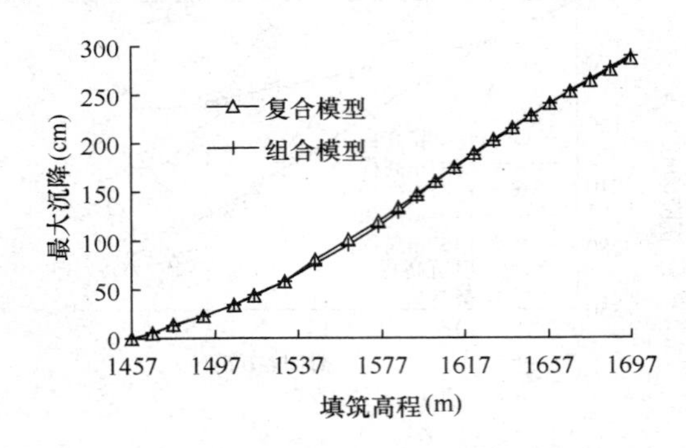

图 2-16　坝体最大沉降与填筑高程的关系

图 2-16 为坝体沉降模型坝体最大沉降与填筑高程的关系，从此可以看出，坝体最大沉降随着大坝高度的增高而增大，但在不同的填筑高程，坝体最大沉降随坝高的增大速率也不同，在大坝填筑高程小于 1500m 时，坝体最大沉降增大不大，在大坝填筑高程达 1500m 以上后，坝体最大沉降随着填筑高程几乎线性增大。

表 2-5 列出了复合模型和组合模型的坝体最大沉降特征值。从此可以看出，坝体最大沉降及其出现位置随着坝体填筑高度的增加和运行时间的延长而增大，坝体施工期的增大速率明显大于运行期。复合模型的坝体最大沉降比组合模型的低 1%左右，表明复合模型和组合模型均能达到反映大坝变形特性的目的。组合模型竣工期坝体最大沉降为 289.3cm，出现在 0.389 坝高处，沉降比 1（坝体最大沉降占坝高的百分比）为 1.20%，沉降比 2（坝体最大沉降占坝高＋覆盖层厚度的百分比）为 1.00%；蓄水期坝体最大沉降为 296.5cm，出现在 0.389 坝高处，沉降比 1 为 1.24%，沉降比 2 为 1.02%。复合模型竣工期坝体最大沉降为 286.4cm，出现在 0.346 坝高处，沉降比 1 为 1.19%，沉降比 2 为 0.99%；蓄水期坝体最大沉降为 293.0cm，出现在 0.411 坝高处，沉降比 1 为 1.22%，沉降比 2 为 1.01%；竣工 6 年坝体最大沉降为 316.0cm，出现在 0.411 坝高处，沉降比 1 为 1.32%，沉降比 2 为 1.09%；竣工 20 年坝体最大沉降为 321.4cm，出现在 0.433 坝高处，沉降比 1 为 1.34%，沉降比 2 为 1.11%；竣工期坝体最大沉降为竣工 20 年最大沉降的 0.891 倍，蓄水期坝体最大沉降为竣工 20 年最大沉降的 0.912 倍，竣工 6 年坝体最大沉降为竣工 20 年最大沉降的 0.983 倍。

坝体最大沉降特征值　　**表 2-5**

填筑高程（m）或运行时间	坝体和覆盖层沉降复合模型		坝体和覆盖层沉降组合模型		最大沉降比较
	最大沉降（cm）	出现位置（相对坝高）	最大沉降（cm）	出现位置（相对坝高）	复合模型/组合模型
1477	14.1	0	13.2	0	1.067
1530.5	57.7	0.103	58.2	0.103	0.991
1545	80.0	0.143	76.0	0.123	1.053
1561	100.6	0.163	95.2	0.143	1.058
1585	133.3	0.204	128.8	0.184	1.035
1603	160.4	0.224	159.9	0.224	1.003
1631	203.4	0.286	201.6	0.286	1.009
1658	240.2	0.306	240.2	0.326	1.000

续表

填筑高程（m）或运行时间	坝体和覆盖层沉降复合模型		坝体和覆盖层沉降组合模型		最大沉降比较
	最大沉降（cm）	出现位置（相对坝高）	最大沉降（cm）	出现位置（相对坝高）	复合模型/组合模型
1697 竣工期	286.4	0.346	289.3	0.389	0.990
正常蓄水位	293.0	0.411	296.5	0.389	0.988
竣工 225d	299.8	0.411	302.8	0.389	0.990
竣工 1 年	302.7	0.411			
竣工 3 年	311.9	0.411			
竣工 6 年	316.0	0.411			
竣工 10 年	319.1	0.411			
竣工 20 年	321.4	0.433			

表 2-6 列出了蓄水期和运行期坝体和覆盖层沉降复合模型坝顶沉降，从此可以看出，在蓄水期和运行初期，坝顶沉降增大比较显著，尔后坝顶沉降增速越来越小，在竣工 6 年后坝顶沉降增量不大。蓄水期坝顶沉降为 16cm，为竣工 20 年坝顶沉降的 0.198 倍，竣工 6 年坝顶沉降为 68cm，为竣工 20 年坝顶沉降的 0.850 倍，竣工 20 年坝顶沉降为80cm。

坝体和覆盖层沉降复合模型坝顶沉降 **表 2-6**

运行时间	正常蓄水位	竣工225 天	竣工1 年	竣工3 年	竣工6 年	竣工10 年	竣工15 年	竣工20 年
坝顶沉降（cm）	15.8	29.4	36.4	58.0	67.8	74.9	77.9	79.8

表 2-7 列出了坝体和覆盖层沉降复合模型覆盖层沉降特征值。从此可以看出，随着坝体填筑高度的增加，覆盖层沉降明显增大，大坝竣工后，覆盖层沉降增加缓慢。竣工期覆盖层沉降为 118cm，压缩率（覆盖层沉降占覆盖层厚度的百分比）为 2.36%；蓄水期覆盖层沉降为 119cm，压缩率为 2.38%；竣工 6 年覆盖层沉降为 122cm，压缩率为 2.44%；竣工 20 年覆盖层沉降为 123cm，压缩率为 2.46%。竣工期覆盖层沉降为竣工 20 年覆盖层沉降的 0.962 倍，蓄水期覆盖层沉降为竣工 20 年覆盖层沉降的 0.970 倍，竣工 6 年覆盖层沉降为竣工 20 年覆盖层沉降的 0.994 倍。

坝体和覆盖层沉降复合模型覆盖层沉降特征值 **表 2-7**

填筑高程（m）	1477	1530.5	1545	1561	1585	1603	1631	1658	1697
覆盖层沉降（cm）	14.1	45.5	58.5	67.9	78.5	85.6	100.2	107.5	118.2
运行时间	正常蓄水位	竣工225 天	竣工1 年	竣工3 年	竣工6 年	竣工10 年	竣工20 年		
覆盖层沉降（cm）	119.2	121.3	121.4	121.9	122.2	122.5	122.9		

4. 与类似工程监测结果对比

表 2-8 列出了国内外几座心墙堆石坝心墙最大沉降的实测结果与长河坝的试验结果，

比较时，如果监测的坝无坝基覆盖层，则试验的沉降比 2 与实测的沉降比 1 进行对比，如有覆盖层，则应沉降比 1 和沉降比 2 分别对比。长河坝的竣工期沉降比试验结果比鲁布革心墙堆石坝的实测结果大 15%～21%。瀑布沟心墙堆石坝实测心墙的最大沉降为 175cm（大坝的填筑高度为 142.25m），出现在 1/3 坝高上下，表 2-8 中结果是按最大沉降与大坝填筑高度呈线性关系进行简单推算的，长河坝的竣工期沉降比试验结果与瀑布沟的实测结果相比，沉降比 1 偏大 1%～8%，沉降比 2 偏大 6%～12%，相差不大。长河坝的竣工期沉降比试验结果与“635”水利枢纽工程的实测结果相差小于 5%，蓄水期的偏小 20%～25%，可能是“635”水利枢纽工程大坝为黏土心墙，蓄水引起心墙沉降较大所致。长河坝的竣工期和蓄水期沉降比试验结果与新疆恰甫其海大坝的实测结果相差小于 8%。墨西哥奇科森心墙堆石坝心墙料为砾石含量高的黏土砂属残积土，长河坝的竣工期沉降比试验结果比奇科森的实测结果偏大 12%～18%，蓄水期的相差小于 5%。哥伦比亚瓜维奥心墙堆石坝心墙料为砾质土料，1989 年 8 月建成，1993 年 6 月蓄水运行期心墙最大沉降 580cm，其沉降比较大。

综上所述，试验得出的长河坝沉降比与类似工程监测结果基本一致，表明试验得出的长河坝竣工期沉降比 1 为 1.19%～1.25%，沉降比 2 为 0.99%～1.04%，蓄水期沉降比 1 为 1.22%～1.29%，沉降比 2 为 1.01%～1.06%，其数值是合理的，也表明离心模型试验结果具有较强的说服力、真实性和可靠性。

心墙最大沉降试验结果与类似工程实测结果的对比 **表 2-8**

工程名称	方法	坝高（m）	覆盖层厚度（m）	时期	最大沉降（cm）	沉降比 1（%）	沉降比 2（%）
长河坝	试验	240	50	竣工期	286.4～301.1	1.19～1.25	0.99～1.04
				蓄水期	293.0～308.7	1.22～1.29	1.04～1.06
鲁布革	实测	103		竣工期	82	0.86	
瀑布沟	实测	186	40～60	竣工期	220	1.18	0.93
“635”	实测	70.6		竣工期	73.1	1.04	
				蓄水期	89.7	1.27	
恰甫其海	实测	108		竣工期	103.6	0.96	
				蓄水期	105.3	0.98	
墨西哥奇科森	实测	261		竣工期	230	0.88	
				蓄水一年	284	1.09	
哥伦比亚瓜维奥	实测	247		蓄水运行期	580	2.35	

四、心墙孔隙水压力分析

图 2-17 为不同高程心墙孔隙水压力过程线，从图中可以看出，心墙孔隙水压力经历施工时的增长期、竣工后的消散期、非稳定渗流时的增长期和消散期、稳定渗流时的稳定期 5 个阶段。在坝体施工期，心墙孔隙水压力随着坝体填筑高度的增加而增大，竣工后达到最大值，尔后逐渐消散，在消散尚未完成时由于蓄水水位影响，孔隙水压力开始上升，达到非稳定渗流期的最大值，然后逐渐消散至稳定值，坝体形成稳定渗流。心墙高程不

同、填筑密度不同，施工期、非稳定渗流期、稳定渗流期的孔隙水压力、形成稳定渗流所需时间也不同。

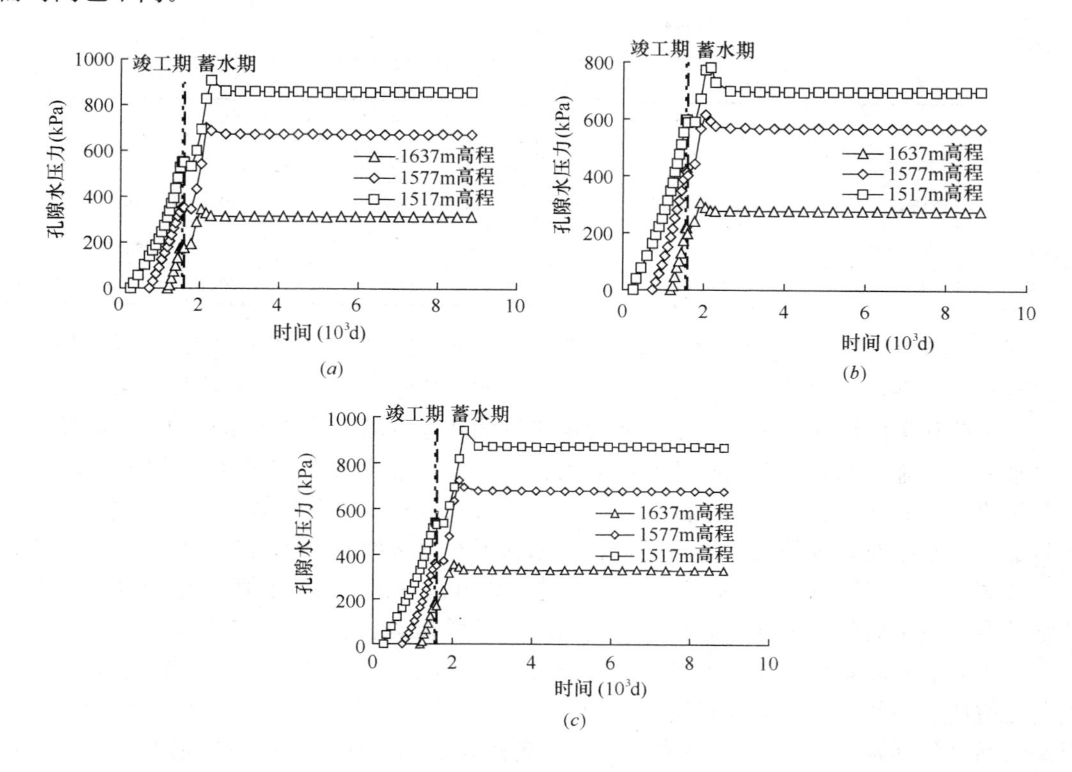

图 2-17 心墙孔隙水压力过程线

(*a*) 坝体沉降模型 1；(*b*) 坝体沉降模型 2；(*c*) 坝体和覆盖层沉降复合模型

表 2-9 列出了不同时期心墙孔隙水压力特征值，从此可以看出，心墙高程不同、填筑密度不同，施工时的增长期、竣工后的消散期、非稳定渗流时的增长期和消散期、稳定渗流时的稳定期 5 个阶段所需时间和孔隙水压力也不同。

心墙孔隙水压力特征值 **表 2-9**

阶段	模型	坝体沉降模型 1			坝体沉降模型 2			坝体和覆盖层沉降复合模型		
	高程（m）	1637	1577	1517	1637	1577	1517	1637	1577	1517
施工期	总时间（d）	1563	1566	1568	1563	1557	1560	1557	1562	1560
	最大孔压（kPa）	183.8	353.6	553.5	222.8	419.6	602.8	185.5	361.6	543.0
	孔压系数	0.128	0.124	0.129	0.157	0.148	0.143	0.130	0.126	0.127
消散期	总时间（d）	1672	1701	1720	1624	1648	1675	1650	1690	1708
	最小孔压（kPa）	156.3	325.6	519.3	184.8	385.2	554.8	157.4	339.6	514.8
非稳定渗流期	总时间（d）	2006	2134	2221	1898	2001	2094	1995	2111	2282
	最大孔压（kPa）	349.6	705.0	916.6	309.5	624.5	812.5	360.6	736.4	940.7
	位势（%）	91.5	80.0	61.6	89.6	76.2	56.7	92.0	81.4	62.8

续表

阶段	模型	坝体沉降模型 1			坝体沉降模型 2			坝体和覆盖层沉降复合模型		
	高程（m）	1637	1577	1517	1637	1577	1517	1637	1577	1517
稳定渗流期	总时间（d）	2320	2468	2638	2203	2354	2463	2301	2449	2606
	孔压（kPa）	314.0	678.3	862.5	276.2	568.3	701.1	331.2	682.5	873.8
	位势（%）	89.8	78.7	59.1	88.0	73.5	51.5	90.6	78.9	59.6
竣工10年	孔压（kPa）	314.5	674.8	860.5	276.0	568.1	696.2	333.1	681.4	872.5
	位势（%）	89.8	78.5	59.0	88.0	73.5	51.3	90.7	78.8	59.6

图 2-18 为不同高程孔隙水压力变化过程线。从孔隙水压力数值可以看出，位置越高，不同时期的孔隙水压力越小，位置越低，不同时期的孔隙水压力越大；心墙料最优含水率时，施工期和消散期孔隙水压力小，非稳定渗流期和稳定渗流期孔隙水压力大，心墙料天然含水率时，施工期和消散期孔隙水压力大，非稳定渗流期和稳定渗流期孔隙水压力小。从各阶段所需时间来看，位置越高，各阶段所需时间越短，位置越低，所需时间越长；心墙料最优含水率时，各阶段所需时间长，心墙料天然含水率时，所需时间短。

从图 2-17 和图 2-18 的心墙孔隙水压力过程线可以看出，心墙孔隙水压力经历施工时的增长期、竣工后的消散期、非稳定渗流时的增长期和消散期、稳定渗流时的稳定期 5 个阶段，当心墙孔隙水压力逐渐消散至稳定值时，坝体就形成稳定渗流，心墙孔隙水压力达到稳定值所需时间，即为形成稳定渗流所需时间。图 2-19 为不同高程心墙形成稳定渗流所需时间（包括施工时间）。可以看出，位置越高，心墙形成稳定渗流所需时间越短，位置越低，心墙形成稳定渗流所需时间越短；心墙料最优含水率时，形成稳定渗流所需时间

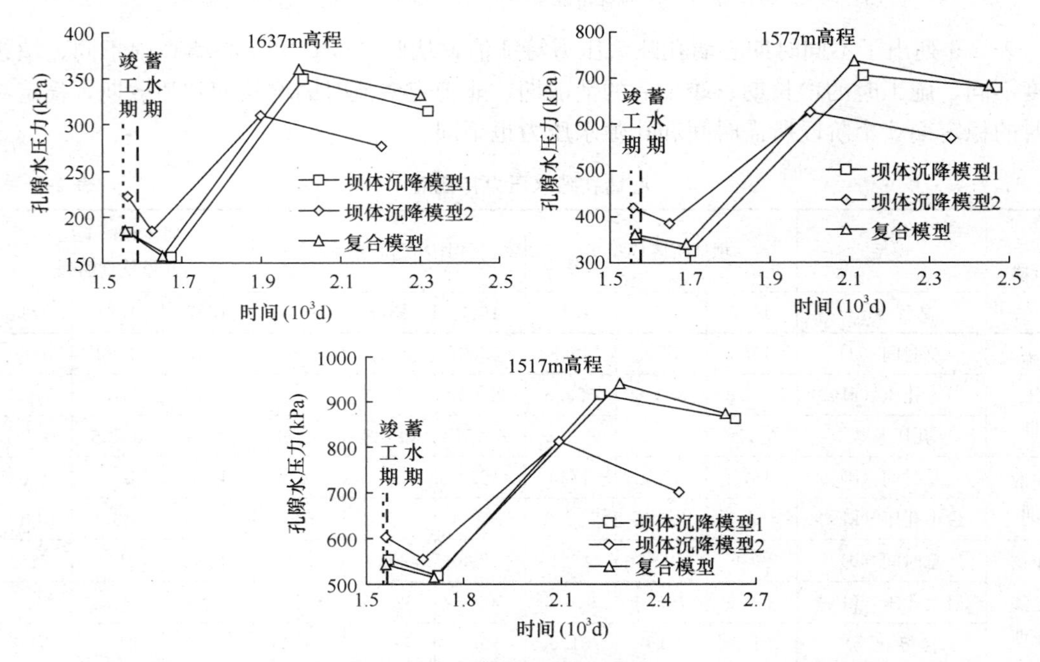

图 2-18　不同时期心墙孔隙水压力

就长，心墙料天然含水率时，形成稳定渗流所需时间就短。试验结果表明，大坝蓄水后，心墙料最优含水率时，形成稳定渗流所需时间为3年左右（扣除施工时间）；心墙料天然含水率时，大坝形成稳定渗流所需时间为2.5年。

图2-20为施工期心墙孔隙水压力系数沿坝高变化。可以看出，位置越高，心墙孔隙水压力系数越大，位置越低，心墙孔隙水压力系数越小；心墙料最优含水率时，孔隙水压力系数就小，心墙料天然含水率时，孔隙水压力系数就大。试验结果表明，心墙料最优含水率时，大坝施工期孔隙水压力系数约为0.127；心墙料天然含水率时，施工期孔隙水压力系数约为0.149。

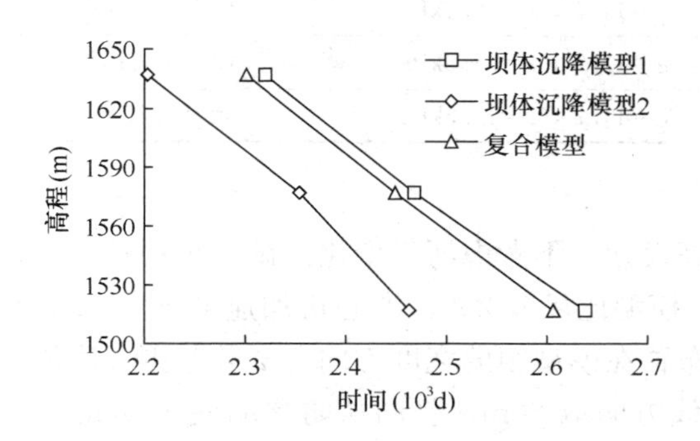

图2-19　坝体达稳定渗流所需总时间（包括施工时间）

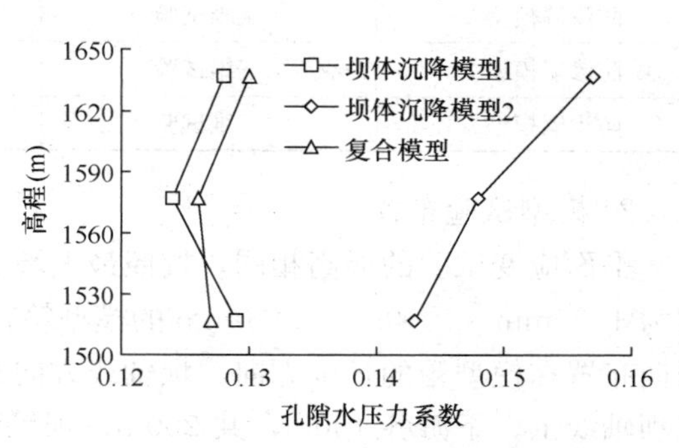

图2-20　施工期心墙孔隙水压力系数

图2-21为渗流期心墙位势沿坝高变化。可以看出，位置越高，心墙位势越大，位置越低，心墙位势越小；心墙料最优含水率时，位势就大，心墙料天然含水率时，位势就小；非稳定渗流期心墙位势大于稳定渗流期；竣工10年的心墙位势与稳定渗流期的基本一致。试验结果表明，心墙料最优含水率时，大坝1637m、1577m、1517m高程处心墙稳定渗流位势分别为91.8%、80.7%、62.2%；心墙料天然含水率时，稳定渗流位势分别为89.6%、76.2%、56.7%。

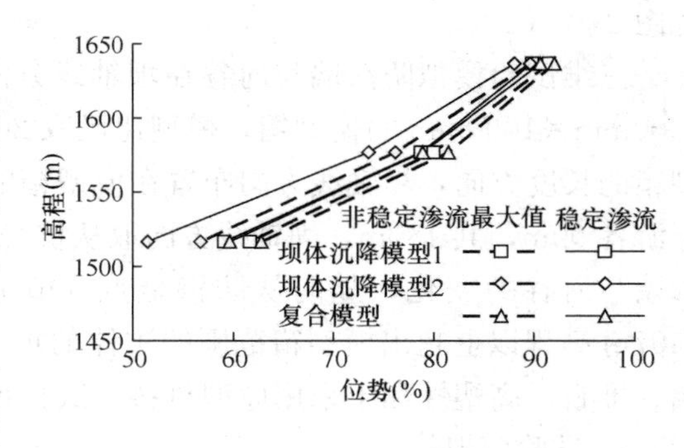

图2-21　心墙位势

第三节　高心墙堆石坝防渗墙和廊道应力离心模型试验研究

一、试验内容和方法

1. 试验模型

研究坝基防渗墙和廊道在施工、竣工、蓄水、运行条件下的应力变形情况。试验模拟了2种廊道分缝位置，一种为廊道伸入基岩5m处分缝，另一种为廊道在基覆界线处分缝，以研究不同的廊道分缝位置对防渗墙和廊道应力变形特性的影响。试验模拟了2种防渗墙与覆盖层接触面摩擦参数，一种为$\varphi=11.7°$、$c=10.5$kPa，另一种为$\varphi=13.7°$，$c=$

38.5kPa，以研究不同的防渗墙与覆盖层摩擦参数对防渗墙和廊道应力变形特性的影响。试验分平面应变试验和三维试验，以研究不同试验边界条件对防渗墙和廊道应力变形特性的影响。进行了四个模型试验（表 2-10），都是等应力模型，每个试验模拟了大坝竣工期、蓄水期和 20 年运行期三种工况。

防渗墙应力变形离心模型试验汇总表 **表 2-10**

模型编号	平面或三维	防渗墙与覆盖层接触面参数	廊道分缝位置
防渗墙模型 1	平面应变试验	φ=11.7°，c=10.5kPa	不考虑廊道分缝
防渗墙模型 2	三维试验	φ=11.7°，c=10.5kPa	伸入基岩 5m
防渗墙模型 3	三维试验	φ=13.7°，c=38.5kPa	伸入基岩 5m
防渗墙模型 4	三维试验	φ=11.7°，c=10.5kPa	基覆界线处

2. 模型试验布置

平面应变试验的墙高相同，按照最大墙高设计，不考虑河谷变化。试验采用长×高×宽为 1000mm×1000mm×400mm 的模型箱，模型比尺取 200，离心机加速度为 200g，顺河向布置在模型箱的长度方向，坝轴线方向布置在模型箱的宽度方向。试验范围：顺河向取坝轴线上、下游各 100m，共 200m，坝轴线方向取 80m，竖向从防渗墙底 1407m 高程到 1497m 高程。采用超重材料模拟 1497m 高程以上超出模型箱范围的坝体的重力。1407m 高程到 1497m 高程的覆盖层、心墙、堆石、高塑性黏土采用原型材料，试验布置见图 2-22（a）。

三维试验模拟防渗墙与河谷在坝轴线方向的变化。试验采用长×高×宽为 900mm×1000mm×1000mm 的模型箱，模型比尺取 200，离心机加速度为 200g，顺河向布置在模型箱的长度方向，坝轴线方向布置在模型箱的宽度方向。试验范围：顺河向取坝轴线上、下游各 90m，共 180m，坝轴线方向取从桩号 161.6m 到 361.6m 范围，共 200m，模拟防渗墙与河谷的变化，竖向从防渗墙底 1407m 高程到 1497m 高程。采用超重材料模拟 1497m 高程以上超出模型箱范围的坝体的重力。1407m 高程到 1497m 高程的覆盖层、心墙、堆石、高塑性黏土采用原型材料，试验布置见图 2-22（b）～（d）。

3. 试验模拟技术

试验模拟心墙料、堆石料、坝基覆盖层料、高塑性黏土料。心墙料、堆石料、坝基覆盖层料的颗粒级配和干密度、含水率等同前，汤坝心墙料为天然含水率。模型高塑性黏土的限制粒径取为 2mm，按等量替代法确定模型高塑性黏土料的颗粒级配，见图 2-23，试验的干密度 1.55g/cm^3，含水率 23.6%。采用分层方法填筑心墙料、堆石料、坝基覆盖层料、高塑性黏土料，每层压实后的层厚为 5cm。对于 1497m 高程以上的坝体部分，采用超重的铅砂按该部分坝体重量相等条件进行模拟。对于三维条件模型，基岩采用混凝土进行模拟，按基岩形状制模浇注。

试验只模拟主防渗墙和廊道，防渗墙钢筋混凝土弹性模量取 30GPa，廊道取 35GPa。防渗墙和廊道采用铝合金材料模拟，弹性模量为 69GPa，根据抗弯相似条件确定防渗墙厚度和廊道尺寸。模型防渗墙厚度为 5.3mm，模型廊道尺寸如图 2-24 所示，其外形与原型完全相似。

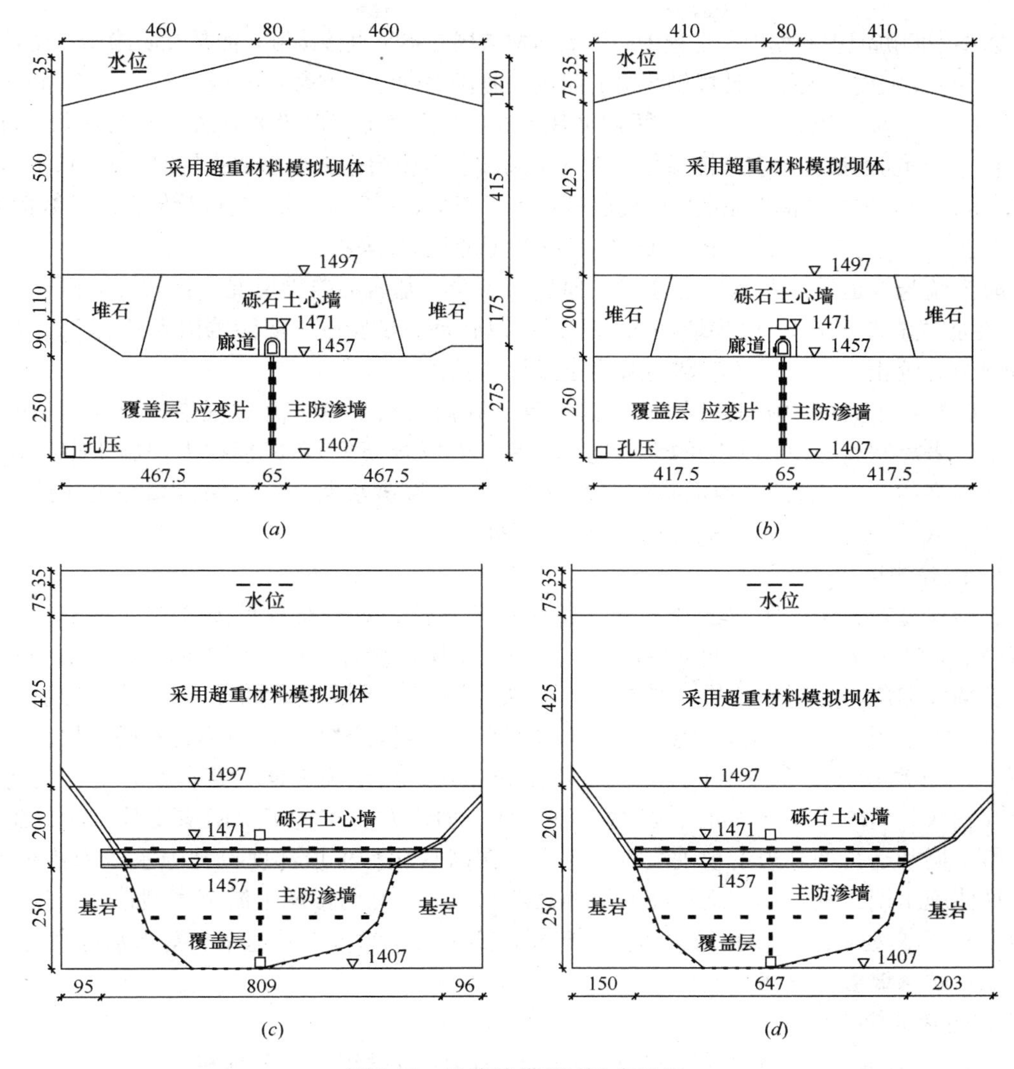

图 2-22 防渗墙模型试验布置图

(*a*) 平面问题模型；(*b*) 三维问题模型顺河向布置

(*c*) 三维问题模型坝轴线方向布置（廊道伸入基岩 5m 分缝方案）；

(*d*) 三维问题模型坝轴线方向布置（廊道在基覆界线处分缝方案）

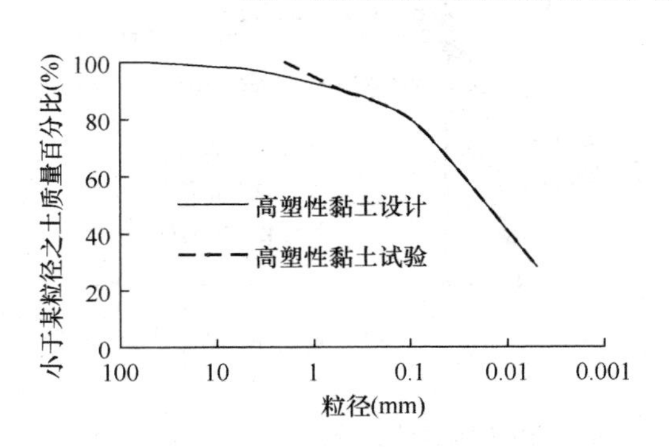

图 2-23 高塑性黏土颗粒级配曲线

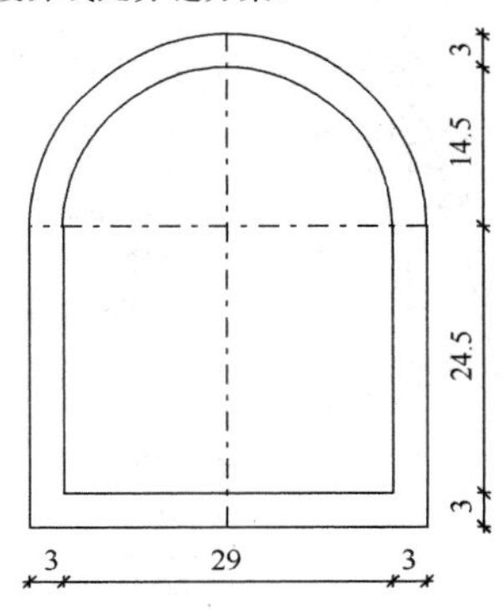

图 2-24 模型廊道剖面尺寸（单位：mm）

防渗墙两侧泥皮的模拟：工程中防渗墙与覆盖层并不是直接接触，而是在防渗墙与覆盖层之间存在一层泥皮。根据设计提供2组的泥皮与防渗墙的摩擦参数：$\varphi=11.7°$，$c=10.5\text{kPa}$和$\varphi=13.7°$，$c=38.5\text{kPa}$。在试验中，采用夹凡士林、凡士林加盖薄膜的方法来模拟泥皮软弱夹层，通过室内剪切试验确定摩擦参数。夹凡士林加盖薄膜模拟泥皮软弱夹层时，$\varphi=11.66°$，$c=10.75\text{kPa}$，夹凡士林模拟泥皮软弱夹层时$\varphi=13.85°$，$c=37.65\text{kPa}$，与设计提出的参数接近，误差小于3%，达到了设计要求，可以在离心模型试验直接采用。

防渗墙与廊道采用胶水固定连接。原型防渗墙与基岩的连接情况是：防渗墙嵌入基岩1m，墙底残渣厚10cm，防渗墙嵌入基岩段可以转动。试验中，防渗墙嵌入基岩5mm，两侧采用703胶止水，这样防渗墙与基岩是柔性连接。

试验模拟了大坝的施工期和20年运行期。在离心机加速上升过程中，根据大坝的施工速率，来控制离心机加速度的上升速率（图2-6复合模型），以模拟大坝施工期。在离心机加速度达200g后即开通电磁阀向上游放水，模拟蓄水期。然后保持离心机在设计加速度（200g）下运行，以模拟大坝20年运行期。

4. 试验测试

试验模型布置了电阻应变片和孔隙水压力传感器，具有布置见图2-22。对于平面应变试验，在防渗墙上、下游面沿墙高方向布置了电阻应变片，测定施工期、蓄水期和运行期防渗墙竖向应力。对于三维条件试验，在防渗墙上、下游面在桩号0+256m处沿墙高方向布置了电阻应变片，测定施工期、蓄水期和运行期防渗墙竖向应力；在防渗墙上、下游面1432m高程处沿坝轴线方向布置了电阻应变片，测定施工期、蓄水期和运行期防渗墙沿坝轴线方向应力；在廊道上游面和顶面沿坝轴线方向布置了电阻应变片，测定施工期、蓄水期和运行期廊道沿坝轴线方向应力。在高塑性黏土顶部埋设孔隙水压力传感器，测定坝体施工期、蓄水期和运行期心墙的孔隙水压力。在防渗墙上游侧模型箱底（相当于原型1407m高程处）埋设孔隙水压力传感器，测定蓄水水位上升速率和蓄水水位高程。

二、防渗墙应力分析

1. 防渗墙应力变化过程

图2-25为防渗墙模型2部分测点防渗墙竖向应力过程线，其他模型和测点也类似。从此可以看出，在坝体施工期，防渗墙上、下游面竖向应力随着大坝填筑高度的增加而增大，蓄水期防渗墙上游面竖向应力有所减小、下游面竖向应力有所增大，在运行期，防渗

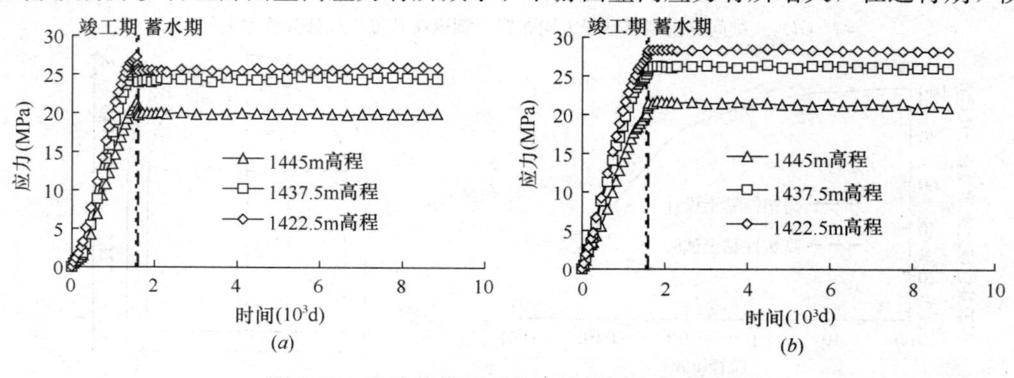

图2-25　防渗墙模型2防渗墙竖向应力过程线

（a）上游面；（b）下游面

墙竖向应力变化不大。

图 2-26 为防渗墙模型 2 防渗墙部分测点沿坝轴线方向应力过程线，其他模型和测点也类似。从此可以看出，在坝体施工期，防渗墙上、下游面沿坝轴线方向应力随着大坝填筑高度的增加而增大；蓄水期防渗墙上游面沿坝轴线方向应力除两边靠近基岩处有所减小外、中间部分均有所增大，下游面则相反，两边靠近基岩处沿坝轴线方向应力有所增大，中间部分则有所减小；在运行期，防渗墙沿坝轴线方向应力变化不大。

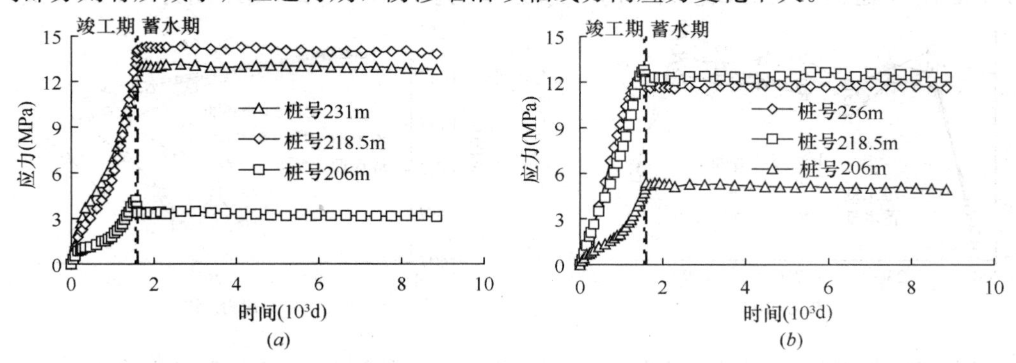

图 2-26　防渗墙模型 2 防渗墙沿坝轴线方向应力过程线

(*a*) 上游面；(*b*) 下游面

2. 防渗墙应力分布

图 2-27 为防渗墙模型 1 防渗墙竖向应力分布，从此可以看出，竣工期、蓄水期和运行期防渗墙竖向应力均为压应力，上游面最大竖向应力出现在 1430m 高程处，竣工期为 33.20MPa，蓄水期为 32.17MPa；下游面最大竖向应力出现在 1422.5m 高程处，竣工期为 33.02MPa，蓄水期为 34.03MPa。

图 2-28 为防渗墙模型 2 防渗墙竖向应力分布，从此可以看出，竣工期、蓄水期和运行期防渗墙竖向应力均为压应力，上游面最大竖向应力出现在 1422.5m 高程处，竣工期为 27.25MPa，蓄水期为 25.33MPa；下游面最大竖向应力出现在 1430m 高程处，竣工期为 27.63MPa，蓄水期为 28.51MPa。图 2-29 为防渗墙模型 2 防渗墙沿坝轴线方向应力分布，从此可以看出，竣工期、蓄水期和运行期防渗墙沿坝轴线方向应力均为压应力，两边靠近基岩处沿坝轴线方向应力较小，中间部分较大，上游面最大沿坝轴线方向应力竣工期为 14.00MPa，蓄水期为 14.78MPa；下游面最大沿坝轴线方向应力竣工期为 13.61MPa，蓄水期为 12.75MPa。

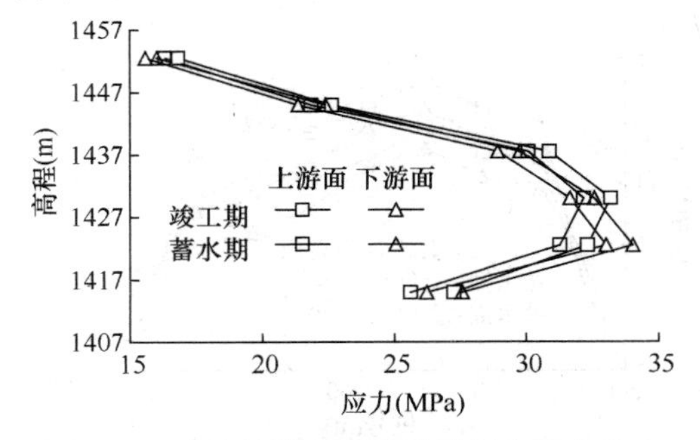

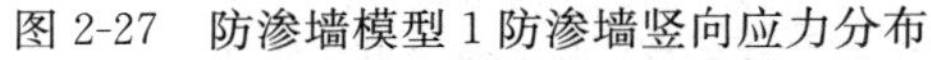
图 2-27　防渗墙模型 1 防渗墙竖向应力分布

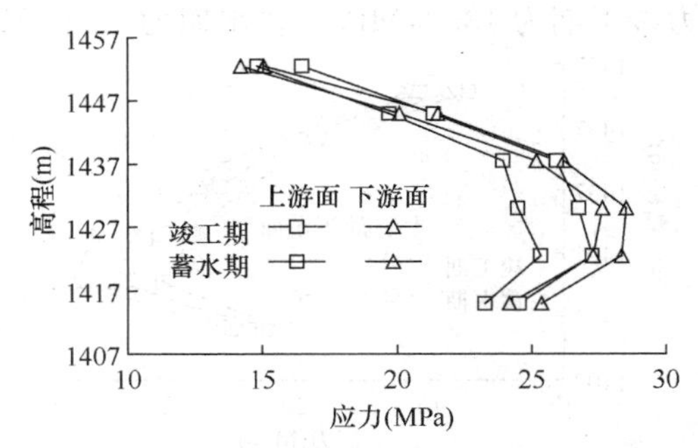

图 2-28　防渗墙模型 2 防渗墙竖向应力分布

图 2-30 为防渗墙模型 3 防渗墙竖向应力分布，从此可以看出，竣工期、蓄水期和运

行期防渗墙竖向应力均为压应力，最大竖向应力均出现在 1437.5m 高程处，上游面竣工期为 38.24MPa，蓄水期为 35.30MPa，下游面竣工期为 39.02MPa，蓄水期为 42.15MPa。图 2-31 为防渗墙模型 3 防渗墙沿坝轴线方向应力分布，从此可以看出，竣工期、蓄水期和运行期防渗墙沿坝轴线方向应力均为压应力，两边靠近基岩处沿坝轴线方向应力较小，中间部分较大，上游面最大沿坝轴线方向应力竣工期为 17.81MPa，蓄水期为 19.11MPa；下游面最大沿坝轴线方向应力竣工期为 19.11MPa，蓄水期为 16.00MPa。

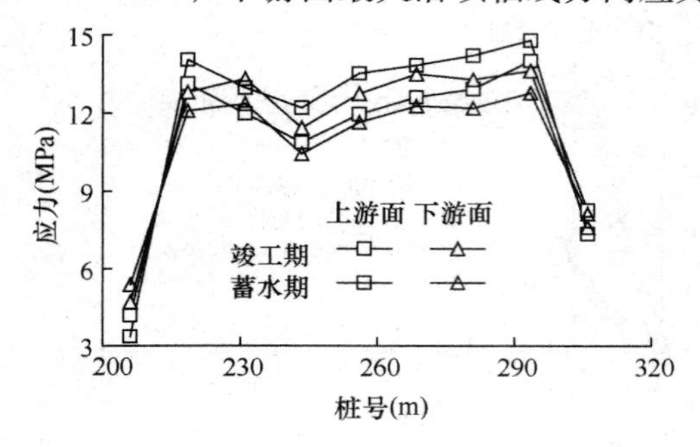

图 2-29 防渗墙模型 2 防渗墙沿坝轴线方向应力分布

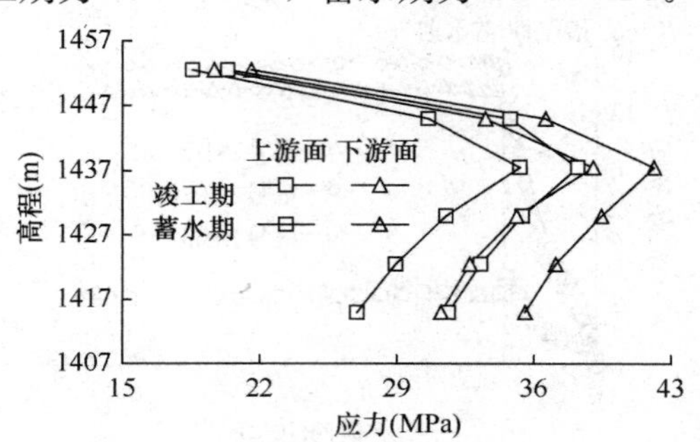

图 2-30 防渗墙模型 3 防渗墙竖向应力分布

图 2-32 为防渗墙模型 4 防渗墙竖向应力沿墙高分布，从此可以看出，竣工期、蓄水期和运行期防渗墙竖向应力均为压应力，最大竖向应力出现在 1422.5m 高程处，上游面竣工期为 25.05MPa，蓄水期为 23.92MPa；下游面竣工期为 25.29MPa，蓄水期为 26.53MPa。图 2-33 为防渗墙模型 4 防渗墙沿坝轴线方向应力分布，从此可以看出，竣工期、蓄水期和运行期防渗墙沿坝轴线方向应力均为压应力，两边靠近基岩处沿坝轴线方向应力较小，中间部分较大，上游面最大沿坝轴线方向应力竣工期为 12.79MPa，蓄水期为 14.25MPa；下游面最大沿坝轴线方向应力竣工期为 13.34MPa，蓄水期为 12.07MPa。

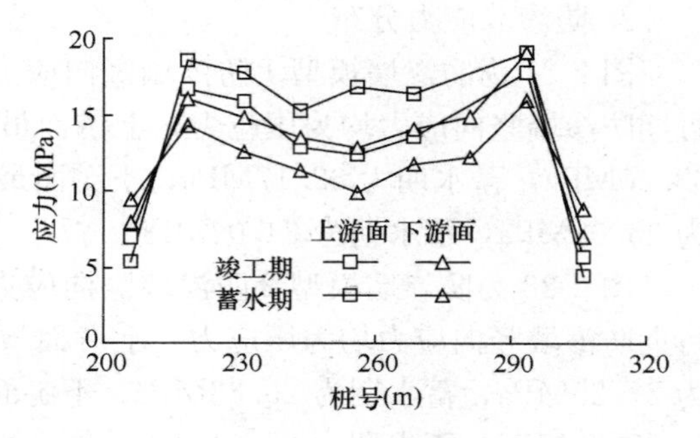

图 2-31 防渗墙模型 3 防渗墙沿坝轴线方向应力分布

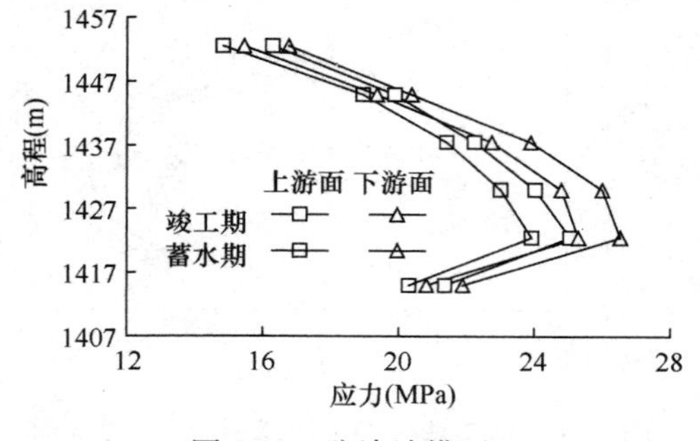

图 2-32 防渗墙模型 4 防渗墙竖向应力分布

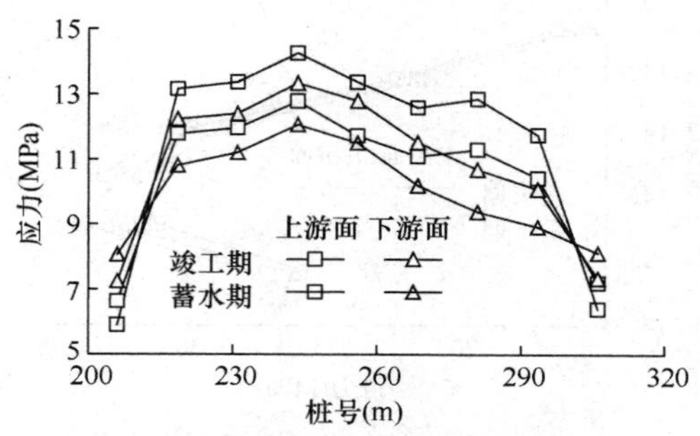

图 2-33 防渗墙模型 4 防渗墙沿坝轴线方向应力分布

3. 不同模型防渗墙应力比较

表2-11汇总了四个防渗墙模型的防渗墙竖向应力，表2-12汇总了防渗墙沿坝轴线方向应力，比较防渗墙模型2和防渗墙模型3可以看出，防渗墙与覆盖层接触面参数由$\varphi=11.7°$、$c=10.5$kPa提高到$\varphi=13.7°$、$c=38.5$kPa时，防渗墙竖向应力有明显增大，竣工期：防渗墙竖向应力平均增大38%，最大竖向应力增大41%，蓄水期：上游面竖向应力平均增大31%、下游面平均增大47%，最大竖向应力上游面增大39%、下游面增大48%。防渗墙沿坝轴线方向应力除个别测点外均有所增大，竣工期：防渗墙沿坝轴线方向应力平均增大19%，最大沿坝轴线方向应力增大34%，蓄水期：上游面沿坝轴线方向应力平均增大24%、下游面平均增大13%，最大沿坝轴线方向应力上游面增大29%、下游面增大25%。

比较防渗墙模型2和防渗墙模型4可以看出，廊道在基覆分界处分缝比廊道在伸入基岩5m处分缝时，防渗墙竖向应力稍有减小，竣工期平均减小7%，蓄水期平均减小6%。防渗墙沿坝轴线方向应力有的地方增大，也有的地方减小，平均应力相差不大，最大应力减小5%。

比较防渗墙模型1和防渗墙模型2可以看出，平面条件试验与按三维条件试验相比，防渗墙竖向应力有所增大。竣工期：防渗墙竖向应力平均增大13%，最大竖向应力增大21%；蓄水期：竖向应力上游面平均增大19%、下游面平均增大11%，最大竖向应力上游面增大27%、下游面增大19%。

防渗墙竖向应力汇总（MPa） **表2-11**

模型	时期	高程（m）	1415	1422.5	1430	1437.5	1445	1452.5
防渗墙模型1	竣工期	上游面	27.24	32.32	33.20	30.88	22.64	16.82
		下游面	26.22	33.02	31.65	28.93	21.36	15.59
	蓄水期	上游面	25.61	31.27	32.17	30.08	21.87	16.34
		下游面	27.56	34.03	32.58	29.76	22.41	16.02
防渗墙模型2	竣工期	上游面	24.54	27.25	26.74	25.93	21.34	16.46
		下游面	24.17	27.28	27.63	25.17	20.08	14.19
	蓄水期	上游面	23.27	25.33	24.49	23.93	19.70	14.80
		下游面	25.36	28.33	28.51	26.19	21.51	15.06
防渗墙模型2	竣工期	上游面	31.64	33.29	35.39	38.24	34.78	20.36
		下游面	31.25	32.73	35.11	39.02	33.52	19.67
	蓄水期	上游面	26.96	28.94	31.50	35.30	30.60	18.57
		下游面	35.55	37.10	39.43	42.15	36.59	21.56
防渗墙模型4	竣工期	上游面	21.36	25.05	24.03	22.24	19.89	16.30
		下游面	20.82	25.29	24.79	22.74	19.36	15.44
	蓄水期	上游面	20.30	23.92	23.00	21.43	18.95	14.83
		下游面	21.89	26.53	25.99	23.89	20.38	16.77

防渗墙沿坝轴线方向应力汇总（MPa） **表 2-12**

模型	时期	桩号(m)	206	218.5	231	243.5	256	268.5	281	293.5	306
防渗墙模型 2	竣工期	上游面	4.18	13.12	11.97	10.86	11.95	12.60	12.92	14.00	8.26
		下游面	4.71	12.79	13.31	11.41	12.73	13.49	13.28	13.61	7.60
	蓄水期	上游面	3.36	14.04	12.96	12.19	13.51	13.83	14.20	14.78	7.35
		下游面	5.38	12.08	12.34	10.43	11.62	12.26	12.18	12.75	8.12
防渗墙模型 3	竣工期	上游面	6.97	16.70	15.90	12.90	12.40	13.61		17.81	5.74
		下游面	7.92	16.07	14.85	13.56	12.87	14.12	14.92	19.11	7.03
	竣工期	上游面	5.41	18.56	17.77	15.31	16.84	16.41		19.11	4.51
		下游面	9.38	14.34	12.58	11.33	9.88	11.77	12.25	16.00	8.81
防渗墙模型 4	竣工期	上游面	6.63	11.79	11.97	12.79	11.72	11.09	11.30	10.42	7.21
		下游面	7.24	12.25	12.41	13.34	12.80	11.52	10.68	10.08	7.34
	竣工期	上游面	5.90	13.16	13.37	14.25	13.37	12.60	12.85	11.76	6.40
		下游面	8.07	10.80	11.20	12.07	11.51	10.19	9.38	8.92	8.12

三、廊道应力分析

1. 廊道应力变化过程

图 2-34 为防渗墙模型 2 部分测点廊道沿坝轴线方向应力过程线，其他模型和测点也类似。从此可以看出，在坝体施工期，廊道顶面沿坝轴线方向应力数值随着大坝填筑高度的增加而增大，蓄水期廊道顶面沿坝轴线方向应力数值有所减小，上游面沿坝轴线方向应力数值有所增大，在运行期，廊道顶面沿坝轴线方向应力变化不大。

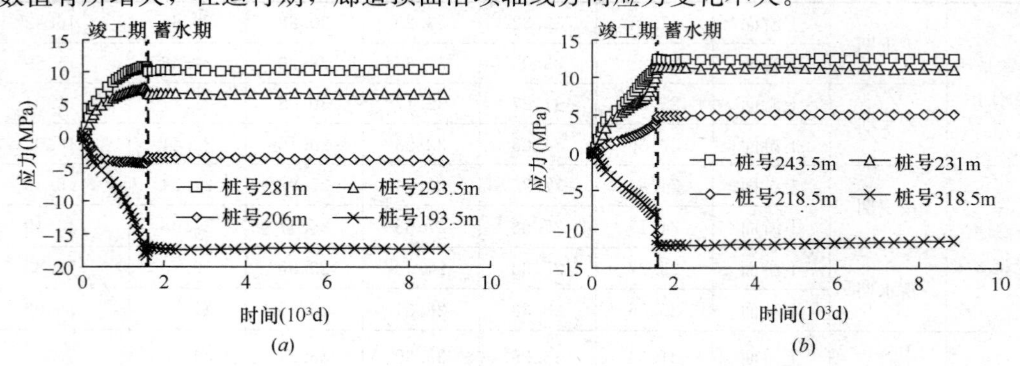

图 2-34 防渗墙模型 2 廊道沿坝轴线方向应力过程线

(*a*) 顶面；(*b*) 上游面

2. 廊道应力分布

图 2-35 为防渗墙模型 2 竣工期和蓄水期廊道沿坝轴线方向应力分布，从此可以看出，在基覆分界处附近区域，廊道沿坝轴线方向出现了较大拉应力，左岸竣工期和蓄水期顶面沿坝轴线方向最大拉应力为－18.20MPa 和－16.98MPa，上游面为－7.14MPa 和－8.03MPa，右岸竣工期和蓄水期顶面沿坝轴线方向最大拉应力为－16.10MPa 和－15.12MPa，上游面为－11.29MPa 和－12.09MPa；在廊道中间大部分区域，廊道沿坝轴线方向应力为压应力，竣工期和蓄水期顶面沿坝轴线方向最大压应力为 11.57MPa 和

10.71MPa，上游面为10.09MPa和12.44MPa。

图2-36为防渗墙模型3竣工期和蓄水期廊道沿坝轴线方向应力分布，从此可以看出，在基覆分界处附近区域，廊道沿坝轴线方向出现了较大拉应力，左岸竣工期和蓄水期顶面沿坝轴线方向最大拉应力为－21.03MPa和－19.11MPa，上游面为－6.12MPa和－10.84MPa，右岸竣工期和蓄水期顶面沿坝轴线方向最大拉应力为－21.34MPa和－19.17MPa，上游面为－10.53MPa和－15.05MPa；在廊道中间大部分区域，廊道沿坝轴线方向应力为压应力，竣工期和蓄水期顶面沿坝轴线方向最大压应力为15.68MPa和13.60MPa，上游面为15.95MPa和19.04MPa。

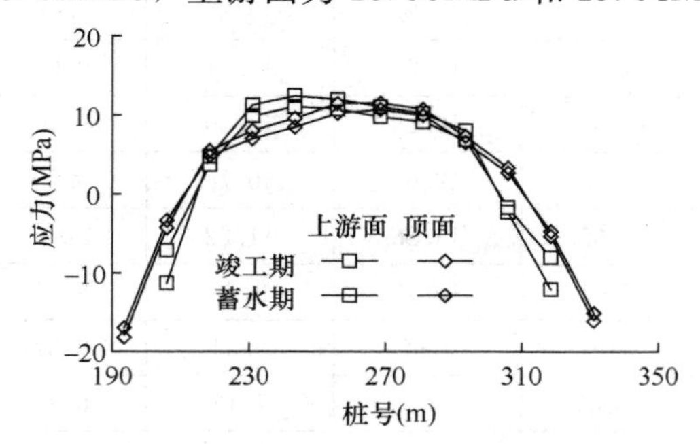

图2-35 防渗墙模型2廊道沿坝轴线方向应力分布

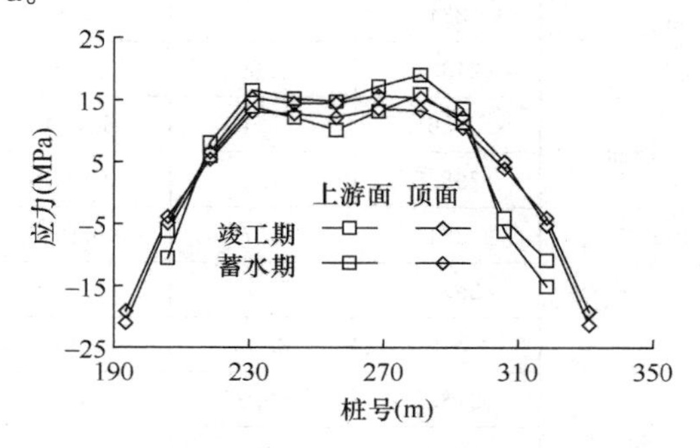

图2-36 防渗墙模型3廊道沿坝轴线方向应力分布

图2-37为防渗墙模型4竣工期和蓄水期廊道沿坝轴线方向应力分布，从此可以看出，廊道沿坝轴线方向应力均为压应力，在基覆分界处附近区域，廊道沿坝轴线方向应力较小，最大应力出现在廊道中部区域，竣工期和蓄水期顶面沿坝轴线方向最大应力为11.22MPa和11.36MPa，上游面为10.50MPa和11.19MPa。

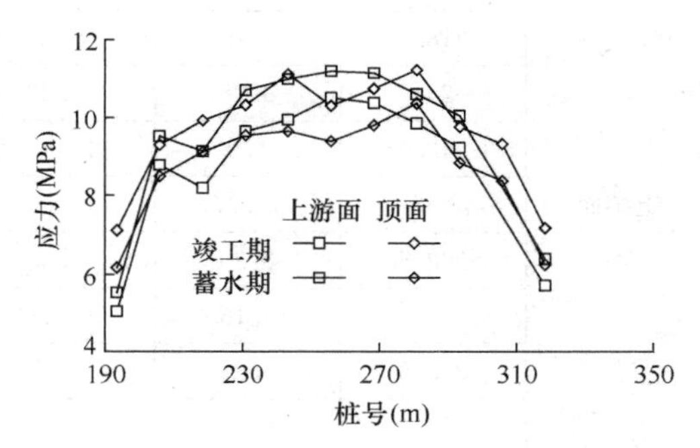

图2-37 防渗墙模型4廊道沿坝轴线方向应力分布

3. 不同模型廊道应力比较

表2-13汇总了三个防渗墙模型的廊道沿坝轴线方向应力。比较防渗墙模型2和防渗墙模型3可以看出，防渗墙与覆盖层接触面参数由$\varphi=11.7°$、$c=10.5$kPa提高到$\varphi=13.7°$、$c=38.5$kPa时，廊道顶面和上游面坝轴向拉、压应力均有明显增大。廊道顶面应力竣工期平均增大37%，蓄水期平均增大31%，最大拉应力竣工期增大32%，蓄水期增大27%，最大压应力竣工期增大36%，蓄水期增大27%。廊道上游面应力竣工期平均增大44%，蓄水期平均增大56%，最大拉应力竣工期增大35%，蓄水期增大24%，最大压应力竣工期增大44%，蓄水期增大53%。

比较防渗墙模型2和防渗墙模型4可以看出，廊道在伸入基岩5m处分缝时，在两岸靠近基岩部位廊道顶面和上游面坝轴向出现较大的拉应力，而廊道在基覆界线处分缝时，廊道顶面和上游面未出现拉应力，且最大压应力也比廊道在伸入基岩5m处分缝时有所减小，竣工期和蓄水期廊道顶面最大压应力减小3%；廊道上游面最大压应力竣工期减小

5%，蓄水期减小 10%。

廊道沿坝轴线方向应力汇总（MPa） 表 2-13

位置	桩号（m）	防渗墙模型 2		防渗墙模型 3		防渗墙模型 4	
		竣工期	蓄水期	竣工期	蓄水期	竣工期	蓄水期
顶面	193.5	−18.20	−16.98	−21.03	−19.11	7.10	6.17
	206	−4.25	−3.33	−4.80	−3.81	9.30	8.49
	218.5	5.51	4.82	6.56	5.39	9.93	9.13
	231	8.05	7.00	15.28	13.07	10.32	9.55
	243.5	9.60	8.48	14.38	12.75	11.11	9.66
	256	11.49	10.24	14.50	12.18	10.30	9.40
	268.5	11.57	10.71	15.68	13.60	10.74	9.81
	281	10.78	9.97	15.35	13.28	11.22	10.36
	293.5	7.30	6.50	12.21	10.45	9.77	8.85
	306	3.33	2.67	5.05	3.95	9.34	8.37
	318.5	−5.31	−4.70	−5.17	−3.91	7.17	6.25
	331	−16.1	−15.12	−21.34	−19.17		
上游面	193.5					5.04	5.53
	206	−7.14	−11.29	−6.12	−10.53	8.78	9.53
	218.5	3.70	4.77	5.94	8.09	8.19	9.14
	231	9.88	11.28	13.87	16.54	9.64	10.70
	243.5	11.09	12.44	12.11	15.17	9.94	10.97
	256	10.77	11.99	10.18	14.74	10.50	11.19
	268.5	9.80	11.08	13.16	17.19	10.38	11.14
	281	9.16	10.18	15.95	19.04	9.86	10.60
	293.5	6.84	8.04	11.38	13.63	9.24	10.05
	306	−1.66	−2.25	−4.00	−6.11		
	318.5	−8.03	−12.09	−10.84	−15.05	5.71	6.39

第四节　高心墙堆石坝初次蓄水速度影响离心模型试验研究

一、土石坝心墙水力劈裂研究

自从 1976 年美国 Teton 坝在蓄水初期突然失事，被确认是由于水力劈裂引起的大坝渗漏破坏以来，水力劈裂问题得到了广泛关注，关于水力劈裂的研究也逐渐增多。为了弄清水力劈裂机理，人们进行了大量的现场试验、室内试验、数值模拟。但由于水力劈裂的发生条件尚未完全弄清，导致试验研究成果直接用于工程实践尚有一段距离。

朱俊高等认为心墙材料的低透水性与心墙存在局部裂缝或缺陷是发生水力劈裂的物质条件，而足够大的所谓“水楔”作用是其发生的力学条件。图 2-38 是存在水平裂缝（其他具有与心墙上游面相交裂缝的情况与此类似）心墙的水力劈裂情况。当库水位达到或高于裂缝时，水体进入裂缝，裂缝表面作用水压力 p_1，裂缝附近土体作用水压力 p_2。当库水位缓慢上升时，进入裂缝中的水体有足够时间向裂缝两边土体渗透，并形成稳定渗流，$p_1=p_2$，那么所谓的“水楔”作用将无法形成。另外，由于裂缝两侧土体可能会遇水膨胀，使裂缝封闭，即发生所谓的“湿封”现象，“水楔”作用无法形成，水力劈裂也就不会发生。当库水位的上升速率较快，p_1 远大于 p_2，稳定渗流无法形成，内外水压力差（p_1-p_2）随库水位的升高而迅速增大，当其大到足以克服裂缝扩展阻力时，裂缝就扩展，水体随即进入新的裂缝，水压力也作用于新的裂缝面，如果该水压力仍大于当前裂缝的扩展阻力，裂缝继续扩展，直到水压力不再大于当前裂缝扩展阻力为止。如果库水位继续上升，作用于裂缝面使裂缝扩展的水压力增大，裂缝将进一步扩展，最终可能形成贯穿心墙的裂缝，导致心墙发生集中渗漏，进一步可能导致溃坝事故。裂缝是否扩展将决定于“水楔”作用与裂缝抗扩展能力的关系。

沈珠江等最早采用离心模型试验方法研究土石坝心墙的水力劈裂问题，对相当于原型坝高 55.5m 的深截水槽心墙砂壳坝进行了模拟 Teton 坝破坏过程的离心模型试验，所用心墙土料为黏性较大的小浪底坝重粉质壤土。试验结果表明心墙没有发生水力劈裂，这与 1976 年美国 Teton 坝在蓄水初期突然失事的原因分析完全不同。模型心墙是均质的，并不包含预制的裂缝或缺陷，即水力劈裂发生所需的物质条件并不完全具备，“水楔”作用无法形成，水力劈裂现象也就不可能发生。换而言之，若模型的心墙中包含裂缝或缺陷，离心模型试验也许可以反映水力劈裂的发生。冯晓莹等简化心墙的受力条件，进行了直立土柱离心模型试验，试验中上游水头高于土柱高度，以研究心墙水力劈裂机理。该试验同样只注重水力劈裂的力学条件，而未考虑物质条件。

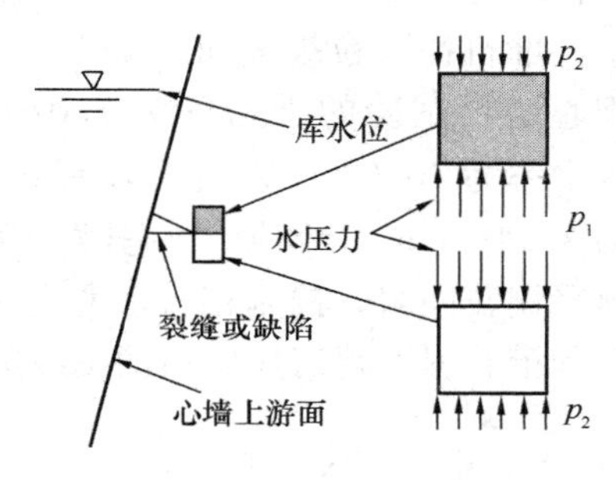

图 2-38　心墙的水力劈裂情况

长河坝工程为大流量河流上的峡谷型水库，在初期导流洞及中期导流洞封堵时，因水库水位未达到上层泄水建筑物底板高程，水库水位上升速率可能高达 20～30m/d。设计非常关注对于如此快的水位上升速率，心墙是否会发生水力劈裂破坏？大坝允许最大水位上升速率是多少？

二、试验内容和方法

1. 研究内容

为满足防渗的要求，心墙坝的心墙材料是低透水性。心墙中裂缝或缺陷是施工原因、不均匀沉降或拱效应等因素引起的，存在不确定性，考虑到土石坝心墙最易出现裂缝或缺陷的地方是填筑材料的分界处，因此，试验中假设心墙在高程 1590m 和 1510m 两处存在裂缝，顺河向深入心墙 5m，沿坝轴向长度 10m。试验时考虑不同的来水情况，假设在导流洞封堵时水库有三种蓄水水位上升速率（20m/d、10m/d、5m/d），研究不同蓄水速率对大坝安全的影响，蓄水水位高程为 1690m。

进行三组蓄水水位上升速率（20m/d、10m/d、5m/d）离心模型试验，模拟心墙存在裂缝和蓄水水位上升速率足够快情况下，通过分析裂缝附近心墙中孔隙水压力增长情况、裂缝的发展情况，从而判断心墙是否会发生水力劈裂，分析大坝允许的最大蓄水速率。

2. 试验方法

采用长×高×宽为1000mm×1000mm×400mm的模型箱，取最大断面、按平面问题进行试验，模型比尺取为240，模拟240m坝高，试验模型布置见图2-39。试验模拟了心墙料和堆石料两种筑坝材料。心墙料试验采用的限制粒径取为10mm，按等量替代法确定模型心墙料的颗粒级配。堆石料试验采用的限制粒径取为20mm，先按相似级配法进行缩尺，再按等量替代法确定模型堆石料的颗粒级配。心墙料颗粒级配曲线如图2-40所示，堆石料颗粒级配曲线如图2-41所示。汤坝心墙料试验的干密度为2.07g/cm^3，相应含水率为10.6%。新莲心墙料试验的干密度为2.14g/cm^3，相应含水率为10.5%。堆石料采用花岗岩，控制相对密度定为0.9，填筑密度为2.18g/cm^3。采用分层方法填筑心墙料和堆石料，每层压实后的层厚为5cm。

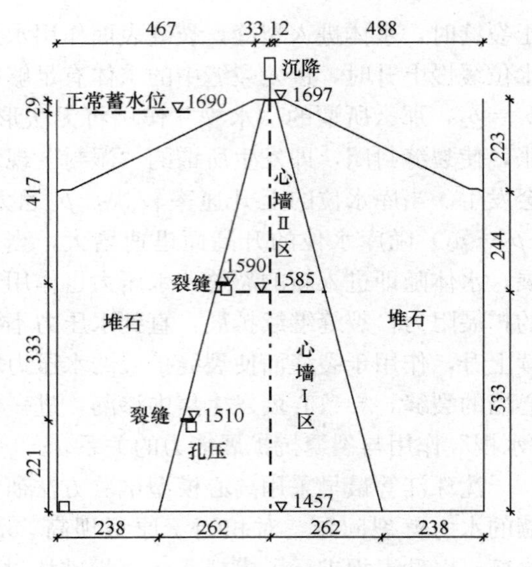

图2-39 模型试验布置图

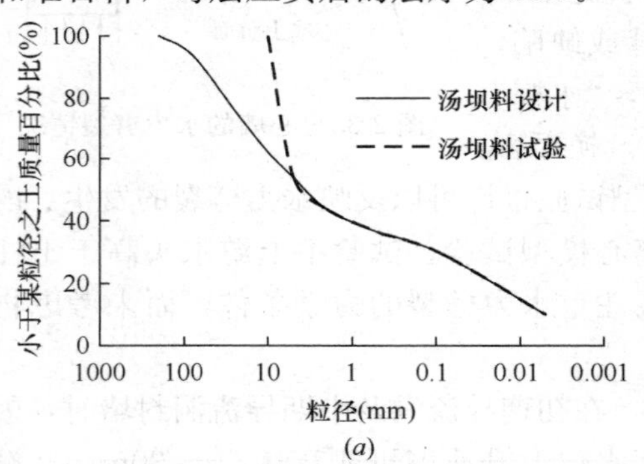

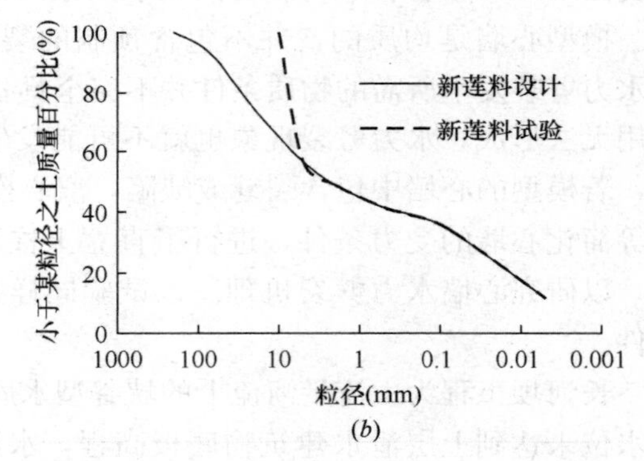

图2-40 心墙料颗粒级配曲线

心墙裂缝的模拟。设想心墙在高程1590m和1510m两处有裂缝，裂缝顺河向深入心墙5m，沿坝轴向长度10m。心墙中裂缝或缺陷宽度都比较小，一般只有微米量级，最多也就1～2mm，这样再除以模型比尺240，就相当薄，在制作模型时不可能在心墙中预留这样薄的裂缝或缺陷。考虑到本项试验心墙中裂缝或缺陷是与库水位相通的，其作用是把蓄水水压力引到心墙裂缝中，因此，试验采用排水板滤膜来模拟裂缝，滤膜厚度为0.1mm，滤膜顺河向深入心墙21mm，沿坝轴向长度42mm，布置在模型箱的有机玻璃面处，布置位置见图2-39。

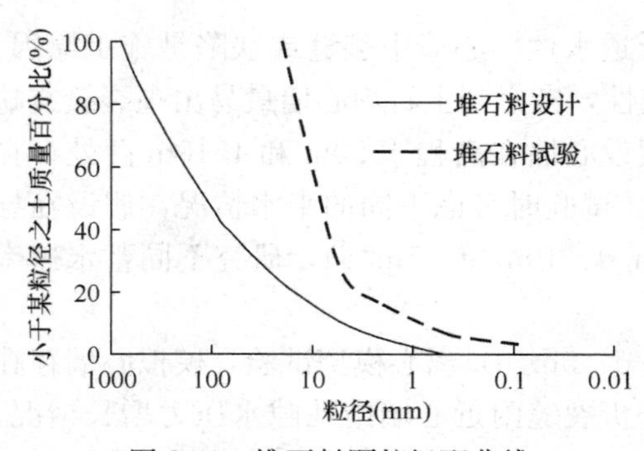

图2-41 堆石料颗粒级配曲线

试验模型布置了位移传感器和孔隙水压力传感器，具有布置见图 2-39。在坝顶中心处安装位移传感器，测定蓄水水位上升速率对心墙沉降的影响。在两条裂缝下方 10mm 处（相当于原型 2.5m）埋设孔隙水压力传感器，测定不同蓄水水位上升速率时心墙的孔隙水压力，即图 2-38 中的 p_2，而心墙裂缝中的水压力 p_1 即为库水压力，是已知的。在模型箱底（相当于原型 1457m 高程处）埋设孔隙水压力传感器，测定蓄水水位上升速率。采用 PIV 技术分析试验前后的照片，测定不同蓄水水位上升速率时心墙裂缝的发展情况。

蓄水水位上升速率的模拟，在离心机上安装水箱和三个电磁阀，模拟三种蓄水水位上升速率（20m/d、10m/d、5m/d）。试验模拟了大坝的施工期和 20 年运行期，在离心机加速上升过程中，根据大坝的施工速率，按图 2-6 中坝体模型给定的速率将离心机加速度到设计加速度 240g，模拟坝体施工到 1697m 高程，不停机向上游放水至 1690m 高程，模拟蓄水，然后保持离心机在设计加速度（240g）下运行，以模拟大坝 20 年运行期。

三、水压力分析

1. 蓄水水位上升过程

在模型箱底（相当于 1457m 高程处）埋设了一个孔隙水压力传感器，以测定蓄水水位上升过程和运行期水位稳定情况，由此也可以得出心墙裂缝处水压力（即图 2-38 中的 p_1）的变化情况。图 2-42 为不同蓄水水位上升速率时水位上升过程线，表 2-14 列出了各模型试验蓄水水位上升特征值。在蓄水水位上升阶段，水位平均上升速率分别达 4.95m/d、9.74m/d、19.17m/d，基本达到设计要求的蓄水水位上升速率，水位上升高度达 230m，上升高程达 1687m。在水位稳定阶段，最高蓄水水位高程为 1691m，最低蓄水水位高程为 1686m，蓄水水位变化高度约为 5m。蓄水水位没有出现快速下降现象，只是缓慢下降，表明在蓄水水位上升速率达 20m/d 条件下，裂缝未贯穿整个心墙，心墙没有出现水力劈裂问题。

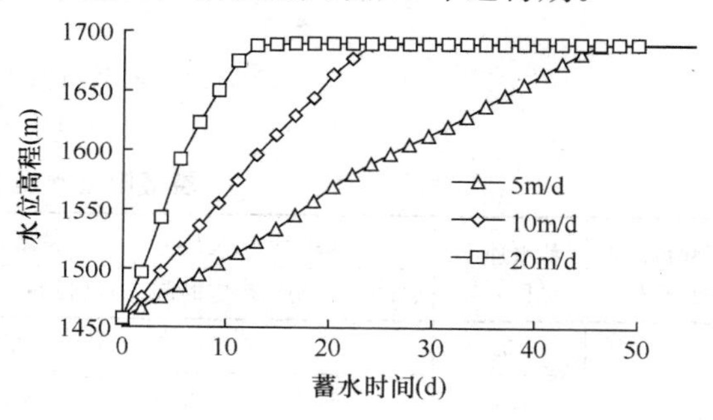

图 2-42 蓄水水位上升过程线

蓄水水位上升特征值 **表 2-14**

蓄水速率 (m/d)	水位上升阶段			水位稳定阶段	
	历时（d）	上升高度（m）	平均升速（m/d）	最高水位（m）	最低水位（m）
5	46.5	230.0	4.95	1690.7	1686.7
10	23.6	229.8	9.74	1691.0	1685.6
20	12.0	230.0	19.17	1690.8	1685.8

2. 裂缝附近水压力

在裂缝下面 2.5m 处埋设孔隙水压力传感器，以测定蓄水水位上升过程和运行期心墙裂缝下面 2.5m 处水压力（即图 2-38 中的 p_2）的变化情况。图 2-43 为不同蓄水水位上升速率情况时孔隙水压力上升阶段的过程线，其中无点线为裂缝处的静水压力，比较裂缝处静水压力和裂缝下面 2.5m 处孔隙水压力可以看出，裂缝下面 2.5m 处孔隙水压力比裂缝处静水压力启动和稳定均要延迟。表 2-15 列出了不同蓄水水位上升速率时裂缝下面 2.5m

处孔隙水压力和裂缝处静水压力的启动时间、稳定时间、启动时差、稳定时差、承压时间，随着蓄水水位上升速率的加快，启动时差稍有增加，稳定时差显著增加，承压时间有所延长。

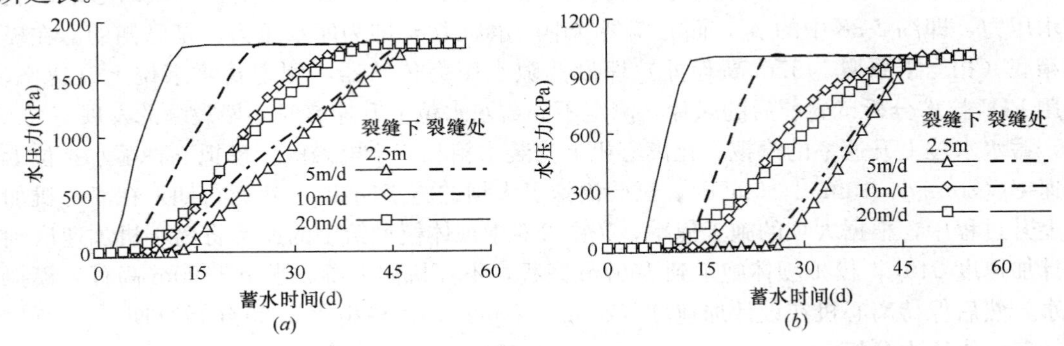

图 2-43　裂缝附近水压力上升过程线

(*a*) 1510m 高程；(*b*) 1590m 高程

裂缝附近水压力特征时间　　**表 2-15**

裂缝高程(m)	蓄水速率(m/d)	裂缝处水压力		裂缝下 2.5m 处水压力		启动时差(d)	稳定时差(d)	承压时间(d)
		启动时间(d)	稳定时间(d)	启动时间(d)	稳定时间(d)			
1510	5	10.4	46.5	12.3	48.8	1.9	2.3	38.4
	10	4.6	23.6	6.9	43.9	2.3	20.3	39.3
	20	2.3	12.0	5.6	44.4	3.3	32.4	42.1
1590	5	24.3	46.5	25.9	51.8	1.6	5.3	27.5
	10	12.5	23.6	15.3	48.6	2.8	25.0	36.1
	20	5.5	12.0	8.3	55.5	2.8	43.5	50.0

承压时间是引起水力劈裂的一个因素，而压差更是引起水力劈裂的重要因素。图 2-44 为不同蓄水水位上升速率时孔隙水压力差(裂缝处静水压力与裂缝下面 2.5m 处孔隙水压力之差)(即图 2-38 中的 p_1-p_2)过程线，可以看出，蓄水水位上升速率越快，孔隙水压力差增长越快，峰值越大，持续时间越短，而后下降也越快；蓄水水位上升速率越慢，孔隙水压力差增长越慢，峰值越小，持续时间越长，而后下降也越慢。不同蓄水水位上升速率时最大孔隙水压力差及其与上覆土压力之比如表 2-16 所示。

不同蓄水水位上升速率时水压力差峰值及其与上覆土压力之比　　**表 2-16**

裂缝高程(m)	1510			1590		
蓄水水位上升速率(m/d)	5	10	20	5	10	20
最大水压力差(kPa)	74	604	1489	38	550	910
最大水压力差与上覆土压力比值	0.017	0.138	0.341	0.015	0.217	0.360

四、大坝允许最大蓄水速率分析

1. 从水压力差分析最大蓄水速率

"水楔"作用是引起水力劈裂的力学因素，从图 2-38 可以看出，心墙裂缝中水压力 p_1 与附近土体水压力 p_2 之差即为"水楔"作用。图 2-45 为最大孔隙水压力差(裂缝处静水压力与

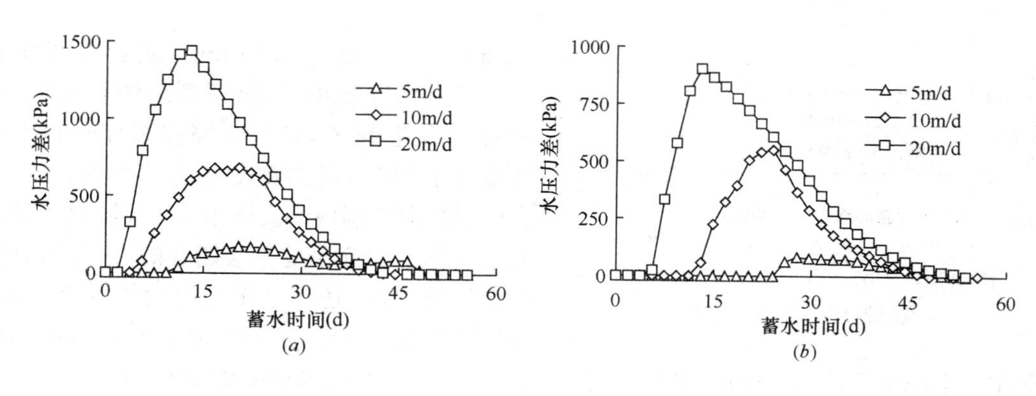

图 2-44 裂缝附近水压力差过程线

(a)1510m 高程；(b)1590m 高程

裂缝下面 2.5m 处孔隙水压力之差的最大值)随蓄水水位上升速率的变化关系，可以看出，蓄水水位上升速率越快，最大孔隙水压力差越大。如果说从最大水压力差还不太好分析心墙是否发生水力劈裂的话，那么从最大水压力差与上覆土压力之比就可看出端倪，图 2-46 为最大水压力差与上覆土压力之比随蓄水水位上升速率的变化关系，比值随蓄水速率几乎是线性增大，且不同高程处的基本平行。由于水压力各个方向是相等的，而水平向土压力一般小于竖向土压力，其大小取决于土压力系数，这就是说，如果最大水压力差与上覆土压力比值大于土压力系数的话，最大水压力差就大于水平向土压力，就可能发生水力劈裂，因此，这比值应小于土压力系数。一般土压力系数按 0.5 取值，根据图 2-46 的线性回归线，就可以计算出大坝允许最大蓄水速率，1510m 高程处允许最大蓄水速率为 27.3m/d，1590m 高程处允许最大蓄水速率为 25.5m/d。因此，从最大水压力差分析得出大坝允许最大蓄水速率为 25.5m/d。

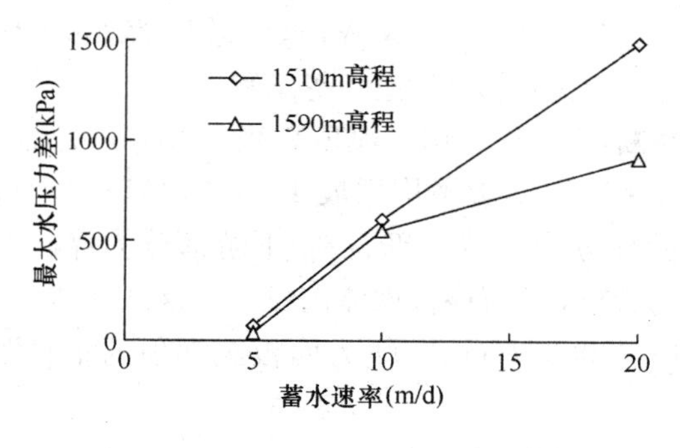

图 2-45 最大水压力随蓄水速率的变化关系

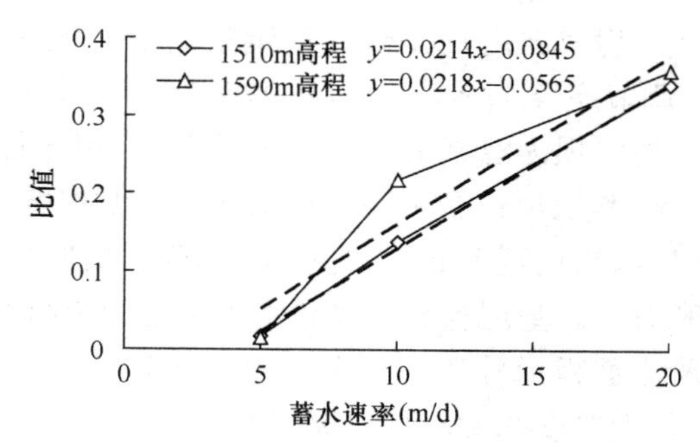

图 2-46 最大水压力差与上覆土压力比值随蓄水速率的变化关系

2. 从裂缝发展情况分析最大蓄水速率

试验中，采用 0.1mm 厚的排水板滤膜模拟裂缝，为了使有机玻璃侧能看见裂缝位置，将滤膜向上折了 5mm。采用 PIV 图像分析方法分析试验前后的照片，得出心墙裂缝的发展情况。从此发现，蓄水水位上升速率为 5m/d 和 10m/d 时，裂缝未出现向心墙内部发展现象，当蓄水水位上升速率为 20m/d 时，裂缝向心墙内部发展(图 2-47)，1510m 高程裂缝向心墙内部发展了 8mm，最大宽度为 0.12mm(模型值)，1590m 高程裂缝向心墙内部发展了

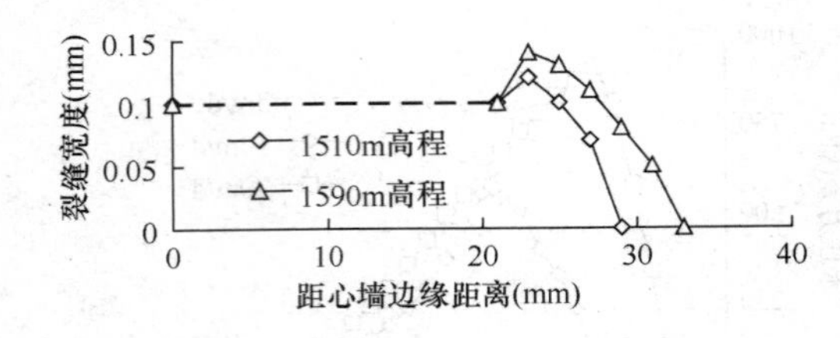

图 2-47　20m/d 蓄水水位上升速率时裂缝发展情况（模型值）

12mm，最大宽度为 0.14mm。从裂缝宽度和向心墙内部发展相对值（即裂缝的扩展值/裂缝的初始值）来看，1510m 高程裂缝向心墙内部发展了 38%，最大宽度发展了 20%，1590m 高程裂缝向心墙内部发展了 57%，最大宽度发展了 40%。由于裂缝是会闭合的，这样的心墙裂缝发展情况，还不至于引起大坝安全问题，如果裂缝继续发展，扩展值大于 100%，那大坝就存在安全隐患了，因此，建议裂缝扩展值不大于 100%。在蓄水速率为 10m/d～20m/d 之间，心墙裂缝开始发展，但不知在什么蓄水速率下心墙裂缝才开始发展，取平均值（蓄水速率 15m/d）作为心墙裂缝发展的起始蓄水速率，由此可以分析大坝允许最大蓄水速率：按裂缝向心墙内部发展情况，1590m 高程处允许最大蓄水速率为 23.8m/d，1510m 高程处允许最大蓄水速率为 28.2m/d；按裂缝最大宽度发展情况，1590m 高程处允许最大蓄水速率为 27.5m/d，1510m 高程处允许最大蓄水速率为 40.0m/d。由于 40.0m/d 数值偏离其他三个数值，取其他三个数值平均值，根据心墙裂缝发展情况得出大坝允许最大蓄水速率为 26.5m/d。

第五节　高面板砂砾堆石坝离心模型试验研究

一、工程概况

新疆吉林台一级水电站是伊犁喀什河中游河段的一座大型水电站，以发电为主，兼有灌溉和防洪效益。枢组分别由拦河坝、泄洪隧洞、开敞式溢洪道、发电引水隧洞、压力管道、地面式厂房及户内开关站等建筑物组成。电站总装机容量为 460MW，水库总库容 25.3 亿 m^3，调节库容 17 亿 m^3，具备不完全多年调节功能。工程属大(I)型一等工程。

拦河坝为混凝土面板砂砾堆石坝，坝体标准断面见图 2-48。坝顶高程 1427m，最大坝高 157m，坝顶长度 445m，宽 12m。上游坝坡为 1∶1.7，下游平均坝坡 1∶1.9，马道间坝坡 1∶1.5，马道宽 12m。坝体填筑料为：坝轴线上游部分为天然砂砾石料，下游部分为爆破石料和石渣。垫层料和过渡料水平宽度为 4m，均为天然砂砾石料；坝体内设有烟囱式排水体。混凝土面板标号为 C25、W12、F300，厚度为 0.3＋0.0033H(m)，H 为面板至坝顶的垂直距离，最大厚度 0.8m，最小厚度 0.3m。

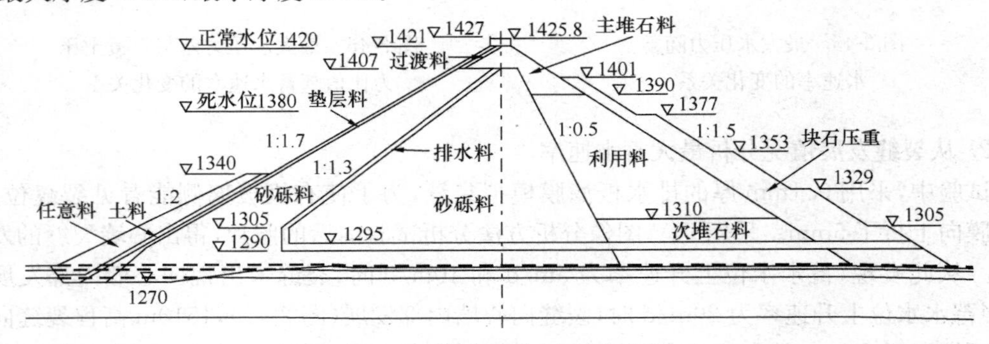

图 2-48　坝体简化标准剖面图

工程处于构造复杂和强震多发区，工程场地属基本稳定地区，地震基本烈度 8 度，大坝按 9 度设计，100 年基准期超越概率 2%基岩峰值加速度为 461.97gal。

坝址区河谷呈"V"形，两岸地形坡度约 45°，正常蓄水位 1420m 处谷宽 340m，两岸山顶相对高差 327～362m，基岩以凝灰岩为主。河床宽度 80m，覆盖层厚 3～5m。坝址区无大的区域性断裂通过。坝址基岩岩性为角砾凝灰岩、晶屑凝灰岩；岩体强度较高，坝址岩体以弱、微风化为主，强风化层厚 3～5m，弱风化层厚 25～30m。坝址处地下水位高于河水位，ω 值小于 0.01L/min·m·m 的极微透水层埋深一般为 45～55m。

二、试验方法

1. 试验方案

离心模型试验按平面问题考虑，模型箱的有效尺寸为 1000mm×1000mm×400mm（长×高×宽），采用不等比尺和分块相结合的方法进行试验。

（1）正常性态试验方案

整体模型试验。采用不等比尺方法进行试验，即扩大几何比尺，减小离心加速度比尺的方法。再通过外推方法来求得等应力比尺结果。目的是找出整体坝坡的可能破坏区，或薄弱区。模型比尺取 600，最大离心加速度取 180g。模拟竣工期、蓄水期和水位骤降情况，模型编号为 M1，布置如图 2-49 所示，主要测量面板应力、应变、坝体沉降等。

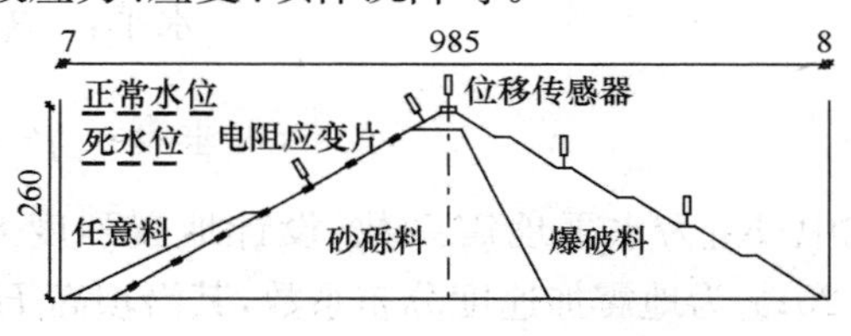

图 2-49　整体模型试验布置图

1/2 局部模型试验。采用不等比尺和分块相结合的方法进行试验，即分成上、中、下游三块，并扩大几何比尺，减小离心加速度比尺进行试验。再通过外推的方法来求得等应力比尺结果。上游块主要研究面板的应力和变形，中间块主要研究坝体最大沉降和坝顶沉降，下游块主要研究下游坝坡的变形。模型比尺取 300，最大离心加速度取 180g。进行了三组试验，模拟竣工期、蓄水期和水位骤降情况，模型编号分别为 M2、M3、M4，布置如图 2-50 所示，主要测量面板应力、应变、坝体沉降等。

全比尺局部模型试验。模型比尺取 170，最大离心加速度取 170g。把整体分成上、中、下三块，上游块主要研究面板的应力和变形，中间块主要研究坝体最大沉降和坝顶沉降，下游块主要研究下游坝坡的变形。进行了三组试验，模拟竣工期、蓄水期和水位骤降情况，模型编号分别为 M5、M6、M7，布置如图 2-51 所示。主要测量面板应力、应变、坝体沉降等。

（2）地震变形的拟静力模型试验方案

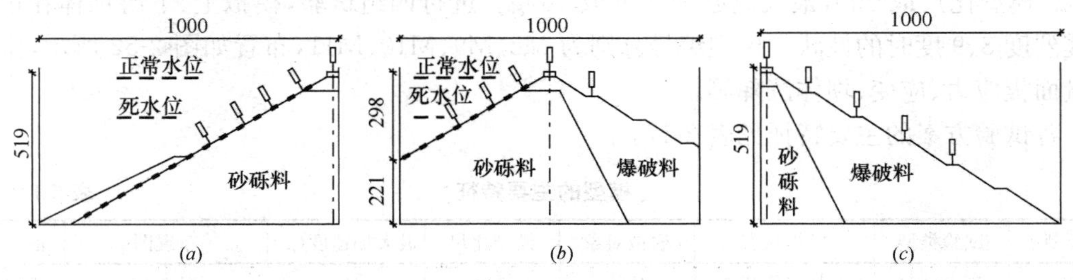

图 2-50　1/2 局部模型试验布置图

（a）上游块；（b）中间块；（c）下游块

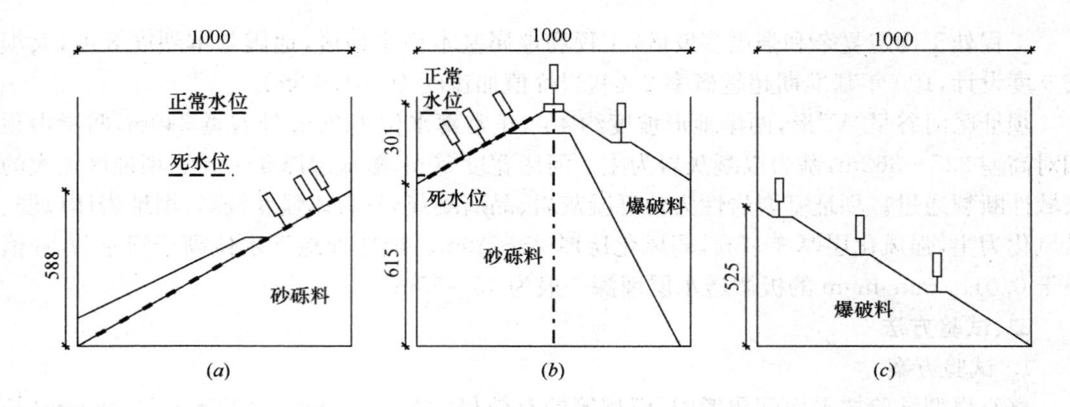

图 2-51　全比尺局部模型试验布置图

(a)上游块；(b)中间块；(c)下游块

通常用拟静力法分析地震作用下土石坝的抗滑稳定性，其核心就是在各土条上作用水平和垂直地震惯性力，地震惯性力等于土条重量乘以地震惯性力系数，地震惯性系数可按下式计算

$$\left.\begin{aligned}\text{水平：}\quad \beta_{\mathrm{H}} &= K_{\mathrm{H}} c_z \alpha_{\mathrm{H}j}\\ \text{垂直：}\quad \beta_{\mathrm{V}} &= K_{\mathrm{H}} c_z \alpha_{\mathrm{V}j}/3\end{aligned}\right\}\tag{2-1}$$

式中，K_{H}为水平地震系数，设计地震烈度 8、9 度分别为 0.2、0.4；c_z为综合影响系数，取 0.25；α_j为地震加速度分布系数，其沿坝高 H 的分布可按下式计算

$$\left.\begin{aligned}&\alpha_{\mathrm{V}j} = 1+\frac{1.5H_j}{H} && H\leqslant 150\mathrm{m}\\ &\alpha_{\mathrm{H}j} = \begin{cases}1+\dfrac{2.5H_j}{3H} & 0\leqslant H_j\leqslant \dfrac{3}{5}H\\ \dfrac{5H_j}{2H} & \dfrac{3}{5}H< H_j\leqslant H\end{cases} && 40\mathrm{m}< H\leqslant 150\mathrm{m}\end{aligned}\right\}\tag{2-2}$$

吉林台坝高 157m，$\alpha_{\mathrm{V}j}$平均值为 1.75，$\alpha_{\mathrm{H}j}$平均值为 1.55，β_{V}对应设计地震烈度 8、9 度时分别 0.02917、0.05833，β_{H}对应设计地震烈度 8、9 度时分别 0.0775、0.155。从上可以看出，垂直地震惯性力只有水平地震惯性力的 1/3，在模型试验中只考虑水平地震惯性力的影响。通过使坝体倾斜来考虑水平地震惯性力，对应设计地震烈度 8、9 度时倾角分别为 4.4°、8.8°。模型比尺取 300，最大离心加速度取 180g。进行四组试验，模拟上、下游坝体在设计地震烈度 8、9 度时的性状。模型编号分别为 M8、M9、M10、M11，布置如图 2-52 所示，主要测量面板应力、应变、坝体沉降等。

各试验方案的主要特征见表 2-17。

模型的主要特征　　**表 2-17**

模型	试验类型	模拟状态	模拟对象	模型比尺	最大加速度(g)	布置图	备　注
M1	静力试验	正常工作状态	整体	600	180	图 2-49	3 种工况
M2	静力试验	正常工作状态	上游	300	180	图 2-50(a)	3 种工况

续表

模型	试验类型	模拟状态	模拟对象	模型比尺	最大加速度(g)	布置图	
M3	静力试验	正常工作状态	中部	300	180	图 2-50(b)	3 种工况
M4	静力试验	正常工作状态	下游	300	180	图 2-50(c)	竣工期
M5	静力试验	正常工作状态	上游	170	170	图 2-51(a)	3 种工况
M6	静力试验	正常工作状态	中部	170	170	图 2-51(b)	3 种工况
M7	静力试验	正常工作状态	下游	170	170	图 2-51(c)	竣工期
M8	拟静力试验	8 度地震烈度	上游	300	180	图 2-52(a)	3 种工况
M9	拟静力试验	8 度地震烈度	下游	300	180	图 2-52(b)	竣工期
M10	拟静力试验	9 度地震烈度	上游	300	180	图 2-52(c)	3 种工况
M11	拟静力试验	9 度地震烈度	下游	300	180	图 2-52(d)	竣工期

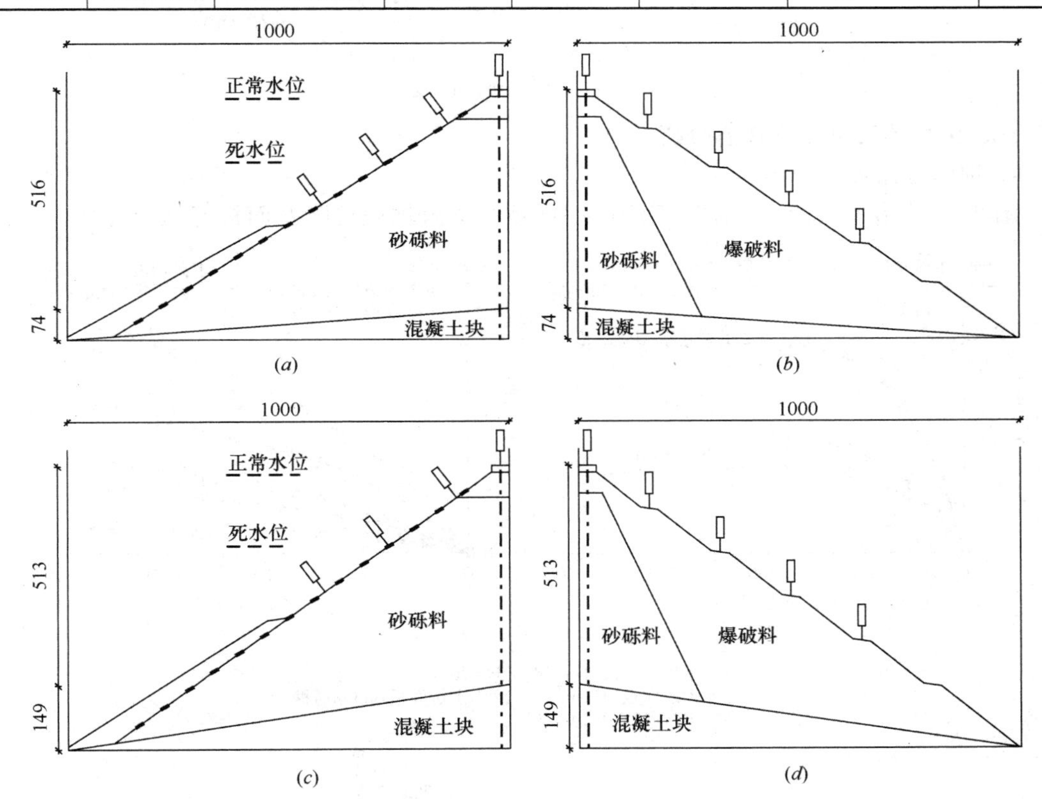

图 2-52　拟静力模型试验布置图

(a) 8 度地震上游坝体；(b) 8 度地震下游坝体

(d) 9 度地震上游坝体；(d) 9 度地震下游坝体

2. 模拟技术

筑坝材料取自现场，试验中主要模拟了对影响坝体变形和稳定起决定作用的砂砾料和爆破料。原型砂砾料和爆破料的最大粒径均为 600mm，模型砂砾料和爆破料的限制粒径均取为 20mm，用相似级配法与等量替代法确定砂砾料和爆破料的试验级配，级配曲线如

图 2-53 所示。采用分层击实法填筑模型坝体，分层厚度为 5cm，控制干重度为 $22kN/m^3$。

混凝土面板选用与混凝土重度相近的铝材来模拟，按抗弯刚度相似条件确定其厚度。原型面板厚度为 55cm，弹模为 28.5GPa，铝板弹模为 70GPa，模型比尺为 170、300、600 时，铝板为 2mm、1.2mm、0.5mm。

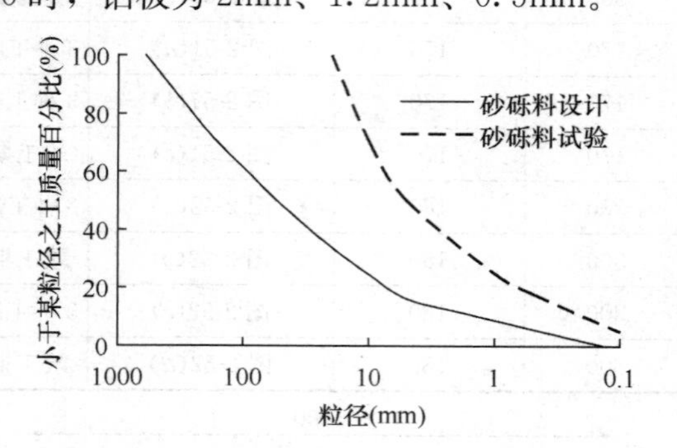

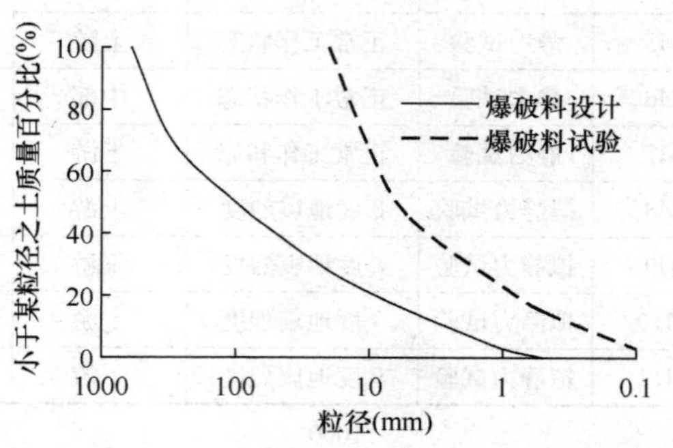

图 2-53　坝料级配曲线

三、大坝的正常工作性态分析

1. 坝体及面板的变形

图 2-54 给出了三种模型比尺实测模型坝顶和下游坝坡沉降及面板挠度过程线，从图

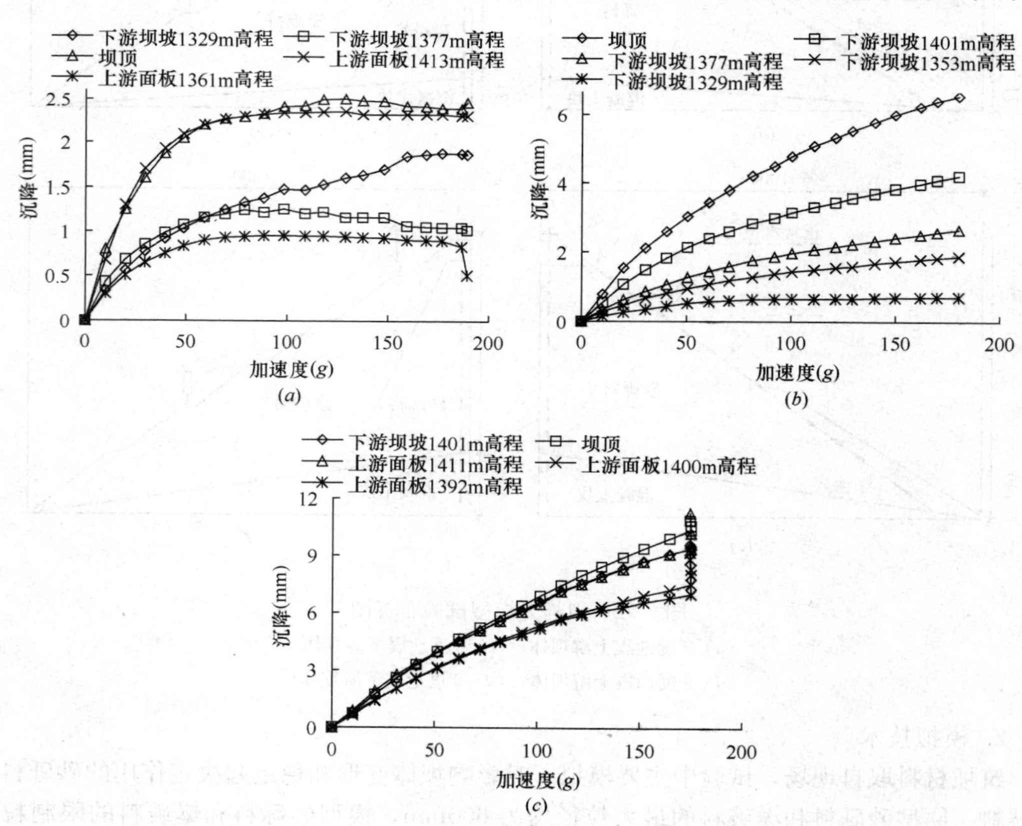

图 2-54　沉降与加速度的关系

(*a*) 模型 M1；(*b*) 模型 M4；(*c*) 模型 M6

中可以看出，随着加速度的增加，相当于增加坝体高度，模型实测的沉降和挠度也增加。模型比尺越大，加速度达到 180g 左右时，模型的沉降和挠度就越小。为了使模型比尺和加速度一致，采用外推方法将模型值进行外推到相应结果。

图 2-55 为根据试验结果推算的施工期坝轴线上坝体沉降沿坝高分布，图 2-56 为施工期坝轴线上坝体最大沉降随坝高的变化。从图中可以看出，不同填筑高度坝轴线上坝体沉降接近于双曲线分布，坝轴线上坝体最大沉降基本上出现在 0.47～0.48 坝高处。坝轴线上坝体最大沉降随着坝高的增加而增加，且增长速率也随坝高的增加而增加。竣工期坝体最大沉降为 762mm，出现在 0.47 坝高处。当蓄水位到正常水位 1420m 时，由蓄水引起的坝顶沉降为 89mm，水位从正常水位骤降到死水位 1380m 时，坝顶沉降为 72.5mm，由水位骤降而引起的坝顶反弹为 16.5mm。

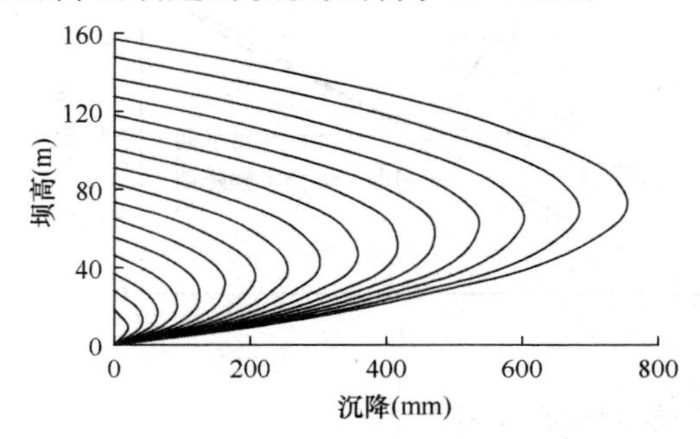

图 2-55　坝轴线上坝体沉降沿坝高分布

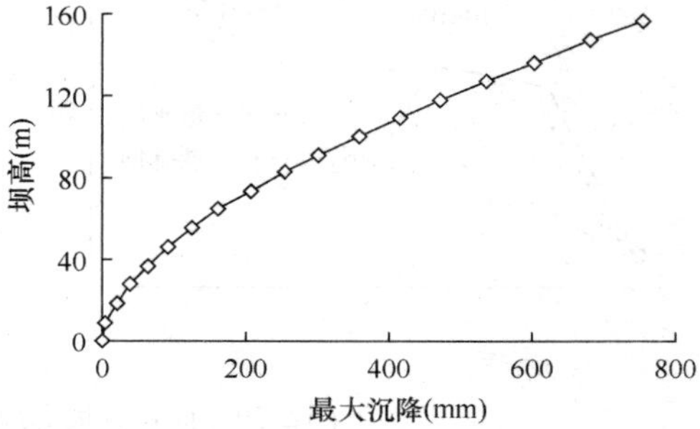

图 2-56　坝轴线上坝体最大沉降随坝高的变化

图 2-57 为坝体在蓄水期和水位骤降期面板的挠度分布，从图中可以看出，当水位由空库蓄水到正常水位时，面板将向下游方产生挠曲，最大挠度增量为 327mm，出现在 0.9 坝高处，坝顶处面板挠度 77mm。当水位由正常水位骤降到死水位时，面板将向上游方产生挠曲回弹，最大挠度回弹量为 61mm，在 0.48 坝高以下，挠度回弹量很小，坝顶面板挠度回弹量为 14mm；水位骤降期面板的最大挠度为 266mm，坝顶处面板挠度为 63mm。

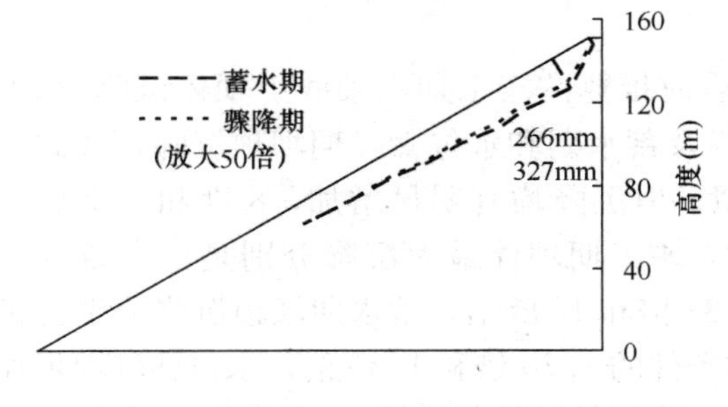

图 2-57　蓄水期和骤降期面板挠度分布图

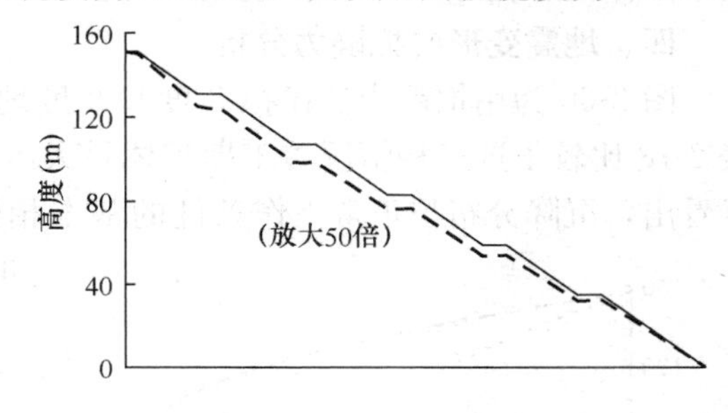

图 2-58　竣工期下游坝坡沉降分布图

图 2-58 为坝体竣工期下游坝坡沉降分布图，从图中可以看出，竣工期，下游坝坡从坝基处沉降开始增大，从坝基往上第二个马道处沉降为 103mm，第三个马道处沉降为 135mm，在第四个马道处出现最大沉降为 174mm，第五个马道处沉降为 136mm，然后减小至坝顶处为 0。当水位由空库蓄水到正常水位时，第五个马道处的沉降增量为 38mm，蓄水期该处的总沉降为 174mm，比竣工期增加约 28%左右。当水位由正常水位骤降到死

水位时，第五个马道处的沉降回弹量为5mm，水位骤降期该处的总沉降为169mm，比蓄水期减小3%左右，比竣工期增加24%左右。

2. 面板应力

图2-59为面板顺坡向应力分布，从图中可以看出，蓄水期和水位骤降期面板上游面均为压应力，在0.32坝高处最大，最大值分别为9.99MPa和8.22MPa，向坝基和坝顶逐渐减小。蓄水期面板下游面在0.64坝高以上出现拉应力，最大值为−0.88MPa，出现在0.76坝高处，在0.64坝高以下则为压应力，最大值为9.12MPa，出现在0.13坝高处；水位骤降期面板下游面在0.7坝高以上出现拉应力，最大值为−0.36MPa，出现在0.76坝高处，在0.7坝高以下则为压应力，最大值为7.68MPa，出现在0.13坝高处。

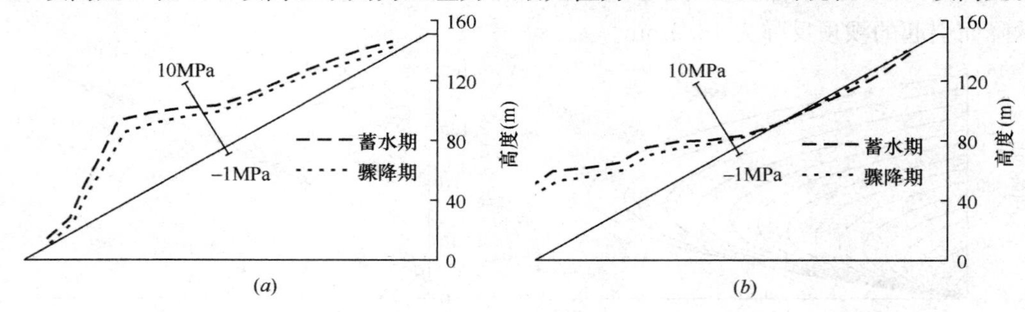

图2-59 面板顺坡向应力分布（压为+，拉为−）

(a) 上游面；(b) 下游面

3. 大坝静力稳定安全性

以上结果表明，吉林台水电站混凝土面板砂砾堆石坝在竣工期、蓄水期、水位骤降期的变形均不大，试验后观察模型，只发现上下游坝坡上部稍有沉降，而无可察的水平位移，说明大坝上、下游坝坡在竣工期、蓄水期、水位骤降期是稳定的。面板应力分布合理，最大拉、压应力均小于混凝土设计强度。因此，大坝在竣工期、蓄水期和水位骤降期，工作性态良好，整体稳定安全，优化设计方案正确。

四、地震变形的拟静力分析

图2-60为用拟静力法模拟8度和9度地震时推算的竣工期坝轴线上坝体沉降分布，表2-18比较了这三种情况竣工期坝体最大沉降及蓄水期和水位骤降期坝顶沉降，从此可以看出，沉降分布与正常工作条件的基本相似，但沉降均有明显增加，8度和9度地震时，竣工期坝体最大沉降分别是正常条件的1.23倍和1.95倍，蓄水期坝顶沉降分别是正常条件的1.70倍和1.85倍，水位骤降期坝顶沉降分别是正常条件的1.85倍和1.97倍。

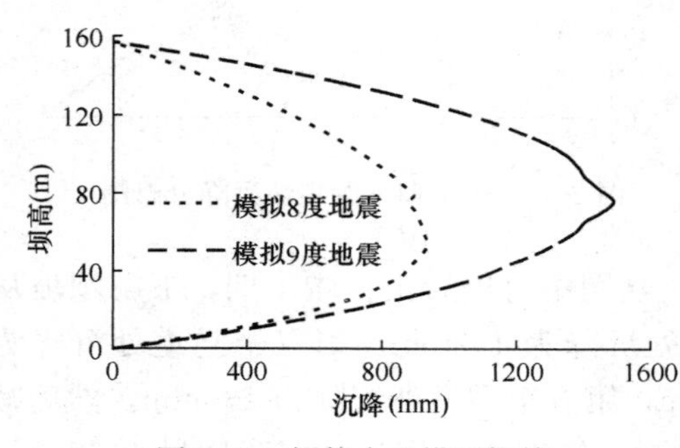

图2-60 拟静力法模型推算的竣工期坝轴线沉降分布

表2-19比较了正常条件、8度和9度地震条件下蓄水期和水位骤降期面板挠度。从此可以看出，8度和9度地震条件下面板挠度均比正常条件要大，且最大值的出现位置也有所下移，蓄水期8度和9度地震时面板挠度是正常条件的1.4倍和2.25倍，水位骤降期

8 度和 9 度地震时面板挠度是正常条件的 1.28 倍和 2.09 倍。

坝体最大沉降和坝顶沉降的比较　　表 2-18

工作状态		正常条件	8 度地震	9 度地震
竣工期坝体最大沉降（mm）		762	938	1488
坝顶沉降（mm）	蓄水期	89	151	165
	骤降期	72.5	134	143

面板挠度的比较（mm）　　表 2-19

工作状态 \ 时期和高程（m）	蓄水期			骤降期		
	1403	1377	1350	1403	1377	1350
正常条件	302	268	217	248	239	217
8 度地震	307	379	174	258	305	133
9 度地震		604	369		499	307

图 2-61 为 8 度和 9 度地震条件下坝体竣工期下游坝坡沉降分布，表 2-20 比较了正常条件、8 度和 9 度地震条件下竣工期下游坝坡各马道的沉降。从这些图表可以看出，竣工期，8 度和 9 度地震条件下下游坝坡在第五马道处沉降增大，分别是正常条件的 1.43 倍和 3.00 倍，而在其他马道处沉降则要减小，9 度地震时第二、三马道不沉降反而隆起。这说明 8 度和 9 度地震条件下下游坝坡在坡顶产生了较大的沉降，而在坡脚产生了一定的隆起。

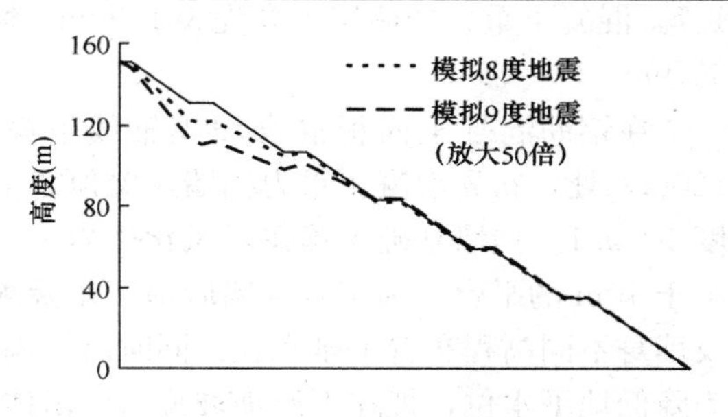

图 2-61　竣工期下游坝坡沉降分布

竣工期下游坝坡沉降的比较（mm）　　表 2-20

工作状态	第 5 马道	第 4 马道	第 3 马道	第 2 马道
正常条件	136	174	135	103
8 度地震	195	22	23	10
9 度地震	408	145	−16	−17

拟静力法的试验结果表明，大坝在 8 度和 9 度地震条件下的变形均比正常条件有明显的增加，试验后观察模型，只发现上、下游坝坡上部稍有沉降，而无明显的失稳和破坏现象。这说明大坝上、下游坝坡在 8 度和 9 度地震条件下基本稳定。由于拟静力法不能模拟大坝的地震反应特性，因而只有通过离心机振动台模型试验，才能反映大坝的地震反应特性及稳定安全性。

第六节　高挡墙混凝土面板混合坝离心模型试验研究

一、工程概况

江苏宜兴抽水蓄能电站位于宜兴市西南郊约 10km 的铜官山区，由上、下水库、输水系统、地下厂房和开关站等建筑物组成，上水库位于铜官山主峰北侧沟谷内。可研阶段推荐的上库主坝沥青混凝土面板堆石坝方案，下游坝坡坡脚至坝顶最大高差达 285m，国内外还缺少在如此长斜坡上建坝的经验，唯恐对不利的影响预见不足，因此，补充设计推荐上库主坝采用钢筋混凝土面板混合坝方案。

混合坝坝顶高程 474.20m，坝顶宽 8.0m，下游坝坡马道之间 1∶1.2，下游综合坝坡 1∶1.42，下游倾斜建基面开挖成台阶状。由于坝下原始地形呈“两沟一梁”的“W”形，对坝和挡墙区的中间山梁进行了开挖，以减缓坝基地形的起伏变化。

钢筋混凝土混合坝方案采用全库盆防渗，库盆和坝体上游护面均为钢筋混凝土面板。坝顶长 519.5m，趾板以上最大坝高 47.2m，上游坝坡 1∶1.3，钢筋混凝土面板厚 40cm。混凝土重力挡墙墙顶高程 381.90m，墙顶长 369m，挡墙平均高度 24.0m，最大墙高 45.9m。

沥青混凝土混合坝方案采用全库盆防渗，库盆和坝体上游护面均为沥青混凝土面板。沥青混凝土面板混合坝方案坝顶长 516.36m，坝轴线处最大坝高 47.5m，上游坝坡 1∶1.7。混凝土重力挡墙墙顶高程 391.90m，墙顶长 388m，挡墙平均高度 34.0m，最大墙高 55.9m。

在钢筋混凝土面板混合坝坝轴线下游 132m（沥青混凝土面板混合坝坝轴线下游 120m）处，布置混凝土重力挡墙，墙顶宽 4.0m，上游面坡度 1∶0.2～1∶0.5，下游面坡度 1∶0.1。挡墙基础坐落在弱风化砂岩上，为了保证挡墙基础的稳定，墙后基岩留有不小于 10m 的平台。为了减少墙后地下水及坡面雨水侵入对挡墙稳定的影响，在挡墙基础及墙身不同高程布置了排水孔，同时沿挡墙轴线在两沟谷处分别布置了大断面排水涵洞。为降低地下水位，拟在下游坝坡覆盖的山体范围内，分别在不同高程布置五排排水平洞，平洞内向上钻排水孔，孔深 35～40m。

坝址区地层为泥盆系中、下统茅山组和泥盆系上统五通组沉积岩地层，覆盖层较薄，一般厚度小于 2m，但冲沟部位有 3～8m 厚。纵向坝坡岩性以弱风化五通组下段石英岩状砂岩夹粉砂质泥岩或泥质粉砂岩及茅山组上段岩屑石英砂岩夹粉砂质泥岩或泥质粉砂岩为主。沟谷中部偏右岸分布多条花岗斑岩脉，其走向与坝轴线正交，宽度一般为 3～10m，$\gamma\pi_5^{3-3}$－14 在挡墙轴线上宽达 20 余米，岩体抗风化能力差，全风化下限深达 42m。

坝体堆石料分为垫层、过渡层、主堆石区、次堆石区和基础过渡区。垫层水平宽度 2.0m，采用外购灰岩料；过渡层水平宽度 4.0m，采用砂岩夹泥岩料；主、次堆石区均采用砂岩夹泥岩料；过渡区厚 4.0m，采用外购灰岩料。

钢筋混凝土面板混合坝方案克服了可研推荐方案长贴坡体的缺点，但在长陡坡的中部布置了比较高的混凝土重力式挡墙。此外，主坝坝基天然地形成“W”形，沿坝轴线方向为“两沟一梁”。为减少下游坝体的不均匀变形，对中间山脊进行了较多的开挖，使堆石体厚度在平行坝轴线方向的变化趋于平缓。为研究坐落在倾斜山坡坡面上且具有高重力式挡墙的钢筋混凝土面板堆石坝和沥青混凝土面板堆石坝的坝体应力和变形，验证中间山脊开挖作用，了解大坝竣工后蓄水前和蓄水后运行期的工作状态及整体稳定性，大坝上游钢筋混凝土防渗面板的应力和变形，因此，有必要对混合坝方案进行离心模型试验研究，为设计提供必要的设计参数和依据。

二、试验内容和方法

1. 试验内容

根据工程布置和坝址区地质条件，重点从以下 6 个方面进行离心模型试验研究。(1) 2 种坝型和 3 个典型剖面研究：钢筋混凝土面板混合坝 4-4 剖面（挡墙高 25m）、5-5 剖面（挡墙高 10m）、8-8 剖面（挡墙高 45.9m）和沥青混凝土面板混合坝 8-8 剖面（挡墙高 55.9m）。(2) 2 种地下水位影响研究：水位 1，地下水位沿建基面分布，至重力挡墙后水位为 1/3 挡墙高；水位 2，地下水位沿平行建基面以下 30m 分布。(3) 5 种堆石料与基岩抗剪强度指标影响研究：实测指标，提高 10%，降低 10%，降低 20%，降低较多。(4) 2 种建基面倾角影响研究：实际倾角，倾角提高 10°。(5) 基岩软弱夹层影响研究：不考虑和考虑基岩软弱夹层。(6) 重力式挡墙位移影响研究：挡墙可动和完全固定不动。

2. 试验模型

根据工程布置和坝址区地质条件，以坝体控制横断面进行模拟，离心模型试验模拟范围为：水平向取自上游坡脚附近处至挡墙下游坡脚附近处，共 220m，竖向取坝顶以下 170m 左右，将上水库大坝和重力式挡墙作为一个整体进行试验模拟，模型比尺为 220，最大加速度为 220g。研究大坝竣工期和正常蓄水运行期（正常高水位 471.50m）两种工况。共完成 13 个试验模型，各模型的试验内容列于表 2-21，模型布置见图 2-62。各模型主要测量面板应力、应变、坝体沉降、挡墙土压力、孔隙水压力等。

试验模型 **表 2-21**

模型	坝型	剖面	堆石料与基岩抗剪强度指标	建基面倾角	是否考虑基岩软弱夹层	挡墙是否位移	地下水位
1	钢筋混凝土面板混合坝	4-4	实测值	实际	否	是	水位 1
2	钢筋混凝土面板混合坝	4-4	实测值	实际	否	是	水位 2
3	钢筋混凝土面板混合坝	5-5	实测值	实际	否	是	水位 2
4	钢筋混凝土面板混合坝	8-8	实测值	实际	否	是	水位 1
5	钢筋混凝土面板混合坝	8-8	实测值	实际	否	是	水位 2
6	钢筋混凝土面板混合坝	8-8	提高 10%	实际	否	是	水位 1
7	钢筋混凝土面板混合坝	8-8	降低 10%	实际	否	是	水位 1
8	钢筋混凝土面板混合坝	8-8	降低 20%	实际	否	是	水位 1
9	钢筋混凝土面板混合坝	8-8	实测值	增加 10°	否	是	水位 1
10	钢筋混凝土面板混合坝	4-4	实测值	实际	是	是	水位 1
11	沥青混凝土面板混合坝	8-8	实测值	实际	否	是	水位 1
12	钢筋混凝土面板混合坝	8-8	实测值	实际	否	否	水位 1
13	钢筋混凝土面板混合坝	8-8	降低较多	实际	否	否	水位 1

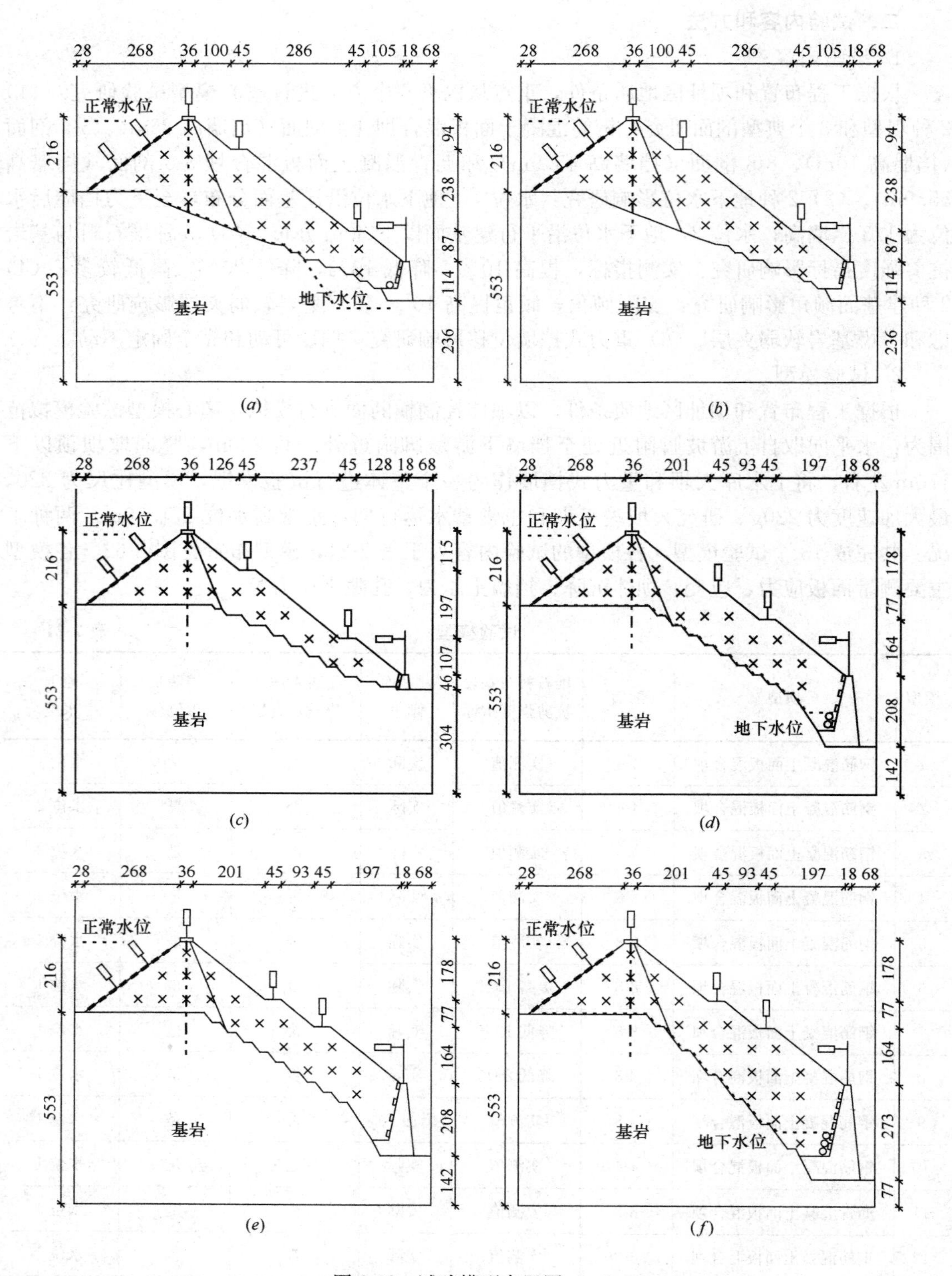

图 2-62　试验模型布置图（一）

(a) 模型 1；(b) 模型 2；(c) 模型 3；(d) 模型 4、6、7、8

(e) 模型 5；(f) 模型 9；

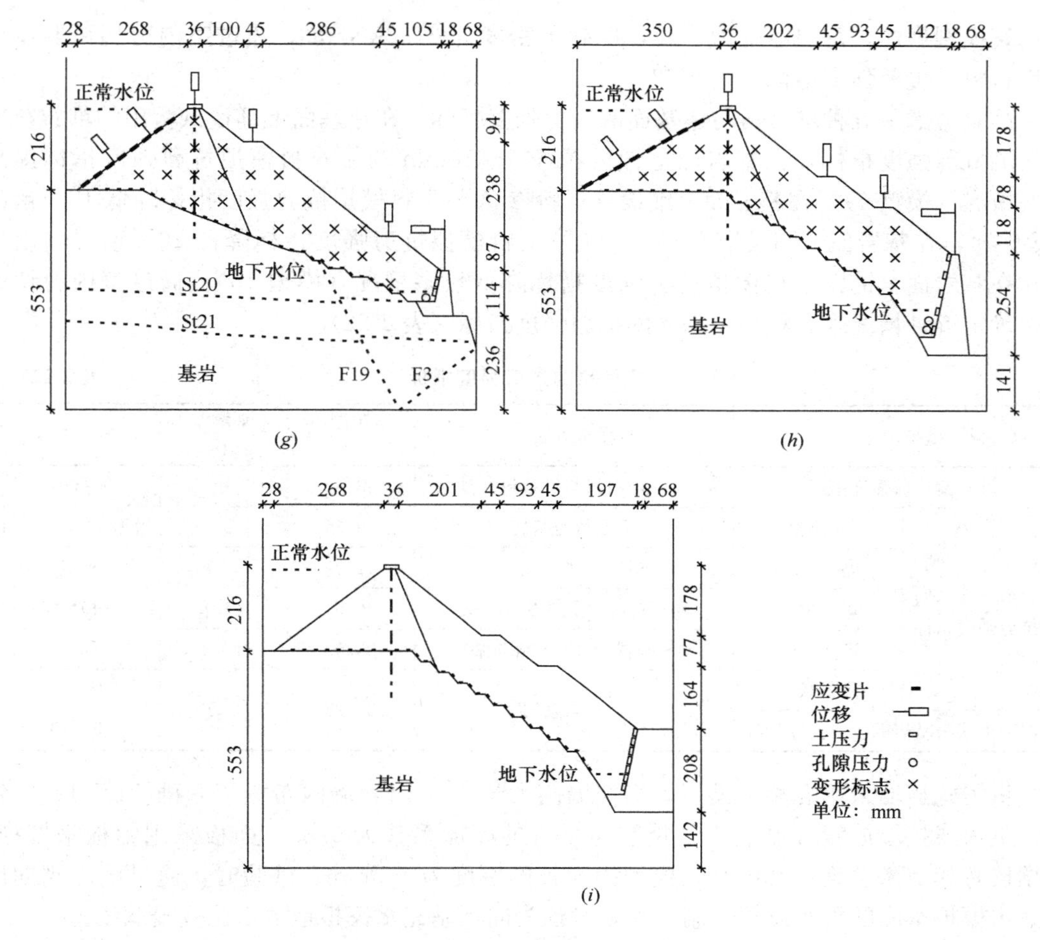

图 2-62　试验模型布置图（二）

（g）模型 10；（h）模型 11；（i）模型 12、13

3. 模拟技术

根据岩体的强度，采用混凝土模拟基岩。不考虑基岩的断层、裂隙和软弱夹层时，模型基岩为一整体。在模型 10 中，考虑基岩的断层、裂隙和软弱夹层时，模拟了 F_3 和 F_{19} 两条断层及 St20 和 St21 两条软弱夹层，模型基岩分块组成整体，各块之间夹泥。通过室内剪切试验，确定断层、夹层与基岩的抗剪强度指标（表 2-22）。

坝料取自现场。试验模拟了影响坝体变形和稳定起决定作用的主堆石料和次堆石料，原型主堆石料和次堆石料的最大粒径均为 800mm，模型主堆石料和次堆石料的限制粒径均取为 10mm。根据设计级配曲线，用相似级配法与等量替代法确定主堆石料和次堆石料的试验级配，如图 2-63 所示。采用分层击实

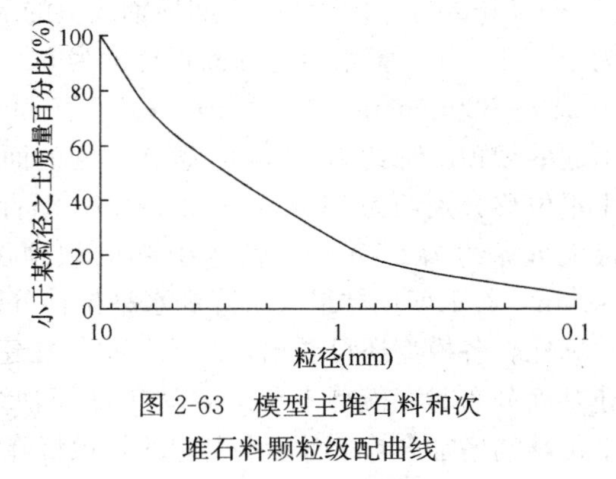

图 2-63　模型主堆石料和次堆石料颗粒级配曲线

法填筑模型坝体，每层厚度为5cm，控制干密度为21.2kN/m³。通过室内剪切试验，确定堆石料的抗剪强度指标（表2-22）。

试验考虑了五种堆石料与建基面的抗剪强度指标。在建基面上铺设试验用的堆石料模拟实测抗剪强度指标，在基岩面上铺设粒径5～10mm的粗石料模拟抗剪强度指标提高10%情况（模型6），在基岩面上铺设堆石料掺50%土料模拟抗剪强度指标降低10%情况（模型7），在基岩面上铺设堆石料掺100%土料模拟抗剪强度指标降低20%情况（模型8），在基岩面上铺设土料模拟抗剪强度指标降低较多情况（模型13）。通过室内剪切试验，确定五种情况堆石料与建基面的抗剪强度指标（表2-22）。

模型料的抗剪强度指标 **表2-22**

<table>
<tr><th colspan="2">模拟内容</th><th>模拟方法</th><th>内摩擦角
(°)</th><th>凝聚力
(kPa)</th><th>对应模型</th></tr>
<tr><td colspan="2">堆石料抗剪强度指标</td><td>堆石料与堆石料</td><td>38.67</td><td>0</td><td>所有模型</td></tr>
<tr><td rowspan="5">堆石料与建基面的抗剪强度指标</td><td>实测值</td><td>堆石料与基岩</td><td>39.35</td><td>7.7</td><td>模型1～5、9～12</td></tr>
<tr><td>提高10%</td><td>粗堆石料与基岩</td><td>41.99</td><td>7.4</td><td>模型6</td></tr>
<tr><td>降低10%</td><td>堆石料掺50%土料与基岩</td><td>36.50</td><td>14.7</td><td>模型7</td></tr>
<tr><td>降低20%</td><td>堆石料掺100%土料与基岩</td><td>33.02</td><td>17.9</td><td>模型8</td></tr>
<tr><td>降低较大</td><td rowspan="2">土料与基岩</td><td rowspan="2">24.23</td><td rowspan="2">19.6</td><td>模型13</td></tr>
<tr><td colspan="2">断层、夹层与基岩的抗剪强度指标</td><td>模型10</td></tr>
</table>

重力式挡墙采用混凝土模拟，当挡墙高大于45m时，墙内布置了6排"L"形$\phi 6$钢筋。重力式挡墙放置在基岩上，挡墙与基岩的摩擦系数为0.85。面板采用铝板来模拟，根据抗弯相似条件确定其厚度，模型铝面板的厚度为1.5mm。试验时，通过电磁阀向库内充水模拟水库的蓄水过程。制备模型时预先向坝基充水模拟地下水位或浸润线。

三、坝体及面板的应力变形

试验结果表明，随着坝体填筑高度的增加，坝体和马道沉降也增大，但增大的幅度越来越小。表2-23列出了竣工期坝轴线上坝体最大沉降、蓄水引起的坝顶沉降增量和面板挠度增量、蓄水期坝体最大沉降和水平位移。从此可以看出，钢筋混凝土面板混合坝8-8剖面竣工期坝轴线上的最大沉降为225～230mm，蓄水引起的坝顶沉降为45～50mm，蓄水引起的面板挠度为45～60mm，蓄水期坝体最大沉降和水平位移分别约为285mm和270～276mm；4-4剖面竣工期坝轴线上的最大沉降为250～260mm，蓄水引起的坝顶沉降为50～55mm，蓄水引起的面板挠度为50～55mm，蓄水期坝体最大沉降和水平位移分别为310～320mm和273～285mm；5-5剖面竣工期坝轴线上的最大沉降约为155mm，蓄水引起的坝顶沉降约为55mm，蓄水引起的面板挠度为45～50mm，蓄水期坝体最大沉降和水平位移分别约为213mm和249mm；沥青混凝土面板混合坝8-8剖面竣工期坝轴线上的最大沉降约为255mm，蓄水引起的坝顶沉降为53mm，蓄水引起的面板挠度为55～60mm，蓄水期坝体最大沉降和水平位移分别约为389mm和353mm。

比较各模型还可看出，与地下水位在建基面以下30m（模型2和5）相比，浸润线沿建基面分布时（模型1和4），竣工期坝轴线上坝体最大沉降及蓄水期坝体最大沉降和水平位移约增加3%，而蓄水引起的坝顶沉降增量和面板挠度增量则减小15%左右；与建基面实际倾角（模型4）相比，建基面倾角增加10°时（模型9），竣工期坝轴线上坝体最大沉降、蓄水引起的面板挠度增量及蓄水期坝体最大沉降和水平位移约增加70%，蓄水引起的坝顶沉降增量增加1.2倍左右；与不考虑基岩断层和软弱夹层（模型1）相比，考虑基岩断层和软弱夹层时（模型10），竣工期坝轴线上坝体最大沉降及蓄水期坝体最大沉降和水平位移约增加60%，蓄水引起的坝顶沉降增量和面板挠度增量增加13%左右；沥青混凝土面板混合坝（模型11）与钢筋混凝土面板混合坝（模型4）相比，竣工期坝轴线上坝体最大沉降和蓄水引起的坝顶沉降增量约增加15%，蓄水引起的面板挠度增量及蓄水期坝体最大沉降和水平位移增加30%左右。图2-64给出了坝体变形随堆石料与建基面摩擦角的变化关系，从此可以看出，坝体变形随堆石料与建基面摩擦角的增大而显著减小，表明堆石料与建基面的抗剪强度指标对坝体变形影响很大。

坝体变形和面板挠度 **表2-23**

模型	竣工期坝轴线上坝体最大沉降（mm）	蓄水引起的坝顶沉降（mm）	蓄水引起的面板挠度（mm）		蓄水期坝体最大变形（mm）	
			上测点	下测点	沉　降	水平位移
1	262.4	52.7	49.8	50.2	320.3	284.7
2	248.4	55.4	56.2	53.0	309.3	273.4
3	156.3	53.9	50.3	40.8	213.5	249.1
4	228.7	44.8	44.7	46.1	285.3	276.2
5	224.3	52.4	62.6	59.0	283.5	268.9
6	192.2	43.3	41.5	43.1	241.5	252.6
7	265.4	69.8	65.6	62.3	355.9	340.3
8	343.8	89.9	78.6	70.7	461.5	393.8
9	389.9	100.2	82.6	72.6	497.9	462.6
10	408.9	60.9	57.9	54.5	519.6	498.3
11	256.3	53.2	59.9	55.6	389.4	352.7

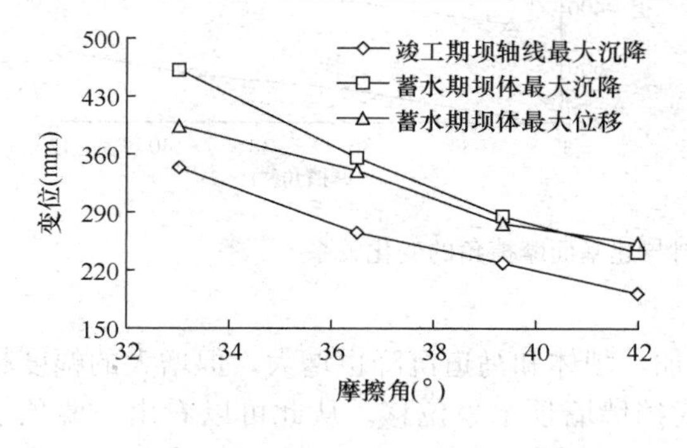

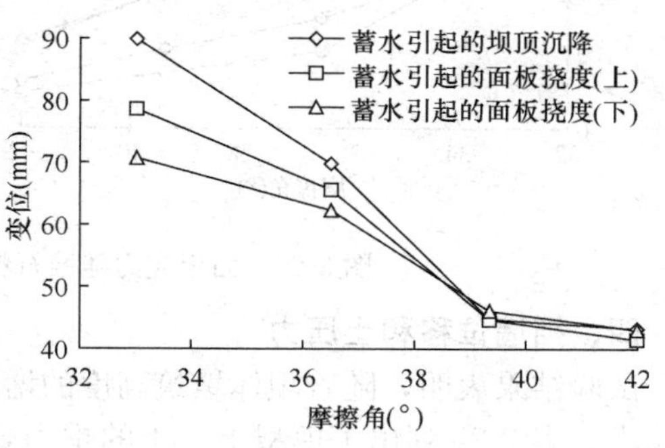

图2-64　坝体变形随堆石料与建基面摩擦角的变化关系

表2-24列出了模型1～11蓄水期面板顺坡向应力，可以看出，面板顺坡向应力在1/2坝高以上为压应力，1/2坝高以下为拉应力，越下拉应力越大，面板顺坡向应力均小于混凝土的设计强度。与地下水位在建基面以下30m（模型2和5）相比，浸润线沿建基面分

布时（模型 1 和 4），蓄水期面板应力平均约增加 35%。与建基面实际倾角（模型 4）相比，建基面倾角增加 10°时（模型 9），蓄水期面板应力平均约增加 49%。与不考虑基岩断层和软弱夹层（模型 1）相比，考虑基岩断层和软弱夹层时（模型 10），蓄水期面板应力平均约增加 21%。沥青混凝土面板混合坝（模型 11）与钢筋混凝土面板混合坝（模型 4）相比，蓄水期面板应力平均约减小 12%。图 2-65 给出了蓄水期面板顺坡向应力随堆石料与建基面摩擦角的变化关系，从此可以看出，面板应力随堆石料与建基面摩擦角的增大而显著减小，表明堆石料与建基面的抗剪强度指标对面板应力影响很大。

蓄水期面板顺坡向应力（kPa）　　**表 2-24**

模型 \ 高程（m）	465	460	455	450	445	440	435	430
1	78.8	126.4	143.1	111.7	−47.9	−117.1	−260.2	−580.9
2	56.8	118.8	134.9	55.4	−23.4	−67.0	−241.5	−569.7
3	76.4	147.0	131.5	31.8	−69.7	−111.8	−187.4	−519.2
4	102.1	177.6	173.8	71.8	−59.1	−127.5	−281.4	−637.3
5	70.3	138.7	146.5	60.0	−39.0	−94.4	−237.5	−586.2
6	61.4	106.0	114.4	45.8	−39.6	−101.1	−226.0	−555.7
7	141.2	200.6	199.8	99.1	−25.6	−160.0	−379.1	−679.3
8	223.3	359.4	346.8	233.3	44.1	−224.7	−460.8	−779.7
9	137.0	277.4	264.8	116.5	−97.3	−211.2	−383.6	−773.0
10	107.6	172.4	172.9	128.3	−29.3	−132.5	−297.7	−632.2
11	92.3	119.2	115.1	57.6	−72.3	−150.9	−290.6	−370.9

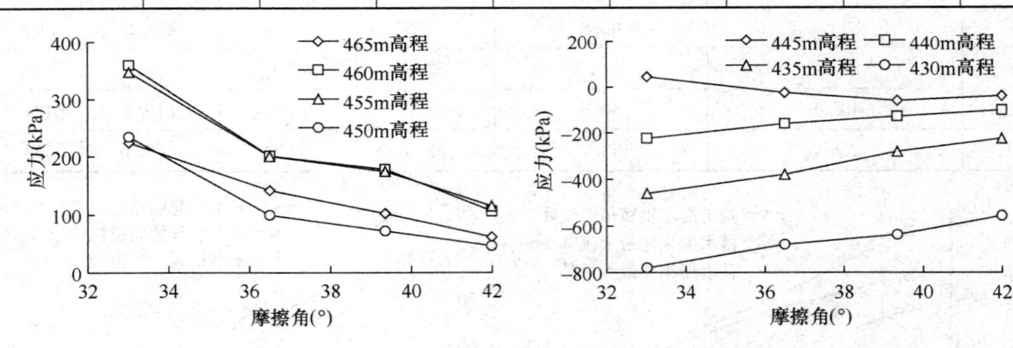

图 2-65　面板应力随堆石料与建基面摩擦角的变化关系

四、挡墙位移和土压力

试验结果表明，随着坝体填筑高度的增加，坝体和马道沉降也增大，但增大的幅度越来越小。表 2-25 列出了模型 1～11 的重力式挡墙墙顶水平位移。从此可以看出，墙顶水平位移主要发生在竣工期，蓄水引起的水平位移增量只有竣工期的 30%左右；与地下水位在建基面以下 30m（模型 2 和 5）相比，浸润线沿建基面分布时（模型 1 和 4），墙顶水平位移约增加 5%；与建基面实际倾角（模型 4）相比，建基面倾角增加 10°时（模型 9），墙顶水平位移约增加 57%；与不考虑基岩断层和软弱夹层（模型 1）相比，考虑基岩断层和软弱夹层时（模型 10），墙顶水平位移约增加 64%；沥青混凝土面板混合坝（模型 11）

与钢筋混凝土面板混合坝（模型 4）相比，墙顶水平位移约增加 20%。图 2-66 给出了重力式挡墙水平位移随堆石料与建基面摩擦角的变化关系。从此可以看出，挡墙水平位移随堆石料与建基面摩擦角的增大而显著减小，表明堆石料与建基面的抗剪强度指标对挡墙水平位移影响很大。

重力挡墙墙顶水平位移

表 2-25

模型	1	2	3	4	5	6	7	8	9	10	11
竣工期（mm）	56.6	52.2	52.9	63.0	60.0	57.9	75.6	85.0	97.4	105.6	73.5
蓄水期（mm）	72.6	67.7	65.0	85.1	81.5	78.0	102.2	115.9	132.6	141.0	100.8

图 2-67 为蓄水期垂直作用于重力式挡墙墙前斜面上土压力沿高度分布，其中主动土压力按库仑土压力理论计算，上覆土重按 γh 计算（γ、h 分别为堆石料重度和计算点至墙顶的垂直距离）。从此可以看出，地下水位在建基面以下 30m（模型 2 和 5）与浸润线沿建基面分布时（模型 1 和 4）相比，受水压力的作用，水位下的土压力有所增大；与不考虑基岩断层和软弱夹层（模型 1）相比，考虑基岩断层和软弱夹层时（模型 10），土压力明显增大，平均约增加 35%；正常情况下土压力基本介于主动土压力和上覆土重之间，当挡墙完全不动时，土压力明显大于上覆土重，堆石料与建基面的摩擦角由模型 12 的 39.35°降低至 24.23°（模型 13）时，土压力平均约增加 46%。图 2-68 为蓄水期挡墙上土压力随堆石料与建基面摩擦角的变化关系，土压力随摩擦角的变化不大。

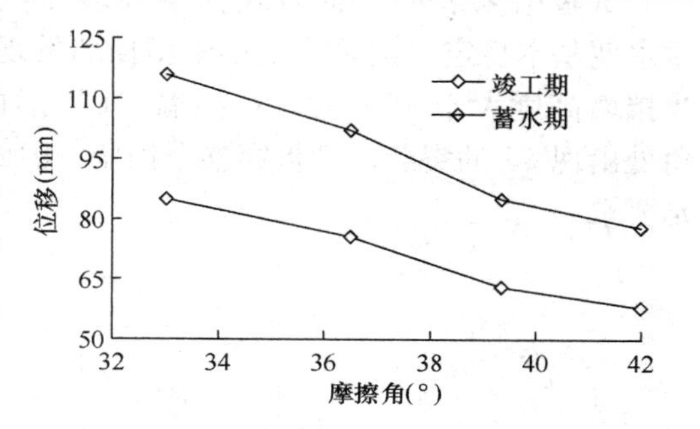

图 2-66　挡墙水平位移随堆石料与建基面摩擦角的变化关系

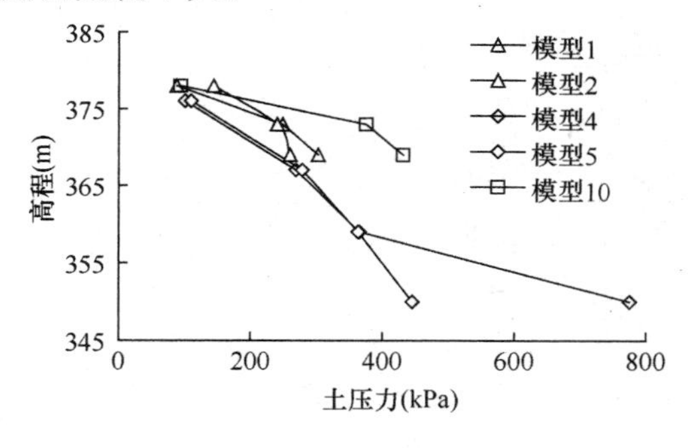

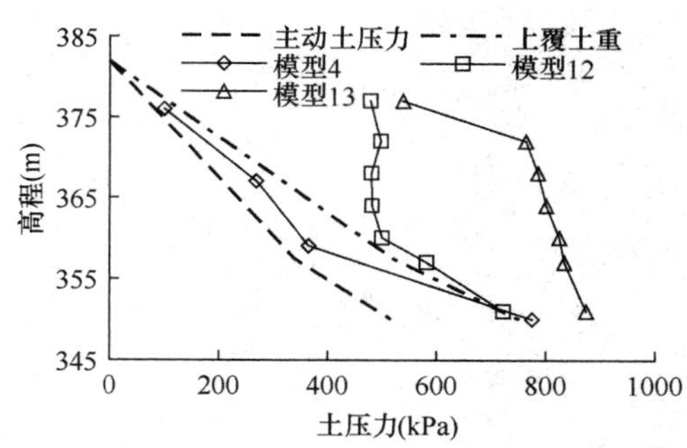

图 2-67　蓄水期挡墙上土压力沿高度分布

五、混合坝的稳定安全性

试验结果表明，当堆石料与建基面的抗剪强度指标 ϕ=39.35°时，钢筋混凝土面板混合坝在竣工期、运行期上、下游坝体沿建基面整体稳定，如果堆石料与建基面的抗剪强度指标降低至 ϕ=33.02°时，坝体沿建基面的位移较大，虽然整体稳定，但稳定安全储备不大。

试验观察未发现坝体上、下游坝坡发生破坏现象，但由于钢筋混凝土面板混合坝的上、下游坝坡较陡，即使竣工期、运行期上、下游坝坡的局部稳定，其稳定安全系数也不大，设计时应验算局部稳定安全性。

蓄水期面板顺坡向应力基本小于混凝土的抗拉强度，因此竣工期、运行期上游防渗面板稳定安全，但需注意基岩附近面板应力。

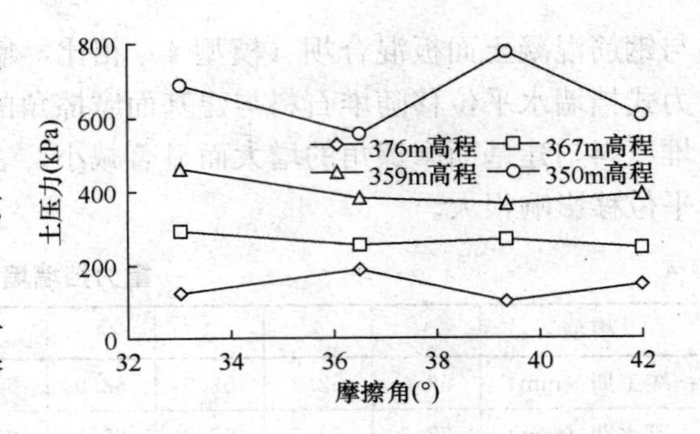

图 2-68　蓄水期挡墙上土压力随堆石料与建基面摩擦角的变化关系

试验结果表明，重力式挡墙在竣工期、蓄水期基本稳定。试验后观察模型挡墙发现，当挡墙高度大于 45m 时，在挡墙“L”形内角处出现 45°的裂缝，且贯穿整个挡墙。因此，对于这样的高挡墙，挡墙的自身强度应满足要求。

第三章　高土石坝地震反应离心模型试验研究

第一节　概　　述

地震灾害作为一种严重的自然灾害，能在瞬间成灾，使人民的生命财产蒙受巨大损失。由于我国地处环太平洋地震带和地中海—喜马拉雅山地震带之间，地质构造规模宏大并且复杂，因此我国的中、强地震活动频繁，灾害十分严重。近几十年，已发生过多次灾害性的大地震，如1966年邢台地震、1970年通海地震、1975年海城地震、1976年唐山地震、1996年丽江地震、1997年新疆喀什、阿图什地震等都发生了重大灾害。尤其是唐山大地震，震级近8级，死亡24万余人，强震区内几乎一片废墟，灾害之惨重令人触目惊心。2008年四川汶川地震灾害令人记忆犹新。20世纪以来全球发生的7级以上强震中，中国占35%，在全球10次死亡人数过万的大地震中，总死亡人数达百万人，其中我国占55%。因此，加强地震灾害机理和抗灾措施的研究工作非常重要。

随着我国西部水电大开发战略的实施，西部高坝大库的建设也越来越多。在这些高坝大库中，高土石坝占了相当比例，已成为推广坝型，已建成的坝高超过100m的土石坝有30多座，在建和拟建的有20多座。紫坪铺、瀑布沟、大柳树、公伯峡、糯扎渡等重要工程均采用高土石坝，南水北调大西线工程也将建设多座200~300m级的高坝，而土石坝为首选坝型。另一方面，西部地区地质条件复杂，地震频繁、强度大，相当数量的高土石坝位于强震区：如糯扎渡心墙土石坝（高261.5m），坝址基本地震烈度为7度，按8度设防；四川大桥混凝土面板堆石坝（高近100m），坝址基本地震烈度为8度，按9度设防；四川紫坪铺面板堆石坝（高156m），场地基本地震烈度7度，按8度设防；新疆吉林台水库面板堆石坝（高157m），位于地震烈度8度的强震区；宁夏大柳树面板堆石坝（高163.5m），设计地震动峰值加速度2.39m/s^2，地震烈度相当于8度；双江口土质心墙堆石坝为（高312m，覆盖层厚68m），坝址地震基本烈度为7度，按8度设防；长河坝土质心墙堆石坝为（高240m，覆盖层厚50～60m），坝址地震基本烈度为8度，按9度设防；青海黑泉面板堆石坝（高123m），基本地震烈度7度，按8度设防，两河口土石坝（293m）、古水土石坝（305m）。在历次地震中，国外曾发生土石坝因地震而溃坝的严重灾害，在我国也有土石坝因地震而发生滑坡、震陷、裂缝等灾害，如山东王屋、冶源等土坝、北京密云白河土坝、唐山陡河土坝、辽宁石门土坝等。这些位于强震区的土石坝，抗震问题比较突出。在地震作用下，可能出现面板开裂、坝体和心墙变形甚至破坏，一旦发生破坏，不但将造成工程本身的损失，而且会带来巨大的次生灾害，后果将十分严重。因此，研究高土石坝的地震反应特性和抗震安全性具有十分重要的理论意义和应用价值。

目前土石坝的抗震设计基本上还是经验性的，很大程度上以工程类比及工程师们的经验和判断为基础。而事实上，绝大多数已建堆石坝均位于中、低地震强度的地区，迄今尚无一座堆石坝经受过强烈地震作用。因而，国内外尚缺乏土石坝抗震设计的工程经验，从而对在强地震作用下高土石坝的动力特性、工作性状和安全性，尚存在疑虑。为此，土石坝的抗震研究引起国内外学者的关注，我国“七五”、“八五”、“九五”期间都曾将土石坝抗震列为国家重点科技攻关的重要内容，主要在坝体堆石体粗粒材料的动力特性及其测试技术、地震动力反应数值分析、大型振动台模型试验等方面取得了初步进展。

近几十年来，国内外关于土石坝地震动力分析方面的研究已经取得了长足的进展，为土石坝的设计和施工提供了良好的技术支撑。但是，由于土的复杂性及土的本构模型、计算参数的不确定性，目前数值分析方法仍难达到定量的水平，预测值与实际往往相差较大。美国国家科学基金会资助了一项重大科学研究项目：土液化问题数值分析方法的离心模型试验验证（VELACS），该项目由世界著名大学和国际知名专家学者共同完成，分别用离心模型试验和数值分析方法对水平地基、倾斜地基、成层地基、重力式挡土墙、堤坝等九种不同边值问题进行预测。预测结果表明，除响应加速度比较接近或差别不大外，孔隙水压力和地面沉降过程线，趋势大致相同，定量差别很大，多则相差几十倍。近三十年来，土工地震反应分析理论和数值计算技术虽已有相当大的进步，也解决了许多边值问题，但这项研究表明，即使简单的边值问题，已有的计算分析似乎也显得无能为力。主要原因不在于数值计算方法本身，而是对研究对象——土体的认识不够。因此，土石坝地震反应数值分析结果的可靠性无法得到有效验证，从而严重地阻碍了土石坝抗震设计水平的提高。

模型试验研究方面，国内外主要是进行了一些振动台试验研究。在国外，日本进行过少量试验，如贺义明等采用花岗岩碎石料填筑了100cm坝高的二维模型坝，台面输入激励为单向固定频率并逐级增大的正弦波。主要研究了面板、库水等因素对模型坝加速度反应和坝体破坏机理的影响规律。在国内，沈风生采用砂料填筑的100cm坝高二维模型坝，姜朴等采用粗砂填筑的100cm坝高二维模型坝，台面输入单向的正弦波和模拟地震波，研究了模型坝自振频率、坝体加速度反应、面板应力、动水压力等动力反应及模型坝的破坏形式。韩国城、孔宪京采用不同级配的石灰岩碎石料填筑了100cm坝高二维模型坝和60cm坝高三维模型坝，台面输入采用单向微幅正弦波扫频及微幅不规则波激振方法，研究了模型坝顺河水平方向微振时的坝体自振频率、加速度反应及其受面板、库水等因素的影响规律；采用单向固定频率逐级增大的正弦波激振，研究了模型坝坝体加速度反应、破坏原因、过程和形式，以及受面板、面板分缝、库水等因素的影响。韩国城、孔宪京等人与日本东京大学合作采用石灰岩碎石料填筑了60cm坝高、230cm坝顶长的砂浆抹面三维模型坝，在东京大学的3m×3m双向地震模拟振动台上进行动力破坏试验，研究了模型坝动力破坏机理。试验时输入水平单向及水平、竖直的双向固定频率、加速度幅以每秒8.5gal速率增加的正弦波。众所周知，振动台模型试验方法主要应用在研究结构问题方面，而在研究堆石坝的地震反应问题时，由于不能满足模型与原型应力水平相等的要求，而土石料的应力应变特性与其所受到的应力水平有密切的关系，从而使得此方法得出的结果与实际相差甚远。国外已采用离心机振动台模型试验来研究地震问题。

土工离心模型试验由于能使模型和原型相应点的应力应变相等、变形相似、破坏机理相同，从而再现原型特性，为理论和数值分析方法提供真实可靠的参考依据，正愈来愈受到岩土工程界的关注。离心机振动台模型试验技术是近年来迅速发展起来的一项高新技术，被国内外专家公认为研究岩土工程地震问题最为有效、最为先进的研究方法和试验技术。20世纪90年代以来，国外拥有离心机振动台的研究机构迅速增多，以日本最多，达15台，欧美国家有近10台。这项试验技术已在岩土工程地震问题的研究中得到应用，特别是在地震破坏机理、抗震设计计算、数值模型验证等方面显示出巨大的优越性。目前的试验研究表明，动态离心模型试验在再现动力响应、观测物理机制、揭示客观规律、检验评价方法以及对比设计方案等方面已经发挥出它的突出的优越性。在国内，采用离心机振动台模型试验方法研究地震问题刚刚起步，南京水利科学研究院于2002年自行研制的NS-I型电液式土工离心机振动台，达国外九十年代先进水平，并已成功应用于高堆石坝的地震反应研究，取得了良好的研究结果。

第二节　离心机振动台模型相似理论

大量的土石料室内试验结果表明：(1) 应力应变关系呈弹塑性和非线性；(2) 应力应变关系取决于应力水平，即在不同的应力水平条件下，土的力学表现不同，土的变形模量、强度、体变等都与应力水平密切相关，而这种相关性是非线性的。由于土体的这种特性，就要求土工模型试验中的应力水平必须与原型一致，才能用模型真实地表现原型，否则如果模型应力水平与原型相差较大，表现在整体上就会使模型与原型有根本的差异。

离心机振动台模型试验的重要目标之一，是将原型在动力荷载作用下的力学现象，在模型上进行相似模拟，测量模型的物理量通过一定的相似关系推算到原型，这种相似关系就是模型的相似律。相似律一方面规定了将模型试验结果推算到原型上的法则，另一方面又规定了原型和模型之间相似必须满足的条件。

根据相似理论第三定律，原型和模型动力相似的充分必要条件是它们的动力学物理过程的单值性条件相似，并使单值量组成的相似准则相等。具体应满足以下条件。

(1) 几何条件：要求原型和模型的几何尺寸及空间上相应位置保持相似。

(2) 运动条件：要求原型和模型的位移、速度、加速度在对应空间和时间上方向一致，大小成比例。

(3) 物理条件：要求原型和模型的物理力学特性以及受荷后引起的变化反应必须相似。该条件一般包括土体有效应力原理、变形几何方程、本构关系、摩尔一库仑定律。

(4) 动力平衡条件：这是模型试验的主要控制条件，对混凝土面板砂砾堆石坝动力平衡条件包括土石料动力平衡方程和面板动力平衡方程。

(5) 边界条件：由边界条件，并对边界条件进行相似变换，可得到满足边界相似的条件。

我们定义模型试验的三个控制量——尺寸、密度和加速度的原型值与模型值之比分别为：

$$\eta_l = \frac{L^{\mathrm{p}}}{L^{\mathrm{m}}}, \eta_\rho = \frac{\rho^{\mathrm{p}}}{\rho^{\mathrm{m}}}, \eta_{\mathrm{g}} = \frac{g^{\mathrm{p}}}{g^{\mathrm{m}}} \tag{3-1}$$

根据力学平衡条件可得：

$$\eta_\sigma = \eta_l \eta_\rho \eta_{\mathrm{g}} \tag{3-2}$$

离心模型试验的最重要目标就是保证原型与模型各对应点的应力相等，即 $\eta_\sigma=1$。为了实现这一目标，在离心模型试验中我们可以这样选择试验条件：选用原状土制模，即实

现 $\eta_\rho=1$，再选取 $\eta_l=n$，$\eta_g=1/n$，n 为模型比尺，即把模型的几何尺寸缩小到原型的 1/n，把模型的场加速度（离心加速度）增大到重力加速度（$1g=9.81\text{m/s}^2$）的 n 倍，就可得到 $\eta_\sigma=1$，也就确保了模型的每一点应力与原型相同，从而实现用模型表现原型的目的。

离心机振动台模型试验的重要目标之一，是将原型在动力荷载作用下的力学现象，在模型上进行相似模拟。由于受当前的发展水平限制，离心机振动台在模拟大型工程时，要做到 $\eta_g=1/\eta_l$ 几乎不可能，因而模型的应力水平就达不到原型的应力水平。因此，在推导离心机振动台模型相似律时就要引进土料模量与应力水平的关系。试验研究表明，土石料的动剪应力应变关系可归一化为：

$$\frac{G}{G_{\max}}=f_1\left(\frac{\gamma}{\gamma_r}\right),\xi=f_2\left(\frac{\gamma}{\gamma_r}\right) \tag{3-3}$$

$$G=\frac{\tau}{\gamma},G_{\max}=CP_a\left(\frac{\sigma'_0}{P_a}\right)^{0.5} \tag{3-4}$$

式中，$G_{\max}$ 为土体单元在小应变时的剪切模量，即最大剪切模量；C 为与土体密度有关的无量纲系数；P_a 为大气压力；G 为对应剪应力 τ 和剪应变 γ 时的割线剪切模量；ξ 为剪应变 γ 时的阻尼比；γ_r 为参考剪应变；σ'_0 为平均有效应力。对上述的条件进行原型和模型之间的相似变换，就可得到原型和离心机振动台模型之间的相似律，见表 3-1。

离心机振动台和常规振动台模型相似律 **表 3-1**

符号	项　目	量纲	离心机振动台	常规振动台
l	尺寸	L	η_l ·（控制量）	η_l （控制量）
ρ	密度	ML^{-3}	η_ρ （控制量）	η_ρ （控制量）
g	加速度	LT^{-2}	η_g （控制量）	η_g （控制量）
C	模量系数		η_C	η_C
σ	应力	$ML^{-1}T^{-2}$	$\eta_\sigma=\eta_l\eta_\rho\eta_g$	$\eta_\sigma=\eta_l\eta_\rho$
E	弹性模量	$ML^{-1}T^{-2}$	$\eta_E=\eta_l^{1/2}\eta_\rho^{1/2}\eta_g^{1/2}\eta_C$	$\eta_E=\eta_l^{1/2}\eta_\rho^{1/2}\eta_C$
c	凝聚力	$ML^{-1}T^{-2}$	$\eta_{c'}=\eta_l\eta_\rho\eta_g$	$\eta_{c'}=\eta_l\eta_\rho$
φ	摩擦角		$\eta_\varphi=1$	$\eta_\varphi=1$
ε	应变		$\eta_\varepsilon=\eta_l^{1/2}\eta_\rho^{1/2}\eta_g^{1/2}\eta_C^{-1}$	$\eta_\varepsilon=\eta_l^{1/2}\eta_\rho^{1/2}\eta_C^{-1}$
u	位移	L	$\eta_u=\eta_l^{3/2}\eta_\rho^{1/2}\eta_g^{1/2}\eta_C^{-1}$	$\eta_u=\eta_l^{3/2}\eta_\rho^{1/2}\eta_C^{-1}$
v	速度	LT^{-1}	$\eta_v=\eta_l^{3/4}\eta_\rho^{1/4}\eta_g^{3/4}\eta_C^{-1/2}$	$\eta_v=\eta_l^{3/4}\eta_\rho^{1/4}\eta_C^{-1/2}$
k	渗透系数	LT^{-1}	$\eta_k=\eta_l^{3/4}\eta_\rho^{-3/4}\eta_g^{-1/4}\eta_C^{-1/2}$	$\eta_k=\eta_l^{3/4}\eta_\rho^{-3/4}\eta_C^{-1/2}$
EI	抗弯刚度	ML^3T^{-2}	$\eta_{EI}=\eta_l^{9/2}\eta_\rho^{1/2}\eta_g^{1/2}\eta_C$	$\eta_{EI}=\eta_l^{9/2}\eta_\rho^{1/2}\eta_C$
EA	抗拉（压）刚度	MLT^{-2}	$\eta_{EA\varepsilon}=\eta_l^{5/2}\eta_\rho^{1/2}\eta_g^{1/2}\eta_C$	$\eta_{EA}=\eta_l^{5/2}\eta_\rho^{1/2}\eta_C$
T	时间	T	$\eta_T=\eta_l^{3/4}\eta_\rho^{1/4}\eta_g^{-1/4}\eta_C^{-1/2}$	$\eta_T=\eta_l^{3/4}\eta_\rho^{1/4}\eta_C^{-1/2}$
f	频率	T^{-1}	$\eta_f=\eta_l^{-3/4}\eta_\rho^{-1/4}\eta_g^{1/4}\eta_C^{1/2}$	$\eta_f=\eta_l^{-3/4}\eta_\rho^{-1/4}\eta_C^{1/2}$
ξ	土体阻尼比		$\eta_\xi=1$	$\eta_\xi=1$

现在我们来比较一下常规振动台模型与离心机振动台模型的区别。从表 3-1 可以看出，常规振动台模型的场加速度为 1g（重力加速度），即 $\eta_g=1$，在 η_l 相同的条件下，离心机振动台由于离心惯性力场的作用，模型的应力水平要比常规振动台的大得多（根据目前的技术水平，可大 50～100），而土的动力特性在很大程度上取决于它受到的应力条件，因而离心机振动台模型能够反映原型在实际应力条件下的真实动力反应；而常规振动台试验不能模拟原型的应力条件，也就不可能得出正确的答案。因此，动态离心模型实验技术被认为是目前最有发展前途、有广泛应用前景的岩土工程研究新技术。

第三节　高堆石坝坝体地震反应离心模型试验研究

一、试验方法

1. 地震参数

以大渡河长河坝为研究对象，采用离心机振动台试验技术，研究高心墙堆石坝坝体地震反应特性。工程场址地震基本烈度为 8 度，水电站的抗震设计参数见表 3-2。根据加速度时程曲线，共有场地相关反应谱人工合成波（简称场地波）、设计反应谱人工合成波（简称规范波）及类似场地实测地震波（简称天然波）三种地震波，其加速度时程曲线如图 3-1 所示。可见，场地波谱型最胖，其特征周期相比而言更接近坝体自振周期，引起的反应最强，其加速度反应谱如图 3-2 所示。

长河坝水电站坝址基岩水平向峰值加速度　　　　**表 3-2**

概率	50 年超越概率				100 年超越概率		最大可信地震
	63%	10%	5%	3%	2%	1%	MCE
峰值加速度(gal)	46	172	222	262	359	430	502.14

2. 试验模型

振动台模型箱大小为 685mm×200mm×42.5mm（长×宽×高）。由于长河坝的坝体巨大，要完全模拟全部的坝体仍然是不可能的。为此，采用不等比尺的离心模型试验方法，即根据多个加速度条件的试验结果来求得最终的结果。离心机振动台模型试验是按平面问题考虑。模拟范围：竖向从坝顶 1697m 高程至坝基覆盖层底 1410m 高程，水平向从上游坝脚外 5.5m 至下游坝脚外 5.5m。模型比尺 $\eta_l=1400$，试验布置如图 3-3 所示。试验测试了坝体加速度、坝体沉降、孔隙水压力。

进行了坝体不同加固方案的对比试验，加固方案有三种：(1) 不加固方案：不进行坝顶土工格栅和干砌石护坡及大块石护坡加固；(2) 坝顶加固方案：只进行坝顶土工格栅和干砌石护坡加固；(3) 全加固方案：既进行坝顶土工格栅和干砌石护坡又进行大块石护坡加固。

进行了不同离心机加速度的对比试验，离心机加速度有三种：(1) 40g，(2) 30g，(3) 10g。

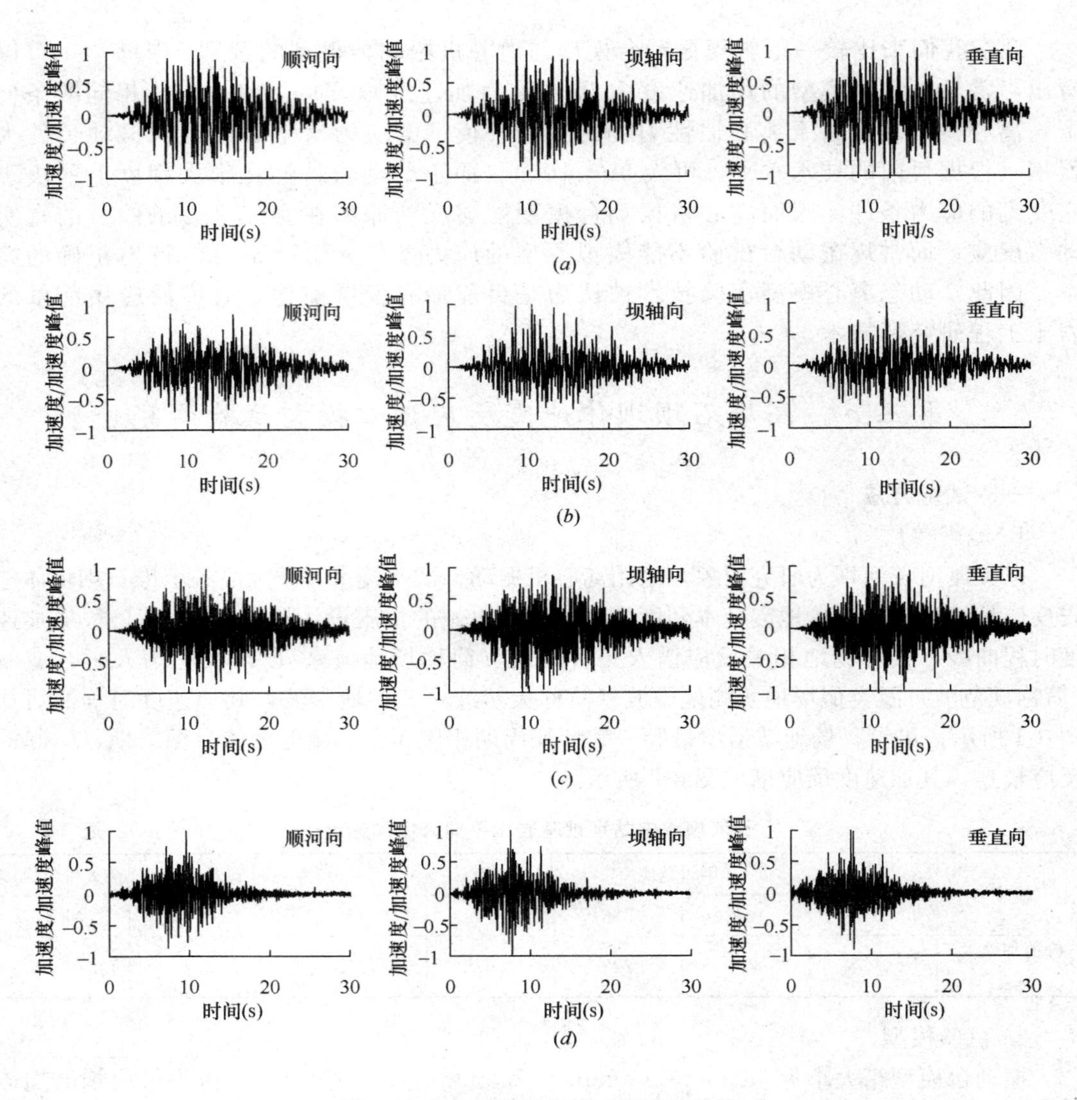

图 3-1　输入基岩地震加速度时程曲线

(*a*) 100 年超越概率 2%场地波；(*b*) 100 年超越概率 1%和最大可信地震场地波

(*c*) 规范波；(*d*) 天然波

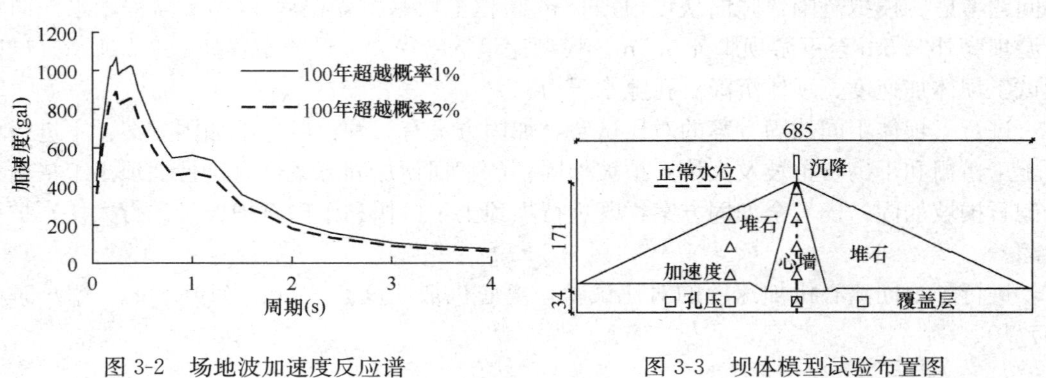

图 3-2　场地波加速度反应谱

图 3-3　坝体模型试验布置图

进行了不同地震条件的对比试验。模拟了场地波顺河向的地震时程，模拟了100年超越概率2%地震条件（设计工况）、100年超越概率1%地震条件（校核工况）、最大可信地震条件和更大的地震条件，试验采用了正弦波和场地波波形。由地震时程曲线和反应谱可知，场地地震波频率约3.32Hz，地震历时约30s。研究表明，用规则波模拟不规则波时，规则波的峰值加速度应取0.65倍的不规则波峰值加速度。共完成了12组坝体模型离心机振动台模型试验，各试验方案的主要特征见表3-3。

坝体模型的主要特征 **表3-3**

模型编号	加固方案	目标地震参数			离心机振动台模型试验参数				
		波形	超越概率	峰值加速度(gal)	离心机加速度(g)	波形	峰值加速度(g)	振动频率(Hz)	振动历时(s)
坝体1	不加固	场地波	100年超越概率2%	359	40	正弦波	9.52	132.8	0.75
坝体2	不加固	场地波	100年超越概率2%	359	30	正弦波	7.14	99.6	1
坝体3	不加固	场地波	100年超越概率2%	359	10	正弦波	2.38	33.2	3
坝体4	不加固	场地波	100年超越概率2%	359	40	场地波	14.64		0.75
坝体5	坝顶加固	场地波	100年超越概率2%	359	40	正弦波	9.52	132.8	0.75
坝体6	坝顶加固	场地波	100年超越概率1%	430	40	正弦波	11.40	132.8	0.75
坝体7	坝顶加固	场地波	最大可信地震	502.14	40	正弦波	13.31	132.8	0.75
坝体8	全加固	场地波	100年超越概率2%	359	40	正弦波	9.52	132.8	0.75
坝体9	全加固	场地波	100年超越概率1%	430	40	正弦波	11.40	132.8	0.75
坝体10	全加固	场地波	最大可信地震	502.14	40	正弦波	13.31	132.8	0.75
坝体11	不加固	场地波		555.5	40	正弦波	14.17	132.8	0.75
坝体12	不加固	场地波		823.6	40	正弦波	21.00	132.8	0.75

3. 试验技术

筑坝材料取自现场，模型试验中选择对影响坝体变形和稳定起决定作用的堆石料、覆盖层料和心墙料进行模拟。模型堆石料的限制粒径取为10mm，根据设计级配曲线，由混合法确定，即用相似级配法与等量替代法确定堆石料的试验级配，级配曲线如图3-4所示，堆石料控制标准按相对密度0.90控制，制模干密度为2.10g/cm³，采用分层击实法填筑模型堆石料，层厚3cm。心墙料的最大粒径取2mm，填筑含水率为8%，干密度为2.2g/cm³，采用分层击实法进行填筑，层厚3cm。覆盖层料的最大粒径取2mm，制样含水率为3%，干密度为2.1g/cm³，采用分层击实法进行制样，层厚3cm。

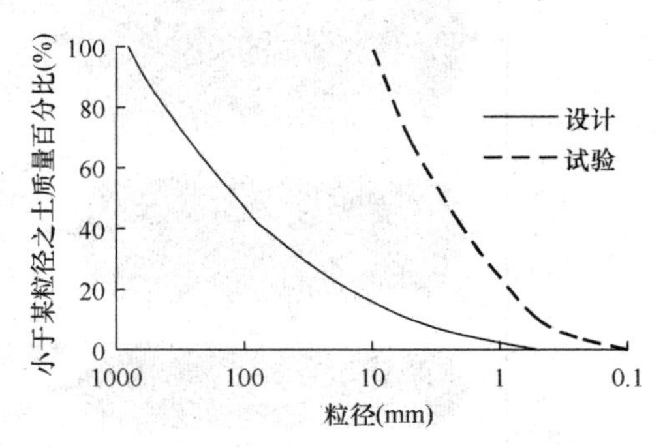

图3-4 堆石料级配曲线

在高程1645m以上坝体堆石料采用土工格栅进行加固，垂直间距2m，模型试验中，采用钢纱窗模拟土工格栅。在上下游坝坡采用1m厚的大块石进行护坡，模型试验中，采用脆性胶将上下游坝坡面粘结，使坡面堆石料不是散粒状，而是具有一定的粘结力，以模拟大块堆石的咬合力。

二、坝体地震加速度反应

图 3-5 分别给出了坝体 1 和坝体 4 的坝体加速度反应时程曲线，表 3-4 给出了 12 个坝体模型试验的坝体加速度放大系数沿坝高分布，图 3-6 为不加固方案坝体加速度放大系数随离心机加速度的变化，图 3-7 为坝体加速度放大系数随基岩输入加速度的变化，图 3-8 为不同加固方案坝体加速度放大系数的对比。从图中可以看出，(1) 随着基岩输入地震加速度的增加，坝体地震加速度反应也相应增大。(2) 坝体加速度反应随坝高的变化可以分成两个线性变化段，在 1/2～2/3 坝高以下，坝体加速度反应较小，在 1/2～2/3 坝高以上，坝体加速度反应明显增大，越往坝顶加速度放大系数就越大。(3) 在相同坝高情况下，上游距坝轴线 140m 处的坝体加速度反应比坝轴线处的坝体加速度反应要大。(4) 坝

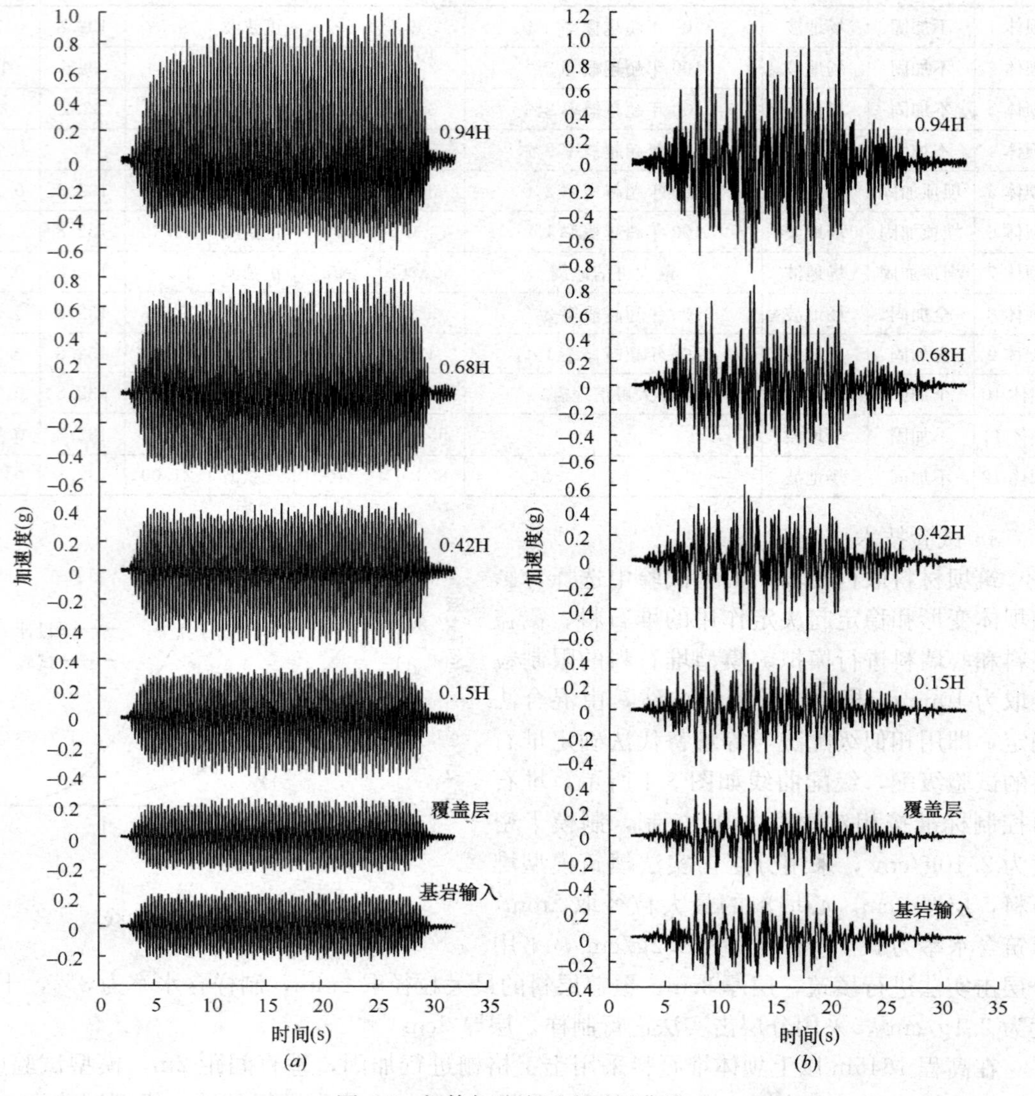

图 3-5 坝体加速度反应时程曲线

(*a*) 坝体 1；(*b*) 坝体 4

顶加固方案的坝体加速度放大系数稍小于不加固方案的坝体加速度放大系数，全加固方案的坝体加速度放大系数稍小于坝顶加固方案的坝体加速度放大系数（图 3-8）。（5）基岩输入地震加速度越大，坝体加速度放大系数变小（图 3-7）。（6）长河坝坝顶地震加速度放大系数约为 3.5～4。

从试验结果可以看出，坝顶及坝顶附近坝坡区域的加速度反应是比较大的，在上述区域采用土工格栅的抗震加固措施是非常必要和适当的。

坝体加速度放大系数 **表 3-4**

模型编号	坝轴线 h/H					上游距坝轴线 140m h/H		
	−0.10	0.15	0.42	0.68	0.94	0.15	0.42	0.68
坝体 1	1.077	1.661	2.137	3.358	4.159	1.831	2.346	3.521
坝体 2	1.084	1.694	2.192	3.607	4.514	1.881	2.396	3.697
坝体 3	1.136	1.816	2.436	3.614	4.906	1.926	2.435	3.776
坝体 4	1.080	1.427	1.629	2.173	3.018	1.645	1.796	2.464
坝体 5	1.101		1.728	2.326	3.891	1.680	2.126	3.050
坝体 6	1.075		1.747	2.085	3.605	1.484	1.989	3.156
坝体 7	1.084		1.592	2.128	3.452	1.276	1.488	2.960
坝体 8	1.090		1.892	2.724	3.752	1.445	2.082	3.110
坝体 9	1.090		1.912	2.628	3.492	1.508	1.992	3.066
坝体 10	1.125		1.748	2.557	3.552	1.498	1.867	2.822
坝体 11	1.047	1.416	1.847	2.619	3.588	1.609	2.141	3.015
坝体 12	1.041	1.325	1.751	2.459	3.175	1.543	2.082	2.524

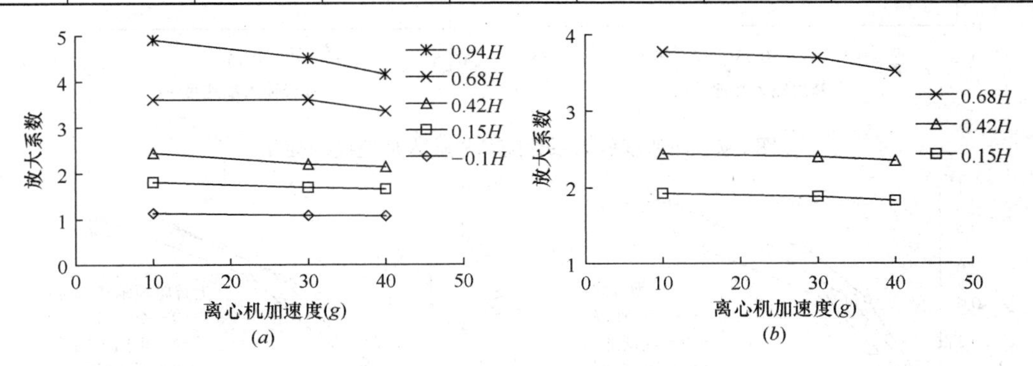

图 3-6 加速度放大系数随离心机加速度的变化

（*a*）坝轴线；（*b*）上游距坝轴线 140m

三、坝体地震残余变形

表 3-5 给出了 12 个坝体模型试验得出的地震引起的坝顶沉降，图 3-9 为不加固方案坝顶沉降随离心机加速度的变化，图 3-10 为坝顶沉降随基岩输入加速度的变化。从这些图表可以看出，（1）坝顶沉降随着基岩输入加速度的增加而增大（图 3-10）；（2）坝顶加固方案（坝体 5）的坝顶沉降小于不加固方案（坝体 1），而全加固方案（坝体 8）的坝顶沉降又小于坝顶加固方案（图 3-10），因此全加固方案可以明显减小坝顶沉降；（3）长河坝

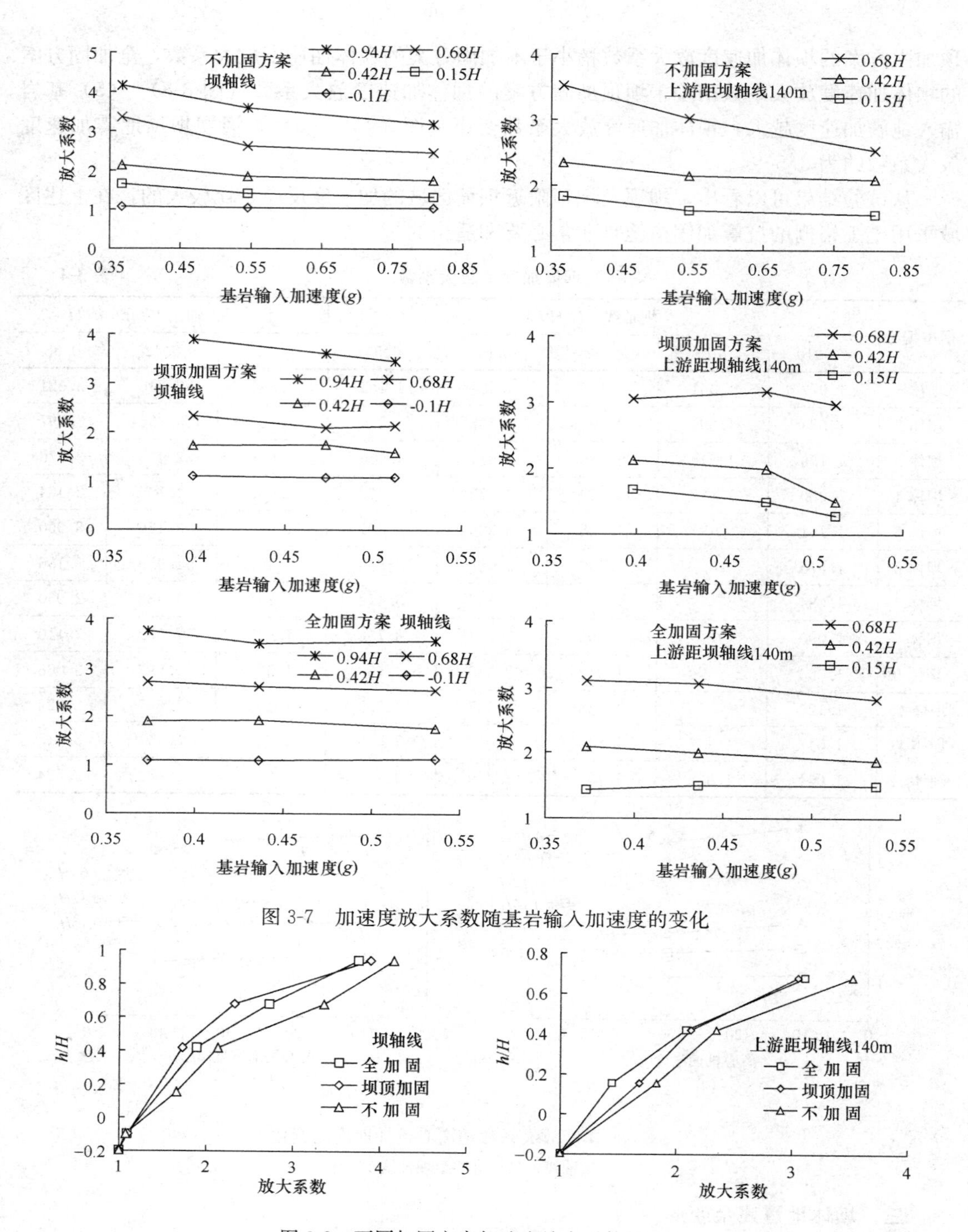

图 3-7　加速度放大系数随基岩输入加速度的变化

图 3-8　不同加固方案加速度放大系数的对比

在 100 年超越概率 2% 地震条件下，地震引起的坝顶沉降约为 136～146cm，震陷率为 0.474%～0.509%，在 100 年超越概率 1%地震条件下，地震引起的坝顶沉降约为 165～178cm，震陷率为 0.575%～0.620%，在最大可信地震条件下，地震引起的坝顶沉降约为 199～211cm，震陷率为 0.693%～0.735%。

地震引起的坝顶沉降　　表 3-5

模型编号	坝体 1	坝体 2	坝体 3	坝体 4	坝体 5	坝体 6
坝顶沉降（cm）	161	166	184	154	146	178
震陷率（%）	0.561	0.578	0.641	0.536	0.509	0.620
模型编号	坝体 7	坝体 8	坝体 9	坝体 10	坝体 11	坝体 12
坝顶沉降（cm）	211	136	165	199	306	569
震陷率（%）	0.735	0.474	0.575	0.693	1.066	1.982

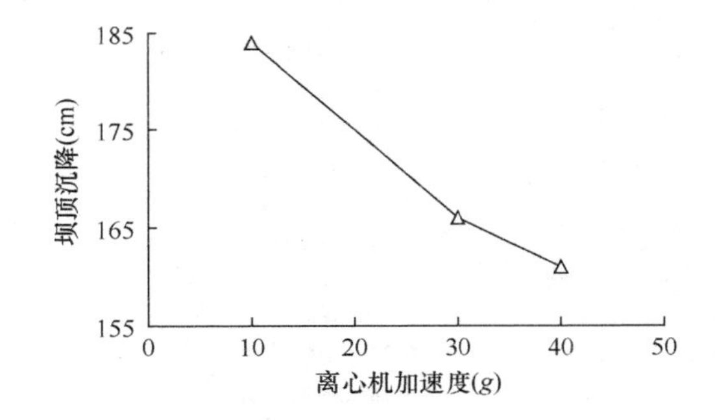

图 3-9　不加固方案坝顶沉降随离心机加速度的变化

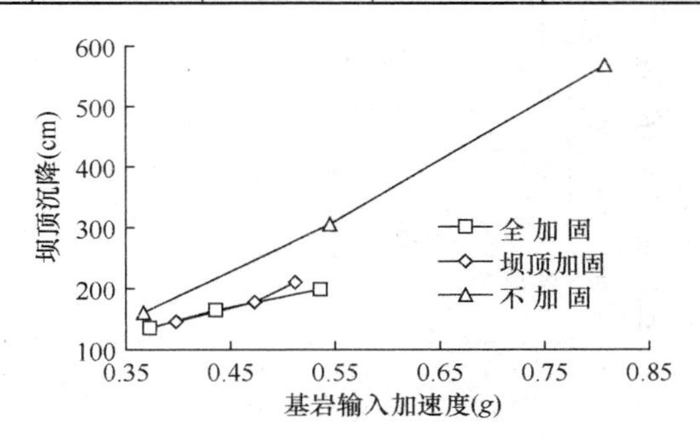

图 3-10　坝顶沉降随基岩输入加速度的变化

图 3-11 和图 3-12 分别为设计和校核地震条件下坝体残余变形矢量图和网格图，从图中可以看出，在设计地震和校核地震条件下，大坝变形以沉降为主，水平位移较小，坝坡呈朝里收缩的变形形态。大坝沉降呈坝轴线附近大、坝坡附近小的分布形态，上游沉降稍大于下游沉降，但沉降在水平方向分布还是比较均匀的。大坝水平位移呈下游朝下游位移、上游朝上游位移的变形形态，坝轴线附近朝下游位移，下游位移大于上游位移，下游最大位移出现在距坝轴线 168m 的坝坡上，上游最大位移出现在距坝轴线 224m 的坝坡上。表 3-6 列出了各模型大坝的最大水平位移情况，设计地震条件下，上游最大水平位移约为 －15cm，下游最大水平位移为 21～23cm，校核地震条件下，上游最大水平位移约为 －19～－23cm，下游最大水平位移为 29～36cm。图 3-13 给出了最大水平位移随输入基岩加速度的变化，从此可以看出，坝体最大水平位移随着输入基岩加速度的增加而增大，且下游最大水平位移比上游的增加得更大。

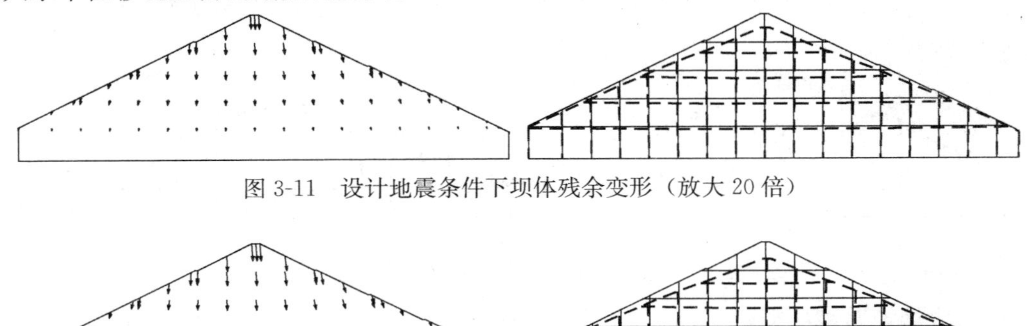

图 3-11　设计地震条件下坝体残余变形（放大 20 倍）

图 3-12　校核地震条件下坝体残余变形（放大 20 倍）

地震引起的最大水平位移 **表 3-6**

模型编号	坝体 1	坝体 2	坝体 3	坝体 4	坝体 5	坝体 6
上游最大水平位移（cm）	−17	−18	−20	−15	−15	−23
下游最大水平位移（cm）	27	31	35	24	23	36
模型编号	坝体 7	坝体 8	坝体 9	坝体 10	坝体 11	坝体 12
上游最大水平位移（cm）	−29	−14	−19	−28	−36	−72
下游最大水平位移（cm）	47	21	29	44	58	121

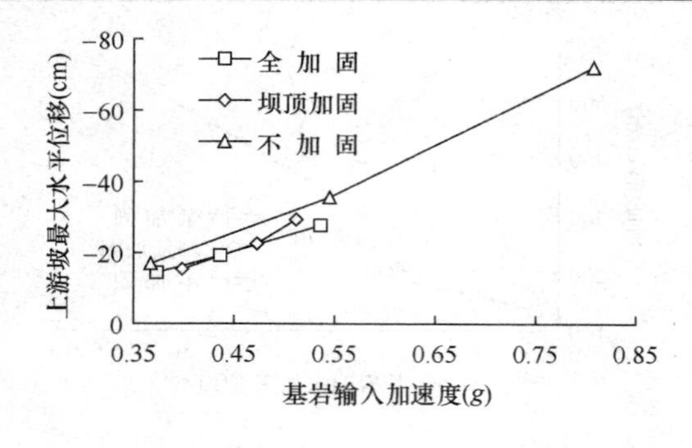

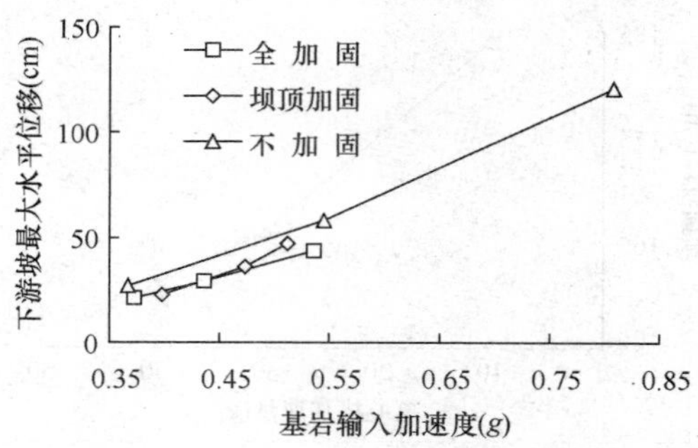

图 3-13 最大水平位移随基岩输入加速度的变化

图 3-14 和图 3-15 分别为设计地震条件下坝顶加固方案和不加固方案坝体残余变形矢量图和网格图，比较全加固方案（图 3-11）、坝顶加固方案和不加固方案可以看出，在地震条件下，不加固方案的大坝地震残余变形不仅比坝顶加固方案和全加固方案的要大，而且最大水平位移出现的位置也不同，坝顶加固方案和全加固方案最大水平位移出现在约 1/2 坝高的坝坡处，而不加固方案则发生在坝顶附近。因此，从残余变形角度出发，在坝顶附近区域设置土工格栅等进行抗震加固是非常必要和适当的。

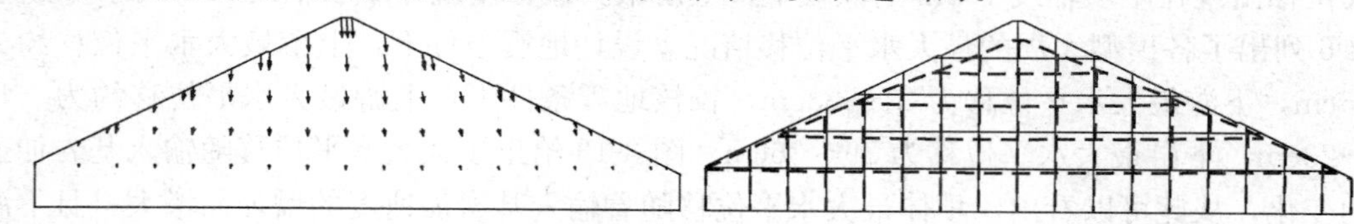

图 3-14 设计地震条件下坝顶加固方案坝体残余变形（放大 20 倍）

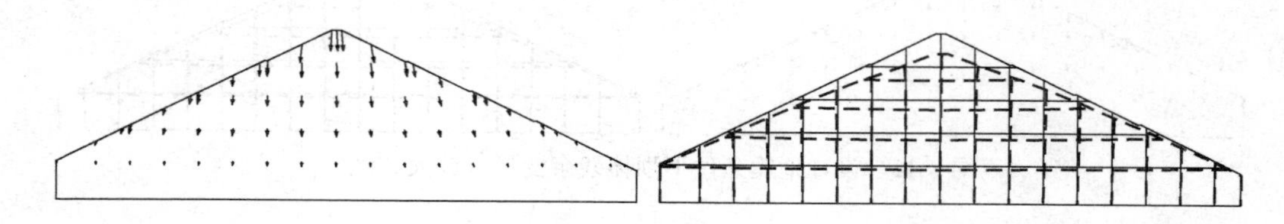

图 3-15 设计地震条件下不加固方案坝体残余变形（放大 20 倍）

四、大坝地震破坏模式

表 3-7 列出了大坝地震破坏情况。图 3-16 为不同方案坝体地震破坏情况，可以看出，不加固方案在 100 年超越概率 2%地震条件下，在 4/5 坝高以上的坝体出现了明显的坍塌

现象（图 3-16a），该部分的堆石产生了明显的沉陷和向上下游两侧滑落，发生了局部滑动现象，堆石体与心墙有分离现象，与心墙之间出现裂缝。因此，如不对坝顶进行加固，长河坝的地震破坏主要发生坝顶局部滑动破坏。坝顶加固方案在 100 年超越概率 2%地震、100 年超越概率 1%地震、最大可信地震条件下，破坏主要发生在坝顶加固区以下的坝坡表面，出现表面局部堆石料朝下滚落现象（图 3-16c、图 3-16b、图 3-16d），随着地震加速度的增加，堆石料朝下滚落现象越明显。全加固方案在最大可信地震条件下，坝坡表面完好无损（图 3-16e），并无明显的堆石料朝下滚落现象。

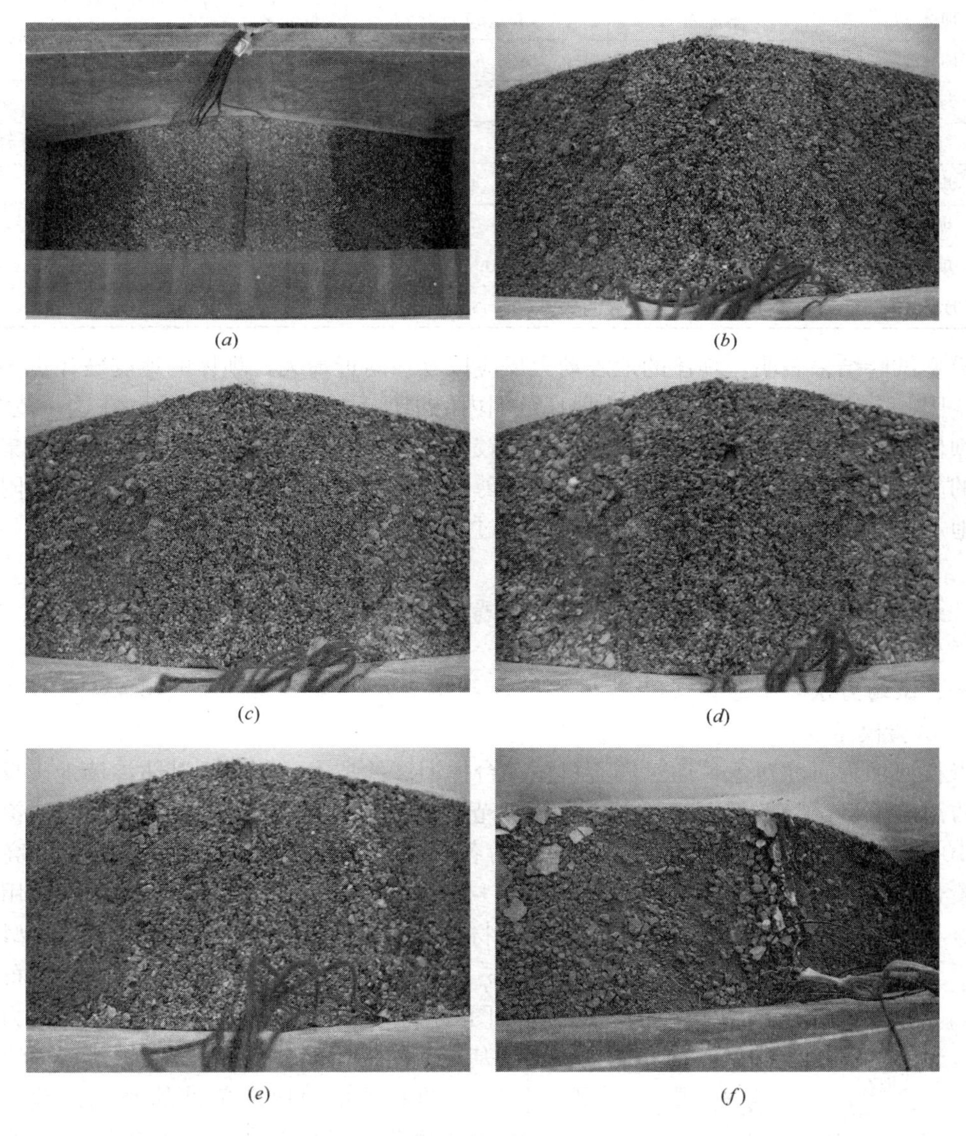

图 3-16　不同方案坝体地震破坏情况

（a）坝体 1 坝顶出现明显坍塌；（b）坝体 5 加固区以下坝坡表面局部堆石料滚落

（c）坝体 6 加固区以下坝坡表面局部堆石料滚落；（d）坝体 7 加固区以下坝坡表面局部堆石料滚落

（e）坝体 10 无明显破坏现象；（f）振动几十次后坝体破坏情况

图 3-16（f）给出经过几十次大小不同的振动后坝体破坏情况，从此可以明显地看出，对无黏性的堆石坝，破坏模式为坝顶附近的堆石体逐渐朝坡脚滚落，坝高越来越低，坝坡越来越缓，不会出现深层滑动破坏现象。

大坝地震破坏情况　　表 3-7

模型编号	加固方案	峰值加速度（gal）	破坏情况
坝体 1	不加固	359	在 4/5 坝高以上的坝体出现了明显的坍塌现象，该部分的堆石产生了明显的沉陷和向上下游两侧滑落，发生了局部滑动破坏，堆石体与心墙有分离现象，与心墙之间出现裂缝。地震加速度越大，沉陷和滑动体越大
坝体 4	不加固	359	
坝体 11	不加固	555.5	
坝体 12	不加固	823.6	
坝体 5	坝顶加固	359	加固区以下出现坝坡表面局部堆石料朝下滚落现象，随着地震加速度的增加，堆石料朝下滚落现象越明显
坝体 6	坝顶加固	430	
坝体 7	坝顶加固	502.14	
坝体 8	全加固	359	无明显的堆石料朝下滚落现象
坝体 9	全加固	430	
坝体 10	全加固	502.14	

模型试验结果表明，坝体的地震动力反应以坝顶附近最大，坝体的地震破坏也多集中坝顶。因此，土石坝坝顶 1/5～1/4 坝高范围内的坝体是抗震的关键部位。在这一范围内，由于坝体所承受的绝对加速度最大，惯性力较大，其产生的动剪应力等值线较为密集。但坝顶的静应力却较小，围压较低。因此其动剪应力与正应力的比值可能较大。坝顶附近土体的地震动剪应力可能超过动剪强度，产生过大的地震变形，进而引起地震裂缝。

第四节　高堆石坝坝基防渗墙地震反应离心模型试验研究

一、试验方法

1. 试验模型

以长河坝为研究对象，通过离心机振动台模型试验技术，研究坝基防渗墙地震反应特性。防渗墙模型试验按平面问题考虑，模拟范围：竖向从坝顶 1697m 高程至坝基覆盖层底 1410m 高程，水平向取距坝轴线上、下游各 137m 范围内坝体，其中，1487m 高程至坝基覆盖层底 1410m 高程范围按原型缩小，1487m 高程至坝顶 1697m 高程范围采用超重材料进行模拟，重量与原型相似。模型比尺 $\eta_l=400$，离心机加速度为 $40g$。试验布置如图 3-17 所示。试验中进行了防渗墙应力、坝基覆盖层加速度、孔隙水压力、土压力测试。

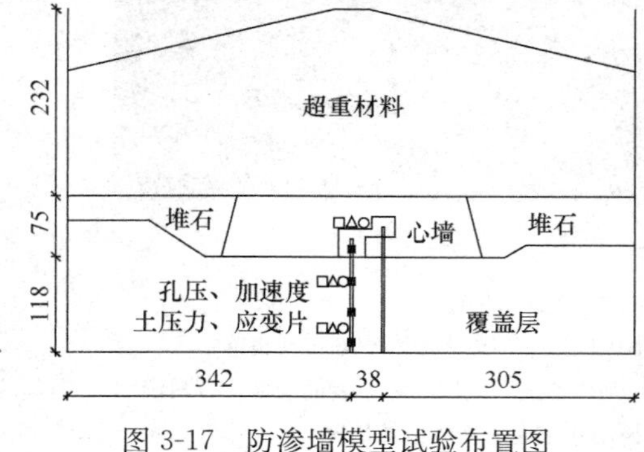

图 3-17　防渗墙模型试验布置图

进行了不同地震条件的对比试验。模拟了场地波、规范波和天然波顺河向的地震时程，模拟了 50 年超越概率 3％地震条件、100 年超越概率 2％地震条件（设计工况）、100 年超越概率 1％地震条件（校核工况）、最大可信地震条件和更大的地震条件，试验采用了正弦波、场地波、规范波和天然波波形。共完成了10组防渗墙模型离心机振动台模型试验，各试验方案的主要特征见表3-8。

防渗墙模型的主要特征　　表3-8

模型编号	目标地震参数			离心机振动台模型试验参数				
	波形	超越概率	峰值加速度(gal)	离心机加速度(g)	波形	峰值加速度(g)	振动频率(Hz)	振动历时(s)
防渗墙1	场地波	50年超越概率3%	262	40	正弦波	6.94	132.8	0.75
防渗墙2	场地波	100年超越概率2%	359	40	正弦波	9.52	132.8	0.75
防渗墙3	场地波	100年超越概率1%	430	40	正弦波	11.40	132.8	0.75
防渗墙4	场地波	最大可信地震	502.14	40	正弦波	13.31	132.8	0.75
防渗墙5	场地波	100年超越概率2%	359	40	场地波	14.64		0.75
防渗墙6	规范波	100年超越概率2%	359	40	规范波	14.64		0.75
防渗墙7	天然波	100年超越概率2%	359	40	天然波	14.64		0.75
防渗墙8	场地波		575	40	正弦波	15.24	132.8	0.75
防渗墙9	场地波		652	40	正弦波	17.28	132.8	0.75
防渗墙10	场地波		723	40	正弦波	19.16	132.8	0.75

2. 试验技术

试验中堆石料、覆盖层料和心墙料的模拟方法同前。防渗墙选用与混凝土密度相近的铝材来模拟，按抗弯刚度相似条件确定其厚度。原型防渗墙混凝土弹性模量为28.5GPa，模型铝合金防渗墙弹性模量为70GPa，模型主防渗墙厚度为3.8mm，模型副防渗墙厚度为3.3mm。在铝合金防渗墙两侧涂凡士林以模拟接触面，其摩擦系数为0.2。

二、坝基地震加速度反应

图3-18为设计地震条件坝基覆盖层地震加速度反应时程曲线，图3-19为输入正弦波时加速度放大系数随输入基岩加速度的变化，图3-20对比了设计地震条件下不同地震波形、不同试验波形的放大系数。从此可以看出，覆盖层的加速度放大系数接近和略小于1，高塑性黏土顶部的加速度稍有放大，放大系数约为1.15左右，加速度放大系数随输入基岩加速度的变化不大，地震波形和试验波形对加速度放大系数的影响不大。

三、防渗墙动应力反应

图3-21为设计地震条件条件下主防渗墙下游面动应力反应时程曲线，图3-22为设计和校核地震条件下主防渗墙动应力沿高度的分布，图3-23为主防渗墙动应力随输入基岩加速度的变化，图3-24对比了设计地震条件下不同地震波形、不同试验波形主防渗墙的动应力。从图中可以看出，(1) 主防渗墙下游面的动应力反应要大于上游面，整体而言，下游面的动拉、压应力比上游面的要大，动应力沿高度呈"z"形分布，顶部和1430m高程处较小，底部次之，1445m高程处较大。(2) 设计地震条件下，主防渗墙最大动应力为：下游面压应力：1.629MPa，拉应力：−1.575MPa，上游面压应力：1.228MPa，拉应力：−1.325MPa。校核地震条件下，主防渗墙最大动应力为：下游面压应力：1.828MPa，拉应力：−2.220MPa，上游面压应力：1.443MPa，拉应力：−1.548MPa。(3) 动应力随输入基岩加速度的增大而增大。(4) 试验波形对动应力有一定的影响，其中

场地波和规范波要大于天然波。

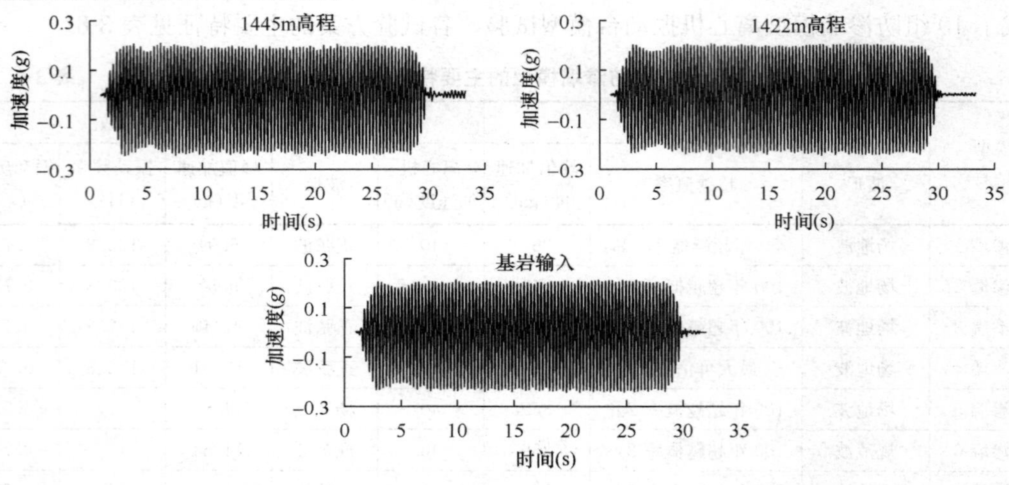

图 3-18 设计地震条件下坝基覆盖层加速度反应时程曲线

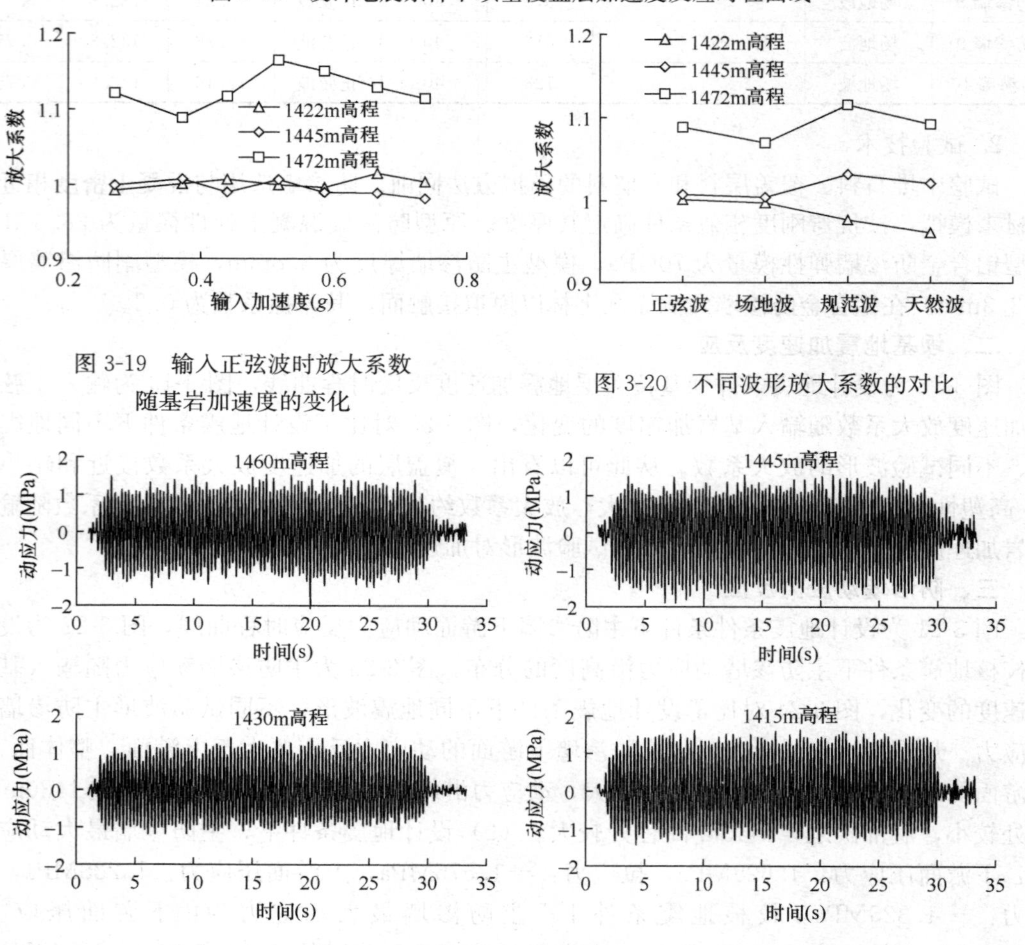

图 3-19 输入正弦波时放大系数随基岩加速度的变化

图 3-20 不同波形放大系数的对比

图 3-21 设计地震条件下主防渗墙下游面动应力反应时程曲线

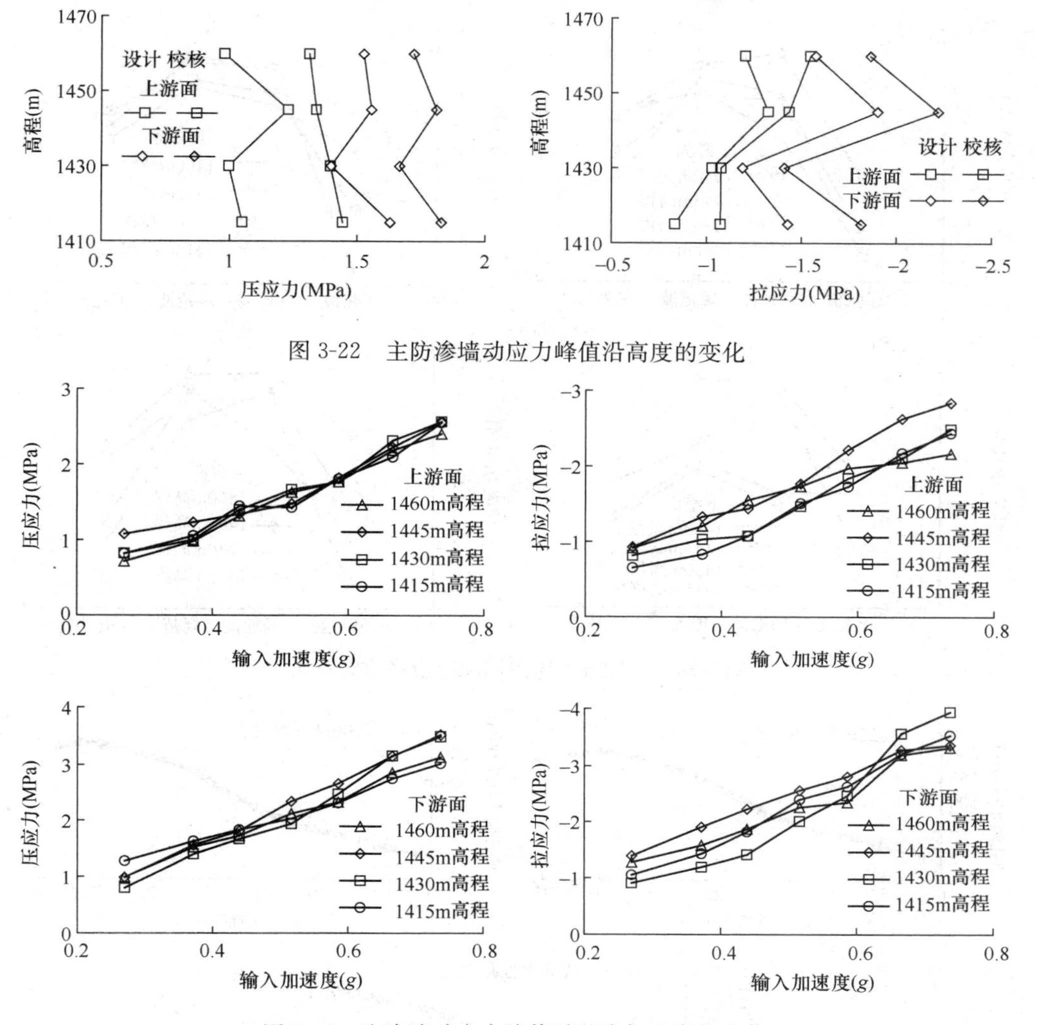

图 3-22 主防渗墙动应力峰值沿高度的变化

图 3-23 防渗墙动应力峰值随基岩加速度的变化

四、动孔隙水压力和动土压力

图 3-25 为设计地震条件下坝基覆盖层和高塑性黏土顶部心墙动孔隙水压力反应时程曲线，图 3-26 为动孔隙水压力随输入基岩加速度的变化，图 3-27 对比了设计地震条件下不同地震波形、不同试验波形的动孔隙水压力。从图中可以看出，(1) 地震过程中，动孔隙水压力也逐渐积累增大，震后缓慢消散。(2) 设计地震条件下，覆盖层的动孔隙水压力为 217.7～233.0kPa，高塑性黏土顶部心墙的动孔隙水压力为 132.5kPa。(3) 校核地震条件下，覆盖层的动孔隙水压力为 250.4～272.5kPa，高塑性黏土顶部心墙的动孔隙水压力为 156.0kPa。(4) 设计和校核地震条件下，动孔隙水压力与有效上覆土重之比小于 0.15，因此，心墙不会发生水力劈裂，覆盖层不会发生液化。(5) 动孔隙水压力随输入基岩加速度的增大而增大。(6) 试验波形对动孔隙水压力有一定的影响，依次为：用正弦波模拟场地波最大，用场地波模拟场地波次之，用规范波模拟规范波再次之，用天然波模拟天然波最小。

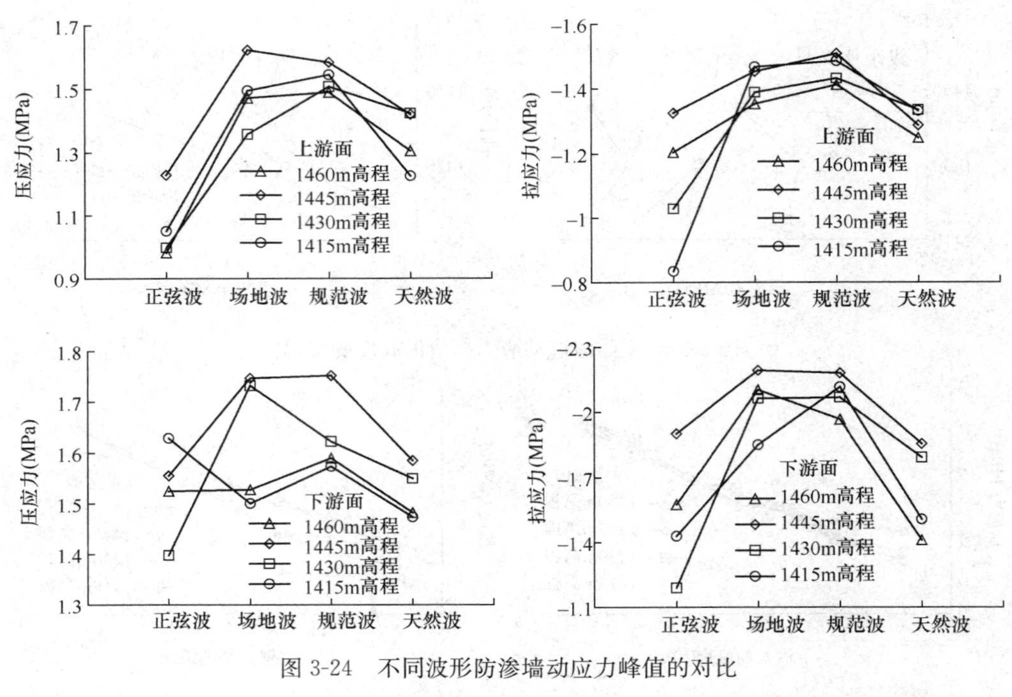

图 3-24 不同波形防渗墙动应力峰值的对比

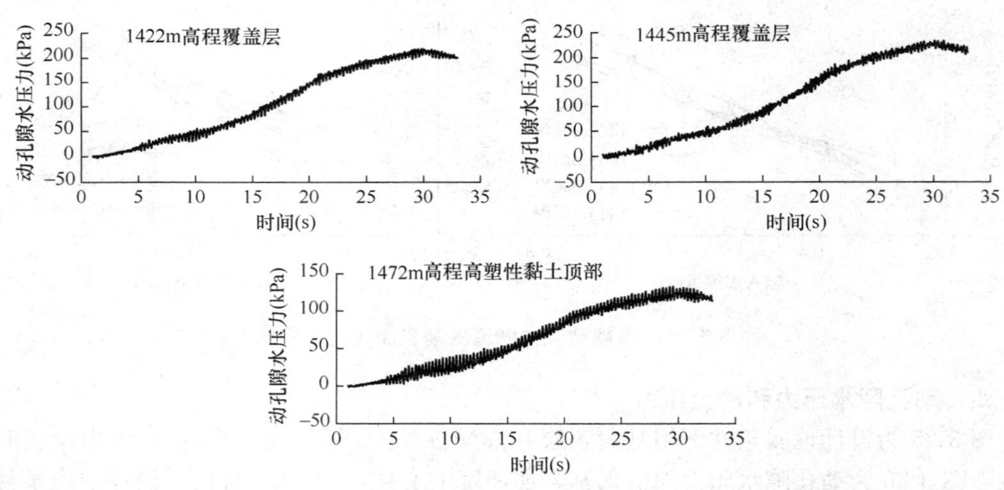

图 3-25 设计地震条件下动孔隙水压力反应时程曲线

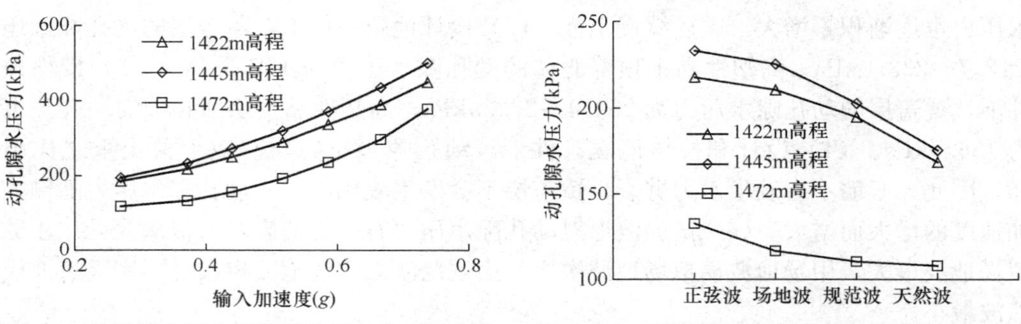

图 3-26 动孔隙水压力峰值随基岩加速度的变化

图 3-27 不同波形动孔隙水压力峰值的对比

图 3-28 为设计地震条件下主防渗墙上游侧动土压力反应时程曲线，图 3-29 为总动土压力随输入基岩加速度的变化，图 3-30 对比了设计地震条件下不同地震波形、不同试验波形的总动土压力。从图中可以看出，(1) 地震过程中，总动土压力也逐渐增大，震后缓慢减小。(2) 设计地震条件下，主防渗墙上总动土压力为 248.2～265.2kPa。(3) 校核地震条件下，主防渗墙上总动土压力为 285.8～207.6kPa。(4) 总动土压力随输入基岩加速度的增大而增大。(5) 试验波形对总动土压力有一定的影响，依次为：用正弦波模拟场地波最大，用场地波模拟场地波次之，用规范波模拟规范波再次之，用天然波模拟天然波最小。

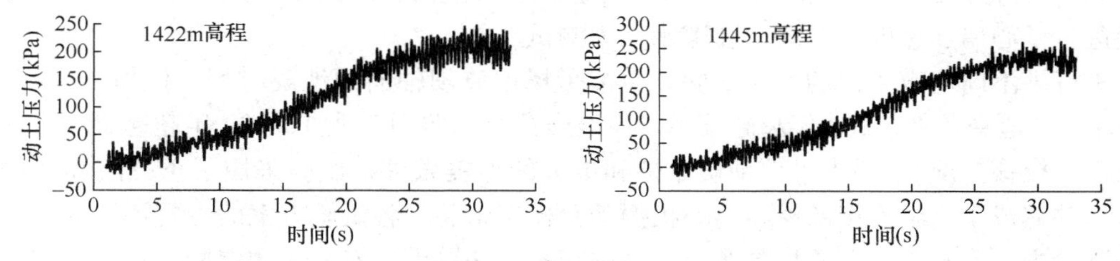

图 3-28 设计地震条件下土压力反应时程曲线

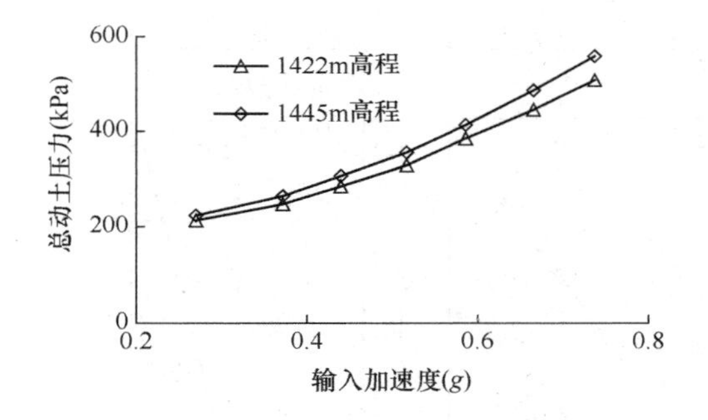

图 3-29 总动土压力峰值随基岩加速度的变化

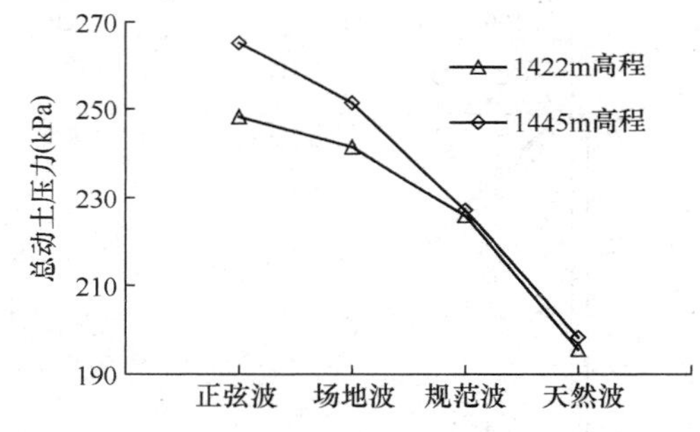

图 3-30 不同波形总动土压力峰值的对比

图 3-31 为有效动土压力随输入基岩加速度的变化，图 3-32 对比了设计地震条件下不同地震波形、不同试验波形的有效动土压力。从图中可以看出，地震过程中，主防渗墙上有效动土压力较小，设计地震条件下，主防渗墙上有效动土压力为 30.4～32.2kPa，校核地震条件下，主防渗墙上有效动土压力为 35kPa；有效动土压力随输入基岩加速度的增大而增大；试验波形对有效动土压力的影响小于动孔隙水压力和总动土压力。

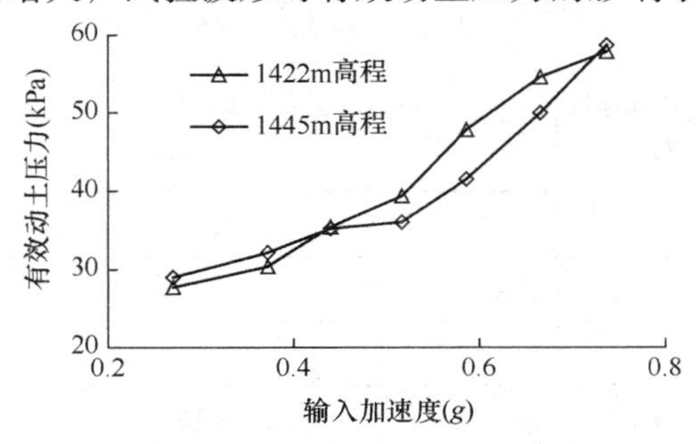

图 3-31 有效动土压力峰值随基岩加速度的变化

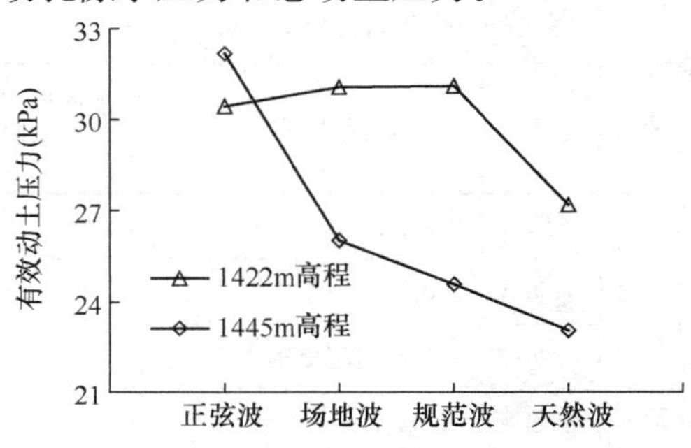

图 3-32 不同波形有效动土压力峰值的对比

第五节　心墙与岸坡连接部地震反应离心模型试验研究

一、试验方法

以长河坝为研究对象，采用离心机振动台模型试验技术，研究高心墙堆石坝心墙与岸坡连接部地震反应特性。心墙与岸坡连接部模型按空间问题考虑，模拟范围：竖向从坝顶1697m高程至坝基覆盖层底1410m高程，坝轴向取全部，顺河向取距坝轴线至坝轴线上游150m范围内坝体。模型比尺 $\eta_l=750$，离心机加速度为 $40g$。试验布置如图3-33所示。试验进行了心墙加速度、沉降、孔隙水压力测试。

进行了不同地震条件的对比试验。模拟了场地波坝轴向的地震时程，模拟了50年超越概率3%地震条件、100年超越概率2%地震条件（设计工况）、100年超越概率1%地震条件（校核工况）、最大可信地震条件和更大的地震条件，试验采用了正弦波和场地波波形。共完成了5组连接部模型离心机振动台模型试验，各试验方案的主要特征见表3-9。模型试验中，堆石料、覆盖层料和心墙料的模拟方法同前。基岩采用混凝土进行模拟。

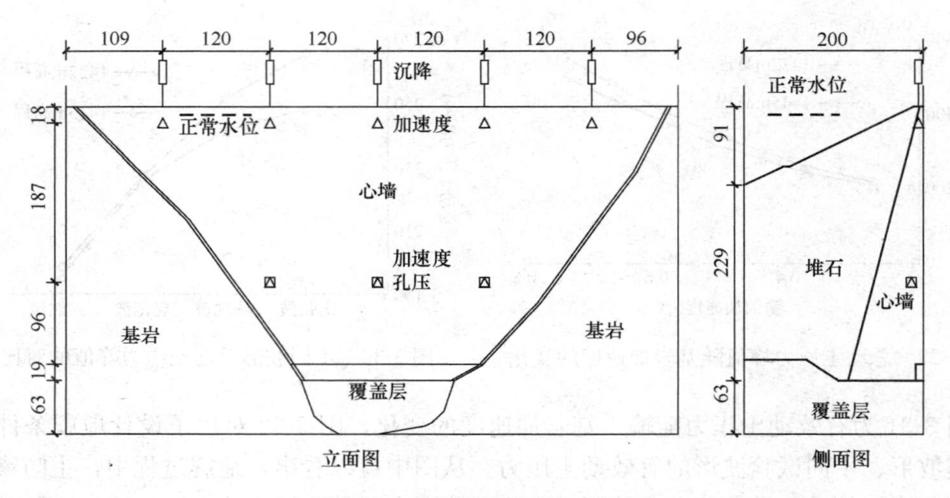

图3-33　连接部模型试验布置图

连接部模型的主要特征　　表3-9

模型编号	目标地震参数			离心机振动台模型试验参数				
	波形	超越概率	峰值加速度(gal)	离心机加速度(g)	波形	峰值加速度(g)	振动频率(Hz)	振动历时(s)
连接部1	场地波	50年超越概率3%	262	40	正弦波	6.94	132.8	0.75
连接部2	场地波	100年超越概率2%	359	40	正弦波	9.52	132.8	0.75
连接部3	场地波	100年超越概率1%	430	40	正弦波	11.40	132.8	0.75
连接部4	场地波	最大可信地震	502.14	40	正弦波	13.31	132.8	0.75
连接部5	场地波		581	40	正弦波	15.40	132.8	0.75

二、心墙地震加速度反应

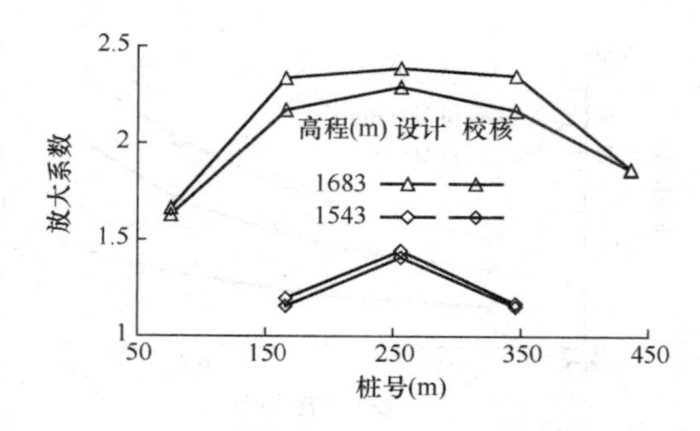

图 3-34 加速度放大系数沿坝轴线方向的分布

图 3-34 分别为设计地震条件和校核地震条件下加速度放大系数沿坝轴线方向的分布，图 3-35 为加速度放大系数随输入基岩加速度的变化。从图中可以看出：(1) 坝轴向地震的加速度放大系数越往坝顶就越大，但小于顺河向地震。设计地震条件下 1683m 高程的加速度放大系数为 2.387，校核地震条件下为 2.290。(2) 加速度放大系数沿坝轴向呈中间大、两边小分布形态，在岸坡附近明显减小。(3) 加速度放大系数随输入基岩加速度的增大而减小。

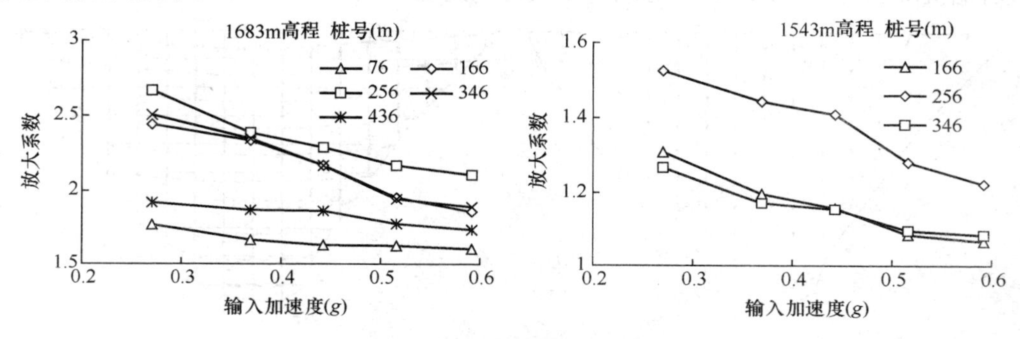

图 3-35 加速度放大系数随基岩加速度的变化

三、地震残余变形

图 3-36 为设计坝轴向地震条件下地震引起坝顶沉降时程曲线，图 3-37 为设计地震和校核地震条件下坝顶沉降沿坝轴线分布情况，图 3-38 为坝顶沉降随输入基岩加速度的变化。从图中可以看出，地震引起的坝顶沉降随着地震历时的增加而增大，坝顶沉降沿坝轴向呈"V"形分布，坝顶沉降随输入基岩加速度的增大而增大，设计坝轴向地震条件下坝顶最大沉降为 137cm，校核地震条件下为 168cm。

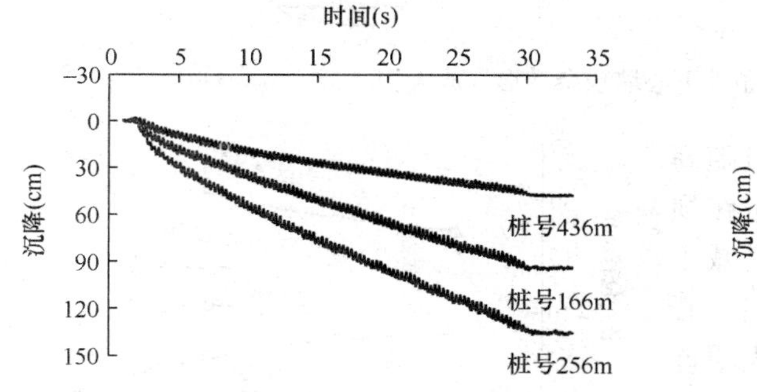

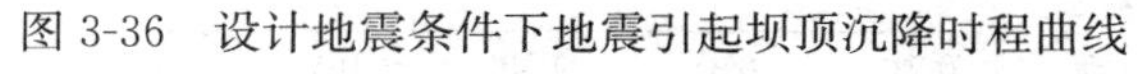

图 3-36 设计地震条件下地震引起坝顶沉降时程曲线

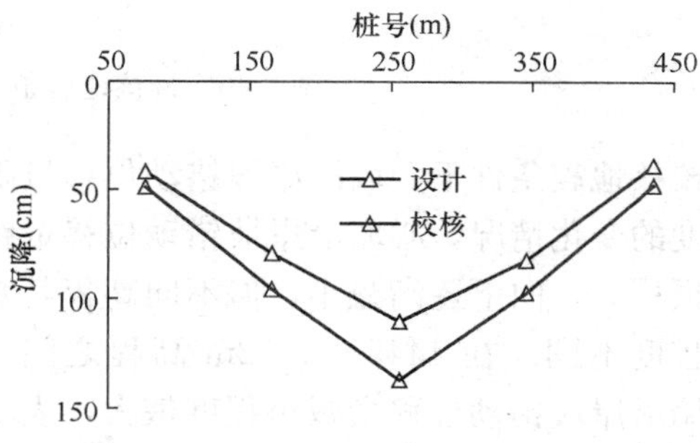

图 3-37 地震引起坝顶沉降沿坝轴线分布

图 3-39 和图 3-40 分别为设计和校核地震条件下心墙残余变形矢量图和网格图，从图中可以看出，在设计和校核地震条件下，心墙变形以沉降为主，水平位移较小。心墙沉降

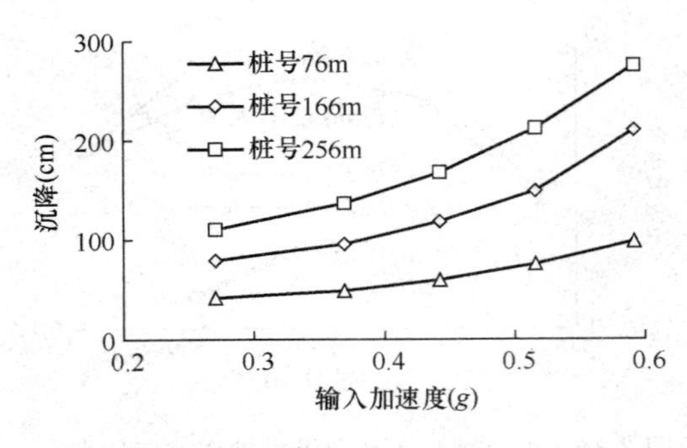

图 3-38　地震引起坝顶沉降随基岩加速度的变化

呈“V”形分布，在岸坡附近很小。心墙水平位移左右两边均朝中间位移，左边最大位移稍大于右边。图 3-41 给出了最大水平位移随输入基岩加速度的变化，从此可以看出，心墙最大水平位移随着输入基岩加速度的增加而增大。设计地震条件下，左边最大水平位移约为 24cm，右边为－20cm，校核地震条件下，左边最大水平位移约为 29cm，右边为－24cm。

从图 3-39 和图 3-40 还可看出，虽然岸坡附近心墙沉降和位移均很小，但心墙与岸坡之间还是产生了错动，图 3-42 为设计地震和校核地震条件下心墙沿岸坡错动位移量随高度的变化情况，心墙沿岸坡错动位移量在坝顶最大，向下逐渐减小，但不同高程其减小程度不同。在 1445～1472m 高程之间，心墙沿岸坡错动位移量减小程度最大，表明该范围内错动位移量变化梯度（错动位移量与层厚之比）最大。图 3-43 给出了最大错动梯度随输入基岩加速度的变化，从图中可以看出，心墙沿岸坡的最大错动梯度随着输入

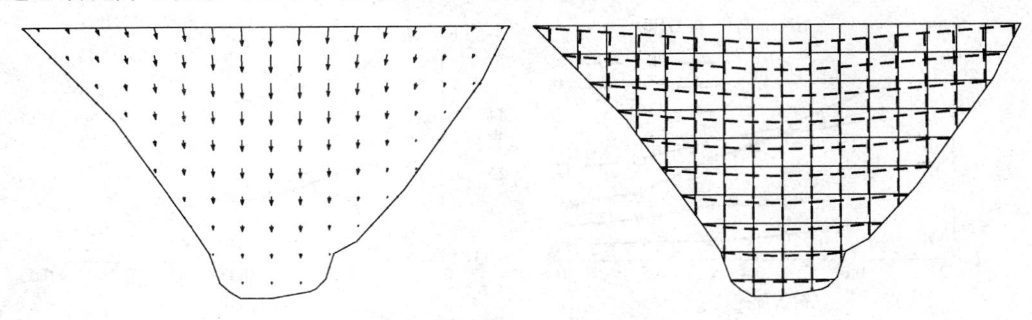
图 3-39　设计地震条件下心墙残余变形（放大 15 倍）

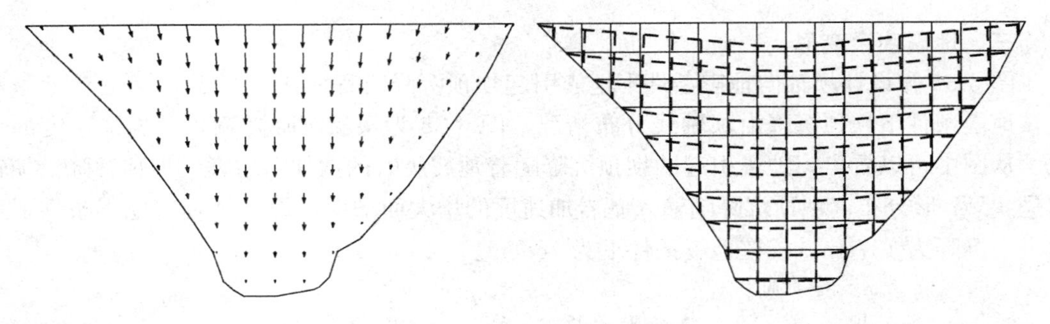
图 3-40　校核地震条件下心墙残余变形（放大 15 倍）

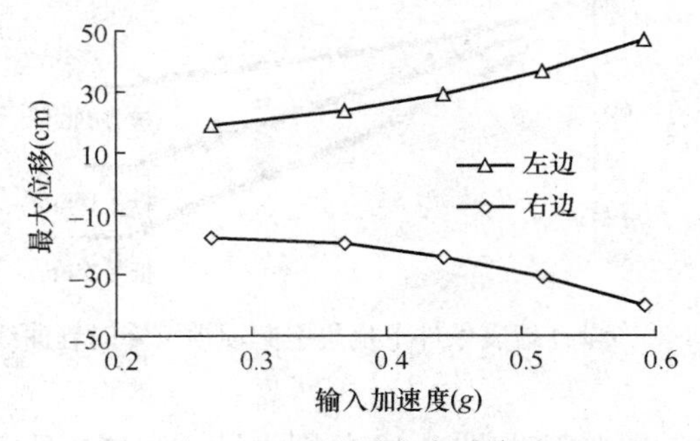

图 3-41　心墙最大水平位移随输入基岩加速度的变化

基岩加速度的增加而增大。左岸最大错动梯度大于右岸。设计地震条件下，左岸最大错动梯度为0.340%，右岸为0.200%，校核地震条件下，左边最大错动梯度为0.432%，右边为0.304%。

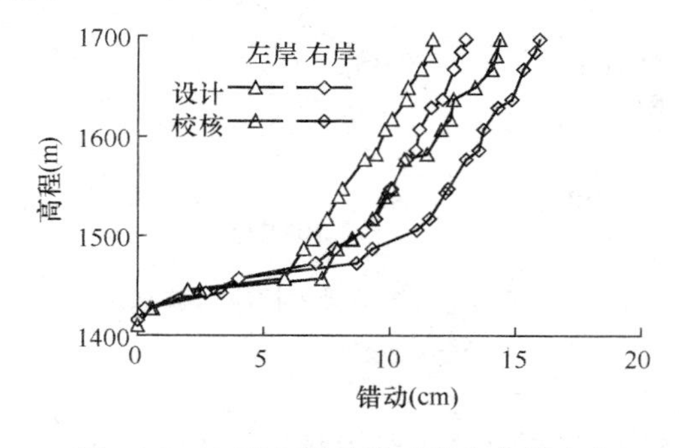

图 3-42　心墙与岸坡错动沿高度的变化

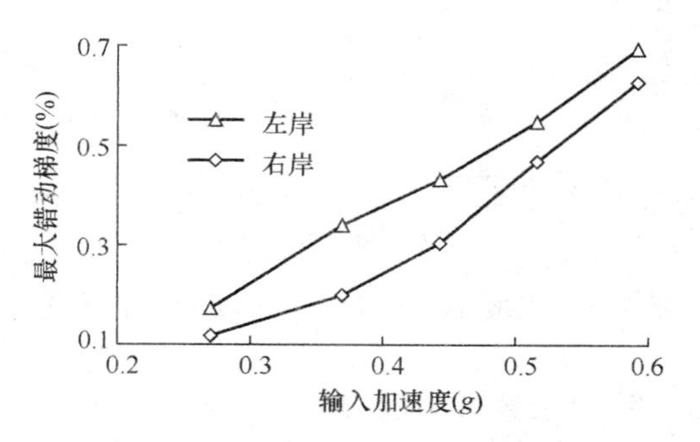

图 3-43　心墙沿岸坡最大错动梯度随输入基岩加速度的变化

第六节　大坝极限抗震能力离心模型试验研究

大坝的极限抗震能力涉及土石坝的地震破坏模式与地震破坏标准问题，根据离心机振动台模型试验结果，从地震引起破坏情况、残余沉降、防渗墙动应力和心墙沿岸坡最大错动梯度等方面分析大坝的极限抗震能力。

1. 从破坏情况分析大坝的极限抗震能力

试验结果表明，对无黏性的堆石坝，破坏模式为坝顶附近的堆石体逐渐朝坡脚滚落，坝高越来越低，坝坡越来越缓，不会出现深层滑动破坏现象，只会在坝顶附近产生局部浅层滑动。

地震引起坝坡表面局部滑落破坏时的抗震能力：离心机振动台模型试验结果表明，长河坝坝坡表面出现局部滑落破坏时的抗震能力为359gal。

地震引起局部滑动破坏时的抗震能力：土石坝的静、动力有限元分析，可使人们了解土体中各单元的应力、变形或液化及破坏情况，从而可以了解土体中的抗震薄弱部位。但是，还难以评估土坡或地基整体性的抗震安全状况。拟静力法可以给出土体整体性的抗震安全状况，但有其局限性也是公认的事实。离心机振动台模型试验结果表明，长河坝坝顶出现局部滑坡破坏时的抗震能力为502.14gal。

2. 从残余沉降分析大坝的极限抗震能力

大坝的残余沉降过大，不仅影响大坝的安全运行，也会引起很多抗震分析和抗震设计的不确定因素，难以确保大坝的整体安全性。南京水利科学研究院根据一些坝的实际震陷值提出如下初步建议：坝高100m以下的坝，允许震陷量，可采用坝高的2%，对100m以上的坝，可适当降低到1.5%。对于240m高的长河坝，允许震陷量可取坝高的1%。图3-44给出了坝顶沉降率随基岩输入加速度变化的离心机振动台模型试验结果，据此推算坝顶沉降率达1.0%时的地震加速度为512gal，长河坝出现坝顶沉陷破坏时的抗震能力512gal。

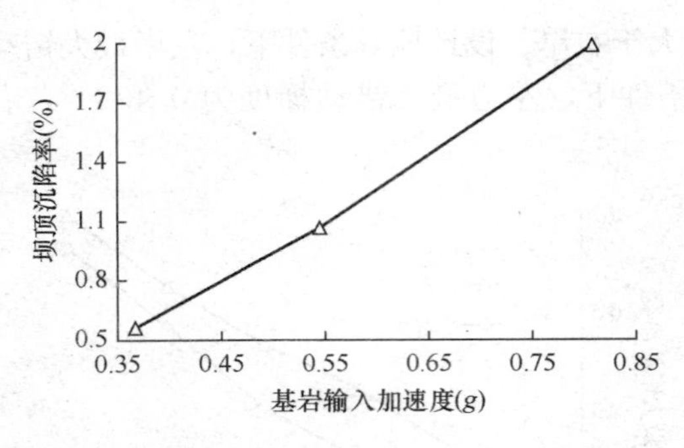

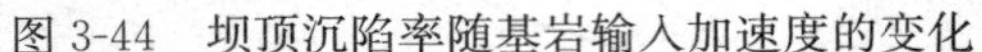

图 3-44　坝顶沉陷率随基岩输入加速度的变化

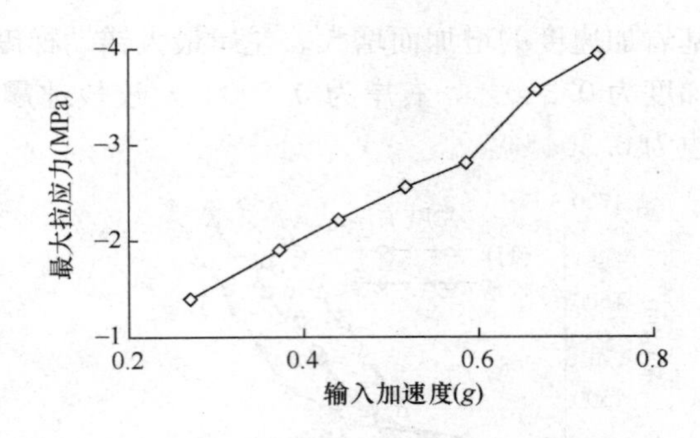

图 3-45　主防渗墙最大拉应力随基岩输入加速度的变化

3. 从防渗墙动应力分析大坝的极限抗震能力

防渗墙动拉应力过大，会引起墙体开裂。图 3-45 给出了主防渗墙最大拉应力随基岩输入加速度变化的离心机振动台模型试验结果，随着输入基岩加速度的增加，拉应力也不断增大，当输入基岩加速度大于 575gal 时，拉应力明显增大。因此，从防渗墙最大拉应力角度分析，长河坝的抗震能力 575gal。

4. 从心墙与岸坡错动分析大坝的极限抗震能力

心墙沿岸坡错动过大，会引起高塑性黏土与岸坡脱离，从而产生渗漏。图 3-43 给出了心墙沿岸坡最大错动梯度随基岩输入加速度变化的离心机振动台模型试验结果，随着输入基岩加速度的增加，最大错动梯度也不断增大，当输入基岩加速度大于 506gal 时，最大错动梯度超过 0.5%。因此，从心墙沿岸坡最大错动梯度角度分析，长河坝的抗震能力 506gal。

第七节　高面板堆石坝地震反应离心模型试验研究

新疆吉林台一级水电站工程处于构造复杂和强震多发区，工程场地属基本稳定地区，地震基本烈度 8 度，大坝按 9 度设计，100 年基准期超越概率 2%基岩峰值加速度为 461.97gal。本节运用离心机振动台模型试验技术研究了大坝在地震作用下的坝体加速度反应、坝体和面板变形。

一、试验方法

振动台模型箱的有效尺寸为 420mm×324mm×200mm（长×高×宽），采用不等比尺和分块相结合的方法进行试验。进行了四个离心振动台模型试验，整体模型试验，模型比尺 1400；局部模型试验，把整体分成上中下三块，模型比尺 700，模型布置如图 3-46 所示。模拟了竣工期和蓄水期地震。每个进行了 3～4 次振动，输入振动频率为 100Hz，振动波形为正弦波，振动持续时间 0.2s，最大振动加速度为 15g，离心机加速度为 50g。根据模型相似律，相当于模拟了原型峰值加速度为 0.5g 的不规则地震波。因此，模型试验完全模拟了吉林台大坝的 9 度地震。

试验土石料取自现场，试验模拟了对影响坝体变形和稳定起决定作用的砂砾料和爆破料。原型料最大粒径为 600 mm，模型料限制粒径取 5mm。由设计级配曲线，用相似级配法与等量替代法确定模型料级配。采用分层击实法填筑模型坝体，分层厚度为 3cm，按

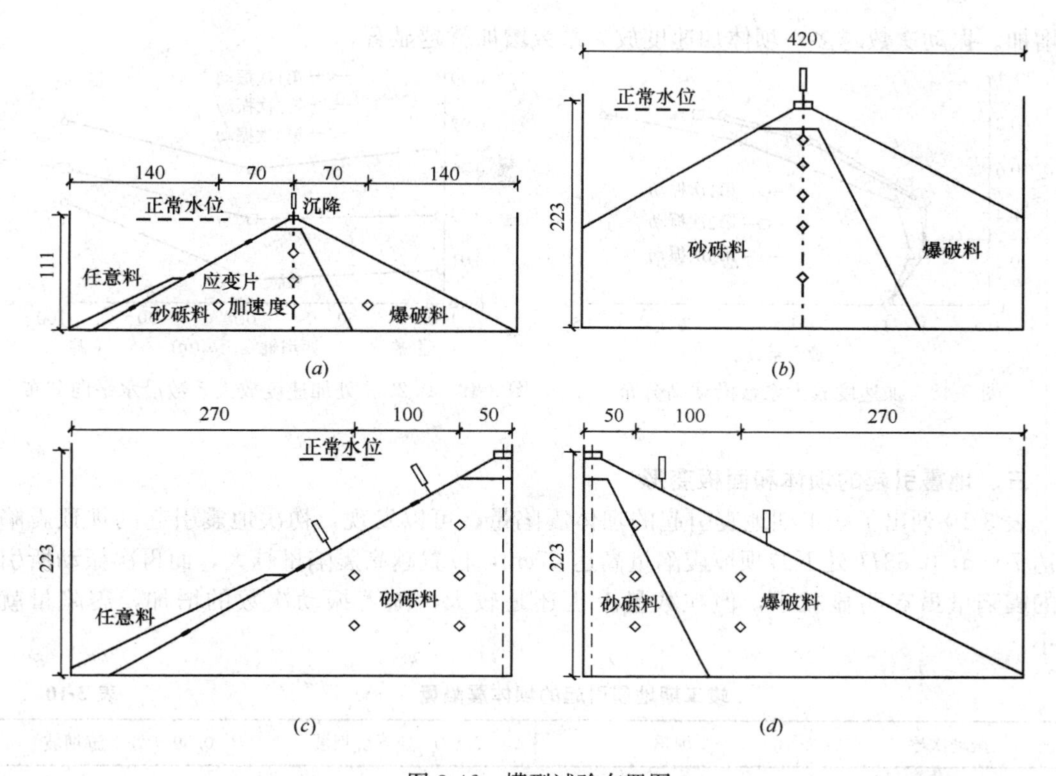

图 3-46　模型试验布置图

(*a*) 整体模型；(*b*) 中间局部模型；(*c*) 上游坡局部模型；(*d*) 下游坡局部模型

2.24g/cm^{3}的最大干密度进行控制。混凝土面板选用与混凝土重度相近的铝板来模拟，按抗弯刚度相似条件确定其厚度为 0.5mm。

试验主要测量面板应变、坝体加速度和沉降等。

二、坝体地震加速度反应

图 3-47 给出了底部输入加速度和不同坝高处坝体加速度反应过程线，图 3-48 给出了坝体加速度放大系数沿坝高 H 的分布，图 3-49 为坝体加速度放大系数沿水平方向（上、下游方向）的分布。从图中可以看出，在 0.45H 以下，坝体加速度与底部输入加速度基本一致，或稍有减小，在 0.45H 以上，坝体加速度比底部输入加速度有明显的增加，越往坝顶加速度放大系数就越大，在 0.82H 处达 1.8，以此推算在坝顶可达 2.5 以上，且振动频率也发生了较大变化。坝体加速度反应在坝轴线处最小，在上、下游有

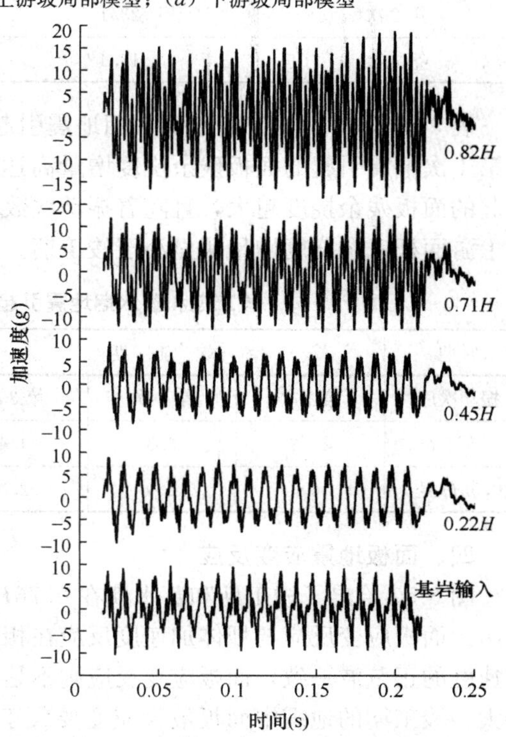

图 3-47　坝轴线处加速度反应过程线

所增加。振动次数越多，坝体加速度放大系数增加就越显著。

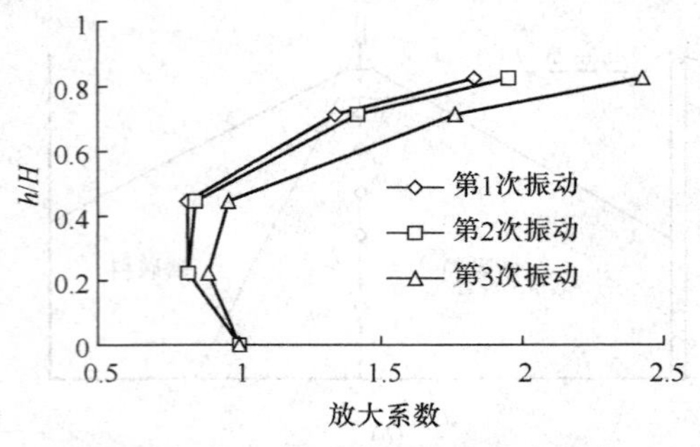

图 3-48 加速度放大系数沿坝高分布

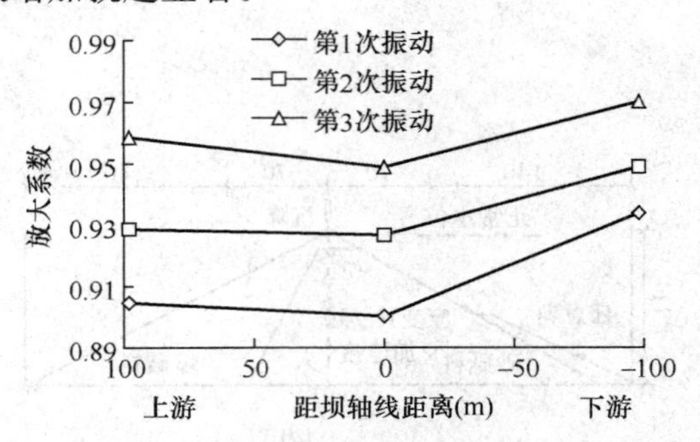

图 3-49 0.22H 处加速度放大系数沿水平向分布

三、地震引起的坝体和面板变形

表 3-10 列出了竣工期地震引起的坝体震陷量，可以发现，初次地震引起的坝顶震陷量达 70cm，0.83H 处下游坝坡震陷量高达 47cm，位置越高震陷量越大，而再次振动所引起的震陷量虽有明显减小，但在数量上也还是较大，随着振动次数的增加，震陷量就越小。

竣工期地震引起的坝体震陷量（cm） **表 3-10**

振动次序	坝顶	0.83H 处下游坝坡	0.59H 处下游坝坡
第 1 次	70.7	47.4	20.8
第 2 次	23.1	15.6	9.9
第 3 次	13.4	7.1	5.1

表 3-11 列出了竣工期和蓄水期地震引起的上游面板残余挠度增量，可以看出，竣工期第 1 次地震引起的面板残余挠度增量高达 25cm，无论竣工期或蓄水期位置越高，地震引起的面板残余挠度越大，且随着振动次数的增加，残余挠度增量减小，蓄水期地震引起的上游面板残余挠度增量明显小于竣工期。

竣工期和蓄水期地震引起的面板残余挠度增量（cm） **表 3-11**

时期	竣 工 期			蓄 水 期		
振动次序	第 1 次	第 2 次	第 3 次	第 1 次	第 2 次	第 3 次
0.8H 处	25.2	6.3	4.4	9.5	3.3	2.9
0.55H 处	16.1	2.9	2.0	6.3	1.3	1.0

四、面板地震应变反应

图 3-50 给出了竣工期和蓄水期在 0.76H 处面板底面的应变反应过程线。从图中可以看出，面板应变反应与坝体加速度反应在相位上相差很大，坝体加速度反应基本上与输入加速度的正弦波一致，面板应变反应则不是正弦波，而是朝一个方向振动，且振幅的变化很大。竣工期的地震中面板最大应变要大于蓄水期。表 3-12 给出了地震中面板最大应变及震后残余应变，可以发现，地震中面板的最大应变高达－7%以上，震后残余应变也达

−0.1%左右，随着振动次数的增加，面板最大应变和残余应变将稍有减小。如地震时此大的面板应变和残余应变足以使面板开裂，甚至产生严重破坏，应引起足够的重视。

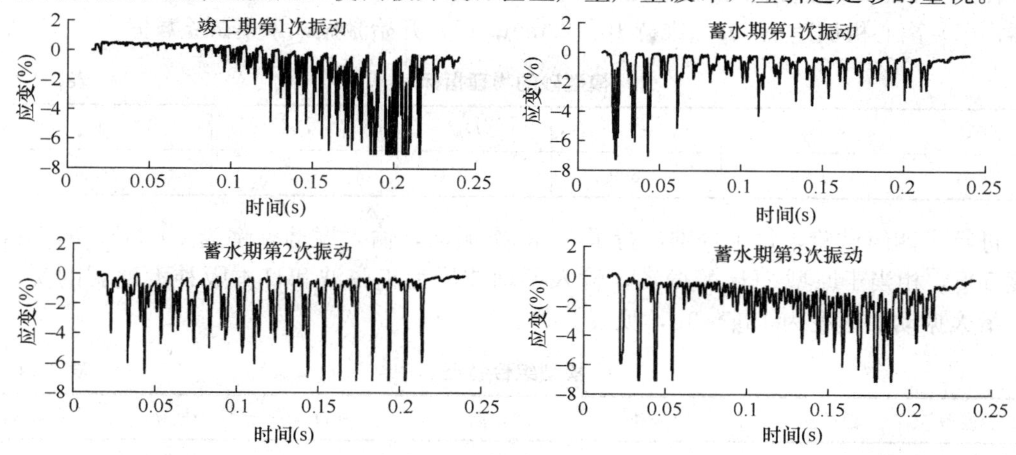

图 3-50　振动引起的面板应变过程线

地震引起的面板最大应变和残余应变（拉为一）　　表 3-12

时　期	竣工期	蓄　水　期		
振动次序	第 1 次	第 1 次	第 2 次	第 3 次
最大应变（%）	−7.018	−7.244	−7.146	−7.055
残余应变（%）	−0.202	−0.102	−0.097	−0.094

第八节　砂性地层地震反应离心模型试验研究

受地质条件限制，高土石坝通常需要建在深厚砂性覆盖层上。本节运用离心机振动台模型试验技术，研究了砂性地层在地震作用下土层加速度反应、振动超静孔压的产生、消散过程，真实地再现了地震时土层液化的主要特性，对深厚砂性覆盖层上高堆石坝具有积极借鉴意义。

一、试验方法

试验中采用了两种模型箱，一种是常规模型箱，为了防止箱体的边界影响，在模型箱的两端加贴了两块吸波材料，另一种模型是叠层模型箱（laminar box)。模型布置见图 3-51。

采用标准砂，用砂雨法制模，模型砂的主要特性见表 3-13。试验中用甲基纤维素 2%水溶液作为孔隙液体，黏度 50。制模及试验步骤如下：(1) 使用盛砂器，用砂雨法制模，在设定位置埋设

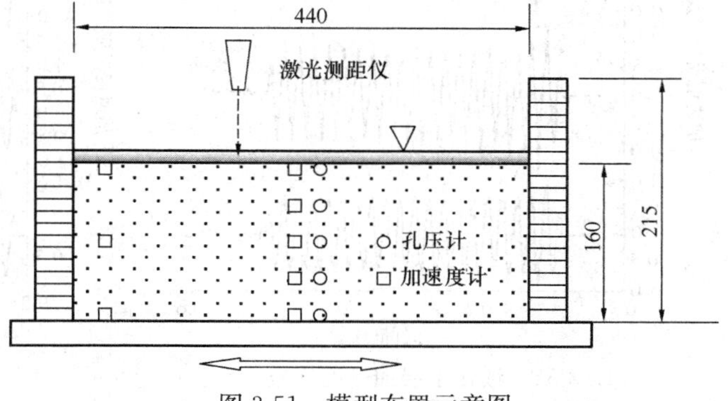

图 3-51　模型布置示意图

传感器；（2）把模型放置真空箱中抽真空，在－100kPa 维持 2h；（3）水溶液抽真空 2h；（4）模型在真空状态下通过模型箱底小孔缓慢饱和模型，约 8h；（5）安装模型至吊篮，连接传感器；（6）离心机加速至 50g，维持 10～20min；（7）开始激振，采集试验数据。

模型砂的物理指标 **表 3-13**

G_s	e_{max}	e_{min}	D_{30}	D_{60}	U_c
2.64	0.973	0.609	0.164	0.21	1.56

进行了四组试验，每组分别进行了 2～5 次振动，输入振动频率为 100Hz，离心机加速度 50g，相当于原型 2Hz 的振动，输入振动波形为正弦波和日本阪神大地震的实测波形，最大振动加速度为 12g～3g，见表 3-14。

模型组合特征 **表 3-14**

试验模型	相对密度	1^{st}振动	2^{nd}振动	3^{rd}振动	4^{th}振动	5^{th}振动
模型 1	0.48	6sin（t）	12Kobe（t）			
模型 2	0.65	10sin（t）	7Kobe（t）	8sin（t）	6sin（t）	4sin（t）
模型 3	0.52	6sin（t）	8sin（t）	10sin（t）	12sin（t）	4Kobe（t）
模型 4	0.51	8sin（t）	6sin（t）	3sin（t）		

二、地震加速度反应

图 3-52 和图 3-53 分别是模型 1 和模型 4 的地层加速度反应过程线。图 3-52 给出了土层底下、中部及顶部的加速度反应过程曲线，可以看出，底部的加速度反应基本与输入波相同；中间以上土层由于发生液化，只经历了几个波的振动后振幅很快大幅度衰减，形成了很小振幅的振动；而顶部土层的加速度则较中部土层更早地进入了小幅振动状态。图 3-53 是模型 4 经历小振幅振动的情况，由于未发生液化，未发生振幅大幅度衰减的情况。

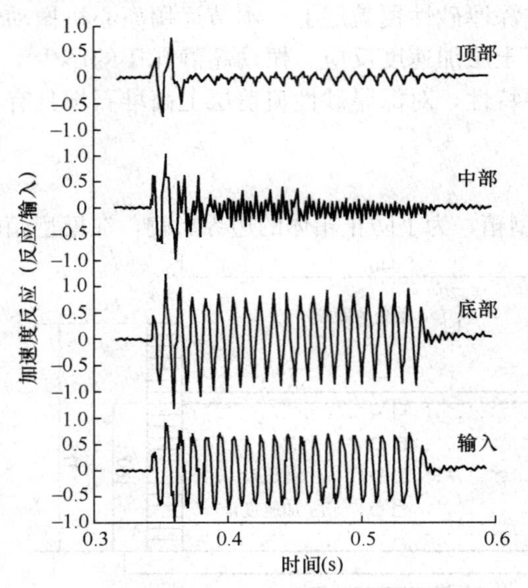

图 3-52 液化土层加速度反应

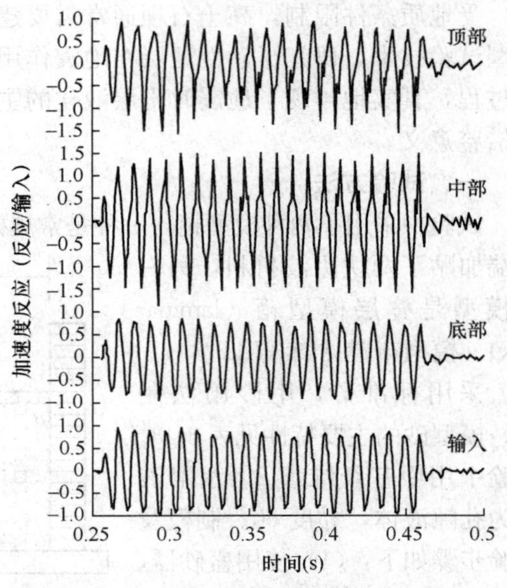

图 3-53 未液化土层加速度反应

模型 1（图 3-52）在液化前，有加速度放大现象，液化发生后，震动很快减小，同时反应波与输入波产生了明显的相位差，振动频率也发生很大变化。

图 3-54 是加速度反应的沿高度分布，图中空心标志是模型经受第一次震动的反应情况，加速度放大系数在 0.5～1.75 之间，图中实心标志是模型经历了 2～4 次振动后的最后一次振动情况，此时土层的相对密度已有了较大的提高，加速度放大系数变为 1～3，有了明显的增大。

三、振动超静孔隙水压力

图 3-55 是模型 3 的振动超静孔隙水压力过程线，从图中可看出，振动产生的超静孔隙水压力的大小与上覆土重密切相关，越靠近底部，上覆土重越大，产生的振动孔压亦越大。图 3-56 和图 3-57 是模型 4 的超静孔隙水压力的过程线，很显然，坡前 a 点的上覆土重比坡下 b 点的上覆土重要小，虽然 a、b 两点处在同一高度、振动加速度亦相近，而它们的振动超静孔隙水压力却不同。

图 3-58 是模型 1 中部土层的振动超静孔隙水压力过程线，图中纵轴是振动超静孔隙水压力与上覆土重之比，可以表示土层发生液化的程度。从图中可见随着土层的振动超静孔隙水压力上升很快，在接近上覆土重时，超静孔隙水压力已不能再升高，上覆土重作为振动超静孔隙水压力界限的约束作用非常明显。这与室内三轴试验的结果很相近。

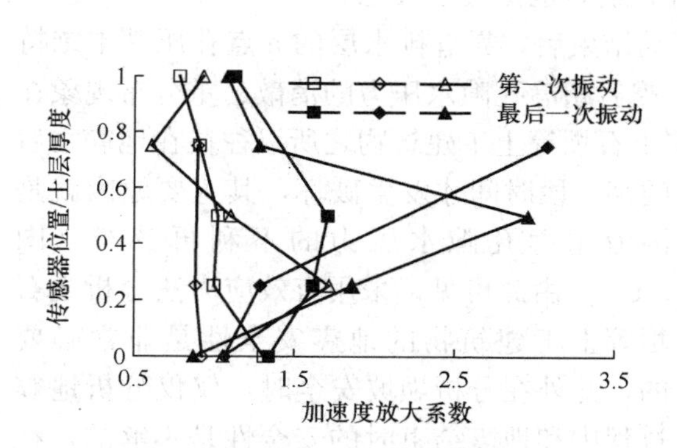

图 3-54　加速度放大系数沿高度分布

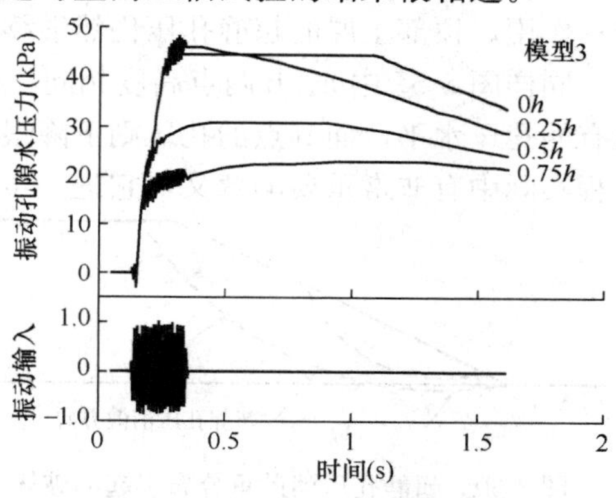

图 3-55　振动孔隙水压力过程线

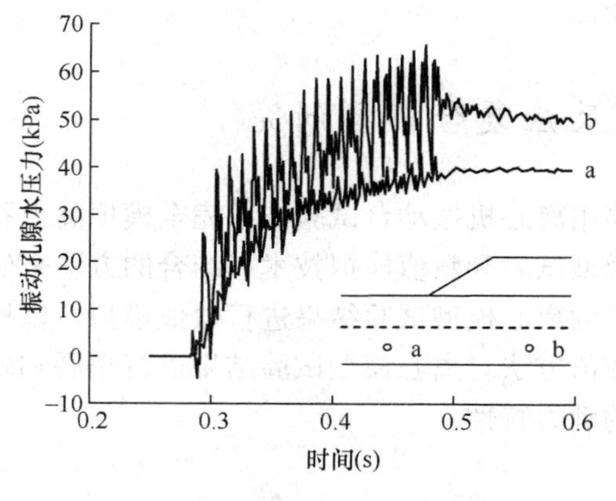

图 3-56　振动孔隙水压力与上覆土重

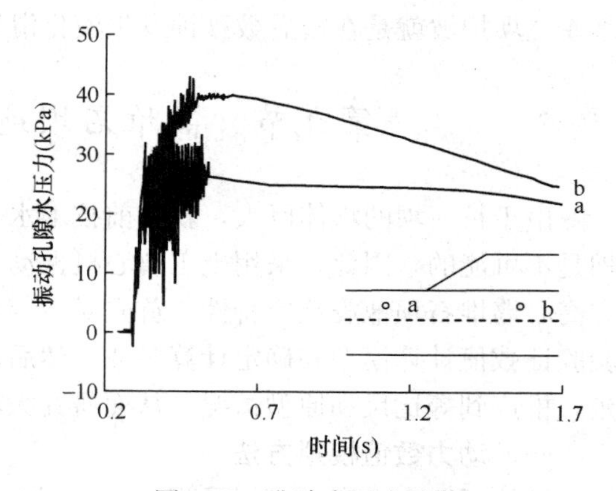

图 3-57　孔隙水压力消散

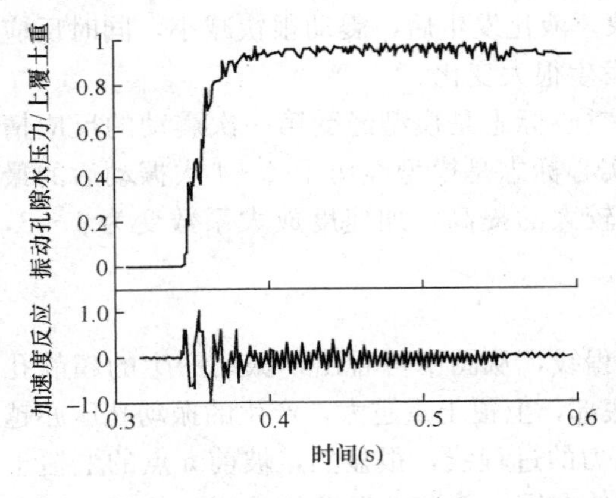

图 3-58　液化时的孔隙水压力

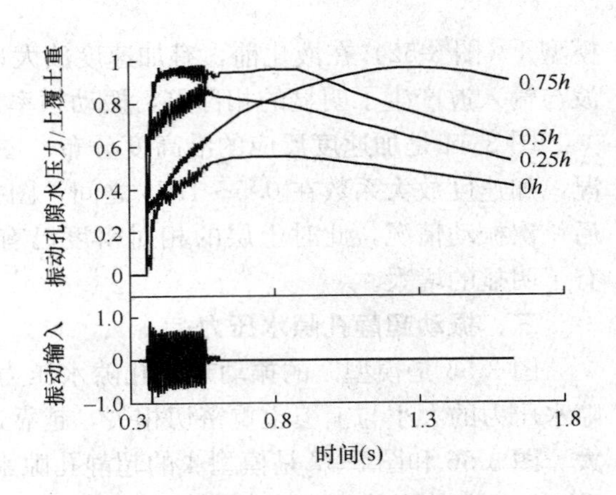

图 3-59　振动孔隙水压力的消散过程

图 3-59 是模型 1 的振动超静孔隙水压力过程线。可以看到在振动结束后，下部土层（$0h$）的超静孔隙水压力呈消散下降状态；中部土层（$0.50h$）由于下部土层孔压的消散转移，有相当长的时间维持在较高的液化水平上；而离排水层最近顶部土层（$0.75h$）的孔压在振动结束时液化度只有 0.6 左右，在振动结束以后，由于顶部以下土层孔压的消散转移作用，顶部土层的超静孔压仍然继续上升，最后也接近了液化。

同样图 3-57 中 a、b 两点高度相同。在振动结束后，靠近排水层的 a 点孔压基本维持原有的孔压水平，而 b 点的孔压则下降很快。震后超静孔隙水压力的消散、重分布现象在工程实际中有非常重要的意义，它进一步证实土石坝等土工建筑物之所以往往在地震之后的某一段时间才发生破坏，其主要原因就是因为超静孔隙水压力的不利再分布（图 3-60）。由此可见，采用有效应力法分析土石坝等土工建筑物的地震安全性是非常必要的，此外在分析坝坡安全时，仅仅分析地震过程中和地震结束时的安全性是不够的，在震后不同时段根据当时的超静孔压的分布来进行计算分析亦十分重要。唐山大地震时密云水库主坝护坡就是在震后数秒钟发生液化滑坡的。

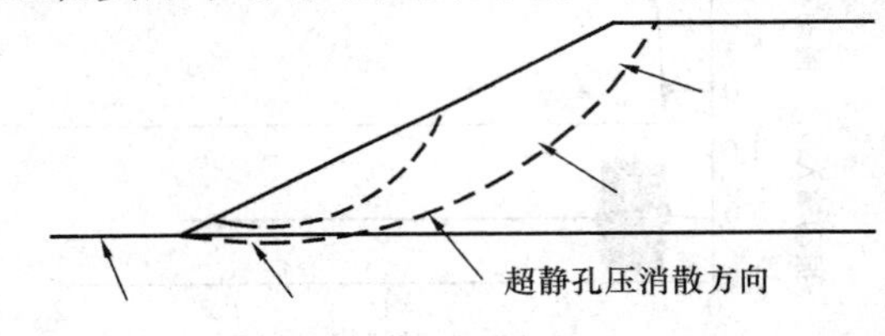

图 3-60　超静孔压消散重分布引起的破坏

第九节　高堆石坝地震反应复合模型研究

由于长河坝的坝体巨大，就目前技术水平要用离心机振动台试验技术完全模拟高土石坝是不可能的，因此，采用土工离心机振动台模型试验和数值模拟技术相结合的方法来研究高心墙堆石坝地震反应特性。首先对不等比尺的离心模型试验结果进行数值模拟，以检验验证数值计算模型和确定计算参数，然后用数值方法对离心模型试验结果进行拓展和外延，推广到等比尺和原型情况，从而研究大坝的动力特性。

一、动力数值模拟方法

计算了 5 个方案，模拟了坝体 1～3 模型试验，进而模拟了等比尺（$\eta_g=1400$）的模型试验情况，最后计算了原型情况。采用四边形单元网格，模拟离心机振动台模型试验计算单元网格如图 3-61 所示，原型计算单元网格如图 3-62 所示。动力计算是在静力计算基础上进行的。模拟模型试验时，静力计算分级模拟离心机加速度的上升过程，动力计算模拟振动台振动过程，振动波形为正弦波。计算原型时，静力计算分级模拟大坝的施工和蓄水过程，动力计算模拟 100 年超越概率 2%地震条件（设计工况）场地波顺河向的地震时程，其地震时程曲线如图 3-1（a）所示。

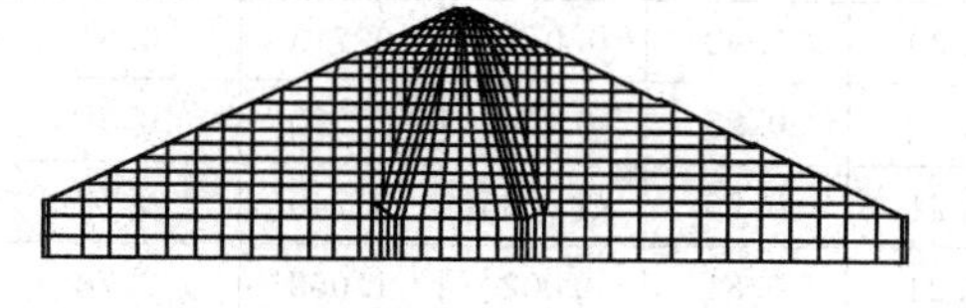

图 3-61　离心机振动台模型试验计算单元网格图

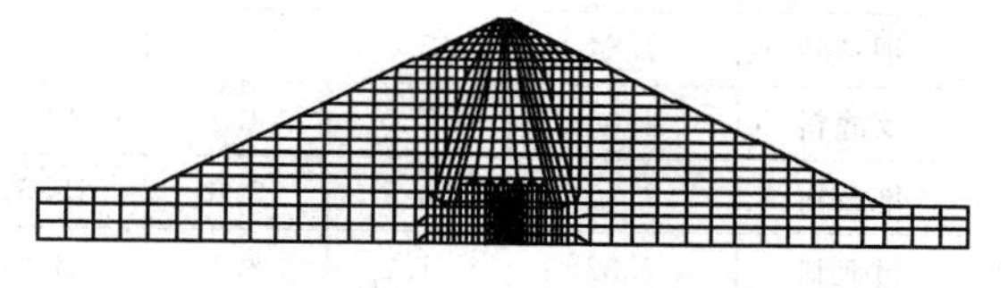

图 3-62　原型计算单元网格图

坝料静力计算模型采用沈珠江提出的“南水”双屈服面弹塑性模型，该模型能较好地反映坝料的变形特性。动力计算模型采用沈珠江建议的修正等价黏弹性模型，该模型可以考虑振动孔隙水压力增长和变化过程，其原理就是把循环荷载作用下应力应变曲线实际滞回圈用倾角和面积相等的椭圆代替，并由此确定黏弹性体动剪切模量 G 和阻尼比 λ 为：

$$G=\frac{G_{\max}}{1+k_1\overline{\gamma}_{\mathrm{d}}}=\frac{k_2 p_{\mathrm{a}}(p/p_{\mathrm{a}})^n}{1+k_1\gamma_{\mathrm{d}}} \tag{3-5}$$

$$\lambda=\frac{k_1\overline{\gamma}_{\mathrm{d}}}{1+k_1\overline{\gamma}_{\mathrm{d}}}\lambda_{\max} \tag{3-6}$$

式中，$p=(\sigma_1+\sigma_2+\sigma_3)/3$ 为平均有效应力；γ_{d}为动剪应变幅值；$\overline{\gamma}_{\mathrm{d}}=\gamma_{\mathrm{d}}/(p/p_{\mathrm{a}})^{1-n}$ 为归一的动剪应变；k_1、k_2、n 为动剪切模量参数；p_{a}为大气压力；$\lambda_{\max}$为最大阻尼比。

根据应力水平、动剪应变幅值和等效振动次数，由地震产生的残余体积应变增量$\Delta\varepsilon_{\mathrm{v}}$和剪应变增量$\Delta\gamma_{\mathrm{s}}$按下列经验公式计算：

$$\Delta\varepsilon_{\mathrm{v}}=c_1(\gamma_{\mathrm{d}})^{c_2}\exp(-c_3 S_l^2)\frac{\Delta N_{\mathrm{L}}}{1+N_{\mathrm{L}}} \tag{3-7}$$

$$\Delta\gamma_{\mathrm{s}}=c_4(\gamma_{\mathrm{d}})^{c_5}S_l^2\frac{\Delta N_{\mathrm{L}}}{1+N_{\mathrm{L}}} \tag{3-8}$$

式中，ΔN_{L}和 N_{L}分别为等效振动次数的增量及其累加量；c_1、c_2、c_3、c_4、c_5为 5 个计算参数。

振动孔隙水压力按下式计算：

$$\Delta u=K_{\mathrm{u}}\Delta\varepsilon_{\mathrm{v}} \tag{3-9}$$

式中，K_{u}为回弹体积模量。

表 3-15 和表 3-16 分别为根据室内试验得出的“南水”双屈服面模型的静力计算参数和修正等价黏弹性模型的初始动力计算参数。对 $40g$、$30g$、$10g$ 的离心机振动台模型试验进行了计算模拟，按式（3-10）目标函数最小的最优化原则确定动力模型计算参数，如表 3-16 所示。

$$f=\frac{1}{n}\sum_{i=1}^{n}\left(\frac{s_{\mathrm{m}}}{s_{\mathrm{c}}}-1\right)^2 \tag{3-10}$$

式中，n 为测点数；s_{m}为实测值；s_{c}为计算值。

静力模型计算参数 **表 3-15**

坝料名称	ρ_d (g/cm³)	φ_1 (°)	$\Delta\varphi$ (°)	K	n	R_f	c_d	n_d	R_d
新莲心墙料	2.07	32.0	5.8	284	0.31	0.80	0.0070	0.720	0.79
汤坝心墙料	2.08	38.0	6.3	307	0.58	0.91	0.0048	0.690	0.89
坝基砂	1.54	35.0	2.9	344	0.30	0.92	0.0160	0.713	0.91
反滤料	2.06	47.0	4.4	427	0.60	0.95	0.056	0.590	0.58
堆石料	2.10	53.2	9.0	1585	0.21	0.76	0.0035	0.740	0.73
过渡料	2.02	51.2	8.1	1318	0.24	0.81	0.0020	1.050	0.78

动力模型计算参数 **表 3-16**

	坝料名称	k_2	k_1	n	λ_{max}	c_1 (%)	c_2	c_3	c_4 (%)	c_5
试验参数	新莲心墙料	311	6.3	0.55	0.303					
	汤坝心墙料	323	5.3	0.49	0.337					
	坝基砂	297	4.7	0.52	0.27	2.941	1.347	0	31.483	2.204
	反滤料	417	3.8	0.31	0.22	0.793	0.888	0	1.887	0.994
	堆石料	1641	12.7	0.36	0.24	2.54	0.88	0	33.4	0.56
	过渡料	1604	13	0.39	0.25	1.92	0.67	0	36.9	0.46
反馈参数	新莲心墙料	460	9.5	0.55	0.30	0.75	1.10	0	10.2	1.19
	汤坝心墙料	480	10.5	0.50	0.32	0.78	1.05	0	9.7	1.17
	坝基砂	450	9.6	0.50	0.27	1.41	0.65	0	16.5	1.14
	反滤料	830	18.3	0.30	0.26	1.59	0.88	0	18.8	0.84
	堆石料	1400	22.0	0.35	0.24	1.85	0.78	0	23.4	0.56
	过渡料	1500	23.0	0.39	0.25	1.92	0.67	0	26.9	0.46

二、结果对比分析

1. 坝体地震加速度反应

图 3-63 对比了试验和计算得出的坝体加速度放大系数随离心机加速度的变化，坝体加速度放大系数与离心机加速度的对数呈线性减小。计算的平均坝体加速度放大系数比试验结果偏小 10%，加速度比尺 $\eta_g=40$ 时计算的加速度放大系数比 $\eta_g=1400$（等应力模型）时计算结果偏大 9%，$\eta_g=40$ 时试验的加速度放大系数比 $\eta_g=1400$ 时计算结果偏

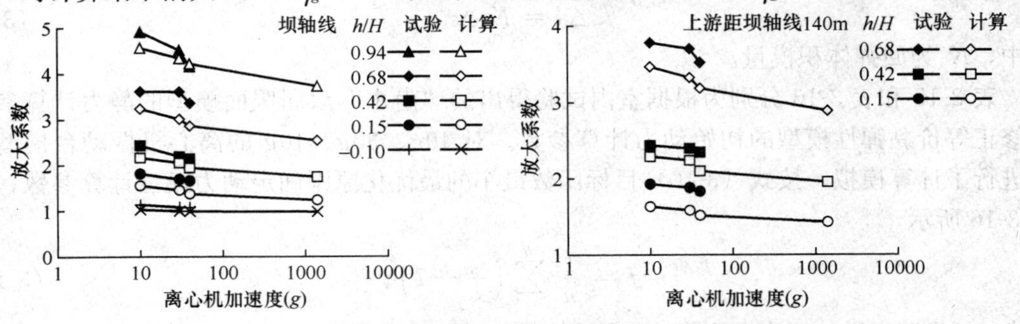

图 3-63 坝体加速度放大系数随离心机加速度的变化

大 12%。

图 3-64 为坝体加速度放大系数沿坝高分布情况，从此可以看出，计算与试验结果相似，覆盖层的加速度放大系数接近和略小于 1，坝体加速度反应随坝高的变化可以分成两个线性变化段，在 1/2～2/3 坝高以下，坝体加速度反应较小，在 1/2～2/3 坝高以上，坝体加速度反应明显增大，越往坝顶加速度放大系数就越大。在相同坝高情况下，上游距坝轴线 140m 处的坝体加速度反应比坝轴线处的坝体加速度反应要大。

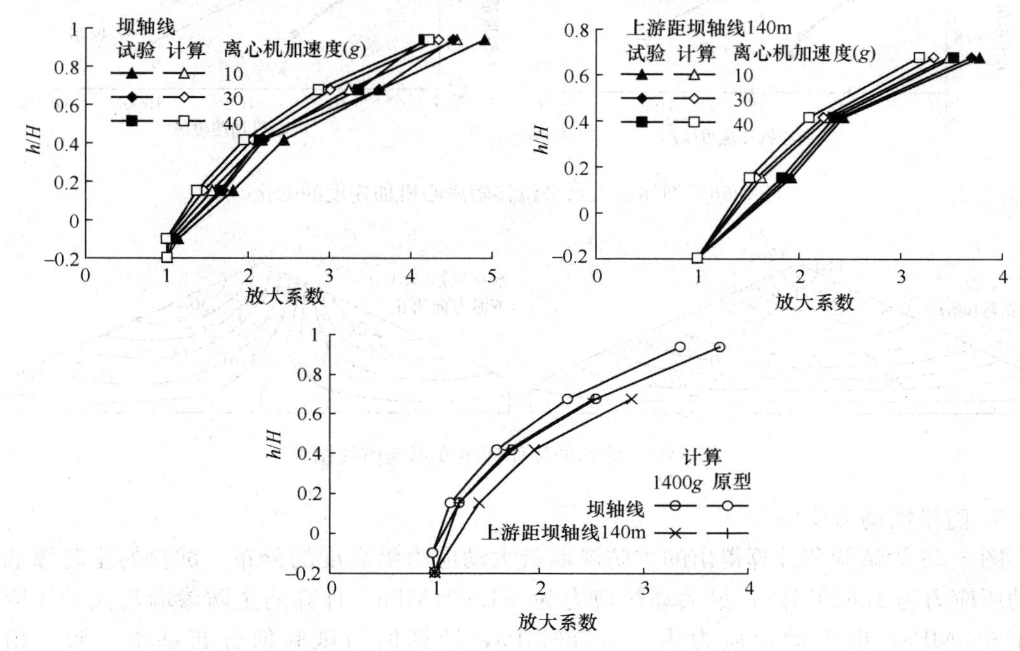

图 3-64 坝体加速度放大系数沿坝高分布

2. 坝体地震残余变形

图 3-65 和图 3-66 对比了计算和试验得出的坝体地震残余变形随离心机加速度的变化，坝体地震残余变形与离心机加速度的对数呈线性减小。计算的平均坝顶沉降比试验结果偏小 12%，而平均坝体最大水平位移偏大 31%。加速度比尺 $\eta_g=40$ 时计算的坝体地震残余变形约比 $\eta_g=1400$（等应力模型）时偏大 24%，加速度比尺 $\eta_g=1400$ 时计算的坝体地震残余变形约比原型计算结果偏小 9%。加速度比尺 $\eta_g=40$ 时试验的坝顶沉降比原型计算结果偏大 32%，坝体最大水平位移偏小 16%。

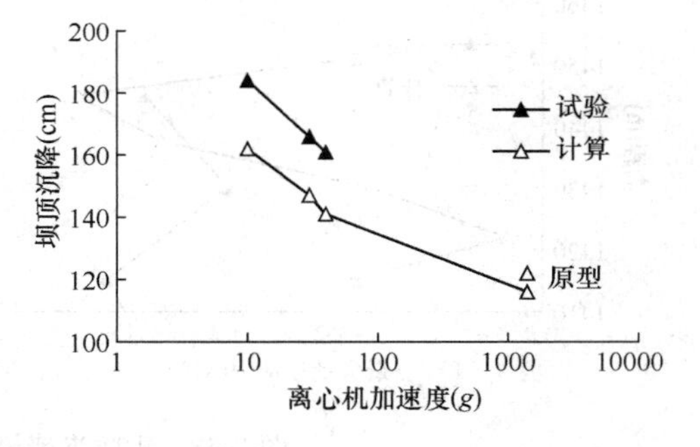

图 3-65 坝顶沉降随离心机加速度的变化

图 3-67 为原型计算的坝体残余变形等值线图。对比离心模型试验的坝体残余变形矢量图和变形网格图（图 3-15），可以看出，试验与计算的坝体残余变形形态基本一致。在设计地震条件下，坝体残余变形以沉降为主，水平位移较小，坝坡呈朝里收缩的变形形态。坝体沉降呈坝轴线附近大、坝坡附近小的分布形态，上游沉降稍大于下游沉降，但沉

降在水平方向分布还是比较均匀的。坝体水平位移呈下游朝下游位移、上游朝上游位移的变形形态，坝轴线附近朝下游位移，下游位移大于上游位移。

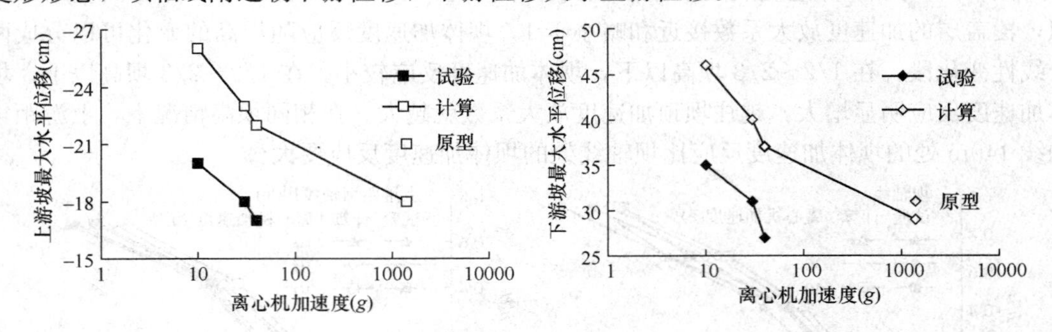

图 3-66　坝体最大水平位移随离心机加速度的变化

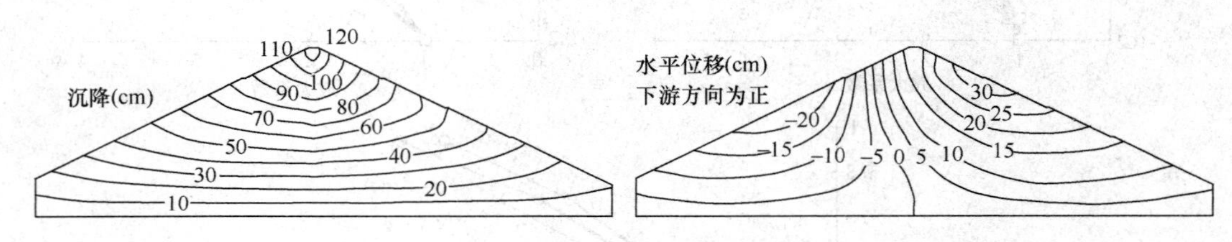

图 3-67　计算的坝体残余变形等值线图

3. 防渗墙动力反应

图 3-68 为试验和计算得出的主防渗墙最大动应力沿高度的分布，试验的主防渗墙最大动压应力为 1.629MPa，最大动拉应力为－1.901MPa。计算的主防渗墙最大动压应力为 1.683MPa，最大动拉应力为－1.786MPa，计算值与试验值分布基本一致，相差约 6%。

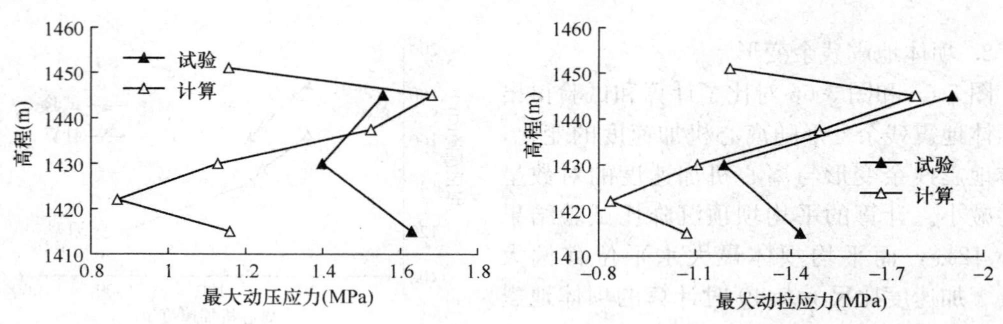

图 3-68　主防渗墙最大动应力沿高度的分布

以上分析表明，试验与计算的坝体地震加速度反应、坝体地震残余变形、主防渗墙最大动应力的变化规律基本一致，模型试验与数值计算相结合的复合模型是研究高心墙堆石坝地震反应特性一种行之有效的方法，40～50g 离心机振动台模型试验基本上可以反映高心墙堆石坝的地震反应特性。

第四章　软土地基离心模型试验研究

第一节　桩基码头与岸坡相互作用离心模型试验研究

一、引言

研究桩基与周围土体的相互作用，对于更好地理解桩基承载力机理，以充分发挥桩基的潜力，从而对于正在日益大型化的桩基的合理设计，具有重大的理论和实际意义。但是，国内外对于桩基与土体的相互作用，特别是对于发生运动的土体与所谓“被动桩”之间的相互作用，研究得很不充分。

根据桩基与周围土体的相互作用，可以将桩基分为两大类。第一类桩基直接承受外荷载并主动向土中传递应力，称为“主动桩”；第二类桩基并不直接承受外荷载只是由于桩周土体在自重或外荷下发生变形或运动而被动地受到土体传来的影响，称为“被动桩”。显然，在主动桩中，桩上的荷载是“因”，而土的变形或运动是“果”；在被动桩中，土体运动是“因”，而它在桩身引起的荷载是“果”。可以想象，被动桩问题要比主动桩还要复杂得多。例如，在被动桩中，虽然土体运动是因，但是它却受到桩的形状、数量和布置的制约，因而必须将桩土体系当作整体来考虑，才能搞清桩土之间的相互作用。

在高桩码头中，桩基的作用不仅是传递上部结构所承受的荷载，而且还起着增加岸坡稳定性的抗滑作用和阻止或减小岸坡侧向变形的遮帘作用。特别是当码头上部结构的自重以及装卸设备和货重等外加荷载较小时，控制码头桩基性状的是后方回填和堆货所引起的岸坡变形的影响。这就是一个典型的被动桩与岸坡的相互作用问题。

岸坡变形的影响在高桩码头中几乎是无法避免的。码头一般都建于水陆接壤的滩地上或岸坡边，承担着联系水陆运输的任务。为了满足停靠船舶的水深要求，码头前沿通常需要挖深，而为了与陆上交通相衔接，码头后方却往往必须填高。这样的前挖后填必然会破坏土体原有的平衡状态，导致岸坡变形，并使其稳定性降低。但是，以往对于这种不利情况并未引起足够的重视。有时反而试图在设计中充分利用桩基的抗滑作用来增加码头岸坡稳定性，以达到降低造价的目的。经验表明，在高桩码头设计中，绝不可过分依靠桩基的抗滑作用来提高码头岸坡稳定性，否则可能使桩基受到过大的水平推力而导致码头位移甚至结构破坏。这样的事故在我国港口工程中屡见不鲜。因此，如何合理调节桩基对于岸坡的抗滑作用和遮帘作用，是高桩码头设计中一个十分重要的环节。要解决这个难题，首先必须透彻地了解桩基和岸坡之间的相互作用。遗憾的是，迄今尚无一种可以定量评估这种相互作用的实用方法。因此，在国内的码头设计实践中，目前还只能通过常规的岸坡稳定分析来调节这种相互作用。例如，在港工地基规范中规定，对于高桩码头中的桩基抗滑作用的利用必须严加限制，使它在岸坡稳定的计算安全系数中的贡献不得大于 0.1。也就是说，如果规定码头岸坡的最小稳定安全系数为 1.2，则岸坡土体本身的抗滑力必须足以使其安全系数达到 1.1 以上，这样才能使桩基不致承受过大的水平推力而发生破坏。当然，这样的评估和调节方法十分粗糙，事实上也并未真正有效地防止码头出现上述问题。我们结合实际工程，采用离心模型试验方法开展了桩基和岸坡的相互作用研究。

二、简单码头试验

在初步试验中，为了摸索试验技术，先对理想化的简单码头进行试验。岸坡高16.5m，坡比1：2。码头由面板和间距7m的排架组成，每个排架中有3根桩，桩距3m，50cm×50cm×2200cm的钢筋混凝土方桩，桩头嵌固于横梁中。模型比尺为80，先用高岭土泥浆在离心机中以一定的离心力模拟相应的自重而使土层固结，然后切成给定坡度的岸坡，根据桩的抗弯刚度与原型相似条件确定模型桩，模型桩由0.78cm×0.45cm的铝合金制成。共进行了两组试验，第一组岸坡无桩基码头，第二组桩基码头（图4-1），比较桩基对岸坡变形的影响。

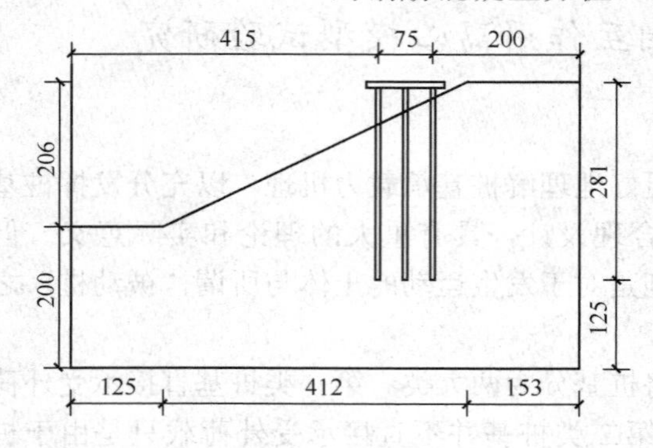

图4-1　简单桩基码头试验布置图

结果表明，在无桩岸坡中，当离心加速度一旦达到某个临界值时，岸坡即沿着某个圆弧面发生明显的滑动。但是，如果岸坡中存在即使是由少量桩排组成的简单码头时，在同样的离心加速度下并无任何圆弧滑动的迹象，而且岸坡的侧向位移也显著减小。表明岸坡中的桩基不仅有增强岸坡稳定性的抗滑作用，而且还有减小土体变形的遮帘作用。

在第二组试验中测量桩中应力，并与有限单元计算结果比较。从表4-1看出，试验值与计算值之差小于15%。比较还表明，试验和计算的岸坡变形也基本相符。

桩中最大拉应力的实测值和计算值　　**表4-1**

桩号与位置	1号桩顶临海面	2号桩顶临海面	3号桩顶靠岸面
试验值（MPa）	2.49	4.03	5.58
计算值（MPa）	2.79	3.92	4.66
相对误差（%）	12	3	16

三、实际工程设计方案的试验比较

上述简单码头的试验，经过有限单元计算的初步验证比较，说明它基本上可以反映桩基和岸坡之间相互作用的主要特征。因此，采用土工离心模型试验来比较甚至优选实际工程的各种设计方案，可以弥补现行设计方法的不足，不失为一种实用方法。以下将利用一个工程实例加以说明。

当华南某码头二期工程的设计完成后，发现一期工程部分结构已遭受破坏，设计单位为慎重起见，对二期工程的原设计方案进行了修改。我们利用离心模型试验对原设计方案、修改方案及两个比较方案进行了比较。

试验在南京水科院NS-89型土工离心机上进行，模型箱尺寸为69cm×35cm×40cm，模型比尺为120。模型桩由0.5cm×0.3cm的铝合金制成，横梁的尺寸为1.0cm×1.2cm，面板厚度0.26cm，整个码头模型由4个排架组成。岸坡模型用泥浆分层在离心机上固结而成，由天然强度控制。然后切削成设计岸坡，插入模型桩，并在有机玻璃一侧的土体上贴上正方形网格，以观测土体变形。最后做上抛石棱体、护坡及后方填砂，装上横梁及面板。试验测量了中间两个排架的桩基应力及码头沉降和水平位移。在码头的后方堆场上放一个柔性底板的矩形铜盒，试验时通过电磁阀向盒中充水以模拟堆场荷载。设计荷载为80kN/m^2。

第一阶段主要对原设计方案（图 4-2）和修改方案（图 4-3）进行试验。试验程序为：(1) 地基固结（120g）；(2) 停机切削岸坡、插桩、后方回填土（1g）；(3) 上机旋转至120g，不停机向后方堆场加载，测定整个过程的试验数据（120g）。

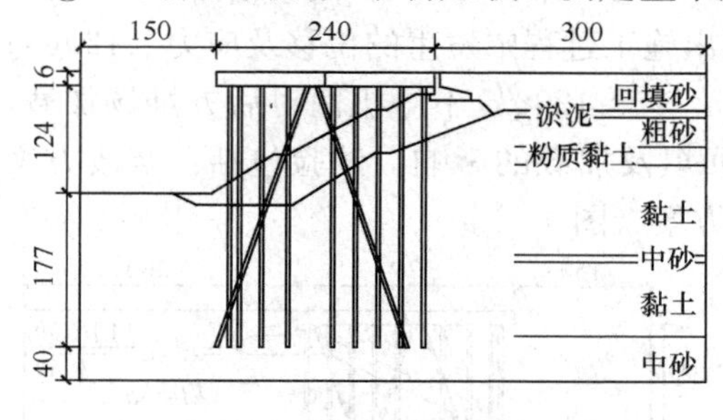

图 4-2 原设计方案模型

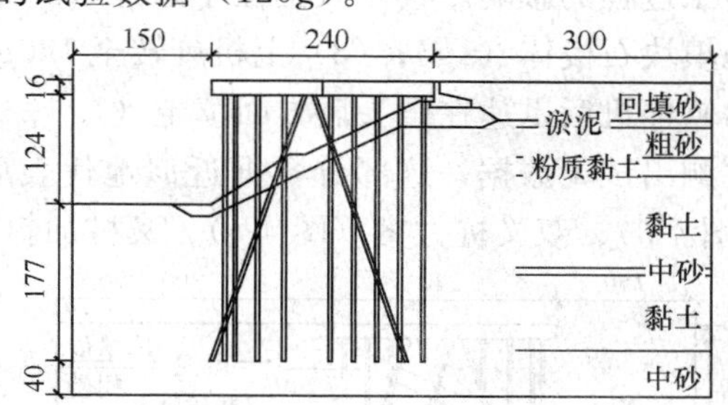

图 4-3 修改方案模型

土体变形：从土体变形标志可以看出，试验后，原方案和修改方案的土体变形均很小，只是堆场下的土体略有压缩，码头前沿处的土体稍有隆起，而且需仔细观察才能发现。

桩基应力：120g 下桩基应力结果列于表 4-2。可以看出，除原方案 6 号桩入土处的应力比桩顶的大之外，最大拉应力分别出现在 1 号桩入土处临海面、5 号桩桩顶临海面、6 号桩桩顶临岸面。与原方案比较，修改方案 6 号桩桩顶处的应力略高一些（压应力高 28%，拉应力高 12%），而其余部位的应力水平均低于原方案，降低程度从 16%～60%不等，降低最多处为 6 号桩入土处及 1 号桩顶。5 号桩桩顶及入土处的应力符号相反，说明两部位之间出现反弯点，6 号桩也有相同的情形，而 1 号桩则无此现象。因此，从桩基应力分析，修改方案略优于原方案。

120g 下桩基应力（MPa） **表 4-2**

方案 \ 部位		1号		5号		6号	
		临海面	临岸面	临海面	临岸面	临海面	临岸面
桩顶	原 方 案	−27.72	22.62	−43.03	45.55	32.95	−34.78
	修改方案	−12.16	9.64	−35.09	38.18	42.15	−38.75
	降低（%）	56	57	19	16	−28	−12
入土处	原 方 案	−31.56	30.43	8.95	−10.77	−47.00	118.22
	修改方案		17.96	7.50	−6.80	−19.22	396.30
	降低（%）		41	17	37	59	66

码头位移及沉降：原方案和修改方案的水平位移分别为 67.3cm 及 73.1cm，沉降分别为 17.4cm 及 18.4cm。与原方案相比，修改方案分别偏高 9%和 6%，因此，从变形来看，两个方案区别不大。

堆场加载对码头结构的影响：在堆场加载后，三个最大拉应力出现部位（1号桩入土处，5号及6号桩桩顶）的应力略有增加，增加最多的只占总应力的10%，一般为5%左右；由堆荷引起的码头水平位移最多只占总位移量的3%（1.9cm），码头沉降最多只占总沉降量的10%（1.0cm）。可以说，桩基应力及码头结构的变形主要由岸坡开挖及后方回填引起，堆载的影响甚小。

从第一阶段的试验结果可以看出，无论是应力还是变形都比实际情况的要大。为了更好地与现场实测数据进行比较，在第二阶段试验中，排除了切削岸坡、打桩、抛填棱体等施工过程的影响。具体试验程序为：（1）地基固结（120g）；（2）停机切削岸坡、插桩、抛填块石棱体（1g）；（3）上机旋转至120g，测出施工过程中发生的位移及应力（120g）；（4）停机后迅速在码头后方回填土（1g）；（5）旋转至120g，不停机而对后方堆场加载，并测出试验数据，这部分数据近似地代表后方回填及加载的影响。试验包括：修改方案（图4-3）、双叉桩方案（图4-4）、叉桩加斜顶桩方案（图4-5）。

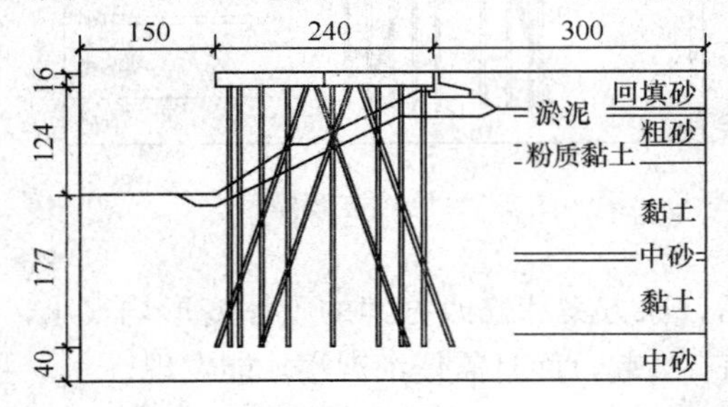

图4-4　双叉桩方案模型

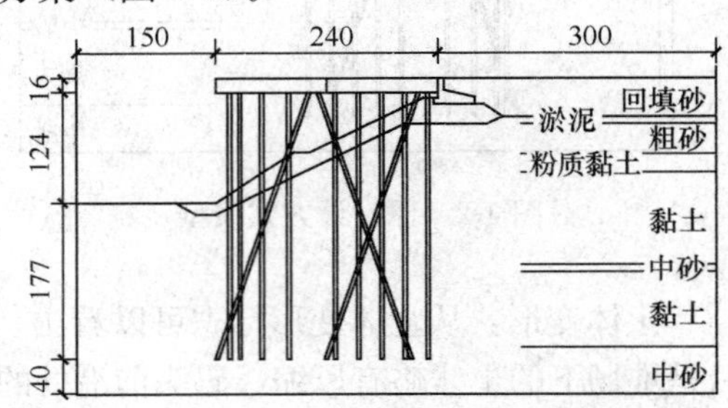

图4-5　叉桩加斜顶桩方案模型

第二阶段试验主要分析了码头位移和沉降，试验结果列于表4-3，可以看出：（1）码头在施工过程中产生的水平位移约占总位移的35%。对于修改方案，施工过程中的位移（24cm）与后方回填、堆载引起的位移（41cm）之和为65cm，与第一阶段试验结果（73cm）较为接近，说明按第二阶段试验程序进行试验可以近似地将码头在施工过程中产生的位移区分开来，而将其第二部分水平位移作为码头建成后可能产生的位移量。（2）施工过程引起的码头沉降约占总沉降量的39%左右。但是，对于修改方案，第二阶段试验得出的总沉降量28cm显著地大于第一阶段试验得出的18cm，这可能是由于在沉降量中弹性部分所占比重较大，因而停机时的回弹部分影响较大，不能忽视。因为第二阶段试验中测出的第二部分沉降与第一阶段试验中的数值接近（17～18cm），可以认为，这些数据部分可代表码头沉降量。

第二阶段试验结果　　**表4-3**

方案 / 变形	水平位移（cm）			沉降（cm）		
	修改方案	双叉桩方案	叉桩加斜顶桩方案	修改方案	双叉桩方案	叉桩加斜顶桩方案
（1）挖坡抛石棱体引起	23.9	11.7	12.0	10.7	11.5	11.6
（2）填土、堆载引起	41.0	22.3	22.1	17.7	17.3	17.5
（3）＝（1）＋（2）	64.9	34.0	34.1	28.4	28.8	29.1
（4）＝（1）/（3）×100（%）	37	34	35	38	40	40

按照前面的分析，我们可以根据第二阶段的试验结果对第一阶段的试验结果进行修正，即：水平位移：按第一阶段试验数据的60%计。沉降：第一阶段试验数据或第二阶段试验第二部分沉降作为码头的沉降。修正后的试验结果列于表4-4。

修正后试验结果的对比 **表4-4**

方　案	原方案	修改方案	双叉桩方案	叉桩加斜顶桩方案
水平位移（cm）	43.7	44.8	22.3	22.1
沉　降（cm）	17.4	18.1	17.3	17.5

第二节　深层搅拌法加固码头软基离心模型试验研究

一、引言

随着我国港口建设规模的扩大、新港址的开发，将愈来愈多地遇到软土加固的难题。深层水泥搅拌法（简称CDM工法）是解决这一难题的主要方法之一。在吸收、引进、消化国外成功经验的基础上，研究开发出适合我国国情的海上深层水泥搅拌法加固软土地基的技术，并先后在天津港东突堤工程、烟台港西港池二期工程、天津港南疆煤码头新建工程等应用，达到了提高地基强度以防止过大的沉降变形和提高稳定性的目的，取得了满意的效果。

CDM工法的设计计算方法总体是“理论落后于实际”。在应用广泛的日本现行设计方法中，没有考虑加固体的破坏形式，而都假定加固体处于极限平衡状态，采用朗肯土压力计算理论进行计算。但是，正如有关作用在挡土墙上土压力的研究结果所表明的那样，作用在加固体上的土压力受其变位的影响很大。因此，采用朗肯理论计算作用于加固体上的土压力是否可行，加固体不同的变位和破坏形式时，作用于其上的土压力是否一样，这些都是CDM工法在实际应用中急待研究解决的问题。

本节针对CDM加固体的外部稳定问题，通过离心模型试验，分析研究一般深层搅拌加固体，在荷载作用下的受力状态，应力与应变，与周围土体的相互作用，破坏形式等，找出符合实际的加固地基破坏形式和土压力计算理论，弄清影响整体稳定性的主要因素。

二、试验方法

1. 工程原型简介

试验研究以天津港两码头工程为原型。一个为高桩码头，引桥工程挡土墙下接岸软基采用块式CDM工法加固，结构示意图如图4-6所示，土层的主要物理力学性质统计指标见表4-5，加固体水泥掺量a_v＝310kg/m^3，水灰比为0.8，无侧限压缩模量为160MPa，泊松比为0.25，抗压强度为2.5MPa，重度为17.8kN/m^3，设计荷载为

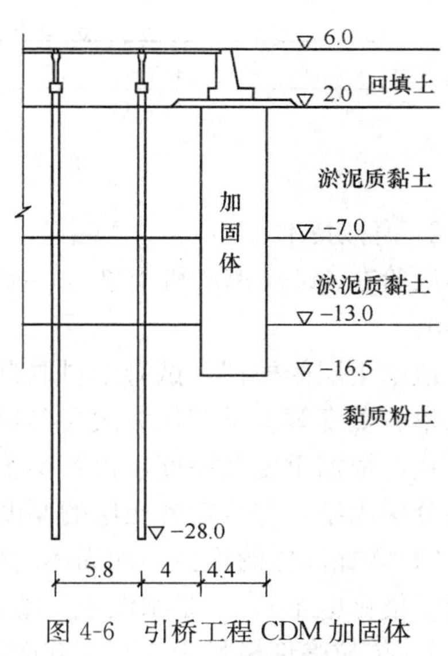

图4-6　引桥工程CDM加固体接岸结构示意图

20kPa。另一个为沉箱码头，码头断面如图 4-7 所示，土层重度及十字板强度见表 4-6，沉箱下软基采用块式 CDM 工法加固，堆场采用排水板预压法处理，设计荷载为 60kPa。

引桥工程土层物理力学性质指标　　表 4-5

土　名	含水率（%）	重度（kN/m³）	孔隙比	塑性指数	液性指数	压缩系数（MPa⁻¹）	快剪强度（kPa）	十字板强度（kPa）
淤泥质黏土	41.4	17.8	1.114	17.4	1.260	0.679	19.8	22.1
淤泥质黏土	50.7	17.1	1.336	23.4	1.222	0.815	21.0	25.6
黏质粉土	26.5	19.5	0.730	9.1	1.055	0.276	54.2	51.4

沉箱码头工程各土层物理力学性质指标　　表 4-6

土　名		淤泥	淤泥质黏土	淤泥	淤泥质黏土	粉质黏土	粉质砂土
重度（kN/m³）		16.2	17.3	16.5	17.4	19.6	19.8
十字板强度（kPa）	加固前	11.6	17.2	15.8	25.6		
	加固后	28	34	36	48		

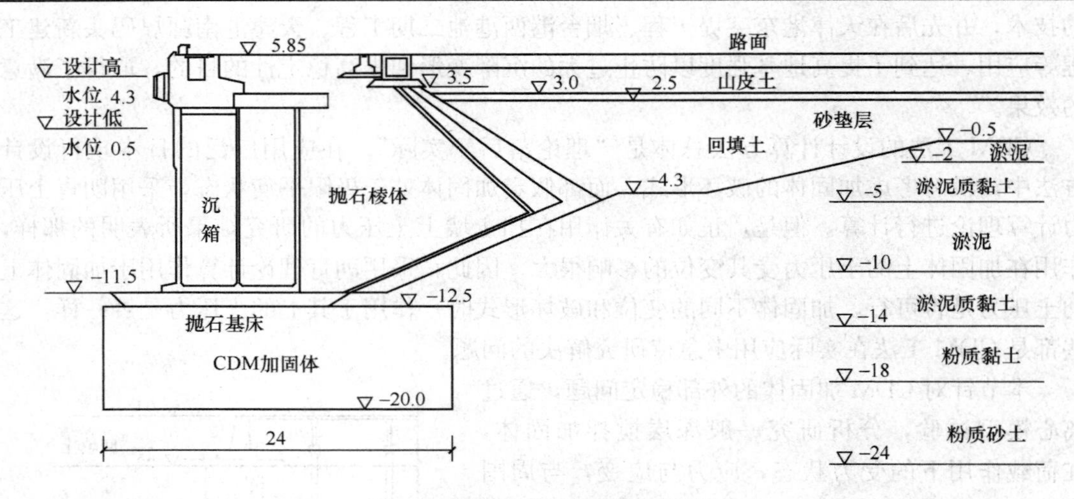

图 4-7　沉箱码头结构断面示意图

2. 模拟技术

试验在 400gt 离心机上进行，按平面问题考虑，综合各种影响因素，模型比尺选为 $n=100$。

地基土层的模拟：试验土料取自现场。以地基强度指标作为主要模拟量，而其他诸如含水率、重度等参量都作为次要参量近似地满足相似律。为模拟成层地基，采用了以下固结方式，根据重度及厚度求得各层土所需的湿土重，然后经过浸泡、拌成泥浆，从底层至上层分层固结，并测定各土层的厚度、强度，使其符合要求。

CDM 加固体的模拟：加固体的模拟是本次试验的关键，选用了两种方法，一是酚醛树脂（俗称电木），二是水泥土。酚醛树脂的抗拉强度为 50～68MPa，断裂伸长率为 1～1.5%，抗拉弹性模量为 520～700MPa。水泥土性质与现场基本一致。

3. 试验方案

共完成了八组次离心模型试验，试验布置见图 4-8 和图 4-9，主要特征见表 4-7。码头接岸 CDM 加固体进行了两组试验，主要区别在于加固体采用电木和水泥土模拟，沉箱码头 CDM 加固进行了六组试验，主要区别在于地基土层不同和堆场加荷宽度不同。试验主要进行了土压力、孔隙水压力、加固体弯矩、表面沉降、水平位移测量及土体变形观测。

码头接岸 CDM 加固体的试验程序为：$100g$ 下地基固结→开挖、安放 CDM 加固体→$100g$ 下再次固结→前方开挖→加速度上升至 $100g$、堆场加载→模型破坏。沉箱码头 CDM 加固体的试验程序为：$100g$ 下地基固结→开挖、安放 CDM 加固体和沉箱→做抛石棱体、后方回填→加速度上升至 $100g$、堆场加载→模型破坏。

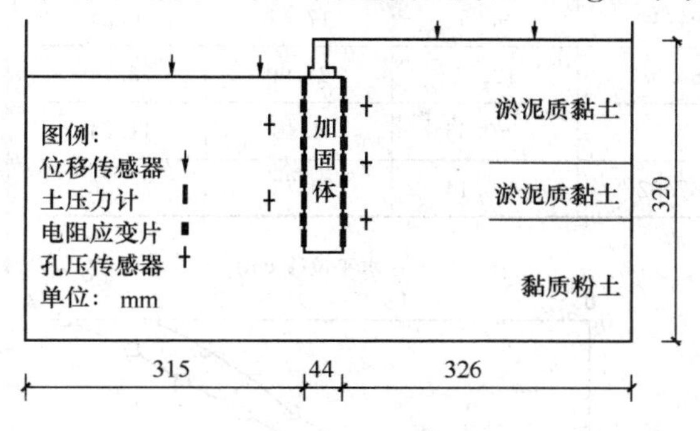

图 4-8 码头接岸地基试验布置图

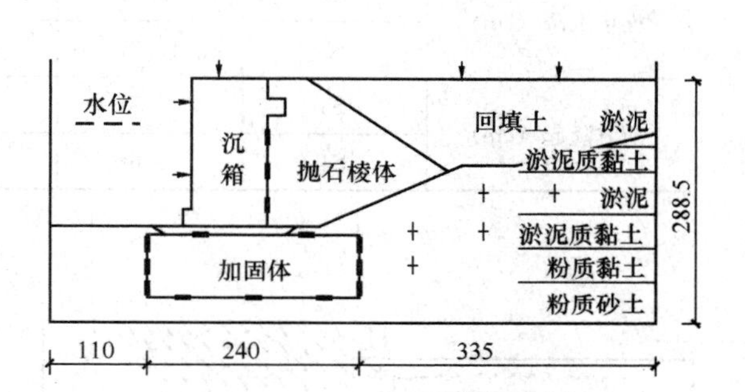

图 4-9 沉箱码头地基试验布置图

模型的主要特征 **表 4-7**

模型	原 型	CDM 加固体	土层及强度	堆场 宽度（cm）	堆场 各级荷载增量（kPa）	最大加速度（g）
模型 3	码头接岸	电木	原土层、原强度	32	20，60	100
模型 9	码头接岸	水泥土	原土层、原强度	32	20，50，90	100
模型 4	沉箱码头	水泥土	原土层、原强度	52	60，80	120
模型 5	沉箱码头	水泥土	原土层、原强度	36	60，80	130
模型 6	沉箱码头	水泥土	原土层、原强度	36	60，60，60	100
模型 7	沉箱码头	水泥土	淤泥质黏土、沿深度线性分布	36	60，80	170
模型 8	沉箱码头	水泥土	黏质粉土、沿深度线性分布	36	60，60，50，20	150
模型 10	沉箱码头	水泥土	淤泥质黏土、沿深度线性分布	36	60	100

三、地基和加固体的变形特性

1. 码头接岸地基

表 4-8 列出了由堆场荷载而引起的沉降和隆起增量，在堆场使用荷载作用下，堆场将产生 10 ~15cm 的沉降增量，而在破坏荷载作用下将产生 1m 多的沉降，同时码头前方的隆起量 30cm 以上。图 4-10 为从试验开始到试验结束为止实测的码头接岸地基变位矢量图。从此可以看出，码头接岸地基变位主要发生在淤泥质黏土层，且上大下小，而下面的黏质粉土层则基本上不发生变位。在加固体的两侧形成主、被动区，主动侧的淤泥质黏土

层呈向加固体方和下方变位的趋势，被动侧则呈从加固体向地表面变位的趋势。观察加固体附近的变位可知，发生在加固体上部的水平位移比下部的要大，而加固体的沉降则很小，因此，加固体以底端前点为支点，发生向被动侧旋转的变位形态。比较水泥土和电木模拟加固体发现（图 4-11），由于电木的抗弯刚度远大于水泥土，电木从下到上产生倾斜，而水泥土则在黏质粉土层基本上没有水平位移，只在淤泥质黏土层范围内产生水平位移，从而在软黏质粉土层交界面有明显的转折点。

码头接岸各级堆场荷载产生的变形增量 **表 4-8**

模型及加固体模拟材料		模型 3、电木		模型 9、水泥土		
各级荷载增量（kPa）		20	60	20	50	90
堆场沉降（cm）	S1	12.49	94.44	9.85	17.41	56.24
	S2	17.77	89.58	12.31	24.90	73.14
前方隆起（cm）	S3			−0.56	4.40	11.24
	S4	19.68	67.02	−0.14	8.75	29.56

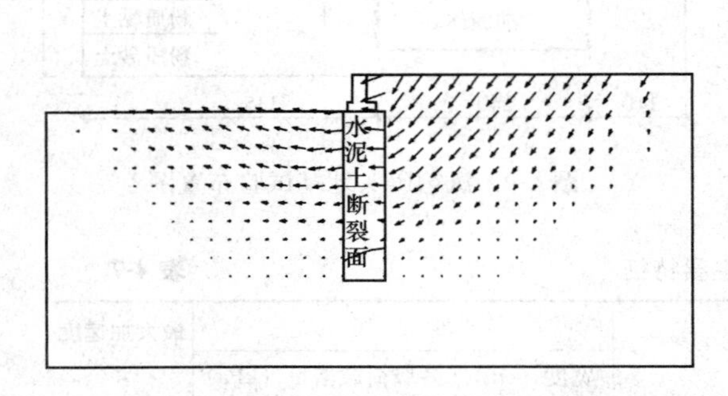

图 4-10 码头接岸地基变形矢量图

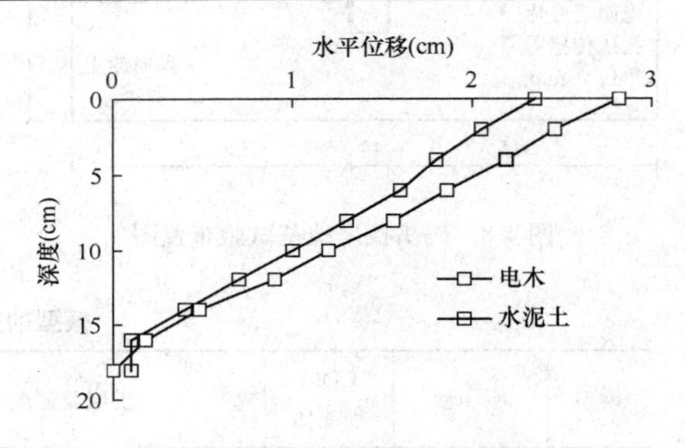

图 4-11 码头接岸地基加固体水平位移分布（模型值）

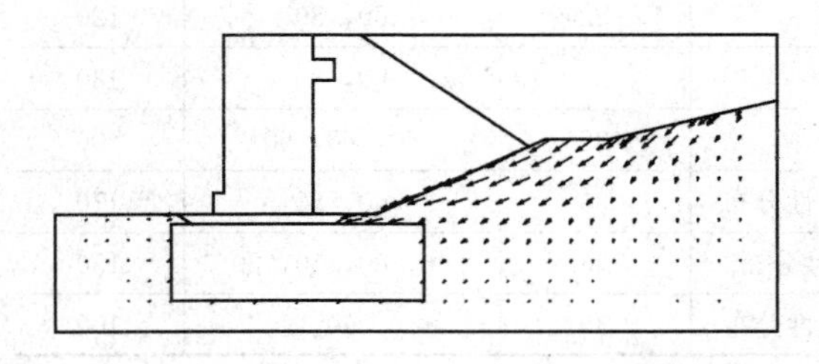

图 4-12 沉箱码头地基变形矢量图

2. 沉箱码头地基

图 4-12 为从试验开始到试验结束为止实测的沉箱码头地基变位矢量图。从此图可以看出，沉箱码头地基变位主要发生在淤泥质黏土岸坡上，且上大下小，而下面土层变位则视土质情况而定。从堆场荷载而引起的沉箱码头地基堆场沉降及沉箱沉降和水平位移增量（表 4-9）可以看出，土质条件越好，堆场沉降及沉箱沉降和水平位移就越小，且当加固体嵌入黏质粉土层时，沉箱朝码头前沿倾斜，当加固体悬浮在淤泥质黏土层时，沉箱朝后倾斜。从加固体的变位情况（表 4-10）来看，加固体嵌入黏质粉土层时，变位主要以水平位移为主，且顶面大、底面小；加固体悬浮在淤泥质黏土层时，变位既有水平位移，又有沉降，水平位移顶面大、底面小，沉降后方大、前沿小，且水平位移和沉降量级相当。

堆场荷载产生的沉箱码头变形增量　　表 4-9

模型土层	各级荷载增量（kPa）	堆场 沉降（cm）		沉箱 沉降（cm）	沉箱 水平位移（cm）		倾斜度（%）
		S1	S2	S3	H1	H2	
模型 5 原土层	60	29.18	28.12	0.87	5.07	3.50	0.1847
	80	24.81	22.56	0.14	10.00	7.66	0.2729
模型 6 原土层	60	30.72	26.51	2.14	13.70	12.56	0.1341
	60	22.91	19.72	1.54	26.88	23.64	0.3812
	60	19.32	16.42	1.28	9.20	9.49	−0.0341
模型 7 淤泥质黏土	60	31.61	29.01	2.14	17.09	17.85	−0.0894
	80	26.66	24.15	1.55	14.52	16.06	−0.1812
模型 8 黏质粉土	60	22.07	23.86	0	1.35	0.86	0.0576
	60	11.60	13.80	1.58	2.65	2.37	0.0329
	50	8.26	8.07	0.68	0.91	0.04	0.1024
	20	2.43	2.73	0.29	0.30	0	0.0353

试验结束时沉箱码头加固体的变位（模型值）　　表 4-10

模型	土层	沉降（mm）		水平位移（mm）	
		前沿	后方	底面	顶面
模型 5	原土层	0	0	1.0	3.0
模型 6	原土层	1.0	1.5	2.0	4.5
模型 7	淤泥质黏土	1.0	1.5	2.0	4.5
模型 8	黏质粉土	0	0	1.5	3.0

四、地基孔隙水压力

图 4-13 为模型 3 由堆场荷载引起的加固体两侧地基孔隙水压力变化过程，表 4-11 和表 4-12 分别列出了码头接岸地基和沉箱码头地基的孔隙水压力增量和孔压系数。从此可以看出，主动侧的孔隙水压力增量要大于被动侧的孔隙水压力增量。被动侧的孔隙水压力在设计荷载下较小，而在荷载增大后，孔隙水压力增长就很快，这说明在设计荷载作用下，被动侧的土体变形小，而随着荷载的进一步增加，被动侧的变形发展就很快。孔隙水压力在加荷时随着荷载的增加而增长，加荷结束有所消散，淤泥质黏土的孔隙水压力消散较慢，黏质粉土的孔隙水压力则消散得较快，孔隙水压力系数也要小于淤泥质黏土的孔压系数。

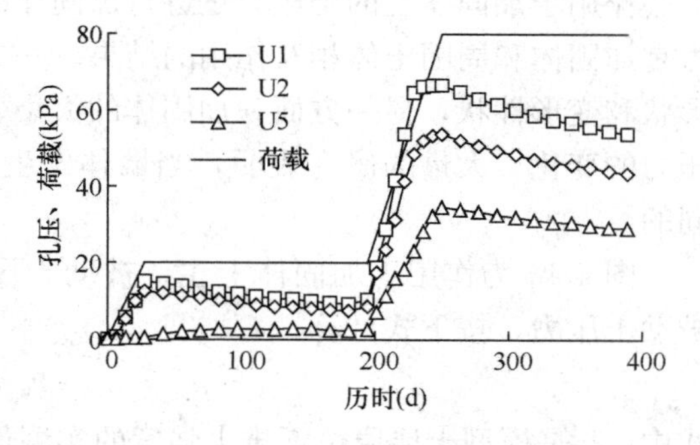

图 4-13　模型 3 堆场荷载引起的孔隙水压力过程线

码头接岸地基的孔隙水压力增量和孔压系数 **表 4-11**

模型	测点	位置	高程（m）	第一级荷载		第二级荷载	
				孔压增量（kPa）	孔压系数	孔压增量（kPa）	孔压系数
模型 3	U1	主动侧	−1.0	16	0.80	56	0.90
	U2	主动侧	−7.0	14	0.70	48	0.78
	U5	被动侧	−11.0	3	0.15	39	0.52
模型 9	U1	主动侧	−1.0	8	0.40	20	0.40
	U3	主动侧	−10.0	11	0.55	34	0.64

沉箱码头地基的孔隙水压力增量和孔压系数 **表 4-12**

模型土层	荷载增量（kPa）	U1		U2		U3		U4		U5	
		孔压（kPa）	孔压系数	孔压（kPa）	孔压系数	孔压（kPa）	孔压系数	孔压（kPa）	孔压系数	孔压（kPa）	孔压系数
模型 5 原土层	60	46	0.77	13	0.22			15	0.25		
	80	58	0.74	15	0.20			15	0.21		
模型 6 原土层	60	66	1.10	42	0.70	37	0.62	65	1.08		
	60	69	1.12					52	0.98		
模型 7 淤泥质黏土	60	28	0.47	51	0.85	25	0.42	46	0.77	42	0.70
模型 8 黏质粉土	60			18	0.30	13	0.22	16	0.27	22	0.37
	60			21	0.32	21	0.28	20	0.30	26	0.40
	50			7	0.27	9	0.25	9	0.26	14	0.36
	20			3	0.26	5	0.25	3	0.20	4	0.35

五、作用于加固体两侧的土压力

作用于加固体上的土压力是进行加固体的外部稳定和内部稳定计算的重要参数。土压力是加固体和周围土体相互作用的结果。一方面，它们的取值直接影响到加固体的大小、形状和变形性状，另一方面，加固体的大小、形状和变形性状反过来又影响作用于其上土压力的变化。大量的研究表明，当墙体发生平移、倾斜、沉陷时墙后的土压力分布是不同的。

图 4-14 为作用于加固体上主、被动土压力沿深度的分布图，其中计算值为朗肯主、被动土压力，按下式计算

$$p_a = \sigma_v - c_u \text{，} p_p = \sigma_v + c_u \tag{4-1}$$

式中，c_u是模型土层原位不排水强度的实测值；σ_v为上覆土重，未考虑堆场荷载影响。从此可以看到，与朗肯土压力相比，码头接岸地基加固体上土压力实测值除上部被动侧外基本一致，上部被动土压力偏大主要是实测土压力包含孔隙水压力所致。沉箱码头地基加固体上实测土压力在上半段与计算值基本一致，而在下半段实测主动土压力偏小，实测被动土压力偏大，这可能与下部地基为黏质粉土，其强度随模型旋转和加荷增长较快有关。另外，实测主、被动土压力还随堆场荷载有所增大，这主要是由于孔隙水压力增长所致。因

此，作用于加固体的主、被动土压力可以采用朗肯理论计算。

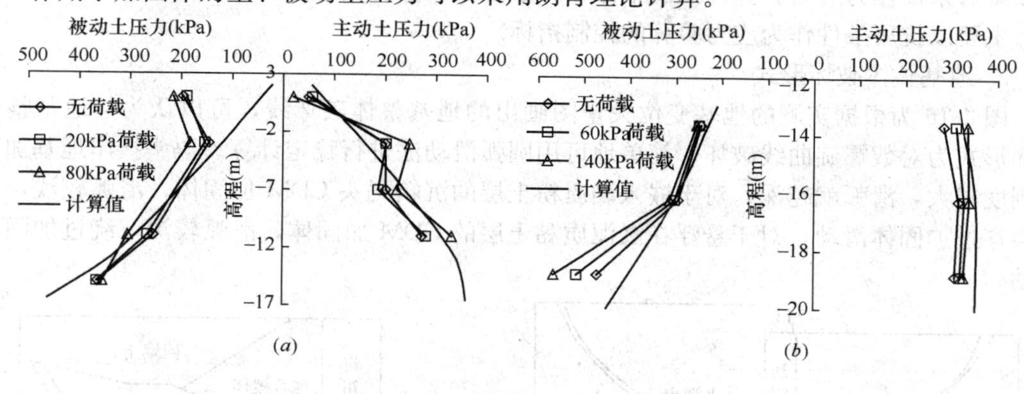

图 4-14　加固体上土压力分布

(a) 码头接岸；(b) 沉箱码头

六、破坏形式

1. 加固体的外部破坏形式

图 4-15 给出了码头接岸地基加固体用电木模拟时，加固体由堆场荷载引起的弯矩及其最大和最小应力分布，弯矩和最大应力随着荷载的增大而增大，而最小应力则随着荷载的增大而减小。淤泥质黏土层中的加固体弯矩较小，接近黏质粉土层时则显著增大，此处加固体中出现了较大的拉应力。另外，试验结束后发现，码头接岸地基加固体用水泥土模拟时，加固体在淤泥质黏土层和黏质粉土层交界面处已经被折断（图 4-10）。这充分说明加固体在淤泥质黏土层和黏质粉土层交界面处承受了较大的弯曲应力，因此，对于嵌入黏质粉土层的加固体，加固体的破坏形式主要为倾覆破坏。

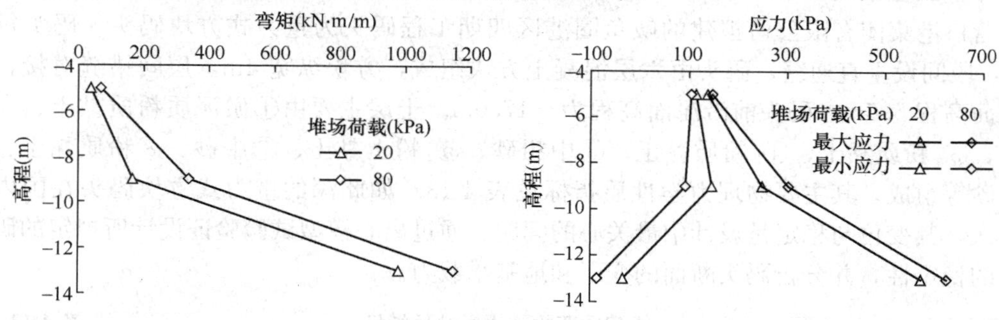

图 4-15　加固体的弯矩和最大、小应力分布

从不同地基条件下沉箱码头地基的变位（图 4-12 和表 4-10）可以看出，破坏时，嵌入黏质粉土层的 CDM 加固体主要以水平位移为主；悬浮在淤泥质黏土层的 CDM 加固体既有水平位移，又有沉降，且量级相当。因此，嵌入黏质粉土层的沉箱码头 CDM 加固体的外部破坏形式主要为滑移破坏；悬浮在淤泥质黏土层的沉箱码头 CDM 加固体的外部破坏形式主要为承载力破坏和滑移破坏。

2. 加固体的内部稳定验算

内部稳定是指加固体的应力验算。从试验结果来看，对于码头接岸地基加固体，主要以抗弯条件作为应力验算的控制指标；对于嵌入黏质粉土层的沉箱码头 CDM 加固体，主要以抗剪条件作为应力验算的控制指标；对于悬浮在淤泥质黏土层的沉箱码头 CDM 加固体，主要以抗压条件作为应力验算的控制指标。

3. 地基整体破坏形式

图 4-16 为根据实测的地基变位矢量图画出的地基整体破坏线，可以认为，地基整体破坏形式为对数螺旋曲线破坏，简单地可用圆弧滑动法进行稳定计算。码头接岸地基加固体刚度越大，滑弧就越深；对于嵌入黏质粉土层的沉箱码头 CDM 加固体，滑弧较浅，可能会穿过加固体滑动；对于悬浮在淤泥质黏土层的 CDM 加固体，滑弧较深，绕过加固体滑动。

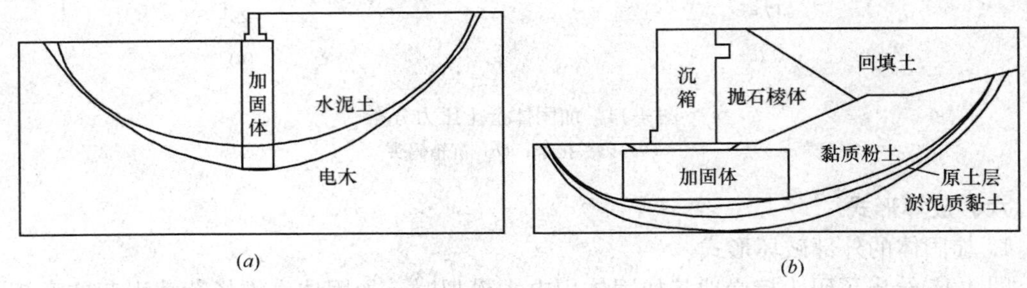

图 4-16 地基整体破坏
(a) 码头接岸地基；(b) 沉箱码头地基

第三节 重力式码头离心模型试验研究

一、工程概况

营口港集团有限公司拟建的鲅鱼圈港区四期工程码头为重力式方块码头，码头每段 20m，段间设垂直通缝，码头由六层混凝土方块组成，方块纵宽 4m，层间错缝对接，方块顶面高程 5.5m，码头前沿泥面高程为－17.0m。土层主要由①淤泥质粉质黏土、③中粗砂、$③_2$粉质黏土、$④_2$粉质黏土、⑤中粗砂、$⑥_2$粉土黏土、⑦中砂、⑧粉质黏土、⑨中粗砂等组成，其主要物理力学性质指标见表 4-13。如此深的重力式方块码头在国内尚属首次，其变位与稳定是设计中最关心的问题。通过离心模型试验验证设计所拟定的码头断面的稳定性，并分析码头断面的变形和地基承载力。

土层主要物理力学性质指标　　表 4-13

土　名	①淤泥质粉质黏土	$③_2$粉质黏土	$④_2$粉质黏土	$⑥_2$粉土黏土	⑧粉质黏土
天然含水率 w（%）	40.1	24.7	25.0	24.3	24.7
天然重度 γ（kN/m^3）	17.5	19.3	19.3	19.4	19.4
孔隙比 e	1.14	0.72	0.73	0.70	0.71
液限 w_L（%）	31.3	31.9	32.8	31.6	33.0
塑性指数 I_P	14.9	14.3	14.8	14.3	14.8
c_q（kPa）	6	54	63	58	65
φ_q（°）	3.3	19.6	18.2	20.6	19.9

续表

土　名	①淤泥质粉质黏土	③$_2$粉质黏土	④$_2$粉质黏土	⑥$_2$粉土黏土	⑧粉质黏土
c_{cq}（kPa）	11	49	62	63	58
φ_{cq}（°）	18.1	21.6	21.8	21.2	21.7
渗透系数 K_v（10^{-7}cm/s）	4.36	1.07	3.75	5.30	0.53
固结系数 C_v（10^{-3}cm^2/s）	1.33	8.06	8.55	5.40	7.12
压缩系数 $a_{0.1\sim0.2}$（MPa^{-1}）	0.88	0.21	0.20	0.19	0.21
压缩模量 $Es_{0.1\sim0.2}$（MPa）	2.53	8.65	8.90	9.62	8.82

二、试验方法

针对所给定的码头设计方案，共进行了两组模型试验，模型布置见图 4-17，荷载组合见表 4-14。试验主要测试码头方块前沿的水平位移、沉降和码头后方地面沉降，以及码头方块侧向土压力和抛石基床顶、底面的竖向土压力。

荷载组合情况　　**表 4-14**

荷载组合		模型一	模型二
组合一	系缆力	水平方向 725kN，垂直方向 388kN	水平方向 1322kN，垂直方向 708kN
	门机荷载	前腿 150kN/m，后腿 350kN/m	前腿 150kN/m，后腿 350kN/m
	均载	码头前沿 12.5～19.5m 范围内 30kN/m^2，19.5m 后 80kN/m^2	码头前沿 12.5～15.5m 范围内 30kN/m^2，15.5m 后 80kN/m^2
	水位	极端高水位	极端高水位
组合二	系缆力	水平方向 725kN，垂直方向 388kN	水平方向 1322kN，垂直方向 708kN
	门机荷载	前腿 150kN/m，后腿 350kN/m	前腿 350kN/m，后腿 150kN/m
	均载	码头前沿 4～19.5m 范围内 30kN/m^2，19.5m 后 80kN/m^2	码头前沿 15.5m 范围内 30kN/m^2，15.5m 后 80kN/m^2
	水位	极端低水位	极端低水位
组合三	系缆力	水平方向 725kN，垂直方向 388kN	水平方向 1322kN，垂直方向 708kN
	装卸桥荷载	前腿 850kN/m	前腿 850kN/m
	均载	码头前沿 4～39m 范围内 30kN/m^2，39m 后 60kN/m^2	码头前沿 35m 范围内 30kN/m^2，35m 后 60kN/m^2
	水位	极端低水位	极端低水位

离心模型试验在 400gt 离心机上进行，按平面问题考虑，模型箱长宽高为 110cm×40cm×60cm，模型比尺为 100。模型地基用料取自现场土料，砂性土以颗粒组成和相对密度作为控制标准，黏性土以地基强度指标作为主要模拟量，而其他诸如含水率、容重等参量都作为次要参量近似地满足相似律，在离心机中进行固结，形成整个天然地基土层，模型地基土层的控制指标见表 4-15。码头方块采用与原型相同的 C20 混凝土模拟，卸荷板采用 C25 混凝土模拟，抛石采用 ϕ1～10mm 的碎石模拟。码头荷载分为集中荷载、线荷载和均布荷载，试验分别模拟了这三种荷载。系缆力为集中荷载，按原型水平系缆力和

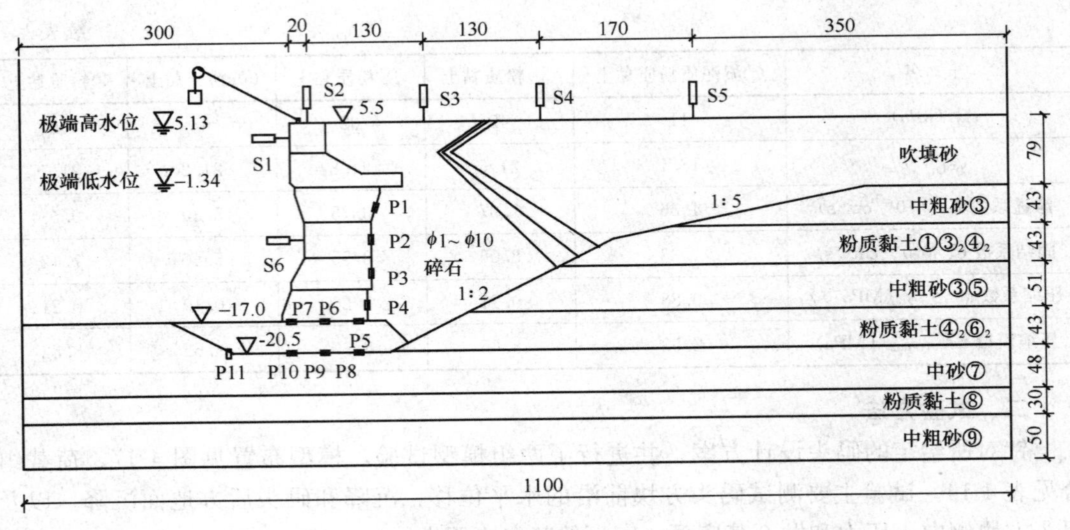

图 4-17 模型试验布置图

垂直系缆力的大小，依据力的三角形法则将之合并为一个力，通过调节滑轮的空间位置来控制荷载的大小和方向。装卸桥荷载和门机荷载为线荷载，试验中采用固定荷载法来模拟。码头前沿和后方荷载为均布荷载，依据模型相似理论直接用固定荷载进行模拟。

模型地基土层的控制指标 **表 4-15**

土名	厚度(mm)	含水率(%)	重度(kN/m^3)	不排水强度(kPa)	压缩系数(MPa^{-1})	压缩模量(MPa)
粉质黏土①③$_2$④$_2$	43	26.5	19.1	54.2	0.28	8.07
粉质黏土④$_2$⑥$_2$	43	24.4	19.4	59.4	0.23	8.56
粉质黏土⑧	30	24.2	19.5	64.6	0.24	8.72

试验按下列顺序进行。(1) 模拟施工期：以 $5g$/min 的加速度上升速率将离心加速度加大到设计加速度 $100g$，以模拟施工时间约 140d，并保持加速度运行 10min，以模拟施工后约 70d。(2) 荷载组合三、一、二试验：以 $5g$/min 的加速度上升速率将离心加速度加大到设计加速度 $100g$，并保持加速度运行 10min。(3) 破坏性试验：在荷载组合二试验后，将离心加速度快速上升到 $200g$。

三、试验结果分析

1. 水平位移和沉降

表 4-16 列出了不同工况条件下码头位移和地面沉降。试验结果表明，施工期码头前沿水平位移为 40mm，从上往下第四层方块水平位移为 32mm，码头顶沉降为 54～66mm，堆场地面沉降为 178～256mm；荷载组合一码头前沿水平位移为 36～40mm，从上往下第四层方块水平位移为 31mm，码头顶沉降为 40～45mm，堆场地面沉降为 108～175mm；荷载组合二码头前沿水平位移为 44～53mm，从上往下第四层方块水平位移为 40mm，码头顶沉降为 52～57mm，堆场地面沉降为 121～189mm；荷载组合三码头前沿水平位移为 33～48mm，从上往下第四层方块水平位移为 37mm，码头顶沉降为 56～74mm，堆场地面沉降为 107～189mm。以上结果表明，各种工况荷载组合条件下码头结构变位较小，能

满足码头前沿水平位移小于100mm和沉降小于150mm的规范要求。

码头位移和地面沉降 **表 4-16**

模 型	工 况	码头位移（mm）			堆场沉降（mm）		
		水平 S1	水平 S6	垂直 S2	S3	S4	S5
模型一	施工期	39		54	178	233	251
	组合三	33		56	114	158	171
	组合一	36		40	108	147	158
	组合二	44		52	129	176	189
模型二	施工期	40	32	66	185	223	256
	组合三	48	37	74	107	170	189
	组合一	40	31	45	114	160	175
	组合二	53	40	57	121	172	184

2. 土压力

表4-17列出了不同荷载组合条件下码头方块侧向有效土压力，从此可以看出，不同荷载组合情况，码头方块侧向土压力随着深度的增加而增大，荷载组合条件对第三层方块侧向有效土压力影响不大，对第四～六层方块侧向有效土压力有较大影响。荷载组合二的有效土压力最大，第三层方块侧向有效土压力为3.4kPa，第四层的为29.0～35.8kPa，第五层的为44.8～54.9kPa，第六层的为46.0～59.1kPa；荷载组合一的次之，第三层方块侧向有效土压力为3.9kPa，第四层的为31.2kPa，第五层的为43.9～49.3kPa，第六层的为52.0～57.0kPa；荷载组合三的最小，第三层方块侧向有效土压力为4.2kPa，第四层的为30.9kPa，第五层的为42.1～46.6kPa，第六层的为45.4～53.8kPa。

码头方块侧向土压力 **表 4-17**

模 型	荷 载	测点编号	P1	P2	P3-1	P3-2	P4-1	P4-2
		测点高程（m）	−4.2	−7.8	−11.6	−11.6	−15.2	−15.2
模型一	组合二	总压力（kPa）		93.6	147.4		184.6	195.0
		静水压力（kPa）		64.6	102.6		138.6	138.6
		有效压力（kPa）		29.0	44.8		46.0	56.4
模型二	组合一	总压力（kPa）	97.2	160.5	211.2	216.6	260.4	255.4
		静水压力（kPa）	93.3	129.3	167.3	167.3	203.3	203.3
		有效压力（kPa）	3.9	31.2	43.9	49.3	57.0	52.0
	组合二	总压力（kPa）	32.0	100.4	157.5	153.3	197.7	194.6
		静水压力（kPa）	28.6	64.6	102.6	102.6	138.6	138.6
		有效压力（kPa）	3.4	35.8	54.9	50.7	59.1	56.0
	组合二	总压力（kPa）	32.8	95.5	144.7	149.2	192.4	184.0
		静水压力（kPa）	28.6	64.6	102.6	102.6	138.6	138.6
		有效压力（kPa）	4.2	30.9	42.1	46.6	53.8	45.4

表4-18列出了不同荷载组合条件下基床顶面竖向有效土压力，从此可以看出，不同

荷载组合情况，基床顶面竖向有效土压力呈前方大、后方小分布，荷载组合条件对土压力影响较大，荷载组合三的有效土压力最大，荷载组合二的次之，荷载组合一的最小。荷载组合一的有效土压力平均值为332.6kPa，最大值为418.6kPa，荷载组合二的有效土压力平均值为446.7kPa，最大值为519.2kPa，荷载组合三的有效土压力平均值为504.5kPa，最大值为566.4kPa。

基床顶面竖向土压力 **表4-18**

模型	荷载静水压力	测点编号	P5-1	P5-2	P6-1	P6-2	P7-1	P7-2
		距前趾距离（m）	8.5	8.5	4.75	4.75	1	1
模型一	组合二 156.6kPa	总压力（kPa）	537.0	514.6	561.1	601.3	639.5	622.7
		有效压力（kPa）	380.4	358.0	404.5	444.7	482.9	466.1
模型二	组合一 221.3kPa	总压力（kPa）	481.3	464.6	567.6	540.5	639.9	630.0
		有效压力（kPa）	260.0	243.3	346.3	319.2	418.6	408.7
	组合二 156.6kPa	总压力（kPa）	541.6	548.6	596.9	607.4	675.8	649.3
		有效压力（kPa）	685.0	392.0	440.3	450.8	519.2	492.7
	组合三 156.6kPa	总压力（kPa）	620.4	605.1	652.8	662.9	723.0	702.6
		有效压力（kPa）	463.8	448.5	496.2	506.3	566.4	546.0

表4-19列出了不同荷载组合条件下基床底面竖向有效土压力，从此可以看出，不同荷载组合情况，基床底面竖向有效土压力呈前方大、后方小分布，荷载组合条件对土压力影响较大，荷载组合三的有效土压力最大，荷载组合二的次之，荷载组合一的最小。荷载组合一的有效土压力平均值为222.1kPa，最大值为286.9kPa，荷载组合二的有效土压力平均值为288.4kPa，最大值为349.6kPa，荷载组合三的有效土压力平均值为297.4kPa，最大值为329.0kPa。以上结果表明，各种工况荷载组合条件下基床底面竖向有效土压力平均值小于地基容许承载力（330kPa），最大值接近地基承载力，码头满足承载力要求。

基床底面竖向土压力 **表4-19**

模型	荷载静水压力	测点编号	P8-1	P8-2	P9-1	P9-2	P10-1	P10-2
		距前趾距离（m）	8.5	8.5	4.75	4.75	1	1
模型一	组合二 191.6kPa	总压力（kPa）	422.3	413.8	468.8	480.1	524.1	516.5
		有效压力（kPa）	230.7	222.2	277.2	288.5	332.5	324.9
模型二	组合一 256.3kPa	总压力（kPa）	414.2	410.0	488.0	471.7	551.4	535.0
		有效压力（kPa）	157.9	153.7	231.7	215.4	295.1	278.7
	组合二 191.6kPa	总压力（kPa）	412.5	422.5	489.5	473.4	543.9	538.4
		有效压力（kPa）	220.9	230.9	297.9	281.8	352.3	346.8
	组合三 191.6kPa	总压力（kPa）	449.0	461.2	482.1	500.4	525.8	515.6
		有效压力（kPa）	257.4	269.6	290.5	308.8	334.2	324.0

表4-20列出了不同荷载组合条件下基床前沿侧向有效土压力，从此可以看出，荷载组合条件对土压力影响较大，荷载组合三的有效土压力最大，荷载组合二的次之，荷载组合一的最小。荷载组合一的基床前沿侧向有效土压力41.4～72.0kPa，平均值为

56.4kPa；荷载组合二的基床前沿侧向有效土压力为 50.2～83.0kPa，平均值为 65.0kPa，荷载组合三的基床前沿侧向有效土压力为 65.5～83.2kPa，平均值为 73.2kPa。以上结果表明，各种工况荷载组合条件下基床前沿侧向有效土压力均小于地基的被动土压力。

基床前沿侧向土压力 **表 4-20**

模型	荷载/静水压力	组合一/256.3kPa			组合二/191.6kPa			组合三/191.6kPa		
	测点编号	P11-1	P11-2	P11-3	P11-1	P11-2	P11-3	P11-1	P11-2	P11-3
模型一	总压力（kPa）				226.5	229.8	233.5			
	有效压力（kPa）				34.9	38.2	41.9			
模型二	总压力（kPa）	312.0	297.7	328.3	253.3	241.8	274.6	262.4	257.1	274.8
	有效压力（kPa）	55.7	41.4	72.0	61.7	50.2	83.0	70.8	65.5	83.2

3. 整体稳定性

从离心模型试验后的照片可以看出，不同工况荷载组合条件下码头的整体变位很小，方块与基床及方块间无明显的错动变位，从试验过程的监测、试验前后模型的对比以及大于一倍的设计离心加速度条件下（200*g*）模型的表现三方面来看，码头结构整体稳定。

第四节 长江口深水航道治理工程离心模型试验研究

一、工程概况

长江口深水航道治理工程导堤采用钢筋混凝土半圆形沉箱结构，地基土为粉细砂、淤泥、淤泥质黏土，在波浪荷载作用下极易软化。为保证施工期波浪荷载作用后导堤的稳定性，采用先铺设 60～70cm 砂被，打设塑料排水板并铺设砂肋软体排，再进行抛石基床和两侧护肩石或反压棱体石的地基加固措施，在上述荷载作用下②$_{2\text{-}0}$灰黄色淤泥层固结度达到 85%以上，方能安装半圆体沉箱。通过四个典型断面的离心模型试验，研究导堤施工期和使用期的地基沉降、地基承载力、稳定安全性、强度增长和固结度增长等情况，从而验证导堤设计方案的合理性与可行性。

试验共选择了四个典型断面：断面一为北导堤 N38＋120～N38＋700（图 4-18*a*），该断面②$_{2\text{-}0}$淤泥层较厚；断面二为北导堤 N40＋540～N41＋480（图 4-18*b*），该断面未采用排水板加固；断面三为北导堤 N42＋140～N42＋300（图 4-18*c*），该断面的地基附加应力水平较高；断面四为 S9 丁坝（图 4-18*d*）。每个断面均分为两级加载，第 1 级荷载为基床抛石，第 2 级荷载为沉箱、抛石棱体和护肩抛石，两级加载范围示于图 4-18。其中断面二第 1 级荷载作用时间为一年，再施加第 2 级荷载；其他断面第 1 级荷载作用下②$_{2\text{-}0}$淤泥层固结度达到 85%后，再施加第 2 级荷载。

地基土层分成①$_2$粉砂、①$_2$砂质粉土、②$_{2\text{-}0}$淤泥、④$_1$淤泥、④$_2$淤泥质黏土，勘察提供的各断面土层的主要物理力学性质指标统计值如表 4-21 所示。动三轴试验结果表明，在原位条件下，②$_{2\text{-}0}$淤泥的静三轴不排水强度为 14.7kPa，动三轴试验后的不排水强度为 5.32kPa，强度折减系数为 0.36；在第 1 级荷载作用下，②$_{2\text{-}0}$淤泥层的固结度达 85%后，②$_{2\text{-}0}$淤泥的静三轴不排水强度为 30kPa，动三轴试验后的不排水强度为 17.2kPa，土样在动荷载作用下，强度折减系数为 0.57。考虑波浪荷载作用引起软土地基软化的影响，在

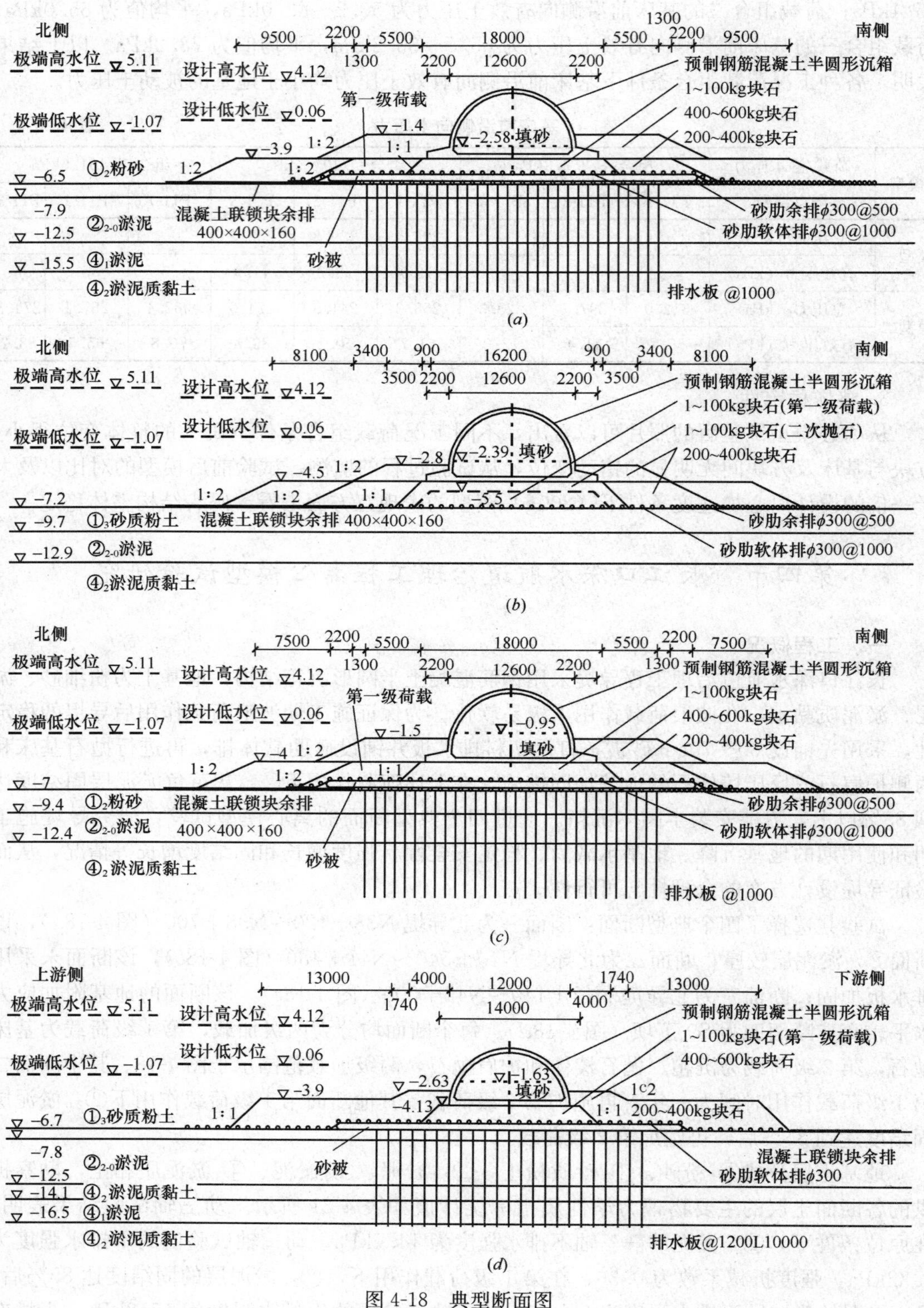

图 4-18 典型断面图

(a) 断面一；(b) 断面二；(c) 断面三；(d) 断面四

第 1 级荷载作用下，②$_{2\text{-}0}$淤泥层的固结度达 85%后，各断面土层设计采用的主要物理力学性质指标如表 4-22 所示。

地基土层的主要物理力学性质指标　　表 4-21

断面	土　名	含水率（%）	重度（kN/m^3）	孔隙比	塑性指数	压缩系数（MPa^{-1}）	固结快剪		三轴快剪	
							φ_{cq}（°）	c_{cq}（kPa）	φ_u（°）	c_u（kPa）
断面一	①$_2$粉细砂	29.0	19.0	0.823		0.17	35	3.5		
	②$_{2\text{-}0}$淤泥	56.0	16.6	1.555	20.3	1.52	9	8.5	0	11.8
	④$_1$淤泥	55.9	16.7	1.543	20.9	1.59	9.5	9.5	0	20.5
	④$_2$淤泥质黏土	51.8	16.9	1.461	21.4	1.22	12.5	13	0	23.0
断面二 断面三	①$_2$粉细砂	29.4	19.0	0.803		0.18	35.2	3.2		
	②$_{2\text{-}0}$淤泥	56.8	16.6	1.569	20.7	1.40	9	8.5	0	11.5
	④$_2$淤泥质黏土	50.5	16.9	1.479	21.3	1.32	12.5	13.5	0	22.5
断面四	①$_2$粉细砂	28.6	18.8	0.803		0.20	31.0	6.5		
	②$_{2\text{-}0}$淤泥	57.7	16.5	1.616	19.9	1.50	8.0	8.5	0	16.0
	④$_2$淤泥质黏土	45.7	17.4	1.272	15.1	1.18	17.0	8.0		
	④$_1$淤泥	56.7	16.5	1.610	22.9	1.49	10.0	9.0		
	④$_2$淤泥质黏土	50.2	16.9	1.430	20.6	1.29	12.5	12.0	0	23

设计采用的土性指标　　表 4-22

断　面	土　名	厚度（m）	重度（kN/m^3）	施工期		使用期	
				φ（°）	c（kPa）	φ（°）	c（kPa）
断面一	①$_2$粉砂	1.4	19.1	33	5.5	35	3.5
	②$_{2\text{-}0}$淤泥	4.6	16.6	0	17.17	8.5	8.5
	④$_1$淤泥	3.0	16.7	8	11	9	10
	④$_2$淤泥质黏土	20.5	17.1	6	13	11.5	12.5
断面二	①$_3$砂质粉土	2.5	19.1	32	8	33	6
	②$_{2\text{-}0}$淤泥	3.2	16.6	0	5.32	0	17.17
	④$_2$淤泥质黏土	23.1	17.1	6	13	11.5	12.5
断面三	①$_2$粉砂	2.4	19.1	33	5.5	35	3.5
	②$_{2\text{-}0}$淤泥	3.0	16.6	0	17.17	8.5	8.5
	④$_2$淤泥质黏土	23.6	17.1	6	13	11.5	12.5
断面四	①$_3$砂质粉土	1.1	19.1	0	50	33.5	5.5
	②$_{2\text{-}0}$淤泥	4.7	16.6	0	18	8.5	8.5
	④$_2$淤泥质黏土	1.6	17.1	0	20	11.5	12
	④$_1$淤泥	2.4	16.7	0	24	10	9
	④$_2$淤泥质黏土	19.5	17.1	0	20	11.5	12

沉箱及填砂在平均水位时单位长度的重量见表 4-23。棱体的水上重度为 18kN/m³，棱体的水下重度为 11kN/m³。水位条件，极端高水位：5.11m，设计高水位：4.12m，平均水位：2.00m，设计低水位：0.06m，极端低水位：−1.17m。第 1 级荷载和第 2 级荷载的施工周期均按 15d 计算。

沉箱及填砂在平均水位时单位长度的重量（kN/m） **表 4-23**

断　面	断面一	断面二	断面三	断面四
施工期	432.29	518.35	615.84	457
使用期	417.18	503.24	603.76	

二、试验方法

离心模型试验在 400gt 离心机上进行，按平面问题考虑，所用模型箱长度为 685mm，共进行了五组离心模型试验（表 4-24），分析施工期和使用期的地基变形、稳定安全性、强度增长、固结度变化情况。除模型五外，其余四组均考虑了波浪荷载作用引起软土地基软化的影响，模型二和模型五模拟了第 1 级荷载和第 2 级荷载作用，其他三组只模拟了第 2 级荷载作用。为分析导堤使用期的安全储备，对模型二和模型三，提高加速度进行试验，直至断面出现失稳状态为止。模型比尺选为 $n=125$，模型布置见图 4-19。试验主要测试了沉箱和地基沉降、淤泥孔隙水压力。

试 验 模 型 **表 4-24**

模型	模型一	模型二	模型三	模型四	模型五
断面	断面一	断面二	断面三	断面四	断面三
软土地基软化的影响	考虑	考虑	考虑	考虑	不考虑
模拟对象	第 2 级荷载	第 1 级荷载 第 2 级荷载	第 2 级荷载	第 2 级荷载	第 1 级荷载 第 2 级荷载

试验土料取自现场，试验主要研究在抛石和沉箱荷载作用下地基的稳定和变形问题，以地基强度指标作为主要模拟量，而其他诸如含水率、重度等参量都作为次要参量近似地满足相似律。为模拟成层地基，从底层至上层分层静压固结，按控制强度施加预压荷载和作用时间，直至形成整个天然地基土层。土层的不排水强度控制值按如下方法确定：考虑软土地基软化影响时，采用施工期强度指标（表 4-22），不考虑软土地基软化影响时，采用固结快剪强度指标（表 4-21），各土层中点自重应力与第 1 级荷载的 85%（考虑第 1 级荷载预压作用，如果不考虑则取 0）之和作为地基应力。对模型一和模型三，$④_2$淤泥质黏土仍采用三轴快剪强度。对模型二和模型五，当计算值大于表 4-21 的三轴快剪强度时，就采用三轴快剪强度。各模型地基土的控制指标见表 4-25。

水位均按平均水位考虑。导堤为钢筋混凝土（C30）半圆形沉箱结构，内填砂，考虑到沉箱对于地基土层只起荷载作用，因而模型沉箱采用酚醛树脂板来模拟，外形为方形，长度为 350mm，模拟了原型 43.75m 长，重量按原型在施工期的重量来模拟。沉箱底抛石棱体为 1～100kg 的块石，两侧护肩棱体为 200～400kg 的块石，模型抛石棱体分别采用 1～5mm 和 6～10mm 的碎石来模拟。

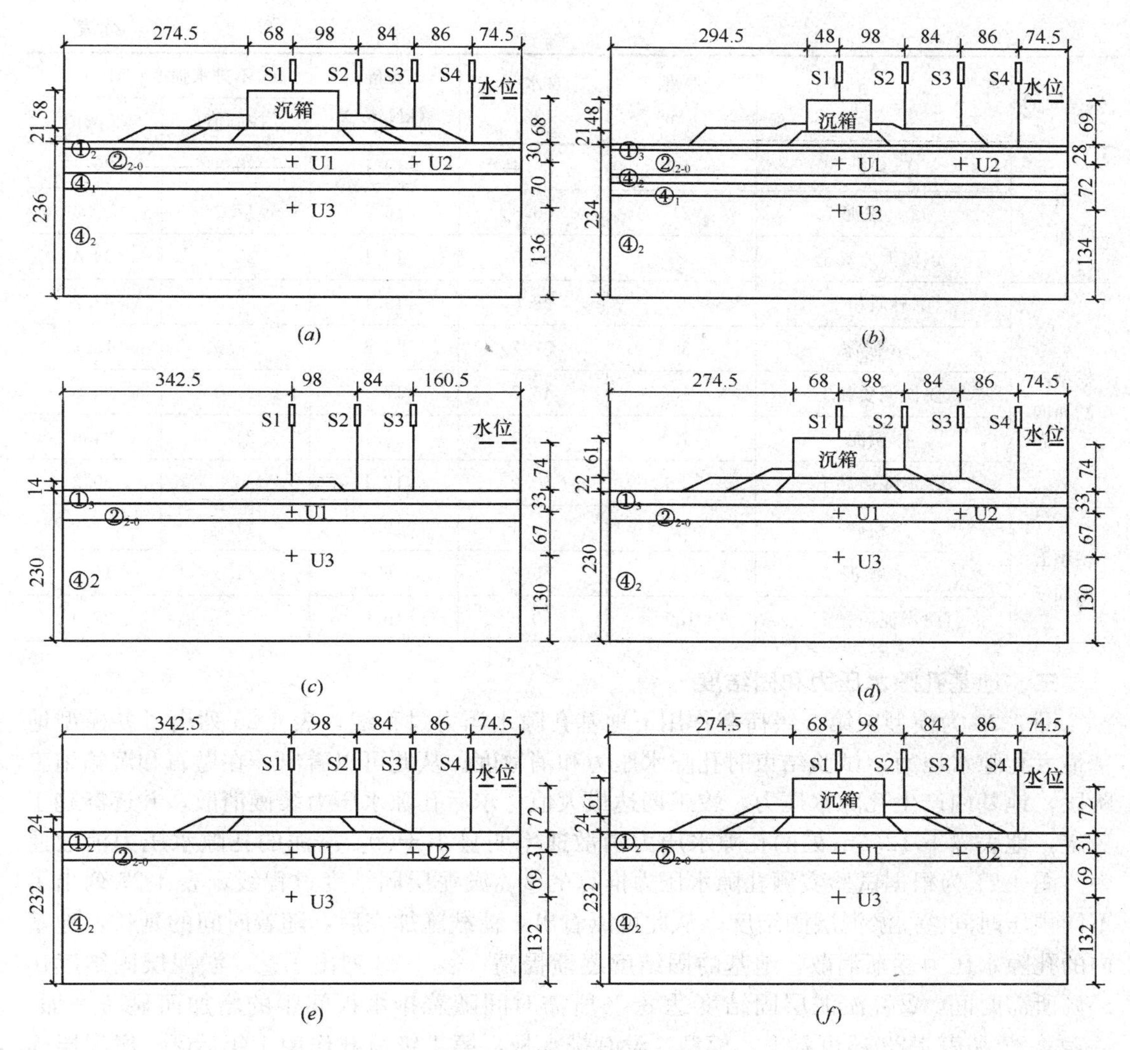

图 4-19　模型试验布置图

(*a*) 模型一第 2 级荷载；(*b*) 模型四第 2 级荷载；(*c*) 模型二第 1 级荷载；(*d*) 模型二第 2 级荷载；(*e*) 模型五第 1 级荷载；(*f*) 模型三第 2 级荷载和模型五第 2 级荷载

模型地基土层的控制指标　　**表 4-25**

模型断面	土　名	厚度(mm)	含水率(%)	重度(kN/m^3)	不排水强度(kPa)	
					控制值	实测值
模型一断面一	①$_2$粉砂	11	29.0	19.1	24.8	24.6
	②$_{2\text{-}0}$淤泥	37	56.0	16.6	17.2	17.3
	④$_1$淤泥	24	55.9	16.7	21.9	22.1
	④$_2$淤泥质黏土	164	51.8	17.1	22.5	22.9
模型二断面二	①$_3$砂质粉土	20	29.4	19.1	15.1	15.6
	②$_{2\text{-}0}$淤泥	26	56.8	16.6	5.3	5.5
	④$_2$淤泥质黏土	185	50.5	17.1	22.5	22.8

续表

模型断面	土　名	厚度 (mm)	含水率 (%)	重度 (kN/m³)	不排水强度（kPa）	
					控制值	实测值
模型三断面三	①₂粉砂	19	29.4	19.1	30.8	29.3
	②₂₋₀淤泥	24	56.8	16.6	17.2	17.3
	④₂淤泥质黏土	189	50.5	17.1	22.5	23.4
模型四断面四	①₃砂质粉土	9	28.6	19.1	50.0	44.2
	②₂₋₀淤泥	38	57.7	16.6	18.0	18.3
	④₂淤泥质黏土	13	45.7	17.1	20.0	20.5
	④₁淤泥	19	56.7	16.7	24.0	24.9
	④₂淤泥质黏土	156	50.2	17.1	20.0	20.2
模型五断面三	①₂粉砂	19	29.4	19.0	11.1	11.8
	②₂₋₀淤泥	24	56.8	16.6	11.5	11.6
	④₂淤泥质黏土	189	50.5	16.9	22.5	22.9

三、地基孔隙水压力和固结度

图 4-20 为模型三第 2 级荷载作用下地基孔隙水压力过程线，表 4-26 列出了各模型地基最大孔隙水压力、试验结束时孔隙水压力和消散度。从此可以看出，在抛石和沉箱施工阶段，地基内产生孔隙水压力，竣工期达最大值，尔后孔隙水压力缓慢消散，并逐渐趋于稳定，地表以下 12.5m 处的孔隙水压力消散速率明显小于②₂₋₀淤泥的孔隙水压力消散速率。图 4-21 为根据试验实测孔隙水压力推算的②₂₋₀淤泥层固结度过程线，表 4-27 列出了不同预压时间②₂₋₀淤泥层固结度。从此可以看出，荷载施加完后，随着时间的延长，地基内的孔隙水压力逐渐消散，地基的固结度逐渐提高。表 4-28 列出了②₂₋₀淤泥层固结度达 85%所需时间，②₂₋₀淤泥层固结度达 85%所需时间随着排水板间距的增加而显著增加。从表 4-27 和表 4-28 还可看出，模型二没有排水板，第 1 级荷载作用 1 年后②₂₋₀淤泥层固结度只有 60.6%，第 2 级荷载作用下②₂₋₀淤泥层固结度达 85%约 3 年时间，模型一、三、五②₂₋₀淤泥层固结度达 85%约需 3 个月左右，模型四需 4 个多月。

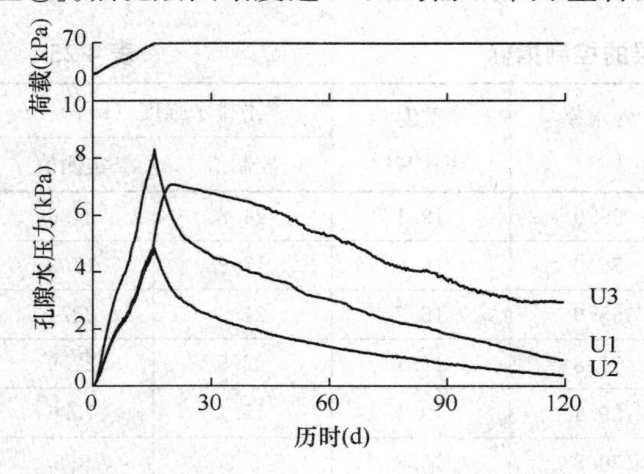

图 4-20　模型三第 2 级荷载作用下地基孔隙水压力过程线

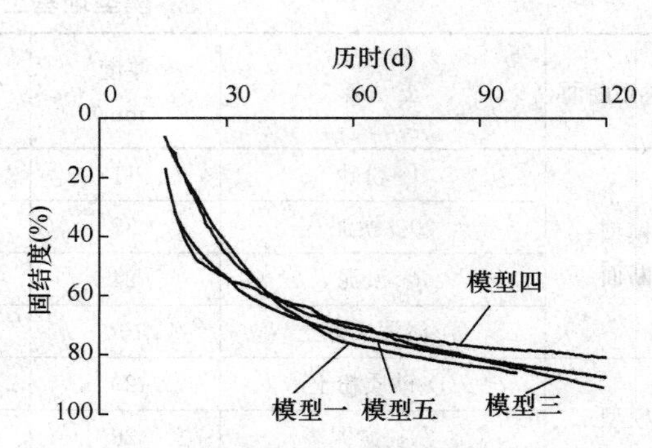

图 4-21　由孔隙水压力推算的②₂₋₀淤泥层固结度过程线

地基孔隙水压力 表 4-26

模型	荷载	土名	位置 竖向	位置 水平	最大孔压 (kPa)	孔压系数	时间 (d)	孔压 (kPa)	消散度 (%)
一	第2级	②2-0淤泥	本层中心	沉箱中心	8.54	0.34	84	1.25	85.4
		②2-0淤泥	本层中心	距沉箱中心 23m	5.44		84	0.44	91.9
		④2淤泥质黏土	地表下 12.5m	沉箱中心	8.26	0.32	84	4.06	50.8
二	第1级	②2-0淤泥	本层中心	沉箱中心	7.83	0.42	365	3.55	54.6
		④2淤泥质黏土	地表下 12.5m	沉箱中心	7.09	0.38	365	5.36	24.4
	第2级	②2-0淤泥	本层中心	沉箱中心	13.50	0.35	1183	2.09	84.5
		②2-0淤泥	本层中心	距沉箱中心 23m	7.94		1183	1.17	85.3
		④2淤泥质黏土	地表下 12.5m	沉箱中心	12.25	0.32	1183	6.68	45.5
三	第2级	②2-0淤泥	本层中心	沉箱中心	8.29	0.23	104	0.92	88.9
		②2-0淤泥	本层中心	距沉箱中心 23m	4.81		104	0.37	92.3
		④2淤泥质黏土	地表下 12.5m	沉箱中心	7.07	0.20	104	2.94	58.4
四	第2级	②2-0淤泥	本层中心	沉箱中心	12.68	0.33	151	1.76	86.1
		②2-0淤泥	本层中心	距沉箱中心 23m	6.70		151	0.63	90.6
		④2淤泥质黏土	地表下 12.5m	沉箱中心	10.45	0.27	151	5.80	44.5
五	第1级	②2-0淤泥	本层中心	沉箱中心	8.81	0.27	93	1.62	81.6
		②2-0淤泥	本层中心	距沉箱中心 23m	4.39		93	0.86	80.4
		④2淤泥质黏土	地表下 12.5m	沉箱中心	8.37	0.25	93	5.28	36.9
	第2级	②2-0淤泥	本层中心	沉箱中心	12.56	0.35	106	1.96	84.4
		②2-0淤泥	本层中心	距沉箱中心 23m	6.06		106	0.90	85.1
		④2淤泥质黏土	地表下 12.5m	沉箱中心	9.40	0.26	106	4.45	52.6

②2-0淤泥层固结度变化 表 4-27

模型	条件	荷载	项目			
模型一	②2-0层厚 4.6m 排水板间距 1m	第 2 级荷载	预压时间（d）	25	80	84
			固结度（%）	59.4	85.0	86.2
模型二	②2-0层厚 3.2m 无排水板	第 1 级荷载	预压时间（d）	182	269	365
			固结度（%）	42.0	51.9	60.6
		第 2 级荷载	预压时间（d）	378	1055	1183
			固结度（%）	60.0	85.0	88.4
模型三	②2-0层厚 3m 排水板间距 1m	第 2 级荷载	预压时间（d）	25	86	104
			固结度（%）	60.1	85.0	90.9
模型四	②2-0层厚 4.7m 排水板间距 1.2m	第 2 级荷载	预压时间（d）	26	129	151
			固结度（%）	59.8	85.0	87.4
模型五	②2-0层厚 3m 排水板间距 1m	第 1 级荷载	预压时间（d）	25	55	93
			固结度（%）	60.1	75.0	85.0
		第 2 级荷载	预压时间（d）	20	92	106
			固结度（%）	60.0	85.0	87.7

②$_{2-0}$淤泥层固结度达 85%所需时间　　表 4-28

模型	模型一	模型二	模型三	模型四	模型五	
荷载	第 2 级	第 2 级	第 2 级	第 2 级	第 1 级	第 2 级
时间（d）	80	1055	86	129	93	92

四、地基沉降分析

在第 2 级荷载作用下，方案三地基表面的沉降过程线如图 4-22 所示，图 4-23 给出了该方案在第 2 级荷载作用下地表沉降的分布情况，表 4-29 列出了各模型不同位置时间的沉降数值。从这些图表可以看出，在抛石和沉箱荷载作用下，各方案地基表面的沉降随着时间的延长而增大，但沉降速率则随着时间的延长而减小。在抛石和沉箱施工阶段，沉降速率开始较慢，施工荷载较大时，沉降速率较大，尔后随着预压时间的延长，沉降速率缓慢减小，并有趋于稳定的趋势。地表最大沉降出现在沉箱中心，朝两边减小，在护肩抛石坡脚以外，地基仍然产生沉降而未隆起，说明地基稳定。

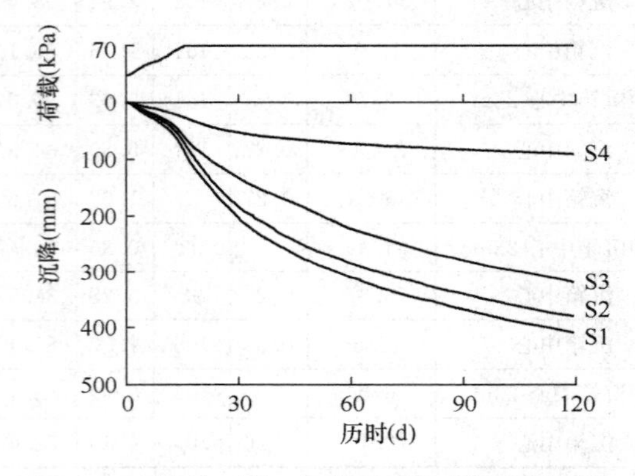

图 4-22　模型三第 2 级荷载下地表沉降过程线

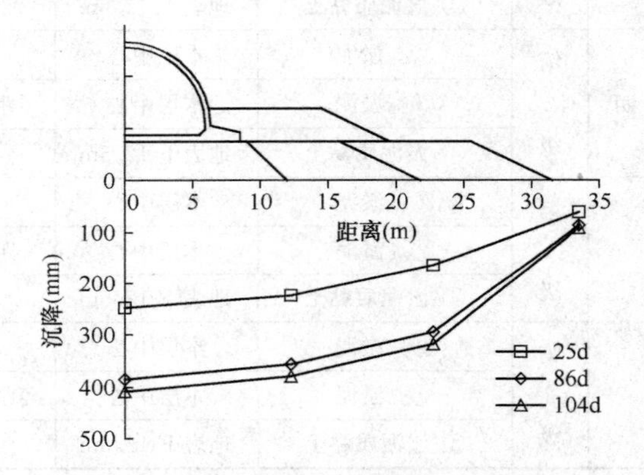

图 4-23　模型三第 2 级荷载下地表沉降分布

各模型地表沉降（mm）　　表 4-29

模型	荷载	预压时间（d）	距沉箱中心距离（m）			
			0	12.25	22.75	33.5
模型一	第 2 级	25	241	222	170	75
		80	331	314	260	97
		84	335	318	265	99
模型二	第 1 级	182	107	38	14	
		269	126	46	16	
		365	143	54	18	
	第 2 级	378	496	461	330	91
		1055	658	621	467	153
		1183	682	646	489	164

续表

模型	荷载	预压时间(d)	距沉箱中心距离(m)			
			0	12.25	22.75	33.5
模型三	第2级	25	248	224	164	61
		86	385	357	295	86
		104	409	379	318	91
模型四	第2级	26	269	257	158	58
		129	484	457	302	120
		151	511	484	320	128
模型五	第1级	25	294	270	152	56
		55	382	360	216	74
		93	454	425	269	89
	第2级	20	242	216	176	65
		92	378	353	296	114
		106	394	370	311	121

一方面，沉箱的沉降需要相当长时间才能趋于稳定，由于试验不可能进行太长的时间，因此试验也只能实测一定时间内的沉箱沉降，另一方面，由于天然地基的复杂性，对地基沉降量的计算预测普遍存在比较明显的误差。因此，工程上常常根据实测沉降来推算地基的最终沉降量。表4-30列出了采用三点法推算的各模型沉箱中心处地表最终沉降量，从此可以看出，模型二第1级荷载作用下沉箱中心地表的最终沉降量为360mm，作用1年后沉箱中心地表沉降为143mm，第2级荷载作用下沉箱中心地表的最终沉降量为901mm，两级荷载引起的沉箱中心地表最终沉降量为1261m，扣除第1级荷载已产生的沉降，沉箱沉降为1118mm；模型五第1级荷载作用下沉箱中心地表的最终沉降量为664mm，作用93d后②$_{2-0}$淤泥层的固结度为85.0%，沉箱中心地表沉降为454mm；第2级荷载作用下沉箱中心地表的最终沉降量为552mm，两级荷载引起的沉箱中心地表最终沉降量为1216m，扣除第1级荷载已产生的沉降，沉箱沉降为762mm。

沉箱中心处地表最终沉降 **表4-30**

模型	模型一	模型二		模型三	模型四	模型五	
荷载	第2级	第1级	第2级	第2级	第2级	第1级	第2级
最终沉降(mm)	432	360	901	562	659	664	552
预压时间(d)	84	365	1183	104	151	93	106
实测沉降(mm)	335	143	682	409	511	454	394
沉箱沉降(mm)		1118				762	

五、地基强度增长和稳定性

试验前后地基的不排水强度变化列于表4-31。从此可以看出，在预压荷载和沉箱荷载作用下，地基土的强度均有不同程度的提高，其中②$_{2-0}$淤泥的强度提高较多，④$_2$淤泥质黏土层的强度提高较少。如此的地基强度提高可以有效地增加地基的稳定性。

地基强度增长 **表 4-31**

模 型	土 名	初始值（kPa）	第1级荷载		第2级荷载	
			强度（kPa）	增长（%）	强度（kPa）	增长（%）
模型一	①$_2$粉砂	24.6			31.5	28
	②$_{2-0}$淤泥	17.3			22.6	31
	④$_1$淤泥	22.1			26.9	22
	④$_2$淤泥质黏土	22.9			26.1	14
模型二	①$_3$砂质粉土	15.6	20.8	33	32.4	108
	②$_{2-0}$淤泥	5.5	8.9	62	18.8	242
	④$_2$淤泥质黏土	22.8	24.0	5	29.5	29
模型三	①$_2$粉砂	29.3			40.5	38
	②$_{2-0}$淤泥	17.3			23.8	37
	④$_2$淤泥质黏土	23.4			29.0	24
模型四	①$_3$砂质粉土	44.2			52.8	19
	②$_{2-0}$淤泥	18.3			26.0	42
	④$_2$淤泥质黏土	20.5			26.9	31
	④$_1$淤泥	24.9			30.4	22
	④$_2$淤泥质黏土	20.2			24.1	19
模型五	①$_2$粉砂	11.8	20.9	77	31.1	163
	②$_{2-0}$淤泥	11.6	18.3	58	25.7	121
	④$_2$淤泥质黏土	22.9	26.4	15	30.2	32

软土地基的变形及稳定性和施工时的加荷速率有密切关系，通过地基的孔隙水压力系数、沉降速率、水平位移速率观测，可以有效地控制地基的稳定安全性，这方面已积累了丰富的工程经验。从表 4-32 可以看出，各模型②$_{2-0}$淤泥的孔隙水压力系数为 0.2～0.42，小于 0.5～0.6 的经验控制值，地基变形以沉降为主，无隆起现象，沉箱中心地表最大沉降速率为 4～13.7mm/d，小于 10～20mm/d 的经验控制值，②$_{2-0}$淤泥最大水平位移为 125～250mm，水平位移速率小于 4～6mm/d 的经验控制值，因此，各模型地基在施工期是稳定安全的。试验结束后实测的地基变形矢量如图 4-24 所示，模型二和模型三在短期超载 75%和 61%的情况下，地基仍无明显的破坏现象，表明这两个模型在使用期的安全系数可达 1.7 和 1.6 以上。

各模型地基的孔隙水压力系数和变形特征值 **表 4-32**

模 型	模型一	模型二			模型三		模型四	模型五	
荷载	第2级	第1级	第2级	超载	第2级	超载	第2级	第1级	第2级
②$_{2-0}$淤泥孔隙水压力系数	0.34	0.42	0.35	0.31	0.23	0.20	0.33	0.27	0.35

续表

模型	模型一	模型二			模型三		模型四	模型五	
沉箱中心地表最大沉降速率(mm/d)	12.64	4.01	8.96		13.20		12.66	13.66	12.87
沉箱中心地表平均沉降速率(mm/d)	3.39	0.37	0.57		3.43		3.08	4.18	3.25
②$_{2\text{-}0}$淤泥最大水平位移(mm)	125	250			187		125	187	

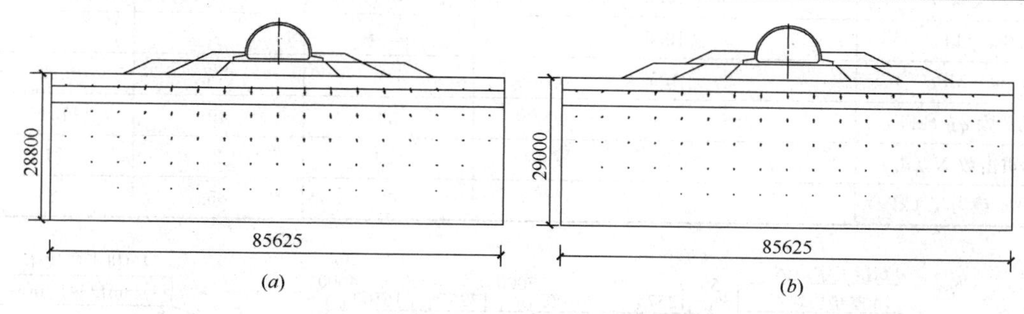

图 4-24　试验后地基变形矢量图

(a) 模型二；(b) 模型三

第五节　深水软基斜坡堤离心模型试验研究

一、工程概况

海南某深水防波堤为斜坡式结构，软基开挖后底面铺设 2m 厚中粗砂垫层、1 层土工格栅、1m 厚碎石垫层。堤心石抛填 800kg 以下块石。内外坡坡度均为 1∶1.5，分别由 15t 扭王字块体、6t 扭王字块体和块石护面。天然泥面高程约为－18.3～－24.4m，堤底面高程为－38～－42m，堤顶高程 7m。设计高水位为 2.06m，设计低水位为 0.64m，极端高水位为 2.77m。根据天然泥面高程、堤底面高程、软基厚度等条件，选取 4 个典型剖面（图 4-25）进行离心模型试验研究斜坡堤的沉降和稳定性。

勘察最大揭露地层深度为 62m，场地区域地层主要由①$_1$淤泥、淤泥质粉质黏土、①$_3$淤泥、①$_4$粉细砂、①$_5$淤泥质黏土、②$_1$粉质黏土、②$_2$中砂组成，其主要物理力学性质指标见表 4-33。

土层的主要物理力学指标　　　　**表 4-33**

土　名	①$_1$淤泥、淤泥质粉质黏土	①$_3$淤泥	①$_5$淤泥质黏土	②$_1$粉质黏土
密度（g/cm^3）	1.63	1.62	1.78	1.91
含水率（%）	58.1	58.4	40.8	27.7
孔隙比	1.64	1.66	1.15	0.82
液限（%）	44.7	46.5	38.5	37.2
塑性指数	19.5	20.6	17.4	16.4
φ_q（°）	4.5	5	9	13
c_q（kPa）	7	9.5	20	45
φ_{cq}（°）	8.5	9	10	14

续表

土　名	①1淤泥、淤泥质粉质黏土	①3淤泥	①5淤泥质黏土	②1粉质黏土
c_{cq} (kPa)	30	35	40	65
φ_{uu} (°)	0.7	1.1	1.3	
c_{uu} (kPa)	6.2	11.5	16.8	
φ_{cu} (°)	10.3	8.5		
c_{cu} (kPa)	19.5	23.8		
$a_{1\sim2}$ (MPa^{-1})	1.5	1.6	0.7	0.29
无侧限 q_u (kPa)	19	33	40	151
标贯击数 N (击)	<1	<1	2	21
容许承载力 f (kPa)	55	60	85	220

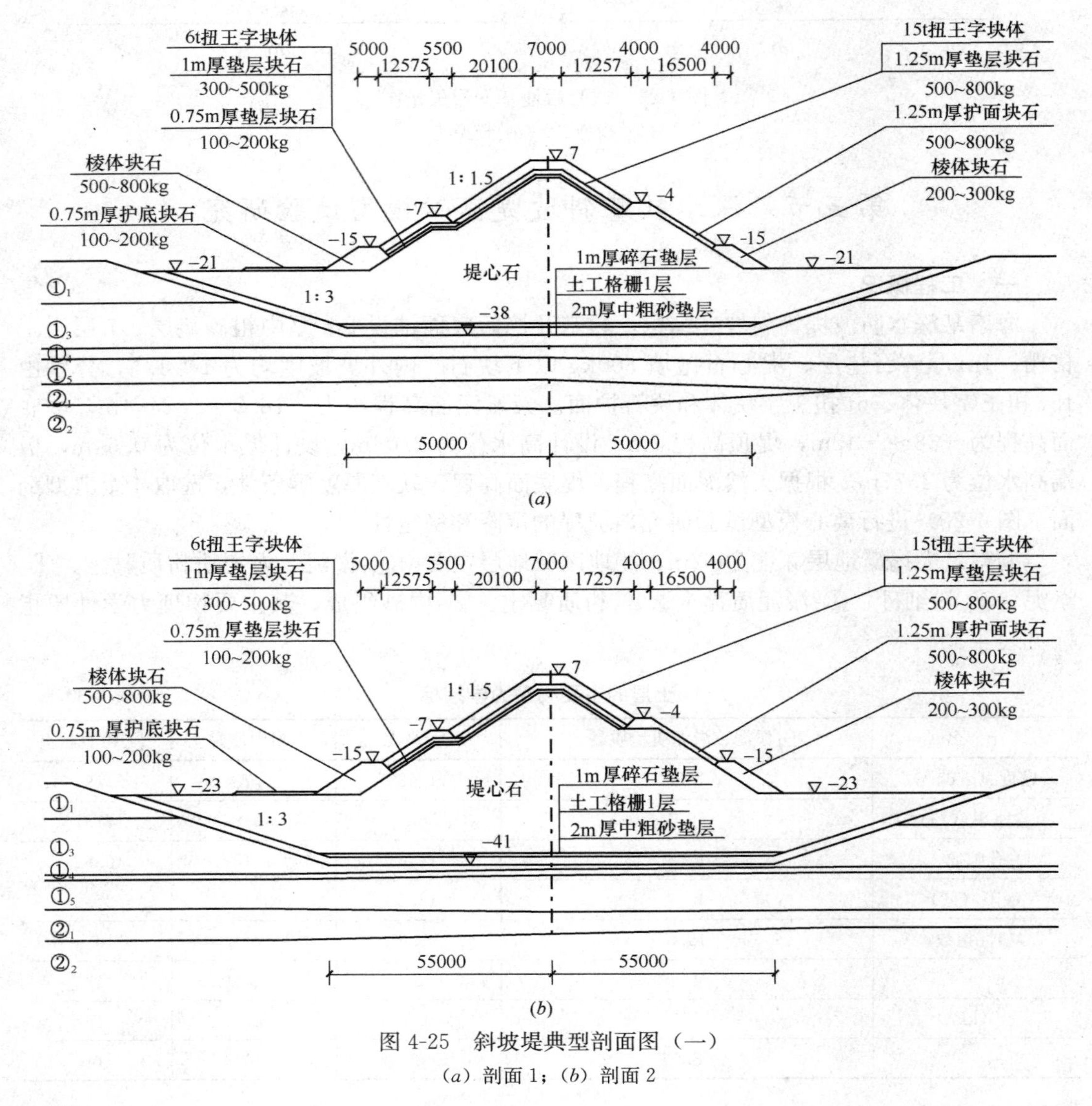

图 4-25　斜坡堤典型剖面图（一）

(a) 剖面 1；(b) 剖面 2

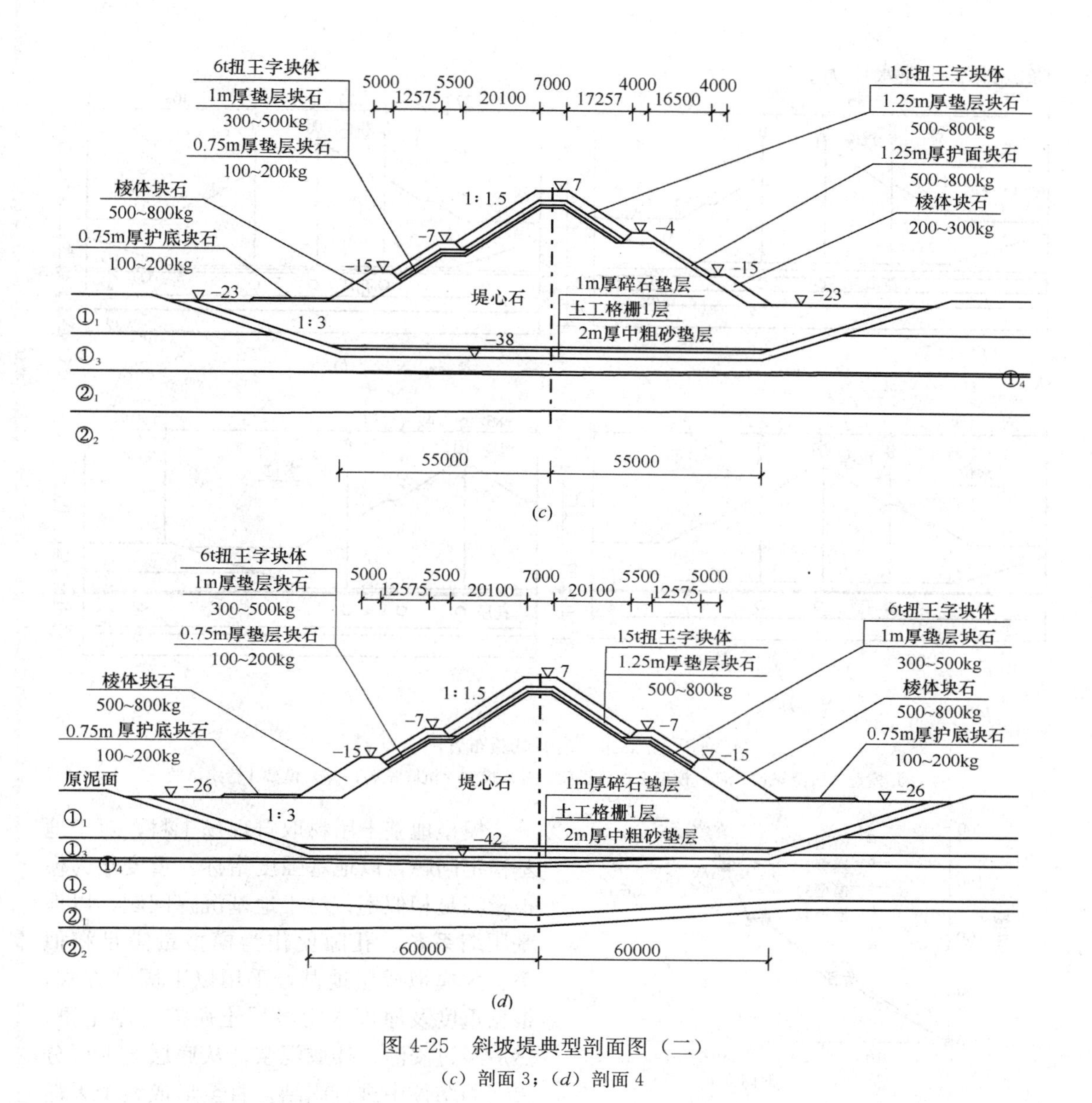

图 4-25 斜坡堤典型剖面图（二）

（c）剖面 3；（d）剖面 4

基础开挖后抛填 2m 厚中粗砂，铺设 1 层土工格栅（拉伸强度 260kPa/m），然后抛填 1m 厚碎石垫层、抛填 800kg 以下堤心石、安放护面。初步考虑抛填施工工期 18 个月，第 1 级加载至－21.0～－26.0m，加载时间 240d，停止抛填时间 40d；第 2 级加载至－7.0m，加载时间 160d，停止抛填时间 40d；第 3 级加载至断面形成，加载时间 60d。

二、试验方法

离心模型试验在 400gt 离心机上进行，按平面问题考虑，采用长×宽×高为 110cm×40cm×60cm 的大型模型箱，模型比尺选为 $N=160$。共进行 4 组离心试验，模型 1～3 对剖面 1～3 进行沉降试验，模拟施工过程和 10 年运行期，模型 4 对剖面 4 进行稳定试验，模拟了施工过程和超载破坏情况，模型布置如图 4-26 所示，离心机加速度过程如图 4-27 所示。各试验按最不利水位考虑，取设计低水位 0.64m。试验主要测试了防波堤和地基沉降、地基孔隙水压力。

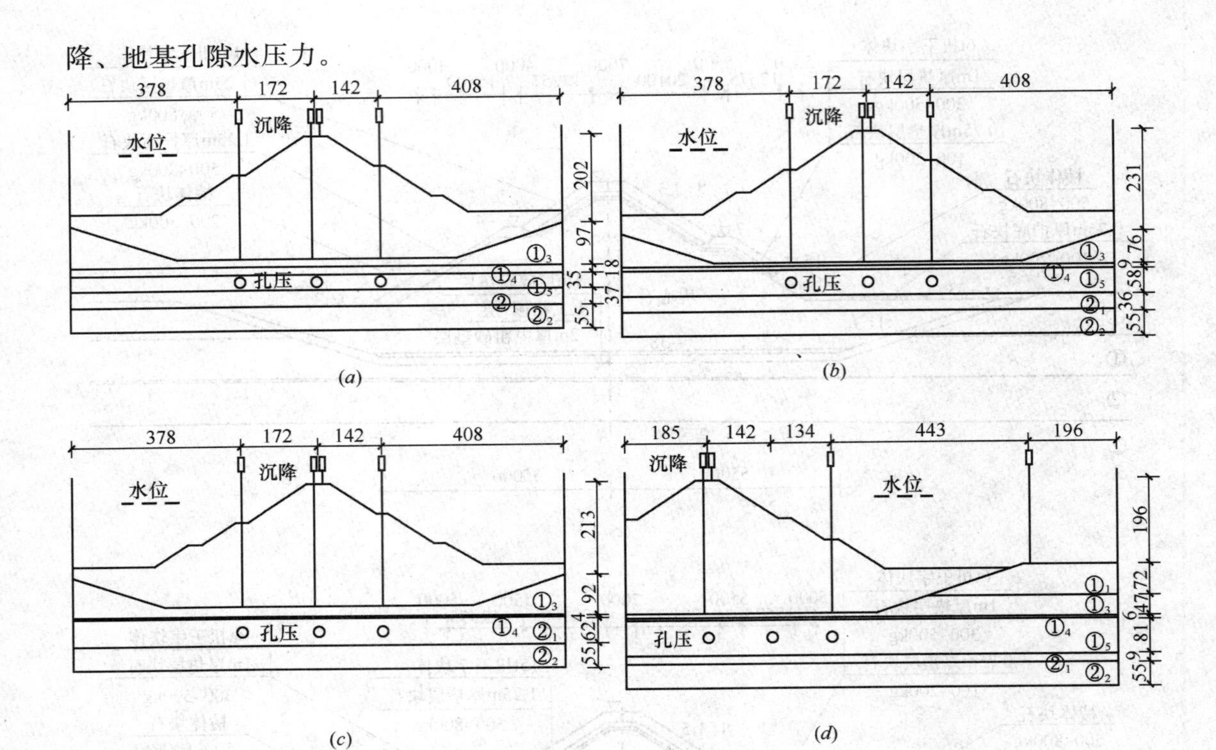

图 4-26 模型试验布置图

(*a*) 模型 1 沉降试验；(*b*) 模型 2 沉降试验；(*c*) 模型 3 沉降试验；(*d*) 模型 4 稳定试验

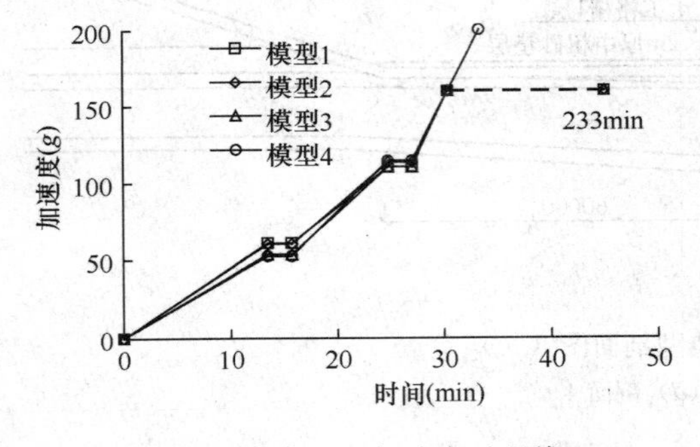

图 4-27 离心机加速度过程线

模型地基土用料取自现场土料，对于地基稳定问题，以地基强度指标、重度作为模拟量满足相似率；对于地基沉降问题，以地基压缩系数、孔隙比作为模拟量满足相似率。为模拟成层地基，采用以下固结方式，根据重度及厚度求得各层土所需的湿土重，然后经过浸泡、拌成泥浆，从底层至上层分层在固结仪中进行固结，直至形成整个天然地基土层。模型地基土层的控制指标见表4-34，土层的不排水抗剪强度根据无侧限抗压强度确定。

模型地基土层的控制指标 **表 4-34**

土名	沉降问题		稳定问题	
	孔隙比	压缩系数 $a_{1\sim2}$(MPa^{-1})	密度(g/cm^3)	抗剪强度 S_u(kPa)
①$_1$淤泥、淤泥质粉质黏土	1.64	1.5	1.63	9.5
①$_3$淤泥	1.66	1.6	1.62	16.5
①$_5$淤泥质黏土	1.15	0.7	1.78	20
②$_1$粉质黏土	0.82	0.29	1.91	75.5

防波堤的填筑材料主要有：中粗砂垫层、土工格栅、碎石垫层、800kg 以下堤心石、100～200kg 护底块石、500～800kg 棱体块石、300～500kg 垫层块石、100～200kg 垫层块石、6t 扭王字块体、15t 扭王字块体等，模型试验中要全部模拟是很困难的，考虑到试验主要研究堤身荷载作用下地基的稳定和变形问题，堤身只是作为荷载，因此，防波堤的填筑材料用 1 ~5mm 碎石模拟，外形与原型相似，重度为 21kN/m^3。土工格栅采用编织袋进行模拟。

三、沉降分析

图 4-28 为剖面 1 防波堤施工期和运行期实测的地表和堤顶沉降过程线，表 4-35 列出了各剖面不同时间和位置的沉降特征值。从此可以看出，随着防波堤填筑高度的增加，地基和堤顶沉降也增大；第 1 级荷载作用下地基沉降速率较小，第 2 级和第 3 级荷载作用下地基沉降速率较大；停止填筑后沉降增量逐渐减小。堤身沉降主要发生在施工期，竣工后堤身沉降增量很小，只有 5cm。防波堤范围内地表沉降呈堤中心大、两边小的锅形分布。

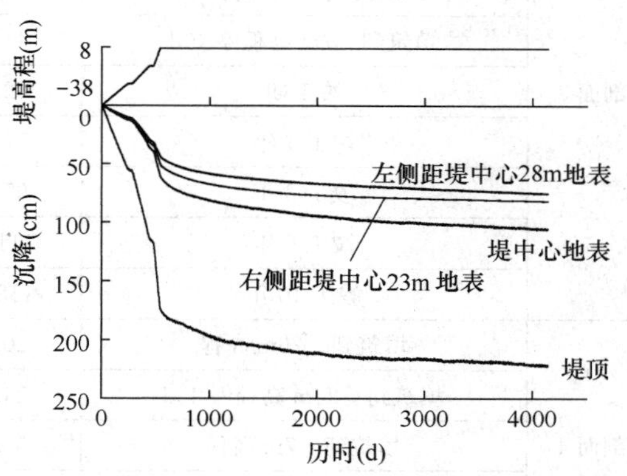

图 4-28 剖面 1 沉降过程线

沉降特征值 表 4-35

剖面	阶　段	地表沉降（cm）			堤顶沉降（cm）	堤身压缩量（cm）
		堤中心	左侧 28m	右侧 23m		
剖面 1	填筑到－21m 高程	12.0	10.0	10.9	54.5	42.5
	填筑到－21m 高程停 40d	13.5	10.9	11.7	56.3	42.8
	堤填筑到－7m 高程	35.9	29.0	31.5	113.1	77.2
	填筑到－7m 高程停 40d	39.2	32.0	34.7	117.8	78.6
	竣工期	60.5	43.4	49.9	171.9	111.4
	竣工 1 年	78.9	56.9	65.7	193.2	114.3
	竣工 3 年	90.5	64.4	74.7	207.2	116.7
	竣工 6 年	99.5	70.0	79.0	216.4	116.9
	竣工 10 年	105.8	75.3	81.9	221.9	116.1
剖面 2	填筑到－23m 高程	12.2	7.7	11.7	60.6	48.4
	填筑到－23m 高程停 40d	14.0	8.4	12.6	62.2	48.2
	填筑到－7m 高程	35.5	23.8	31.7	127.5	92.0
	填筑到－7m 高程停 40d	40.0	26.2	34.1	131.8	91.8
	竣工期	65.9	49.8	62.2	195.6	129.7
	竣工 1 年	85.4	63.2	77.8	217.0	131.6
	竣工 3 年	95.3	73.6	86.6	255.8	130.5
	竣工 6 年	106.9	84.9	96.5	237.5	130.6
	竣工 10 年	118.8	97.0	108.5	249.2	130.4

续表

剖面	阶　段	地表沉降（cm）			堤顶沉降（cm）	堤身压缩量（cm）
		堤中心	左侧 28m	右侧 23m		
剖面 3	填筑到－23m 高程	13.6	11.3	11.7	52.4	38.8
	填筑到－23m 高程停 40d	15.5	12.9	13.3	54.8	39.3
	填筑到－7m 高程	37.8	30.1	33.3	118.4	80.6
	填筑到－7m 高程停 40d	41.6	32.9	36.5	122.4	80.8
	竣工期	62.6	53.2	59.1	179.0	116.4
	竣工 1 年	77.8	70.2	74.2	195.3	114.3
	竣工 3 年	97.6	83.6	88.8	215.2	117.5
	竣工 6 年	111.6	90.4	101.2	231.2	119.6
	竣工 10 年	118.9	94.0	106.8	236.3	117.4
剖面 4	填筑到－26m 高程	20.2			62.0	41.8
	填筑到－26m 高程停 40d	24.3			66.1	41.8
	填筑到－7m 高程	56.3			147.2	90.9
	填筑到－7m 高程停 40d	63.7			154.9	91.2
	竣工期	91.1			218.6	127.5

由于软土地基沉降需要相当长时间才能趋于稳定，因此，工程上常常根据实测沉降来推算地基的最终沉降量。表 4-36 列出了采用三点法推算的各剖面堤中心地表的最终沉降及竣工后和堤顶的剩余沉降（竣工后堤自身压缩量统一按 10cm 考虑）。

最终沉降和剩余沉降　　表 4-36

剖　面	剖面 1	剖面 2	剖面 3
堤中心地表最终沉降（cm）	132	137	130
竣工后堤顶剩余沉降（cm）	82	81	77

四、地基孔隙水压力和固结度分析

图 4-29 为剖面 1 防波堤施工期和运行期地基孔隙水压力过程线，表 4-37 列出了各剖面不同时间和位置地基孔隙水压力和孔隙水压力系数。从此可以看出，在防波堤施工阶段，随着荷载的增加，地基孔隙水压力也逐渐增大，每级荷载填筑到顶时，孔隙水压力达到最大值，间歇期孔隙水压力稍有消散，但消散量很小；堤中心地基的孔隙水压力大于两侧的孔隙水压力。竣工 10 年后孔隙水压力还有孔压峰值的 40%左右，表明地基孔隙水压力消散得相当缓慢。孔隙水压力系数小于软土地基经验值 0.6，表明施工期地基基本稳定。

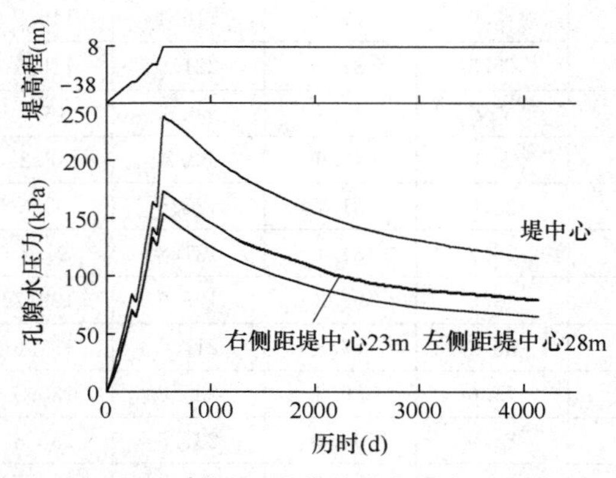

图 4-29　剖面 1 地基孔隙水压力过程线

地基孔隙水压力特征值　　表 4-37

剖面	阶　段	孔隙水压力（kPa）			孔隙水压力系数		
		堤中心	左侧 28m	右侧 23m	堤中心	左侧 28m	右侧 23m
剖面 1	填筑到－21m 高程	84.0	69.2	70.7	0.394	0.531	0.495
	填筑到－21m 高程停 40d	77.6	64.7	65.4			
	填筑到－7m 高程	163.8	132.9	141.2	0.445	0.588	0.572
	填筑到－7m 高程停 40d	159.6	126.0	135.4			
	竣工期	237.7	153.2	173.0	0.445	0.484	0.494
	竣工 1 年	212.1	130.2	151.0			
	竣工 3 年	170.3	100.2	118.3			
	竣工 6 年	135.1	76.5	91.5			
	竣工 10 年	115.2	65.0	79.3			
剖面 2	填筑到－23m 高程	96.6	76.5	85.2	0.437	0.548	0.561
	填筑到－23m 高程停 40d	93.2	73.9	81.7			
	填筑到－7m 高程	199.0	140.0	158.0	0.487	0.551	0.559
	填筑到－7m 高程停 40d	195.8	136.1	154.0			
	竣工期	292.2	199.1	212.9	0.504	0.548	0.540
	竣工 1 年	262.4	173.0	186.1			
	竣工 3 年	217.6	138.7	147.5			
	竣工 6 年	167.0	105.2	116.5			
	竣工 10 年	124.3	73.1	85.3			
剖面 3	填筑到－23m 高程	75.1	59.9	66.5	0.404	0.528	0.535
	填筑到－23m 高程停 40d	73.0	57.4	63.6			
	填筑到－7m 高程	160.4	126.8	135.1	0.424	0.551	0.536
	填筑到－7m 高程停 40d	155.8	123.5	132.1			
	竣工期	223.2	158.1	169.5	0.422	0.481	0.473
	竣工 1 年	191.5	133.9	145.3			
	竣工 3 年	135.3	93.7	104.0			
	竣工 6 年	91.9	53.8	62.0			
	竣工 10 年	78.5	40.4	48.8			
剖面 4	填筑到－26m 高程	91.9		69.3	0.471		0.556
	填筑到－26m 高程停 40d	89.7		65.7			
	填筑到－7m 高程	201.9		160.6	0.477		0.601
	填筑到－7m 高程停 40d	198.9		157.3			
	竣工期	292.9		207.0	0.494		0.554

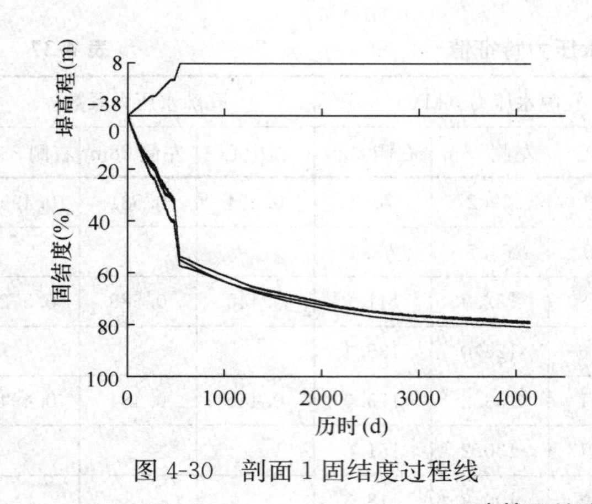

图 4-30　剖面 1 固结度过程线

图 4-30 为剖面 1 根据试验实测的地基孔隙水压力推算的相对于防波堤竣工荷载的固结度过程线，表 4-38 列出了各剖面不同时间和位置地基固结度特征值。从这些图表可以看出，在防波堤填筑阶段，随着荷载的增加，地基固结度增长较快，填筑间歇期和竣工后地基固结度增长缓慢。防波堤竣工期地基固结度达 50%～55%，竣工 10 年后地基固结度达 80%～85%。

地基固结度特征值　　**表 4-38**

剖面	阶　段	固结度（%）			
		堤中心	左侧 28m	右侧 23m	平均
剖面 1	填筑到－21m 高程	23.1	17.9	19.3	20.1
	填筑到－21m 高程停 40d	24.1	19.0	20.5	21.2
	填筑到－7m 高程	39.2	29.5	31.1	33.3
	填筑到－7m 高程停 40d	40.8	32.4	33.2	35.5
	竣工期	57.3	54.9	53.6	55.3
	竣工 1 年	62.0	61.8	59.6	61.1
	竣工 3 年	69.5	70.6	68.4	69.5
	竣工 6 年	75.8	77.6	75.5	76.3
	竣工 10 年	79.4	80.9	78.8	79.7
剖面 2	填筑到－23m 高程	21.0	16.9	16.4	18.1
	填筑到－23m 高程停 40d	21.5	17.5	17.1	18.7
	填筑到－7m 高程	37.3	33.5	32.2	34.3
	填筑到－7m 高程停 40d	37.8	34.5	33.1	35.1
	竣工期	50.5	46.7	47.6	48.3
	竣工 1 年	55.6	53.7	54.3	54.6
	竣工 3 年	63.2	62.9	63.8	63.3
	竣工 6 年	71.8	71.9	71.4	71.7
	竣工 10 年	79.0	80.4	79.0	79.5
剖面 3	填筑到－23m 高程	19.8	15.9	15.7	17.1
	填筑到－23m 高程停 40d	20.5	16.7	16.6	17.9
	填筑到－7m 高程	40.1	31.8	32.8	34.9
	填筑到－7m 高程停 40d	40.7	32.7	33.7	35.7
	竣工期	59.8	53.5	54.5	55.9
	竣工 1 年	65.7	60.7	61.1	62.5
	竣工 3 年	75.6	72.5	72.2	73.4

续表

剖面	阶段	固结度（%）			
		堤中心	左侧 28m	右侧 23m	平均
剖面 3	堤竣工 6 年	83.5	84.2	83.4	73.7
	竣工 10 年	86.0	88.1	87.0	87.0
剖面 4	填筑到－23m 高程	17.1	14.4		15.8
	填筑到－23m 高程停 40d	18.2	16.0		17.1
	填筑到－7m 高程	37.5	29.3		33.4
	填筑到－7m 高程停 40d	39.0	31.2		35.1
	竣工期	51.6	46.5		49.0

五、地基稳定性分析

通过提高离心加速度的方法来进一步研究防波堤地基整体破坏形式。图 4-31 为剖面 4 破坏性试验的沉降与加速度关系曲线，从此可以看出，随着离心加速度的增加，堤中心地表、堤顶、堤中心右侧 44m 地表沉降也不断增大，堤中心右侧 99m 地表（堤坡脚处）沉降并不随着加速度的增加而增大，而是出现隆起现象，当离心加速度增加到 177.3g 和 190g 时，坡脚处地基隆起量出现明显增大现象。

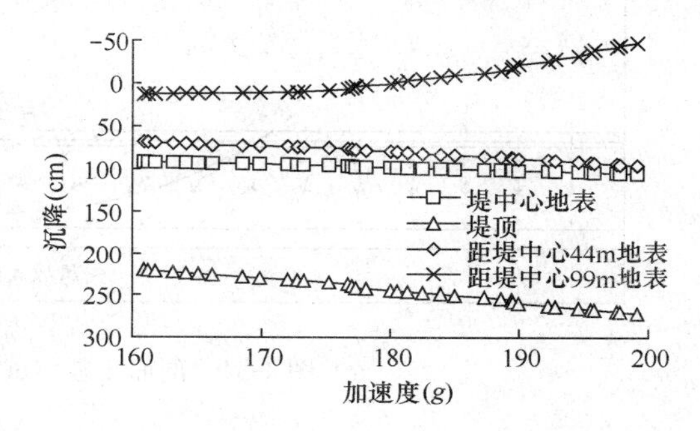

图 4-31　剖面 4 破坏试验沉降与加速度关系

图 4-32 为破坏性试验的地基孔隙水压力和加速度关系曲线，从此可以看出，随着离心加速度的增加，地基孔隙水压力几乎线性增大，当离心加速度增加到 177.3g 和 190g 时，地基孔隙水压力存在两个跳跃点。图 4-33 为破坏性试验的地基孔隙水压力系数和加速度关系曲线。从此可以看出，当离心加速度小于 177.3g 时，地基孔隙水压力系数随离心加速度变化不是很明显；当离心加速度大于 177.3g 时，地基孔隙水压力系数随离心加速度的增加而增大，离心加速度为 177.3g 和 190g 时，地基孔隙水压力系数显著增长，尤其当离心加速度增加到 190g 时，地基孔隙水压力系数大于软土地基经验值 0.6。从坡

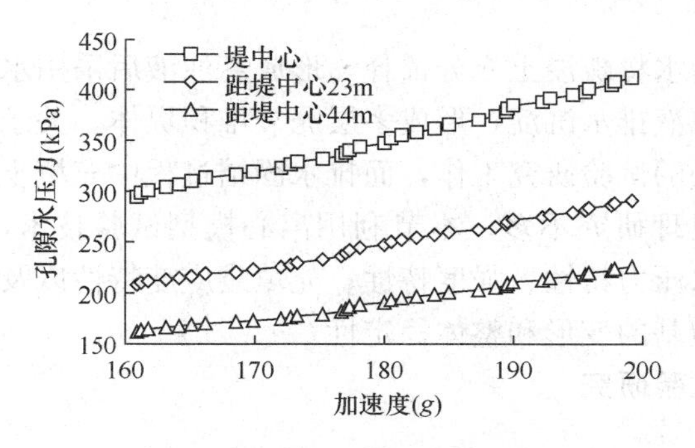

图 4-32　剖面 4 破坏试验孔隙水压力和加速度关系

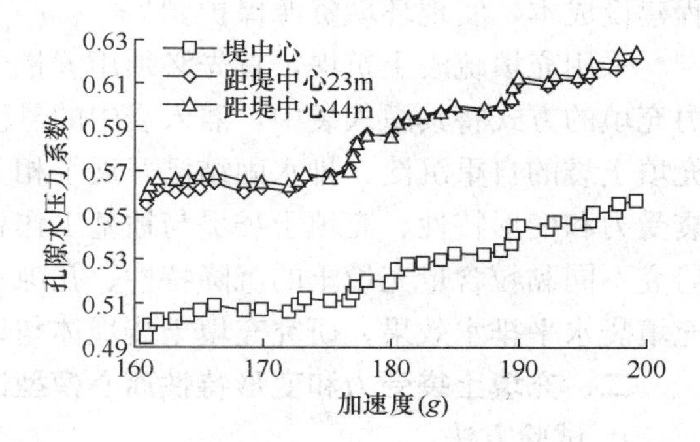

图 4-33　剖面 4 破坏试验孔隙水压力系数和加速度关系

脚处地基隆起量、地基孔隙水压力和孔隙水压力系数可以看出，当离心加速度达 190g 时，地基出现了失稳破坏现象，从图 4-34 给出的地基变形矢量图也能看出这一现象。地基失稳破坏表现为圆弧滑动破坏形式，图 4-34 给出了滑动圆弧的半径和圆心位置，滑弧半径为 72m，圆心水平方向距堤中心为 65m，垂直方向距堤顶 10m。根据地基出现了失稳破坏时的加速度（190g）与设计加速度（160g）之比可以确定稳定破坏安全系数为 1.19。

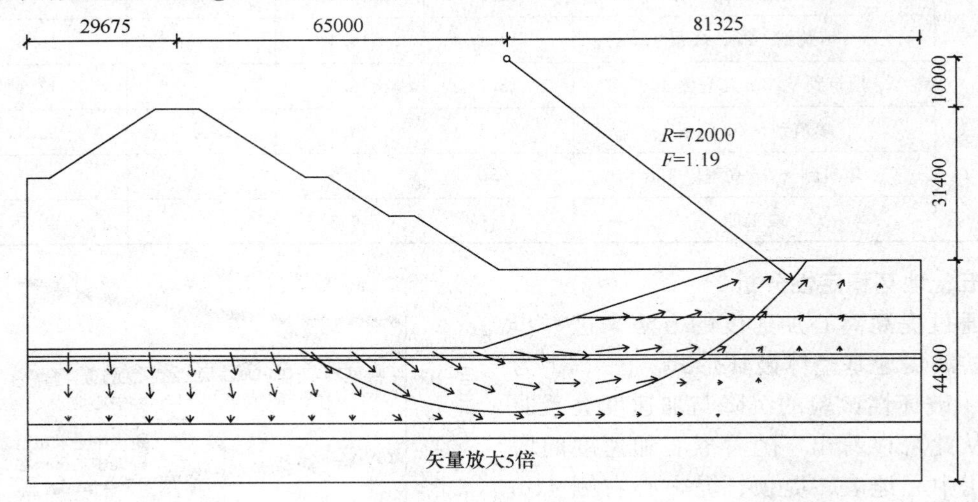

图 4-34　剖面 4 破坏试验的地基变形矢量图

第六节　充填土袋筑堤离心模型试验研究

一、引言

沿海堤坝修筑是港口航道工程建设的重要内容，也是围海造陆、解决土地资源紧张问题的重要途径。土工织物充填土袋筑堤技术经不断发展，已广泛应用于水利、交通及海岸等工程领域，规范要求充填料的黏粒含量应小于 10%。由软黏土形成的淤泥质浅滩在我国沿海地区广泛分布，港口航道建设、围海造陆工程中将产生大量的疏浚土及吹填泥，这类弃土的黏粒含量一般较高。如能利用当地这类弃土资源作为筑堤充填料，可大大降低工程建设成本，实现环境资源保护。

采用充填疏浚土筑堤，首先必须用大量的水将疏浚土充分稀释，形成悬浊液后采用水力充填的方式将其灌入袋中，灌入袋中的悬浊液排水沉淀，形成多层泥袋堆积堤体。关于充填土袋的自重沉淀、排水固结已开展了相关的试验研究工作，而排水固结过程中充填土袋受力和变形特性、充填土袋堤与地基工作机理研究不多。本节利用离心模型试验技术，研究不同黏粒含量充填土的沉降特性、孔隙水压力特性、强度特性、充填袋应变特性以及充填袋水平排水效果，研究充填土袋堤体与地基的变形和整体稳定性。

二、充填土袋受力和变形特性离心模型试验研究

1. 试验方法

试验土样取自连云港的黏性土和砂性土，其颗粒如表 4-39 所示，以这两种土样的不同配比进行制样，获得 6 种黏粒含量为 32.5%～10.1%的试样（表 4-40），以研究黏粒含

量对充填土袋受力和变形特性的影响。

充填土颗粒组成（%） **表 4-39**

土样 \ 粒径（mm）	0.25～0.075	0.075～0.05	0.05～0.01	0.01～0.005	<0.005	<0.002
黏性土	22.8	5.0	24.8	14.9	32.5	14.6
砂性土	55.3	6.3	30.5	1.7	6.2	4.5

充填袋采用质量为 $230g/m^2$ 的丙纶机织土工布，采用两种大小的充填袋，主要差异为袋高度不同，其一是大袋，尺寸为 700mm×500mm×400mm（长×高×宽），其二是小袋，尺寸为 700mm×250mm×400mm（长×高×宽），两小袋层叠，以研究充填袋水平排水效果。

离心模型试验在南京水利科学研究院 400gt 土工离心机上进行，模型箱的有效尺寸为 1100mm×600mm×400mm（长×高×宽）。共进行了 7 组试验，各模型的充填土黏粒含量和充填袋尺寸列于表 4-40，模型布置见图 4-35。

试 验 模 型 **表 4-40**

模型编号	1	2	3	4	5	6	7
黏粒含量（%）	32.5	27.2	22.0	18.0	14.1	10.1	32.5
充填袋	1 大袋	1 大袋	1 大袋	1 大袋	1 大袋	1 大袋	2 小袋

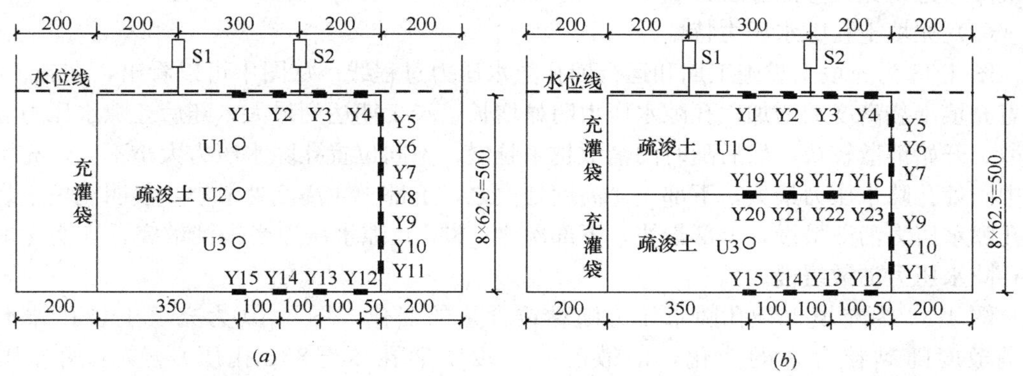

图 4-35 模型布置图

(*a*) 大袋模型；(*b*) 小袋模型

将制成流动状的充填土灌入充填袋内，充填完成后，向模型箱内注水，淹没充填袋土，以模拟水下工况，让充填土排水沉淀 1d，以使各模型充填土初始条件一致。在 72min 内将离心机加速度匀速上升到 20*g*，然后在 20*g* 加速度下运行至 300min，以模拟 10m 高的充填土袋、20d 的施工期以及 83d 的充填土袋的固结变形过程。试验中进行了充填土袋顶面沉降、充填土孔隙水压力、充填袋应变等测量，试验后进行了充填土强度测试。

2. 黏粒含量的影响

(1) 充填土沉降特性

图 4-36 为充填土袋施工期和运行期沉降过程线， 图 4-37 为充填土沉降和沉降差随黏

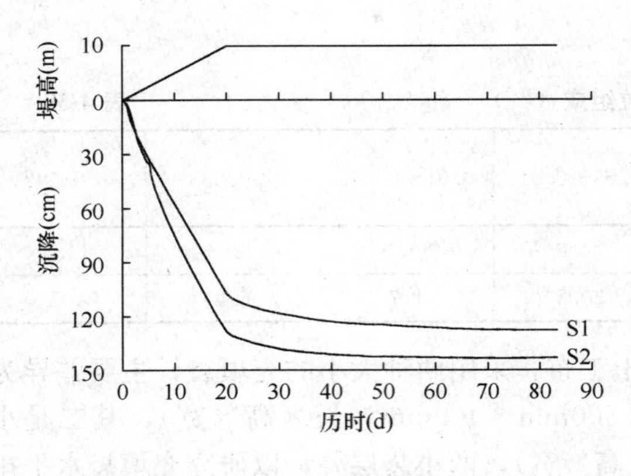

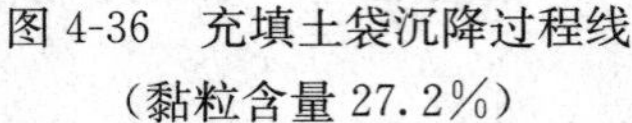
图 4-36　充填土袋沉降过程线
（黏粒含量 27.2%）

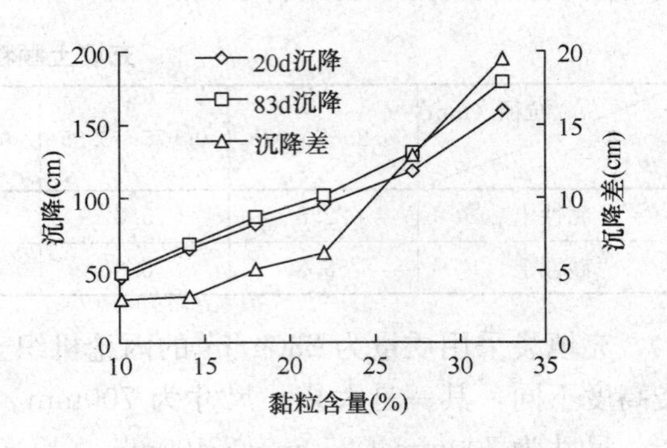

图 4-37　充填土袋沉降和沉降差随黏粒含量的变化

粒含量的变化。从此可以看出，在施工期，随着充填土袋高度的增加，充填土袋的沉降明显增大，停止填筑后沉降增量很小，表明充填土袋沉降主要发生在施工期，竣工后沉降很缓慢。充填土袋沉降随黏粒含量的增加而增大，呈两段线性增大的变化规律，当黏粒含量小于 22%时，沉降随黏粒含量的增加而增大幅度较小，大于 22%时，沉降随黏粒含量的增加而增大幅度较大，83d 与竣工期的沉降差随黏粒含量的变化更加明显。充填土袋的压缩率竣工期为 4.5%～16.0%，83d 为 4.8%～17.9%，随黏粒含量的增加而增大。因此，从沉降考虑，充填土的黏粒含量不宜大于 22%。

（2）充填土孔隙水压力特性

图 4-38 为充填土袋施工期和运行期孔隙水压力过程线，从图中可以看出，在施工期，随着充填土袋高度的增加，孔隙水压力明显增长，竣工期达到最大，随后孔隙水压力逐渐消散，开始消散较快，然后随时间消散越来越慢；不同位置孔隙水压力大小不同，充填袋土中间处孔隙水压力最大，下部 1/4 高度处次之，上部 1/4 高度处最小，表明充填土袋中间孔隙水压力消散最慢，上部最快，下部次之；83d 孔隙水压力尚未消散完，表明充填袋土孔隙水压力消散缓慢。

图 4-39 为充填土袋孔隙水压力随黏粒含量的变化，图 4-40 为充填土袋孔隙水压力消散度随黏粒含量的变化，消散度＝（竣工期孔压－83d 孔压）/竣工期孔压×100%。从图中可以看出，充填土孔隙水压力随黏粒含量的增加而增大，当黏粒含量小于 14.1%和大于 27.2%时，孔隙水压力随黏粒含量的增加而增大幅度较小，当黏粒含量为 14.1%～27.2%时，孔隙水压力随黏粒含量的增加而增大幅度较大。当黏粒含量小于 27.2%时，消散度随黏粒含量的增加而显著降低，当黏粒含量大于 27.2%时，消散度随黏粒含量的增加而变化不大。因此，从孔隙水压力考虑，充填土的黏粒含量不宜大于 27.2%。

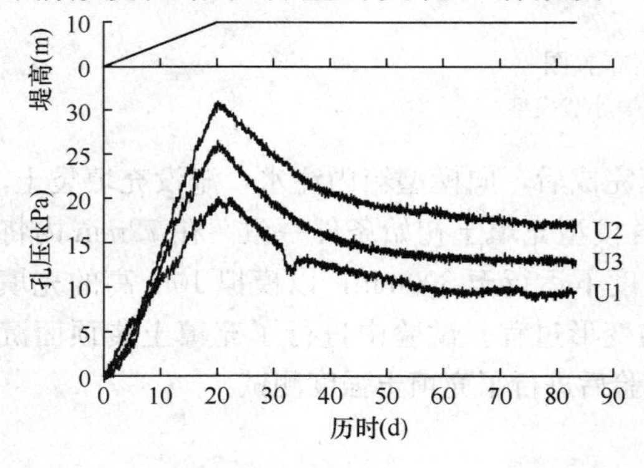

图 4-38　充填土袋孔隙水压力过程线
（黏粒含量 32.5%）

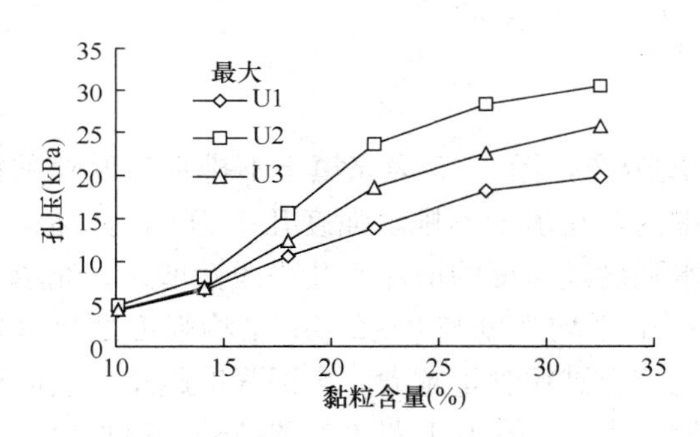

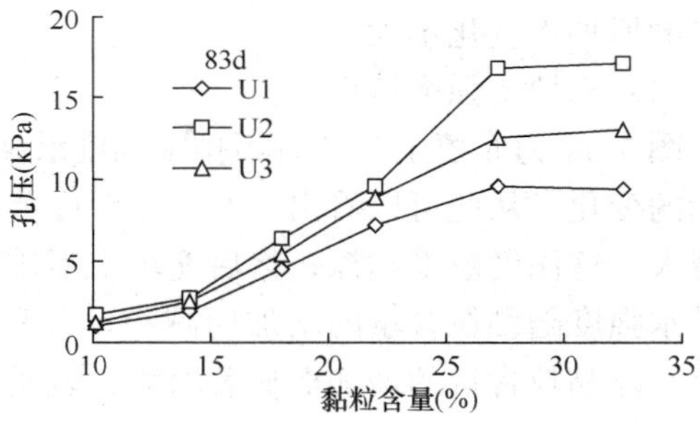

图 4-39　充填土袋孔隙水压力随黏粒含量的变化

(3) 充填袋应变特性

图 4-41 为充填袋施工期和运行期应变过程线，图 4-42 为充填袋应变分布。从图中可以看出，在施工期，随着充填土袋高度的增加，充填袋的应变明显增大，竣工期达到最大，然后随时间充填袋应变有所减小，表明充填袋应变随上覆荷载的增加而增大，随着充填土袋沉降和孔隙水压力消散而减小。充填袋应变沿袋体分布规律性不强，总体来说，充填袋侧面应变最大，表明充填袋侧面受充填土的侧向挤压作用，充填袋顶面应变次之，主要由于充填袋土侧向挤压而引起顶面拉伸，充填袋底面应变最小，表明充填袋底面受摩阻作用而受力较小。从充填袋应力松弛来看，应变越大，其松弛也越大。

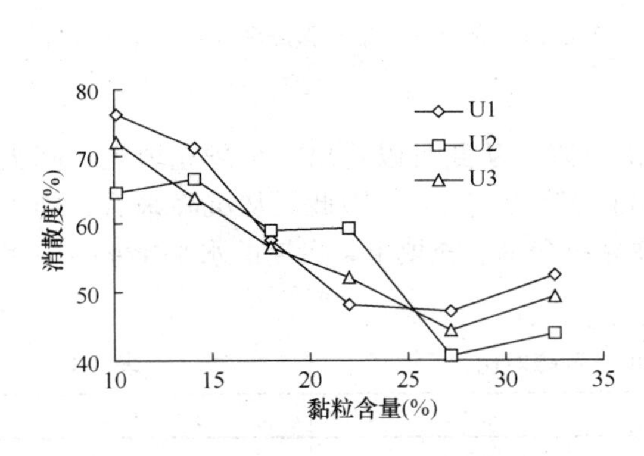

图 4-40　充填土袋孔压消散度随黏粒含量的变化

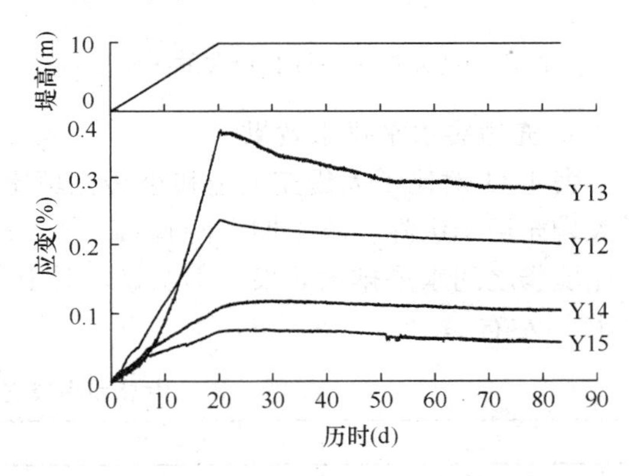

图 4-41　充填袋应变过程线（黏粒含量 14.1%）

图 4-43 为充填袋最大应变随黏粒含量的变化，从此可以看出，充填袋最大应变较小；当黏粒含量小于 18%，充填袋最大应变随黏粒含量的增加而增大，大于 18%时，随黏粒

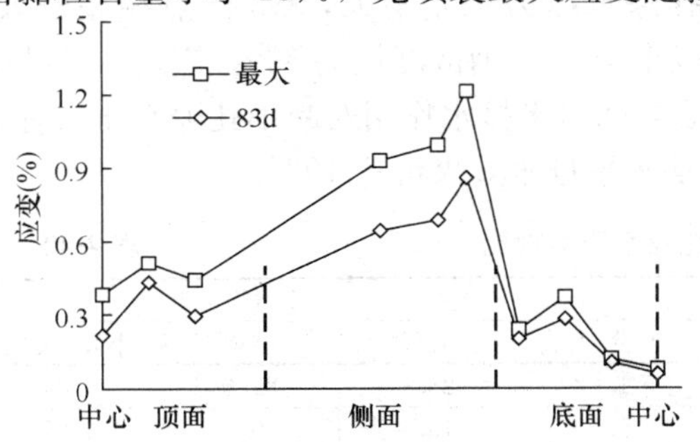

图 4-42　充填袋应变分布（黏粒含量 14.1%）

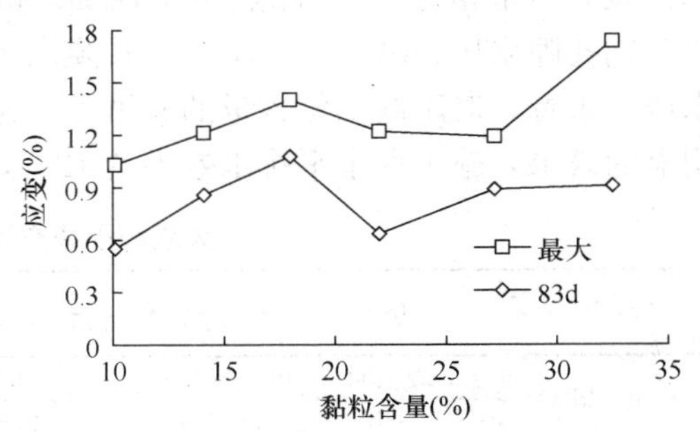

图 4-43　充填袋最大应变随黏粒含量的变化

含量的增加而变化不大。

（4）充填土强度特性

图 4-44 为充填土 83d 时不排水强度沿深度分布，图 4-45 为充填土不排水强度随黏粒含量的变化。从此可以看出，在一定深度范围内，充填土不排水强度几乎为 0，且黏粒含量越大，这深度范围越深；然后充填土不排水强度随深度的增加而几乎线性增大。充填土不排水强度随黏粒含量的增加而减小；2.5～5m 平均强度与 0～2.5m 平均强度之比（强度比）随黏粒含量的增加而显著增大，表明充填土黏粒含量越大，表层强度越小。表明一定深度内充填袋土自重固结相当缓慢，强度增长小，应在其上覆盖上覆荷载，以加快充填袋土的固结，变形稳定，强度增长，确保充填袋土堤稳定。

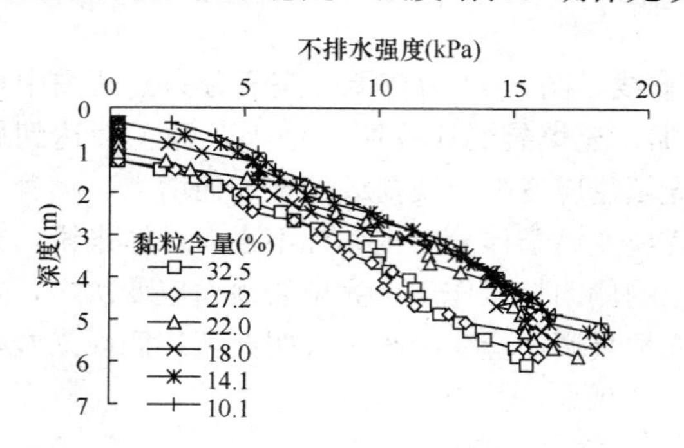

图 4-44　充填土不排水强度沿深度分布

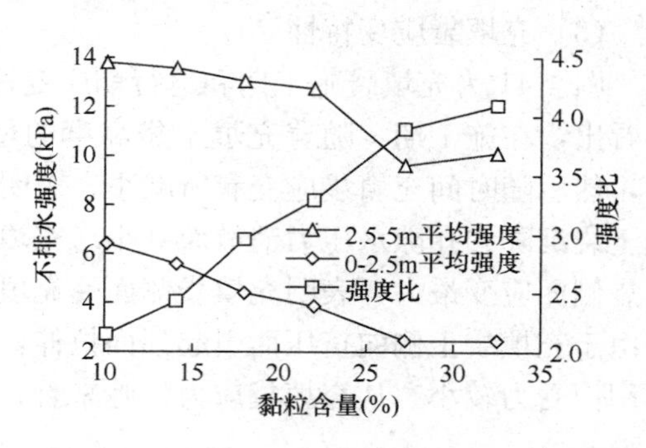

图 4-45　充填土不排水强度随黏粒含量的变化

3. 充填袋水平排水效果

表 4-41 对比了大袋充填土和小袋充填土的沉降，从此可以看出，小袋充填土沉降大于大袋充填土沉降，竣工期沉降提高 2%，83d 沉降提高 8%。因此，从沉降来看，施工期充填袋之间水平排水效果并不明显，对于高黏粒含量的充填土，后期的水平排水效果可达 10%左右。

大袋和小袋充填土沉降对比　　表 4-41

历时	大袋（cm）	小袋（cm）	小袋/大袋
竣工期	159.6	163.6	1.02
83d	179.1	194.3	1.08

表 4-42 对比了大袋充填土和小袋充填土的孔隙水压力，从此可以看出，小袋充填土和大袋充填土相比，U1 测点竣工期和 83d 时孔隙水压力相差不大，U3 测点相差较大，竣工期孔隙水压力减小 12%，83d 孔隙水压力减小 19%，消散度提高 8%。因此，从孔隙水压力来看，对于高黏粒含量的充填土，充填袋之间水平排水作用对减小孔隙水压力有较明显的效果，施工期水平排水效果达 12%，后期水平排水效果可达 19%。

大袋和小袋充填土孔隙水压力对比　　表 4-42

项目	历时	U1			U3		
		大袋	小袋	小袋/大袋	大袋	小袋	小袋/大袋
孔压（kPa）	竣工期	19.8	20.3	1.02	25.7	22.6	0.88
	83d	9.4	9.6	1.02	13.0	10.5	0.81
消散度（%）		52.52	52.71	1.00	49.42	53.54	1.08

表 4-43 对比了大充填袋和小充填袋的最大应变，从此可以看出，小充填袋和大充填袋相比，竣工期最大应变减小 17%，83d 最大应变相差不大。

大充填袋和小充填袋最大应变对比 **表 4-43**

历时	大袋（%）	小袋（%）	小袋/大袋
竣工期	1.74	1.45	0.83
83d	0.91	0.96	1.06

表 4-44 列出了大袋和小袋充填土不排水强度，从此可以看出，0～2.5m 平均不排水强度小袋比大袋提高 6%，2.5～5m 平均不排水强度小袋比大袋提高 8%。因此，对于高黏粒含量的充填土，从不排水强度来看，充填袋之间水平排水效果可达 8%左右。

大袋和小袋充填土不排水强度对比 **表 4-44**

深度	大袋（kPa）	小袋（kPa）	小袋/大袋
0—2.5m 均值	2.47	2.62	1.06
2.5—5m 均值	10.11	10.90	1.08

三、充填土袋堤变形与稳定离心模型试验研究

1. 试验方法

离心模型试验在南京水利科学研究院 400gt 土工离心机上进行，采用长×宽×高为 110cm×40cm×60cm 的大型模型箱，按平面问题考虑，综合各种影响因素，模型比尺选为 $N=50$。水位按最不利情况考虑，取平均低潮位▽1.13m。试验模型布置如图 4-46 所示。试验先模拟 2 个月充填土袋堤体填筑期，再模拟 1 个月运行期，最后提高加速度模拟堤体和地基的破坏情况。离心机加速度过程如图 4-47 所示。模型试验分别在堤顶中心、堤肩、泥面布置沉降测点及土体变形标志。

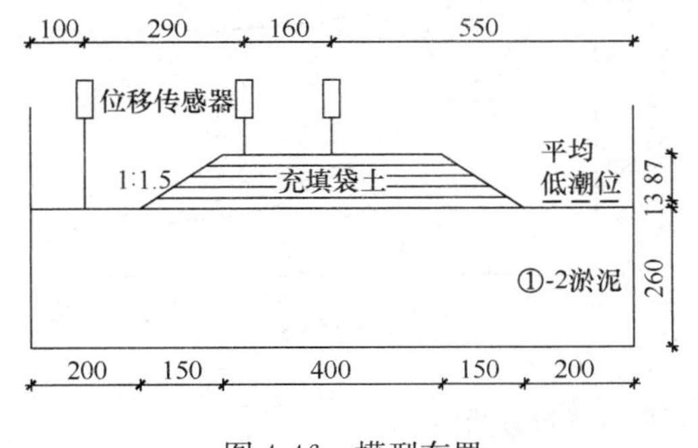

图 4-46 模型布置

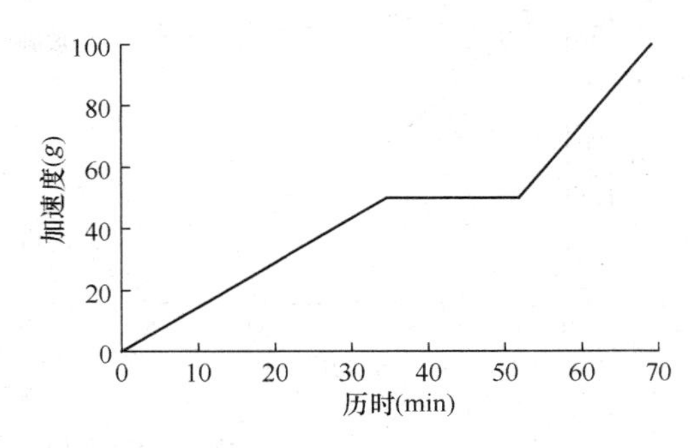

图 4-47 离心机加速度过程线

试验中软土地基主要模拟①-2 淤泥，其物理力学指标如表 4-45 所示。模型地基土用料取自连云港，试验主要研究在堤身荷载作用下地基的稳定和变形问题，以地基不排水强度、重度作为模拟量满足相似率。经过浸泡、拌成泥浆，在固结仪中进行固结，形成整个天然地基土层，模型地基土层不排水抗剪强度分布如图 4-48 所示，平均值为 22kPa。

①-2 淤泥的物理力学指标 **表 4-45**

含水率（%）	密度（g/cm^3）	孔隙比	液限（%）	塑性指数	凝聚力（kPa）	内摩擦角（°）
64.9	1.64	1.754	62.0	32.7	24	8.4

充填土袋堤底宽 35m，顶宽 20m，高 5m，坡 1：1.5，试验分别模拟采用黏性土和砂性土作为充填料筑堤，其颗粒组成见表 4-39。根据沉淀试验结果，以充填土沉淀结束时的含水率和湿密度作为初始状态进行充填袋土筑堤，如表 4-46 所示。模型充填袋堤分 5 层，每层 2cm，每层用排水板膜包裹分隔。

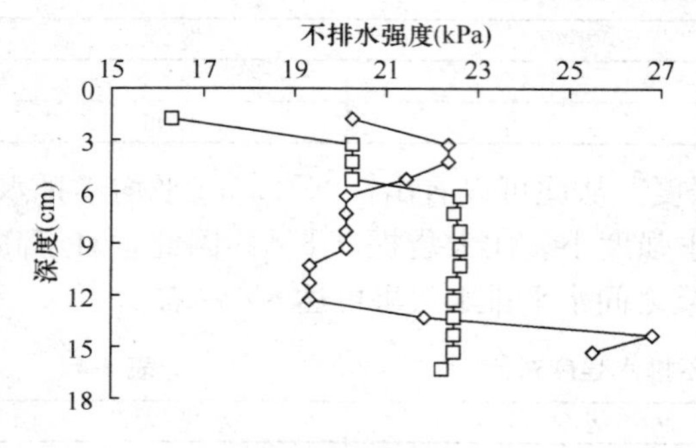

图 4-48 模型地基不排水强度

沉淀结束时充填土的物理性指标 表 4-46

土 样	砂性土	黏性土
含水率（%）	43.6	72.6
湿密度（g/cm³）	1.81	1.58

2. 充填土袋堤沉降分析

图 4-49 分别为充填黏性土和充填砂性土筑堤方案施工期和运行期的地表和堤顶沉降过程线，表 4-47 列出了不同时间和位置的沉降特征值。从此可以看出，在施工期，随着充填土袋堤体填筑高度的增加，堤顶和地基的沉降明显增大；停止填筑后沉降增量逐渐减小；在堤体范围内沉降呈堤中心大、两边小的锅形分布。堤顶沉降主要发生在施工期，表明充填袋土筑堤堤身的压缩变形较大。充填黏性土筑堤方案，竣工期堤顶中心沉降为 149.1cm，竣工一个月为 165.9cm，相差 16.8cm。充填砂性土筑堤方案，竣工期堤顶中心沉降为 94.8cm，竣工一个月为 102.5cm，相差 7.7m。两方案竣工期堤体和地基整体处于稳定状态。

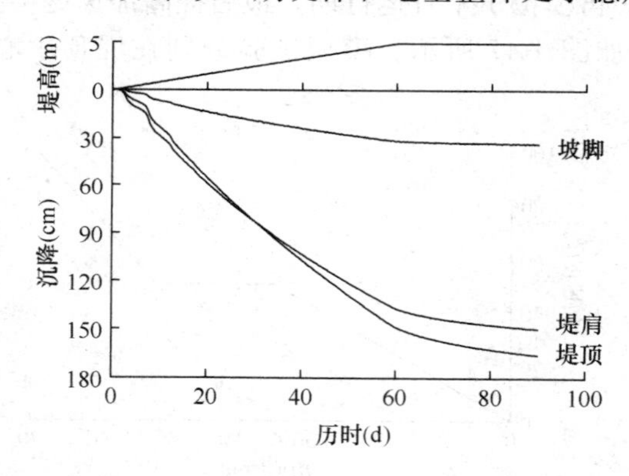

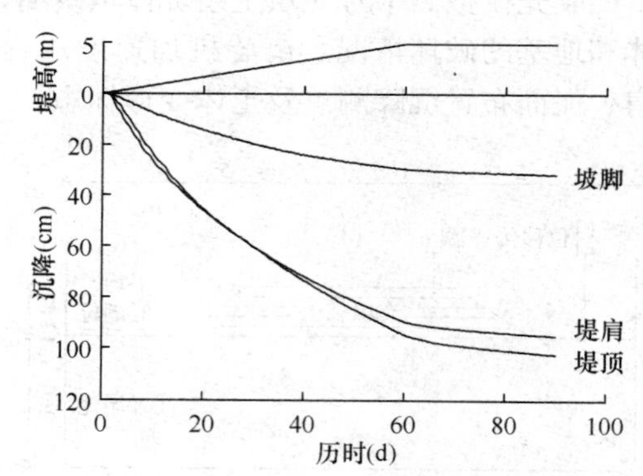

图 4-49 充填土袋堤的沉降过程线

(*a*) 充填黏性土；(*b*) 充填砂性土

沉降特征值（cm） 表 4-47

时间 \ 筑堤方案	充填黏性土			充填砂性土		
	堤顶中心	堤肩	坡脚泥面	堤顶中心	堤肩	坡脚泥面
竣工期	149.1	137.5	31.6	94.8	89.7	29.5
竣工一个月	165.9	150.0	33.4	102.5	95.2	31.7

对比充填黏性土筑堤和充填砂性土筑堤方案，两方案坡脚泥面的沉降基本相同，而堤顶中心和堤肩的沉降相差较大，竣工期堤顶中心相差 54.3cm，堤肩相差 47.8cm，竣工一个月顶中心相差 63.4cm，堤肩相差 54.8cm。由于两方案地基条件一样，表明堤身的压缩变形相差较大。充填黏性土筑堤比充填砂性土筑堤，竣工期堤身压缩率约高 11%，竣工

一个月约高13%。

3. 充填土袋堤稳定性分析

通过提高离心加速度的方法来进一步研究充填土袋堤体与地基整体破坏形式。图4-50为充填土袋堤破坏性试验的沉降与加速度关系曲线，从图中可以看出，当离心机加速度小于临界加速度时，堤顶中心、堤肩、坡脚泥面的沉降均随加速度的增加而以一定斜率增大，当离心机加速度大于临界加速度时，堤顶中心的沉降随加速度的变化斜率未变，堤肩、坡脚泥面的沉降随加速度的变化斜率发生改变，堤肩的沉降随加速度的变化斜率增大，坡脚泥面随加速度的增加而缓慢隆起，表明充填土袋堤体与地基开始出现整体失稳破坏迹象。根据开始出现整体失稳破坏时的临界加速度与设计加速度之比可以确定稳定安全系数。对于充填黏性土方案，临界加速度为59.62g，稳定安全系数为1.19，表明充填黏粒含量高达32.5%的黏性土筑堤能满足整体稳定要求。对于充填砂性土方案，临界加速度为70.71g，稳定安全系数为1.41。

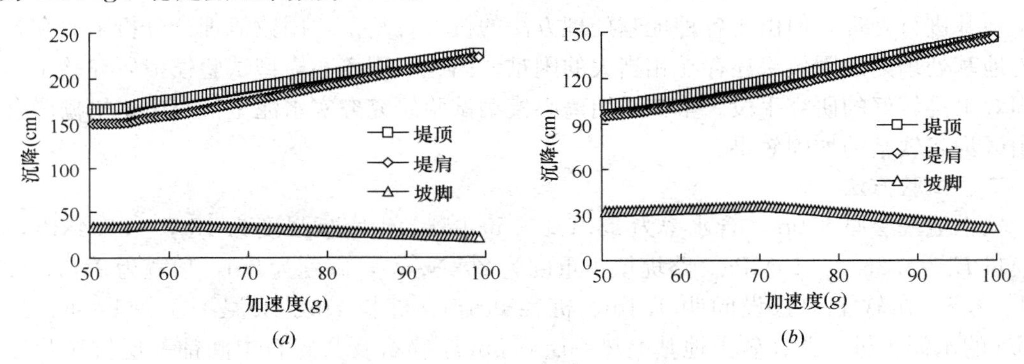

图4-50　充填土袋堤的破坏试验沉降随加速度变化关系

（a）充填黏性土；（b）充填砂性土

图4-51分别为充填黏性土和充填砂性土筑堤方案的堤体与地基变形矢量图，从图中可以看出，堤体与地基变形以沉降为主，水平位移较小，表明有利于整体稳定；滑动体的水平

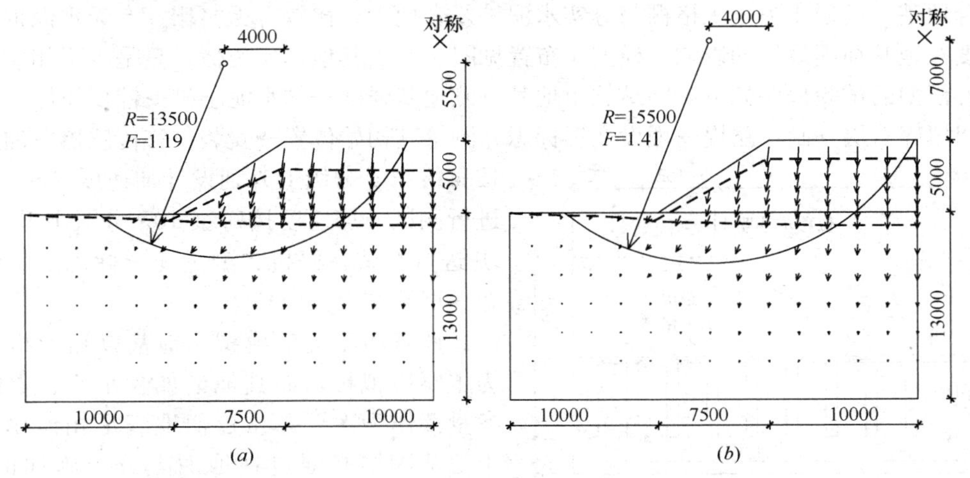

图4-51　充填土袋堤与地基变形矢量图

（a）充填黏性土；（b）充填砂性土

位移稍大，堤体与地基失稳破坏表现为圆弧滑动破坏形式。充填黏性土筑堤的滑弧半径为13.5m，圆心水平方向距堤中心为14m，垂直方向距堤顶5.5m。充填砂性土筑堤的滑弧半径为15.5m，圆心水平方向距堤中心为14m，垂直方向距堤顶7m。与充填砂性土筑堤方案相比，充填黏性土筑堤方案的滑弧要小些，圆心位置要低些，切入地基的深度稍浅些。

第七节 软土路基离心模型试验研究

一、引言

随着高等级公路飞速发展，在山区沟谷软土地基上填筑路堤日益增多。由于软土具有含水率高、孔隙比大、抗剪强度低、压缩性高、渗透性差、沉降稳定时间长等特点，需将天然软土地基进行处理，才能使得软土路基不产生过量的沉降变形和工后沉降，以免导致路面开裂破坏。目前常采用换填法、碎石垫层、砂石桩、水泥搅拌桩、土工复合材料等对软土地基进行处理，但由于各种地基处理方法的机理较复杂，用数值理论分析来研究各种软土地基处理的加固效果还存在相当大的困难。因此，用离心模型试验模拟研究软土地基加固效果是较好的研究手段。本节采用离心模型试验研究夯实水泥土桩与土工格栅联合加固山区沟谷软基的加固效果。

二、试验方法

软土地基层厚8.0m，含水率为35.1%～50.0%，十字板强度为18.3～33.4kPa，压缩模量E_s=3.25～5.10MPa。路堤填土重度为20kN/m^3，高度为8m，顶宽为24m，坡度为1：1.5。在软土中打设间距1.4m、桩径0.4m、桩长6m、水泥：土＝1：6、强度5MPa的水泥土桩，并在软土地基上垫一层0.5m厚碎石及其碎石中间铺一层抗拉强度为25kN/m的土工格栅。

试验在50gt土工离心机上进行，模型箱尺寸为685mm×200mm×425mm。由于路堤两边对称，取一半进行试验，综合各种影响因素，模型比尺选为n=50。共进行四组离心模型试验，模型1为碎石垫层天然地基，模型2为土工格栅复合地基，模型3为夯实水泥桩复合地基，模型4为土工格栅与夯实水泥桩复合地基，比较有无格栅、有无水泥桩及桩身强度对地基加固效果的影响。模型4布置见图4-52，其他模型类似，只是少了相应的材料。各模型的试验程序如下：固结软土地基→测地基强度→加水泥土桩→铺反压层→加格栅→回填碎石层→制作路堤→埋设变形标志并测量其初始位置→安装位移传感器→加速度按每级10g分级上升到设计加速度（50g）并进行测试→加速度按每级10g分级上升100g并进行测试→停机、测量变形标志的最终位置→试验结束。

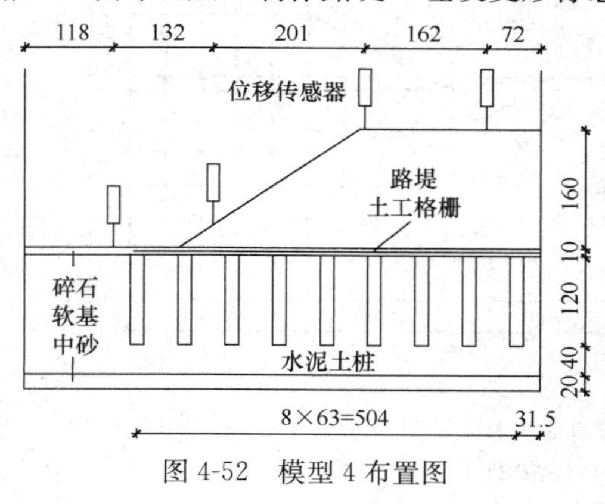

图4-52 模型4布置图

地基和路堤的模拟。地基以强度指标作为主要模拟量，而其他诸如含水率、重度等参量都作为次要参量近似地满足相似律。软土地基固结是通过在地面上分级施加恒载，在上级荷载下软土地基固结沉降较小的条件下施加下级荷载，荷载加载直到软土地基达到设计强度为止。垫层用碎石模拟。路堤用击实法，按土容重控制为 20kN/m³ 来制作的。各土层物理力学指标列于表 4-48。

模型地基土的物理力学指标 **表 4-48**

土名	含水率（%）	重度（kN/m³）	液限（%）	塑性指数	不排水强度（kPa）			
					模型 1	模型 2	模型 3	模型 4
路基	35.0	18.6	45.2	23.2	21.8	20.9	27.4	25.1
路堤	15.2	20.0						

土工格栅的模拟。考虑到土工格栅主要起加筋作用，因此在试验中采用 10mm×10mm 的预拉伸加筋格网来模拟，其抗拉强度为 1kN/m。

夯实水泥土桩的模拟。水泥搅拌桩是试验模拟的关键。考虑到水泥搅拌模型桩在实际制作中很困难，选用石膏材料来制作模型桩来模拟。考虑到试验条件，如果按照工程实际的水泥土桩布置方案以 1：50 的比例缩小，桩径和桩间距较小，桩的布置太密，因此试验中，将桩径和桩间距适当放大。根据复合模量公式：

$$E_{sp} = mE_p + (1-m)E_s \tag{4-2}$$

式中，E_{sp}为桩土复合弹性模量；E_p为桩体弹性模量；E_s为土体弹性模量；m 为置换率。

如果将桩径和桩间距按照面积等比缩放，将不会影响到最终的复合模量大小。试验中，采用直径为 18mm 的桩径，桩间距为 63mm，桩长为 120mm 的石膏柱。按相关规范要求截取 4.5cm 高的石膏柱，做无侧限抗压强度试验，其轴向应力应变关系曲线如图 4-53，无侧限抗压强度为 6.1MPa，破坏应变为 1.81%。

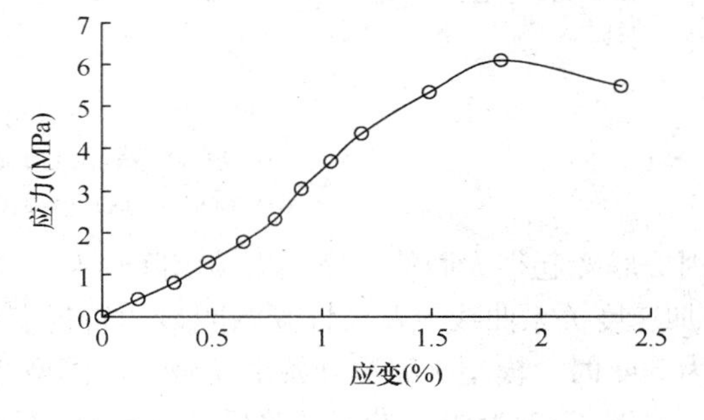

图 4-53 石膏柱的应力应变关系

用激光位移传感器测量路堤和软土地基的沉降。在模型断面上按 3cm×3cm 间距布设变形标志，通过观测网格的变形达到观测土体变形目的。

三、试验结果分析

试验在加速到某级加速度时，除在设计加速度 50g 中运行 30min，其他均运行 10min。因软黏土的渗透性差，利用离心加速度增加土体自重的试验过程时间较短，软土地基不会因离心机加载而发生明显强度增长。因此，试验均是模拟在软土地基上路堤快速填筑施工过程中路堤沉降变形特性。

图 4-54 为四个模型路堤沉降随离心加速度发展变化曲线。从堤顶处测得的沉降-加速度过程曲线可以发现，在加速度小于 10g 时，沉降速率较小；在加速度为 10～50g 时，沉降速率迅速增大；在 50～70g 时，堤顶沉降速率有所减小；在超过 70g 后，模型 1 和模型 2 的堤顶沉降速率均随离心加速度增加而增加，特别是模型 1 在 80g 后沉降速率骤然增加而路堤滑动破坏，模型 3 和模型 4 均保持同样速率增长。模型 1 和模型 2 堤底处的沉降，在加速度小于 40g 时，其沉降随加速度增加而增加；大于 40g 后，其沉降随加速度增加而减小，即堤底隆起量越来越大；在加速度 80g 时，模型 1 和模型 2 堤底隆起量分别为 123mm、32mm，并且随着加速度增大，隆起量急剧增大，模型 1 因堤底隆起巨大导致路堤滑动破坏，模型 2 也

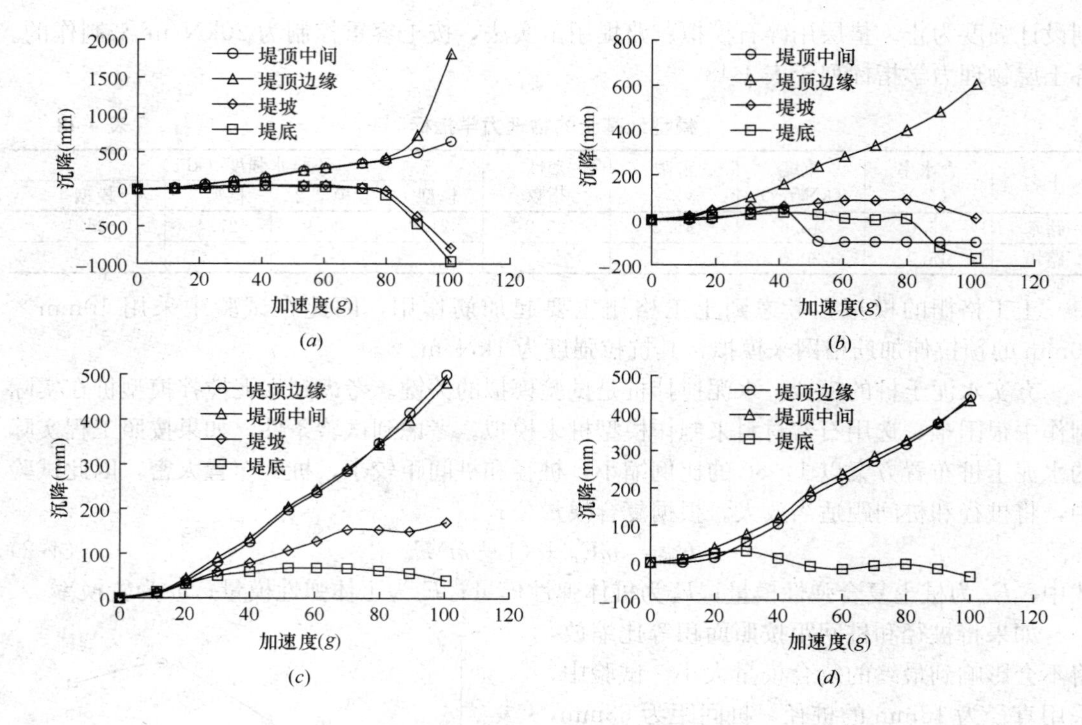

图 4-54　路堤沉降随加速度发展变化曲线

(*a*) 模型 1；(*b*) 模型 2；(*c*) 模型 3；(*d*) 模型 4

因堤底隆起很大而使得路堤堤顶沉降较大，发生较大的侧向变形，路堤倾斜较大。根据沉降-加速度关系曲线上非线性开始明显的转折点标志着边坡开始进入临界状态，在离心加速度为 80g 时，模型 1 路堤开始滑动破坏，模型 2 路堤开始倾倒破坏。

图 4-55 为四个模型试验后软土地基和路堤变形矢量图。在图 4-55（*a*）中，用圆圈所

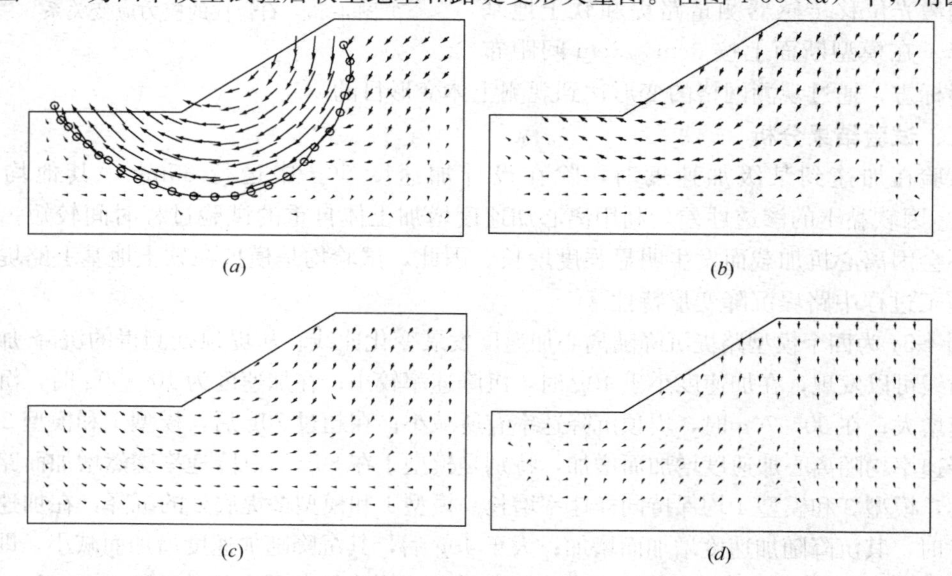

图 4-55　试验后变形矢量图

(*a*) 模型 1；(*b*) 模型 2；(*c*) 模型 3；(*d*) 模型 4

表示的点为模型1实测的滑动破坏面上的点，该破坏面近似圆弧，在破坏面以上的土体近似作刚性滑动，而破坏面以下土体变形较小。

图4-56为模型1试验后拍摄的滑动破坏情况，因路堤滑动破坏较大，在滑动破坏面顶上缝宽为1.5cm，在路堤顶部的中间处，缝宽8mm，缝深超过10cm（模型值）。从图4-55（*b*）的模型2变形矢量表明，在堤底附近的土体产生较大的水平位移和隆起量，在路堤边坡处产生较大变形，逐渐形成了滑动体。通过对模型1和模型2的试验结果比较，在碎石垫层中铺设一层土工格栅可以减小路堤侧向变形，延缓或减小堤底隆起量，从而减小路堤的沉降量和差异沉降。模型3堤底处沉降，在加速度为60*g*时，其沉降为80.6mm，且加速度加速到60*g*的过程中，其沉降随加速度增大而增大；加速度大于60*g*后，堤底才开始隆起，并加速到100*g*时，其隆起量为33mm。模型4在整个加速过程中，其隆起量较小，路堤侧向变形较小。

图4-56　模型1的滑动破坏情况

从图4-55（*c*）和（*d*）可以看出，模型3和模型4的侧向变形和竖向沉降均较小。通过对模型3和模型4与模型1和模型2的试验结果比较，用水泥土桩加固的软土路基能有效减小沉降，并在一定程度上能减小路堤侧向变形，这是因水泥土桩的刚度远大于软土，水泥土桩与软土地基形成复合地基，在碎石垫层调节下，水泥土桩能有效地将地基附加应力传递到土层较深处。模型3的路堤水平侧向变形比模型4大，这是因为模型4碎石垫层中的土工格栅充当横向加筋作用，限制了路堤的侧向变形。通过四个模型的离心模型试验在设计离心加速度50*g*和100*g*时的路堤顶部沉降（表4-49）表明，在离心加速度为50*g*和100*g*时，模型2～模型4，其沉降量逐渐减小，且减小量较大。

路堤堤顶沉降（cm）　　**表4-49**

离心加速度（*g*）	模型1	模型2	模型3	模型4
50	24.8	23.9	20.4	18.4
100	破坏	60.8	49.8	44.2

第八节　软土地基微型桩基离心模型试验研究

一、引言

在深厚的承载力较低的软土地基上建造杆塔基础，即使其天然地基满足承载要求，但其沉降往往过大而不能满足杆塔基础沉降要求，需采用桩基来减少其沉降变形。因微型桩的长径比甚大，单位桩体积的承载力远大于其他桩型及成桩工艺简便等特点，将其作为软土地区杆塔基础是比较经济合理的。群桩基础是由承台、桩群及土形成一个相互作用的共同工作体系，其承载特性和沉降特性，均受相互作用的影响和制约。目前，有限元等理论分析方法还很难较好模拟分析群桩承载沉降特性，而现场群桩原型试验因试验设备、经费等因素往往不可能进行。因此，国内外不少学者进行了现场群桩模型试验，通过试验对群桩受力机理研究获得了显著成果。但由于这些群桩试验所用的桩大多数较短或桩长径比主要在 18～30 范围（个别达到 50），且土质条件、桩距、荷载水平、成桩工艺及承台设置方式等众多因素对群桩沉降影响非常复杂，这些因素对群桩承载特性和沉降特性如何影响，目前并未完全清楚。因此，用离心模型试验研究分析软土中桩长径比很大（50～100）下成桩工艺、桩径及桩距对微型桩群桩荷载与其沉降关系的影响，以便了解微型桩群桩承载特性和沉降特性，具有理论和工程实际意义。

二、试验方法

地基条件为均质软土地基，承载力约为 50～60kPa。桩长为 15m，桩型为预制桩和钻孔混凝土灌注桩。预制桩边长分别为 15cm、20cm、25cm，灌注桩桩径分别为 20cm、25cm、30cm，群桩桩距分别为 2、3、4 倍桩径或边长，数量为 2×2。分别对 2 种桩型、3 种桩径或边长、3 种桩距的单桩和群桩共 24 种工况进行离心模型试验。

离心模型试验在 400gt 土工离心机上进行，模型箱尺寸为 1000mm×1000mm×900mm（长×高×宽）。由于所要模拟的桩长径比为 50～100，综合桩长和桩径的因素，模型比尺取为 $n=25$，模型桩的长度均为 60cm。为了保证各组模型试验处于相同的地基土层中和充分利用模型箱空间，以及考虑桩对桩周土的影响范围，将预制单桩和群桩的所有模型试验设计在同一个模型中，而将灌注单桩和群桩的所有模型试验设计在另一个模型中，试验布置见图 4-57。试验采用软土，在室内制备而成均质软土地基，其物理力学性质指标见表 4-50。

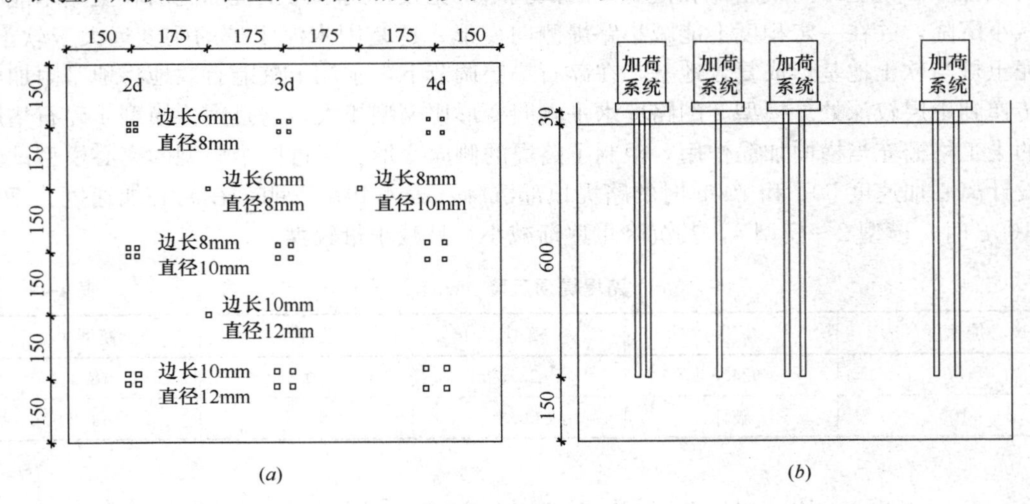

图 4-57　模型布置图（单位：mm）

（*a*）平面图；（*b*）立面图

模型地基土的物理力学性质指标　　**表 4-50**

颗粒组成（%）				
0.25～0.075mm	0.075～0.05mm	0.05～0.01mm	0.01～0.005mm	<0.005mm
8.6	9.9	45.9	11.4	24.2
含水率（%）	重度（kN/m³）	液限（%）	塑性指数	不排水强度（kPa）
30.4	19.3	29.2	11.8	15.4

桩的模拟是试验的关键，模型桩采用 C30 的水泥砂浆制备。对于模型预制桩，先预制边长分别为 6mm、8mm、10mm 的方桩，达到强度等级后压入模型地基中；对于钻孔灌注桩，先在模型地基中预钻直径分别为 8mm、10mm、12mm 的孔，将水泥砂浆灌入孔内并捣插，达强度后进行试验。在桩顶用水泥砂浆浇注承台。当离心机加速度达到设计加速度 25g 并稳定一段时间后，采用稳压台，通过液压环和油缸分级对桩基承台施加荷载。由差动变压器式位移传感器和荷载传感器测定承台的位移和荷载。

三、试验结果分析

桩体为 C30 水泥砂浆，与承载力极低的软土地基相比，其桩的刚度系数极大，即使其长径比在 50～100 下，预制单桩表现出刚性桩的特征（图 4-58a）。荷载作用下，沿桩身各处桩侧摩阻力和桩端阻力的发挥几乎是同步：从零到极限荷载，桩荷载与沉降近似呈线性关系；极限荷载时，桩身压缩量非常小；桩破坏是因桩端迅速刺入而破坏；预制单桩极限承载力见表 4-51，极限承载力与桩的边长呈线性关系（图 4-59）。灌注单桩虽也是 C30 水泥砂浆，但因灌浆的成桩工艺使得桩体与桩周土体结合紧密，较大荷载下，桩土相对位移并不是发生在桩周表面处，而是发生在灌浆加固的桩周土体中较薄弱处。因此，桩侧摩阻力沿桩身从上往下逐渐发挥，荷载与沉降关系曲线为非线性且没有明显的陡降性状（图 4-58b）。按荷载与沉降关系曲线初始平缓段的切线与末端直线段的延长线交点所对应的荷载来确定灌注单桩极限承载力（表 4-51），极限承载力与桩径呈非线性关系（图 4-59）。在相同的桩周长时，因成桩工艺使得灌注单桩极限承载力大于预制单桩极限承载力，且沉降特性不同。

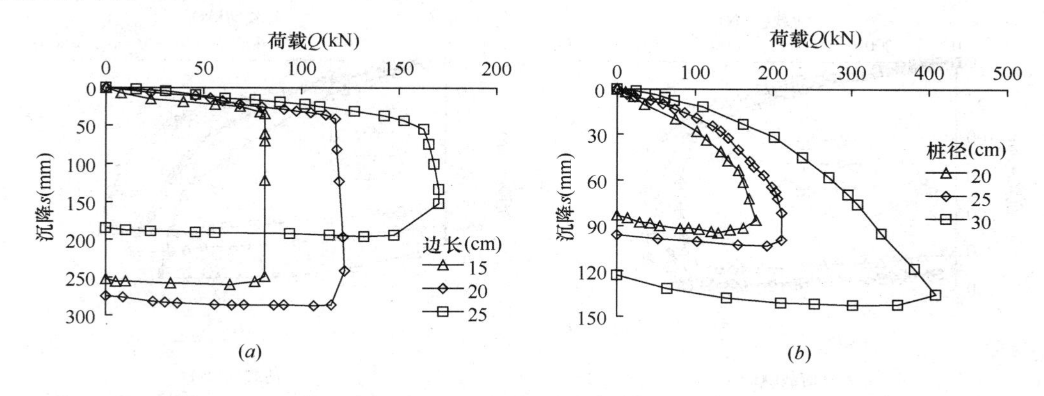

图 4-58 单桩荷载与沉降关系

（a）预制桩；（b）灌注桩

单桩和群桩极限承载力 **表 4-51**

桩型		预制桩			灌注桩		
边长或桩径（cm）		15	20	25	20	25	30
单桩极限承载力（kN）		81.4	117.5	152.6	149.5	193.3	221.9
群桩极限承载力（kN）	2d 桩距	386.6	508.7	639.2	434.9	531.6	667.4
	3d 桩距	391.7	512.7	644.0	463.3	578.3	704.8
	4d 桩距	396.0	523.9	668.9	562.1	706.5	827.1

预制桩和灌注桩群桩的荷载与沉降关系见图 4-60，极限承载力列于表 4-51，从此可

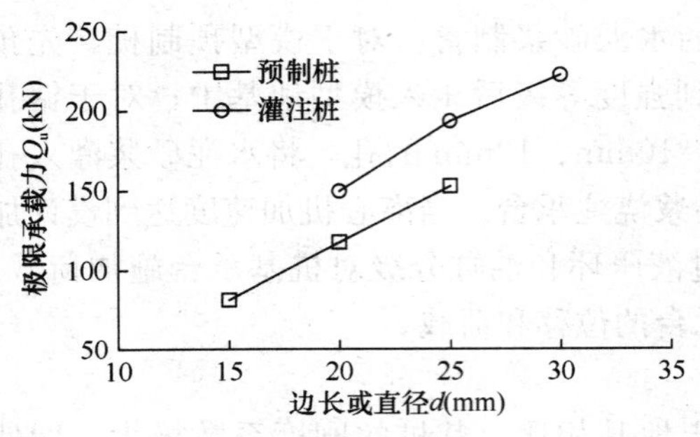

图 4-59　单桩极限承载力随桩边长或直径的变化

以看出，预制桩和灌注桩群桩的承载特性不相同。因软土地基的承载力极低而打入群桩桩身强度极大，预制桩群桩的桩侧摩阻力和桩端阻力发挥几乎同时，小于群桩的极限承载力时，荷载与沉降曲线近似为线性，极限荷载下，群桩桩端迅速刺入而使得群桩破坏，群桩效率系数大于 1，且随着桩距的增大而有所增加（图 4-61a）。灌注桩因成桩时采用灌浆法而桩体和土体间结合紧密，使得桩周的土体与桩形成整

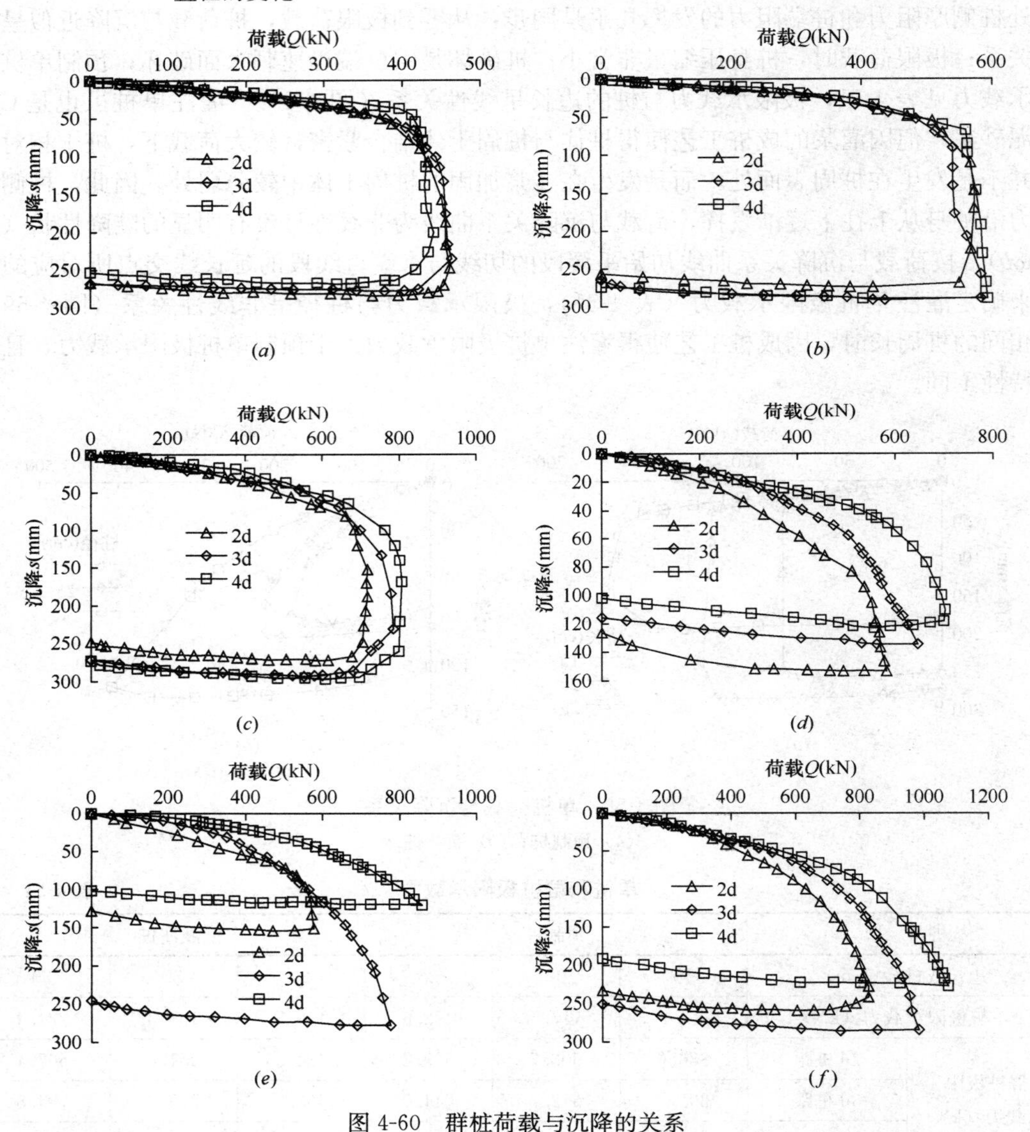

图 4-60　群桩荷载与沉降的关系

(a) 边长 15cm 的预制桩；(b) 边长 20cm 的预制桩；(c) 边长 25cm 的预制桩；(d) 直径 20cm 的灌注桩；(e) 直径 25cm 的灌注桩；(f) 直径 30cm 的灌注桩

体，并以整体受力为主要特征来承受荷载，群桩荷载与沉降曲线为缓降型，表现为渐进型群桩破坏模式，群桩效率系数小于1，且随着桩距的增大而显著增加（图4-61*b*）。

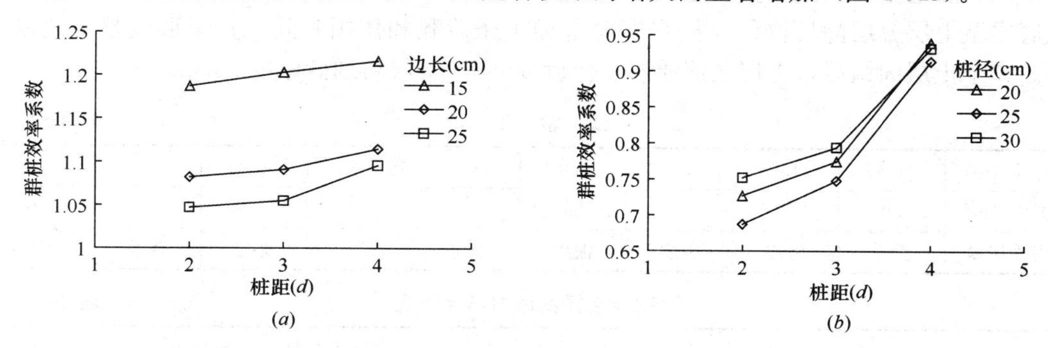

图4-61　群桩效率系数随桩距的变化

（*a*）预制桩；（*b*）灌注桩

第九节　软土地基大直径超长桩离心模型试验研究

一、引言

随着建（构）筑物向高、大、重方向的发展，对基础承载力的要求越来越高，桩也向超长大直径方向发展。虽然大直径超长桩得到了一定应用，但影响超长桩的因素比常规中短桩更为复杂，其承载变形机理到目前为止还没有全面阐述，其研究目前也多局限于现场实测，模型研究较少。

桩侧泥皮具有含水率高、孔隙比大、压缩性高、摩擦力低、抗剪强度低等特点，桩侧泥皮形成了桩土之间的薄弱层。关于桩侧泥皮对侧阻和承载力的影响，目前学者的观点并不相同。Balakrishnan通过对比分析干成孔和湿成孔灌注桩的实测结果，认为由于水或者膨润土形成的泥皮对侧阻的峰值或者临界值影响不明显，只对荷载传递曲线的形状有影响。Yu对8根微型桩进行了干湿不同成孔方式的抗拔试验结果表明，随着成孔后至浇灌前时间的增加，湿成孔的桩极限侧摩阻力在成孔0.5～2h和24h后分别下降5%～10%和20%。

已有不少桩基离心试验研究，但试验中并没有考虑泥皮效应。本节针对软土地基中的大直径超长桩，进行了考虑泥皮效应的桩基离心试验，分析了泥皮对桩侧摩阻力和承载力的影响。

二、试验方法

试验采用1000mm×900mm×1000mm模型箱，综合试验目的及各因素，选模型比尺$n=100$。总共进行9组单桩试验，试验工况见表4-52，模型布置如图4-62所示。试验采用宁波嘉和中心的现场土样，其基本物理力学

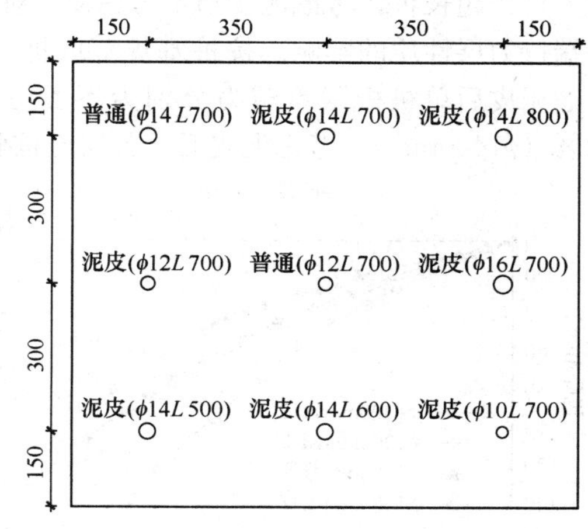

图4-62　离心模型试验布置图

参数见表 4-53。以地基强度指标作为主要模拟量，含水率、重度等参量都作为次要参量。为模拟成层地基，根据重度及厚度求得各层土所需的湿土重，然后经过浸泡、拌成泥浆，从底层至上层分层静压固结，按强度要求加预压荷载和作用时间，直至形成整个地基土层。整个土层固结后，上层淤泥质黏土厚度 65cm，下层粉细砂厚度 25cm。

试 验 工 况 **表 4-52**

桩径（m）	1.4	1.4	1.4	1.4	1.4	1.0	1.2	1.2	1.6
桩长（m）	50	60	70	80	70	70	70	70	70
考虑泥皮	泥皮	泥皮	泥皮	泥皮	普通	泥皮	泥皮	普通	泥皮

试验土样物理力学参数表 **表 4-53**

土层名称	含水率（%）	重度（kN/m^3）	孔隙比	液限（%）	塑性指数	压缩系数（MPa^{-1}）	黏聚力（kPa）	摩擦角（°）
淤泥质黏土	45.6	16.1	1.7	52.6	18.1	0.95	9.8	4.2
粉细砂	19.6	20.15	0.6			0.14	9.4	30.3

原型桩为钻孔灌注桩，C30 水下混凝土，弹性模量 33GPa。试验模型桩选用封底的铝合金管，弹性模量约 70GPa，按模型桩与原型桩刚度一致，模型桩的外径分别为 10mm、12mm、14mm、16mm，壁厚 2mm。对普通桩通过拉毛来模拟桩身粗糙度；对泥皮桩，拉毛后在其上刷一层薄薄的泥浆，模拟桩侧泥皮。在 1g 环境下插入桩。

通过计算机控制的电液伺服加荷系统对承台分级施加竖向荷载。由于单桩承载力较小，采用位移控制方式加荷，每次施加 0.05mm，每级荷载达到相对稳定后施加下一级荷载。桩轴向应变测量采用聚氨酯精密级应变片，基底为 3mm×5mm，电阻值为 120±0.1%Ω，测试灵敏系数为 2，最大应变 2%。每组应变片形成全桥电路，温度互为补偿，并可消除弯曲影响。位移测量采用非接触式的激光位移传感器。

三、试验结果分析

1. 泥皮对桩侧摩阻力和桩承载力的影响

图 4-63 为普通桩与考虑泥皮效应桩的 Q-s 曲线。从图中可以看出，对持力层为粉砂的大直径超长桩，考虑泥皮与不考虑泥皮桩的 Q-s 曲线均为缓变型，可见 Q-s 曲线主要受桩端持力层性质的影响。按桩基规范取桩顶沉降为 60mm 时的承载力为极限承载力，则考虑泥皮后单桩极限承载力分别为不考虑泥皮单桩极限承载力的 76%（ϕ1200mm）和 82%（ϕ1400mm）。考虑泥皮后，各层土桩侧摩阻力大大降低，约为普通桩桩侧摩阻力的 65%～85%。

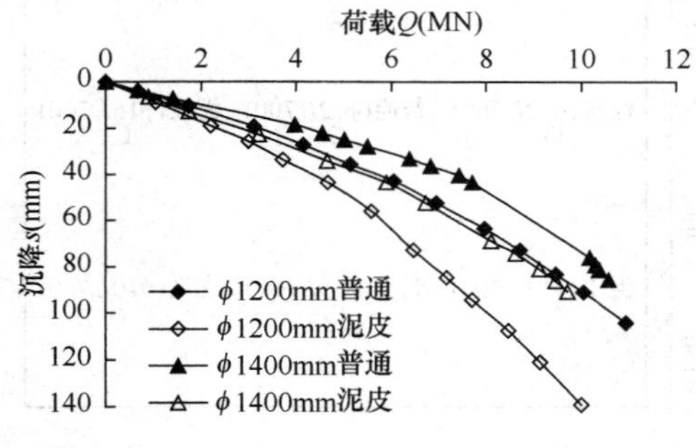

图 4-63 普通桩与考虑泥皮桩 Q-s 曲线

极限荷载作用下各断面平均桩侧摩阻力见图 4-64。从图中可以看出，泥皮对单桩承载力影响明显，考虑泥皮效应时，单桩极限承载力比普通桩小，即在相同荷载作用下，考虑泥皮后沉降增大，主要是因为泥皮的存在形成了桩土之间的薄弱层，导致桩土之间在较小相对位移下即易产生滑移，使桩侧摩阻力降低，这也可以从图 4-64 中看出，从而导致沉降增大。

2. 承载变形特性分析

淤泥质黏土层厚 65cm（相当于 65m 厚的原型地基），对于不同桩长桩，相当于模拟了两种持力层：对 $L=50$m、60m 的桩，持力层为淤泥质黏土；对 $L=70$m、80m 的桩，持力层为粉细砂。不同桩长（持力层）Q-s 曲线如图 4-65 所示，从图中可以看出，对于持力层为淤泥质黏土层的桩，在荷载水平较高时，桩端土体破坏，产生刺入沉降，Q-s 曲线存在显著的转折点，此时还没有达到规范要求变形。对持力层为粉细砂的桩，其 Q-s 曲线为缓变型，没有明显的陡降点。这与实测规律一致。

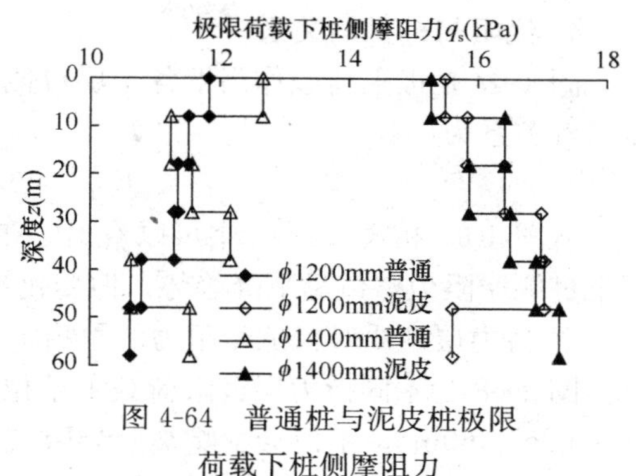

图 4-64 普通桩与泥皮桩极限荷载下桩侧摩阻力

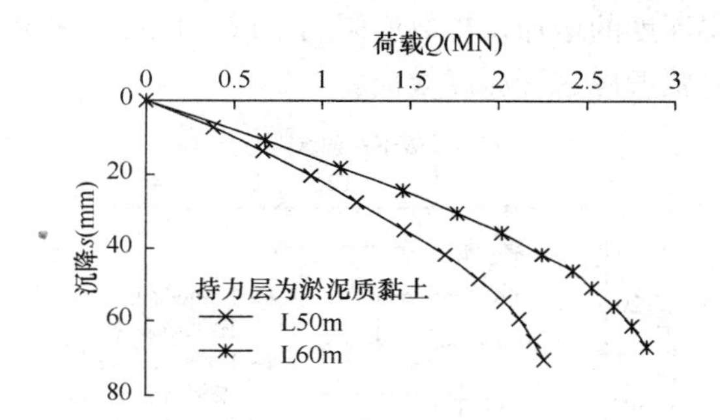

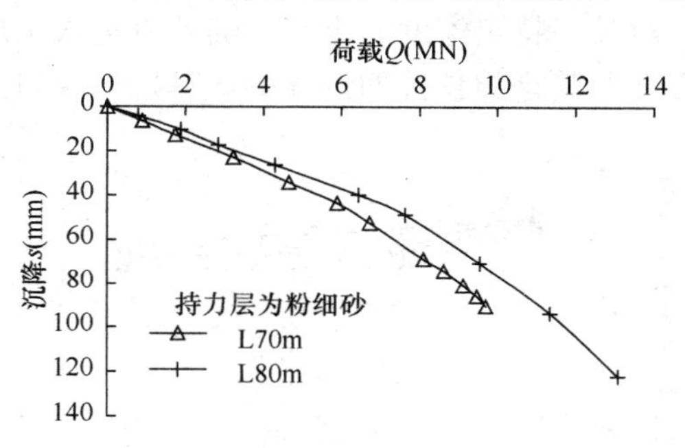

图 4-65 不同桩长（持力层）Q-s 曲线

3. 侧阻发挥特性

将不同荷载水平作用下每层土单位桩侧摩阻力 q_s 与峰值 q_u 进行归一化，得到曲线如图 4-66 所示。从图中可以看出，随着荷载水平的增加，侧阻逐渐得到发挥，发挥到一定值后，基本不再增加，且上部土层出现不同程度的软化，与实测结果一致。因此对于超长大直径桩，如果持力层较好，随着荷载水平的增加，桩侧土层侧阻会自上而下得到充分发挥，达到极值后产生软化，发生渐进破坏。表 4-54 列出了离心试验、京杭运河和温州世贸中心实测发生软化土层的桩侧摩阻力峰值和残余值，可看出，残余值约为峰值的 0.9 倍。

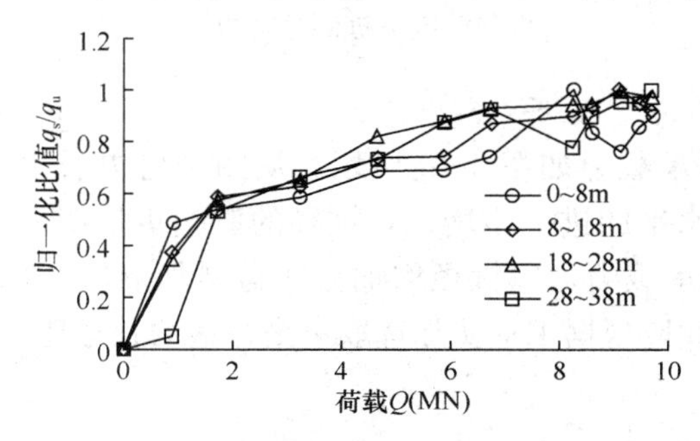

图 4-66 不同荷载水平作用下桩侧摩阻力

试验与实测桩侧摩阻力残余值与峰值　　表 4-54

	离心试验		京杭运河试桩		温州世贸中心试桩		
断面深度（m）	0～8.0	8.0～18.0	0～2.0	2～6.4	0～4.2	4.2～16.2	16.2～28.2
峰值（kPa）	14.06	12.66	71.67	64.46	13.48	16.14	33.25
残余值（kPa）	12.56	11.64	60.75	59.39	11.36	15.04	30.41
残余值/峰值	0.89	0.92	0.85	0.92	0.84	0.93	0.91

4. 侧阻与桩径的关系

图 4-67 是极限荷载作用下各土层桩侧摩阻力与桩径的关系。采用指数形式拟合，可得二者关系为

$$q_s = 14.27e^{-0.0001D} \tag{4-3}$$

从图 4-67 和式（4-3）中可以看出，在淤泥质黏土中，随着桩径的增加，极限荷载作用下桩侧摩阻力整体呈下降趋势，但变化不大。即对于黏性土，桩径对侧阻的影响较小。

5. 持力层性质对桩侧摩阻力的影响

图 4-68 为不同持力层极限荷载下单位桩侧摩阻力。可以看出，桩端持力层较差的桩（L=50m、60m），不但会影响端阻导致桩端产生刺入破坏，而且使侧阻降低，远小于桩端持力层较好的桩（L=70m），与实测规律一致。从图 4-68 可以看出，对某一特定深度土层，L=50m 的桩其侧阻要大于 L=60m 的桩，即桩侧摩阻力进入持力层具有深度效应，对某一特定深度的土层，随着桩进入土层深度的增加，桩侧摩阻力下降。因此在桩基础设计尤其是超长桩的设计中，其桩侧摩阻力要考虑这种深度效应。

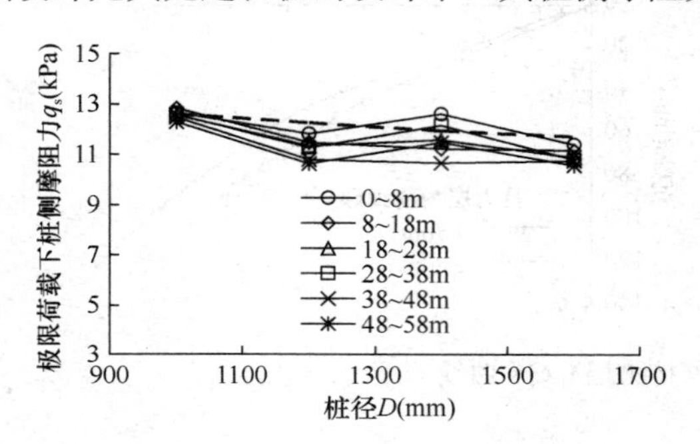

图 4-67　极限荷载下桩侧摩阻力与桩径关系

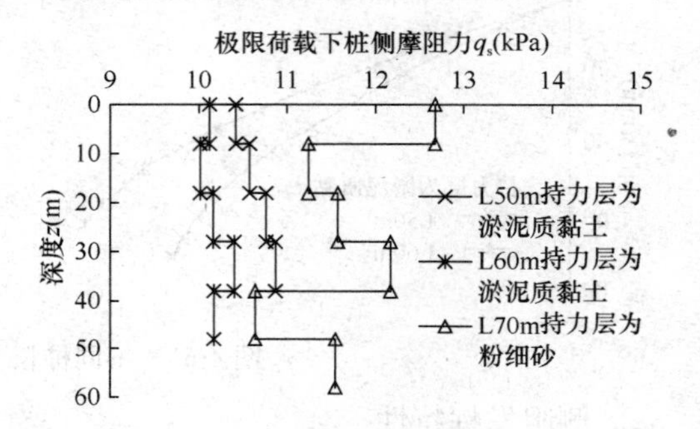

图 4-68　不同桩长（持力层）极限荷载下桩侧摩阻力

6. 桩径对承载力的影响

不同桩径 Q-s 曲线如图 4-69 所示，其极限承载力如图 4-70 所示。从图中可以看出，随着桩径的增加，单桩承载力增大。随着荷载水平的进一步增加，桩径的影响更加明显。因此，对于超长桩，增大桩径能显著提高单桩承载力，但桩径增加会明显增加混凝土用量，并不经济，同时施工也变得相对困难，因此应根据工程实际选取一个合适的长径比。

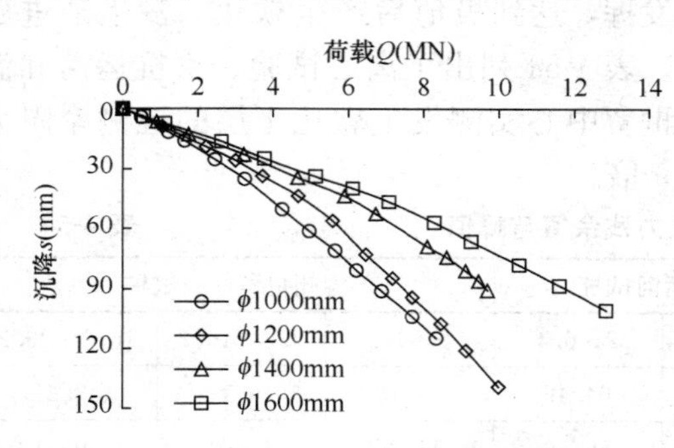

图 4-69　不同桩径 Q-s 曲线（考虑泥皮）

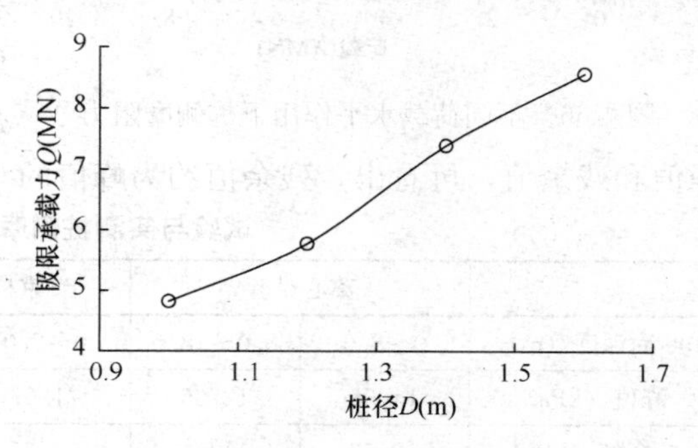

图 4-70　单桩极限承载力与桩径的关系

第五章　超大型桥梁基础离心模型试验研究

第一节　概　　论

一、苏通大桥的基础概况

苏通大桥是沈阳至海口南北国家重点干线公路跨越长江的重要通道，也是江苏省公路主骨架的重要组成部分。

苏通大桥桥位区的江面宽约 6km，大桥全长 8206m，按双向 6 车道高速公路标准建设。主航道采用主跨 1088m 的双塔斜拉桥，为世界最长，港区专用航道采用 140m＋268m＋140m 预应力混凝土连续刚构，引桥分别采用跨径 75m、50m、30m 的等高度预应力混凝土连续梁。主跨双塔高达 300m，重约 10 万 t。大桥主塔桥墩区内第四系土层厚达 270m 左右，地质条件复杂，属软弱地基。为安全承担上部荷载，进一步减小承台自重和改善承台受力，同时尽可能地改善群桩基础的受力性能，经过方案优化后，设计采用基础为超大哑铃形承台＋131 根超长大直径群桩（图 5-1）。

主桥索塔基础为超长大直径灌注桩群桩基础，桩径上部为 2.8m，下部为 2.5m。钻孔灌注桩桩长分别为北侧基础（主 4 号墩）117m 和南侧基础（主 5 号墩）114m。承台横截面为变厚度梯形，底面为哑铃形，外部尺寸为 113.75m×48.1m，承台顶面为斜面，在每个塔柱下承台平面尺寸为 50.55m×48.1m，其厚度由边缘的 6m 变化到最厚处的 13.324m。

苏通大桥主墩的地质条件如下：软土分布很厚，270m 以内没有岩层可作为桩的持力层。依据桥位区揭露地层的地质时代、成因类型、岩性、埋藏条件及其物理力学特征等，桥位区共分为 22 个工程地质层，各层主要特征如下。

全新统（Q_4）分为 4 层（1～4 层）：1 层为北侧上部的粉砂或粉质黏土夹粉砂，又细分成三个亚层；2 层为南侧上部的粉质黏土“硬壳层”；3 层为南侧上部的淤泥质粉质黏土或粉砂夹层，分为 2 个亚层；4 层为底部的粉质黏土或粉质黏土与粉砂互层。

上更新统（Q_3）分为 4 层（5～8 层）：5 层粉砂为主，局部粉质黏土，分为 2 个亚层；6 层粗砂含砾，局部细砂，又分 2 个亚层；7 层细砂、粉砂；8 层粗砂夹细砂含砾、细砂，夹透镜体状粉质黏土，分 2 个亚层。

中更新统（Q_2）分为 7 层（9～15 层），岩性为粉、细砂层、黏性土。

下更新统（Q_1）、上第三系（N）顶板埋深在 200m 以上，粗略分为 7 个工程地质层（16～22 层）。下更新统以砂层为主夹黏性土，上第三系为半胶结状黏土、砂土为主，底部揭露玄武岩。

从南、北区地层情况来看，全新统地层差异较大，北区主要为 1-1、1-3 亚砂土、粉砂及 4 层粉质黏土，层底标高－56.94～－63.69m；南区主要为 3-1 淤泥质粉质黏土、3-3 粉质黏土及 4 层粉质黏土，层底标高－46.64～－52.48m，层位上Ⅰ区下降约 10m。上更

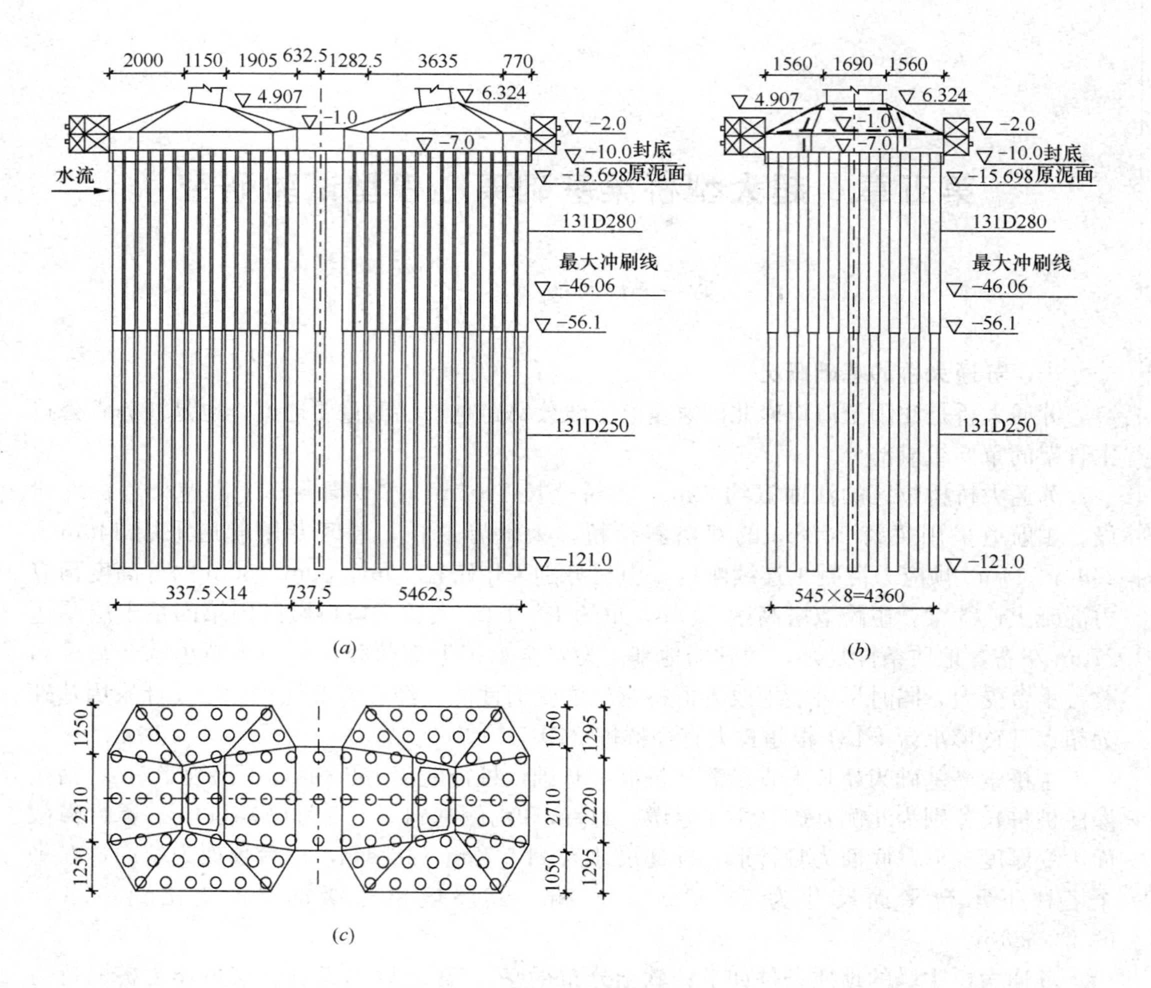

图 5-1 主桥南塔群桩基础构造图

(*a*) 立面图；(*b*) 侧面图；(*c*) 平面图

新统均为 5～8 工程地质层的粉细砂、粗砾砂夹粉质黏土，但Ⅰ区沉积韵律多，透镜体多，单层厚度小，剖面连线更复杂。中更新统地层相对稳定，其上部的 9 层黏土及粉质黏土层顶标高均位于−130m 左右。这里仅列出主 5 号墩地基土层的主要物理力学指标，见表 5-1。

二、研究目的和内容

苏通大桥桥位区位于长江河口段，第四系地层厚达 300m 左右，超大型索塔群桩基础置于第四系土层中。虽然主桥索塔群桩基础置于地层分布较稳定及层厚较均匀的沉积地层中，但因基岩埋藏深，无法直接作为群桩基础的持力层，基础底面不能支撑在强度高、变形小的岩石上。因此，在如此深厚的覆盖土层上修建如此重大的斜拉桥，国内外尚无先例，技术难度很大。就主桥索塔群桩基础设计方案，有许多技术难题迫切需要深入研究和加以解决。这些技术问题包括：大直径超长钻孔灌注桩在竖向荷载或水平荷载作用下的承载变形特性、桩身轴力分布、桩侧阻力和桩端阻力在荷载中所占比重等荷载传递特性，桩端注浆对大直径超长钻孔灌注桩的桩端阻力发挥作用及对其承载变形特性的影响，成桩工

主5号墩地基土层的主要物理力学指标统计表

表 5-1

统	地层代号	岩土名称	天然含水率 w (%)	天然密度 ρ (g/cm^3)	天然孔隙比 e	液限 w_L (%)	塑限 w_P (%)	快剪		固结快剪		压缩系数 $a_{v_{0.1-0.2}}$ (MPa^{-1})	压缩模量 E_s (MPa)	无侧限抗压强度 q_u (kPa)	标贯击数 N (击)	容许承载力 $[\sigma_0]$ (kPa)	桩周土极限摩阻力 τ_i (kPa)
								凝聚力 c (kPa)	内摩擦角 φ (°)	凝聚力 c (kPa)	内摩擦角 φ (°)						
Q_4	3-1	淤泥质粉质黏土	40.6	1.79	1.122	36.1	20.8	25	2.6			0.593	3.52		4.3	90	20
	3-3	粉质黏土	35.6	1.78	1.09	34.1	20.4	12.8	10.8	11.8	18.5	0.601	3.28	25.83	11	100	30
	4-1	淤泥质粉质黏土	40.6	1.74	1.187	33.8	20.6	3.9	5.7	4.2	15.6	0.72	2.77	8.67	11.8	90	20
	4-2	粉质黏土	33.1	1.83	0.988	31.9	19.8	9.8	25.8	14	20.3	0.497	3.98	44	17	115	35
Q_3	5-2	粉细砂	25	1.96	0.721			18.6	30.6	23.5	30	0.125	13.35		35.9	230	50
	5t	粉质黏土	30.7	1.88	0.832	31.4	20.4			17	26.6	0.211	8.4		26.1	130	40
	6-1	中粗砾砂	13.9	2.12	0.440			11.8	26.6			0.06	23.95		38.4	460	90
	6-2	粉细砂													59.1	250	55
	7-1	粉细砂	19.3	2.01	0.593			19.9	31.2	20	29.9	0.112	13.68		54.5	250	55
	8-1	中粗砾砂	11.6	2.15	0.383			22.3	36.1	17.7	31.7	0.073	18.91		73.3	500	100
	8-2	粉细砂	17.1	2.04	0.538			19.2	32.7	22	31.6	0.134	11.17		58.7	250	60
Q_2	9	粉质黏土及黏土	23.5	2.05	0.646	37.5	20.1	80.1	13.5	59.9	21.1	0.175	9.44	445	60.3	380	70
	10	粉细砂	19.4	1.99	0.596			9	29.9	7	33.6	0.154	10.48		64.5	250	60
	11	粉质黏土及黏土	24.6	2.02	0.687	37	20.5	85	15.7	55.9	19.1	0.216	8.63	432	70.5	380	80
	12	粉细砂	18.7	2.07	0.532			16.8	29.2			0.095	16.75			250	60
	13	粉质黏土及黏土	26.3	1.99	0.734	33	17.6	43.8	20.9	39	22.8			466		360	75
	14	细砂	23	1.98	0.675			17	29.9	16	35	0.134	12.57			250	60

艺对其承载变形特性的影响，以及如何合理设计既满足承受上部结构荷载要求又满足上部结构允许承台沉降的桩长，即如何合理选择桩的持力层等；主桥索塔群桩基础在基础、裸塔、桥梁施工和运营过程中，承台沉降、桩顶荷载分布、桩端阻力分布、各桩桩身轴力分布、群桩效应等变化规律，以及承台刚度、荷载加载方式、群桩桩端灌浆对群桩基础受力变形的影响等。

在主塔基础初步设计阶段，主要针对主塔基础初步设计方案的沉井基础方案及箱形承台桩基础和钢围堰加钻孔灌注桩基的桩基方案，完成了单桩、群桩、沉井基础、箱形桩基础和钢围堰加钻孔桩基础等的土工离心模型试验、三维弹塑性静动力有效应力有限元计算和理论计算分析。研究分析了超深超大钻孔灌注桩的极限承载力、桩侧摩阻力和桩端阻力、沉降的变化规律；研究了大型超深钻孔灌注桩群桩基础的群桩作用机理、群桩效应、承载力及沉降随荷载的变化过程；重点研究了三种基础形式在几种工况条件下的工作特性与性状；提出了大型超深基础在地震条件下的动力反应、残余变形、超静孔隙水压力分布，进行了地基基础的液化评价，为初步设计方案比选提供了重要的科学依据。

由于桩的受力机理受成桩工艺、土的特性、桩的材料性能和几何特征、荷载等众多因素影响，即使在桩基工程实践中应用最广的竖向荷载作用下的单桩，由其向周围土体传递应力的机理，至今尚未完全弄清。而影响大直径超长钻孔灌注桩的因素更为复杂，其受力机理和承载变形特性，还比较模糊，未有较好的计算理论和方法，能准确定量分析大直径超长桩桩基的应力与应变及对其变形全过程的模拟。因此，针对主塔基础设计方案的哑铃形承台超深群桩基础，需运用多种研究手段来综合分析主塔哑铃形承台群桩基础在承台、裸塔、成桥的施工过程和运营中的承载变形特性。

就主塔承台群桩基础设计方案，群桩数量多、桩长，需要恰当考虑桩土共同作用下的大规模群桩基础受力特性，为群桩合理布置和合理考虑群桩效应提供依据。这需解决一系列问题，这些技术问题包括：大直径超长钻孔灌注桩在竖向荷载或水平荷载作用下的承载变形特性、桩身轴力分布、桩侧阻力和桩端阻力在荷载中所占比重等荷载传递特性，桩端注浆对大直径超长钻孔灌注桩的桩端阻力发挥作用及对其承载变形特性的影响，成桩工艺对其承载变形特性的影响，以及如何合理设计既满足承受上部结构荷载要求又满足上部结构允许承台沉降的桩长，即如何合理选择桩的持力层等；哑铃形承台群桩基础在基础、裸塔、桥梁施工和运营过程中，承台沉降、桩顶荷载分布、桩端阻力分布、各桩桩身轴力分布、群桩效应等变化规律，以及承台刚度、荷载加载方式、群桩桩端灌浆等对其哑铃形承台群桩基础受力变形的影响等。

在主塔基础初步设计方案研究基础上，针对主桥索塔群桩基础设计方案，通过土工离心模型试验，进一步深入研究分析大直径超长钻孔灌注单桩的荷载传递机理与承载力，竖向荷载作用下超深群桩基础的群桩效应，主桥索塔群桩基础在施工过程和运营中的承载变形特性，以便合理计算分析深水中超大超深群桩基础在承台、裸塔、成桥的施工过程和运营中的群桩桩顶荷载分布、桩端阻力分布、群桩效应及桩身轴力分布等受力变形特性，从而验证主桥索塔群桩基础设计方案及为主桥施工设计提供重要参考。

三、试验方法

1. 模拟技术

（1）模型比尺的选择

综合各种影响因素，模型比尺选为 $n=160$。

（2）地基土层的模拟

桩基的受力与变形特性取决于地基土层的物理力学特性，因此，模型地基土层的性质能否反映实际的地基土层，是离心模型试验成败的关键。由于地基土层多达十几层，有的土层缩成模型只有几毫米甚至更小，有的土层也没有土样，因此，离心模型试验中要完全模拟全部地基土层几乎不可能，只能选择具有代表性的土层来模拟。

根据工程勘察资料，试验以主 5 号墩基础的 127# 钻孔地质剖面为例，其主要物理力学性质指标列于表 5-1。从此可以看出，－51.8m 高程以上为 Q_4 淤泥质粉质黏土和粉质黏土，其性质基本相近，极限摩阻力为 20～35kPa，因此，从冲刷面至－51.8m 高程间采用粉质黏土模拟模型地基；－51.8～－95.6m 之间以 Q_3 粉细砂为主，中间夹有中粗砾砂，其极限摩阻力为 50～55kPa，采用粉细砂模拟模型地基；－95.6～－127.9m 之间以 Q_3 中粗砾砂为主，下部有层粉细砂，其极限摩阻力为 100kPa，采用中砂模拟模型地基；－127.9m以下土层为 Q_2 粉质黏土和黏土，其极限摩阻力为 70～80kPa，且已在桩基范围以下，拟采用粉质黏土模拟模型地基。模型地基中各土层的代表深度列于表 5-2。

根据离心模型相似率，模型地基用料应完全取自现场土料，试验主要研究桩基的受力和变形问题，对于砂性土，以地基的天然密度作为主要模拟量，对于黏性土，以地基强度指标作为主要模拟量，而其他诸如含水率、重度等参量都作为次要参量近似地满足相似律。为模拟成层地基，采用了以下固结方式，根据重度及厚度求得各层土所需的湿土重，然后经过浸泡、拌成泥浆，从底层至上层分小层固结，每小层厚 5cm 左右，按强度或密度要求加预压荷载在 160g 下固结，直至形成整个地基土层。模型地基土的主要性质见表 5-2。

模型地基土层的主要性质 **表 5-2**

统	代表高程	土名	含水率 w（%）	密度 ρ（g/cm³）	不排水强度 S_u（kPa）
Q_4	－51.8m 以上	粉质黏土	35	1.81	25
Q_3	－51.8～－95.6m	粉细砂	22	2.00	57
	－95.6～－127.9m	中砂	13	2.12	90
Q_2	－127.9m 以下	粉质黏土	23	2.05	71

（3）桩基的模拟

桩基的模拟是本次试验的关键。桩基模拟的关键问题，一是桩基自身的变形特性要求与原型一致，二是桩基与桩侧土体的摩阻特性要求与原型一致。桩基采用钻孔灌注桩，上、下两段直径分别为 2.8m、2.5m，长度分别为 49m 和 65m，选用 C30 水下混凝土，复合弹性模量约为 33GPa，抗压刚度 E_pA_p 为 203/162GN，抗弯刚度 E_pI_p 为 99.6/63.3GN·m²。根据离心模型相似率，模型桩应选用 ϕ17.5/15.6mm 的混凝土桩，然而，这在实际制作中很困难。因此，选用铝合金管做模型桩，弹性模量约为 70GPa。

对于竖向承载试验，以桩的抗压刚度相似条件进行模拟。上段 2.8m 桩径部分入土深度只有 10m，受力主要以下段 2.5m 桩径部分为主。因此，试验按 2.5m 桩径考虑，模型桩采用ϕ16mm、壁厚2mm的铝合金管来模拟，模型桩的抗压刚度E_mA_m为0.616GN，换算到原型桩的抗压刚度为158GN，非常接近，只相差2%。在模型桩表面涂环氧树脂，并粘上薄薄一层砂浆，从而保证模型桩的外形、刚度及其与土的摩阻力与原型相似的要求。

（4）桩端注浆的模拟

桩端后注浆是指钻孔灌注桩在成桩后，通过预埋的注浆通道用一定的压力把水泥浆压入桩端，并在桩端形成扩大头，使浆液对桩端附近的桩周土层起到渗透、填充、压密和固结等作用，从而来提高桩承载力的一项技术措施。注浆主要从以下三方面提高桩承载力：增加桩的几何尺寸，如桩长或桩径；提高持力层的强度，即提高桩端阻力；改善桩-土相互作用，即提高侧摩阻力。由于桩端后注浆能显著提高钻孔灌注桩的承载力而得到越来越广泛的应用。影响注浆效果的主要因素有：注浆压力、注浆量或注浆稳定时间、浆液浓度。

苏通大桥主桥索塔桩基采用桩端后注浆，每根桩的注浆量约为10t，水灰比为0.5，注浆后，水泥浆液主要分布在桩端以上8～10m范围内的桩周和桩端以下1m范围内的土中，扩散半径2～3m。在离心模型试验中模拟桩底注浆是很困难的。模型试验中采用预先制作水泥土柱的办法来模拟注浆，水泥掺量为5%，水泥土柱直径3cm，高2cm，将水泥土柱置于地基中，模型桩放在水泥土柱上。水泥土柱的抗压强度为400kPa。为考虑注浆对桩侧的影响，在模型桩端以上6cm范围内，多粘了1mm厚的砂浆。

（5）承台的模拟

试验和计算表明，承台刚度对其下桩基桩顶荷载分布的影响很大，因此，离心模型试验中必须确保模型承台刚度与原型相似。模型承台采用铝合金加工而成，这样就保证了承台与桩之间连接、承台刚度、尺寸等方面与原型相似。

（6）荷载的模拟

通过计算机控制电液伺服加荷系统分级对桩基施加竖向荷载，荷载作用在承台的两点上，作用点的位置和作用面的大小与实际情况相似。

（7）护底材料的模拟

苏通大桥主护底方案为（自下而上），袋装砂预防护（2000mm）、散抛级配石料（1000mm）、块石三层（1500mm），总厚度为4500mm，换算到模型只有28mm，因此，在模型中无法模拟3层情况。试验分2层，分别采用1～2mm和2～5mm的碎石来模拟，厚度分别为12mm和16mm。

2. 量测技术

桩基应变采用电阻应变片全桥电路测量，测出应变后，经计算和修正得到桩侧轴力、桩侧摩阻力、桩端阻力、桩土相对位移。承台沉降采用非接触式的激光位移传感器测量。承台荷载采用应变式的荷载传感器测量。

3. 试验程序

试验准备：加工模型桩、模型承台、桩安装固定架、位移传感器安装架等，桩上贴电阻应变片，标定传感器，等等。模型制作：160g下分层进行地基土层固结，使地基土达桩底以上；安装水泥土柱和桩；160g下分层进行地基土层固结，使地基土达原地面；开挖地基，达所需深度；安装承台和加荷设备。模型试验：匀速施加离心加速度到160g，并进行加速过程的测试，在160g下分级施加荷载，并进行加荷过程的测试。

第二节　单桩竖向承载特性离心模型试验研究

一、试验方案

单桩竖向承载试验主要研究主桥索塔大直径超长钻孔灌注桩在竖向荷载作用下，桩侧摩阻力、桩端阻力、桩身压缩变形及桩周土体变形等变化规律，获得桩顶荷载与桩顶沉降关系曲线、桩身轴力分布规律，从而确定单桩极限承载力和掌握大直径超长钻孔灌注桩荷载传递特性，并在此基础上，研究桩端注浆和桩长对大直径超长钻孔灌注桩荷载传递特性和单桩极限承载力的影响。

按主桥索塔群桩基础的实际简化地层、地面最大冲刷深度考虑，在−40m、−55m、−65m、−75m、−85m、−95m、−105m、−115m高程处布置桩身压缩应变测点，考虑桩端注浆影响，分别进行桩端注浆和不注浆单桩竖向承载离心模型试验，试验布置如图5-2所示。

另外，为研究桩长对单桩极限承载力的影响，分别进行了桩底标高为−80m、−100m、−120m和−140m四种桩长的离心模型试验，冲刷深度为−20m，相当于桩长分别为60m、80m、100m、120m。

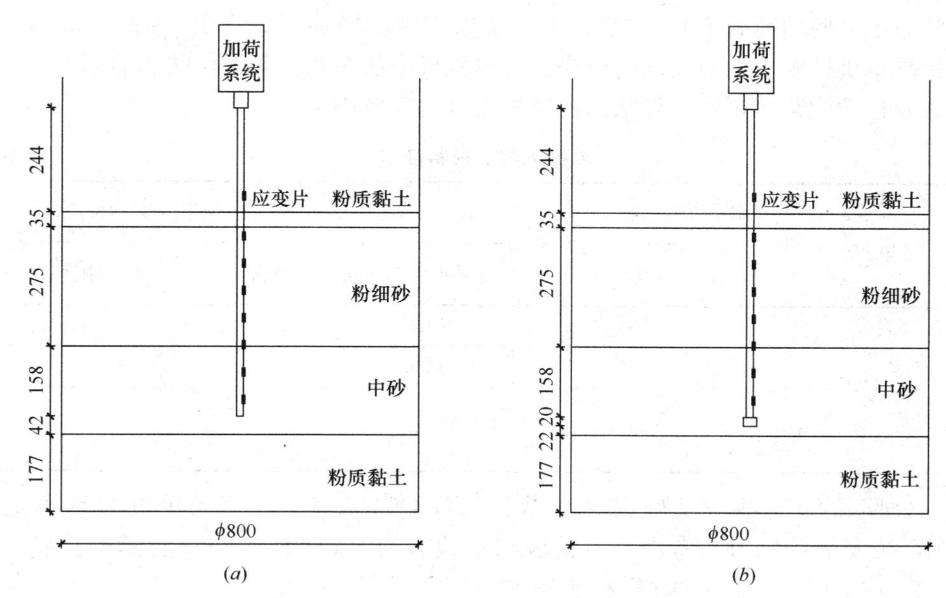

图5-2　单桩试验布置图

(*a*) 不注浆；(*b*) 注浆

二、荷载-沉降特性

图5-3给出了桩端注浆与不注浆时单桩荷载-沉降曲线，从图中可以看出：(1) 荷载-沉降曲线初始阶段，近似为直线，且斜率较小。在这阶段侧摩阻力随沉降的增大而渐发挥，仍处于线性增长阶段，端阻力起的作用不大。(2) 荷载-沉降曲线经过一个不是很明显拐点，进入另一近似的直线段。这一阶段斜率较前一阶段大，此时侧摩阻力随沉降增加已进入非线性增加段，端阻力在这一阶段的后段逐渐发挥。

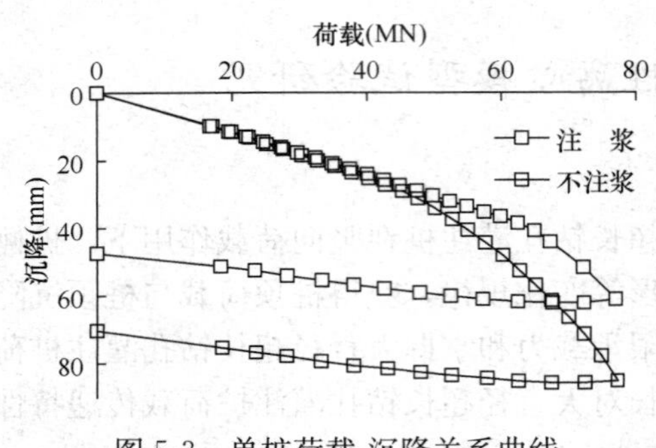

图 5-3 单桩荷载-沉降关系曲线

单桩的荷载-沉降曲线表明，在竖向荷载作用下，由于桩身和桩端土的压缩，桩与桩侧土之间将产生相对位移，从而导致桩侧土体对桩身产生向上的摩阻力。桩顶荷载沿桩身向下传递的过程中必须不断地克服这种摩阻力，因此桩身轴力将随深度逐渐减小，当传至桩端时，桩端阻力就等于桩顶竖向荷载减去全部桩侧摩阻力。因此，桩顶竖向荷载是通过桩侧摩阻力和桩端阻力逐渐传递给土体，桩的极限荷载等于桩侧摩阻力极限值与桩端阻力极限值之和。

试验结果表明，对于这种桩身强度较大、入土较深的情况，随着桩顶竖向荷载不断增加，桩端土的不断变形，桩身贯入土中，破坏形式为刺入破坏，且土体的破坏先于桩身材料，桩顶荷载主要由桩侧摩阻力承担。

根据曲线拐点确定单桩极限承载力，表 5-3 列出了单桩承载变形特征值。桩端不注浆时单桩极限承载力为 50.1MN，桩端注浆时单桩极限承载力为 64.9MN，注浆比不注浆时单桩极限承载力提高了 29.5%。在极限荷载下，注浆比不注浆单桩刚度增加 8.2%。在正常工作状态下（使用荷载下），注浆比不注浆单桩刚度增加了 2.2%。因此，桩端后注浆能明显提高单桩极限承载力，同时也提高了单桩极限状态和正常工作状态的刚度。但由于桩长较大，桩端注浆对正常工作状态的单桩刚度提高较小。

单桩承载变形特征值 **表 5-3**

特征值	极限承载力（MN）	极限荷载		使用荷载（16.2MN）	
		沉降（mm）	相应刚度（kN/mm）	沉降（mm）	相应刚度（kN/mm）
不注浆	50.1	34.1	1469	9.3	1742
注浆	64.9	40.8	1590	9.1	1780
$\frac{\text{注浆}-\text{不注浆}}{\text{不注浆}}\times100(\%)$	29.5	—	8.2	—	2.2

按《公路桥涵地基与基础设计规范》JTG D63—2007 计算的单桩容许承载力为 26.3MN，按安全系数为 2 考虑，单桩极限承载力为 52.6MN，与离心模型试验（不注浆）结果相差 5%，说明两者还是相当一致的。

图 5-4 给出了单桩极限承载力随桩长的变化，从图中可以看出，随着桩长的增加，单桩极限承载力也增加，但增加的幅度越来越小，因此，超过一定桩长后，增加桩长对提高单桩极限承载力所起的作用并不是很大。对于苏通大桥索塔桩基础，桩底标高取 －121m 是恰当的。

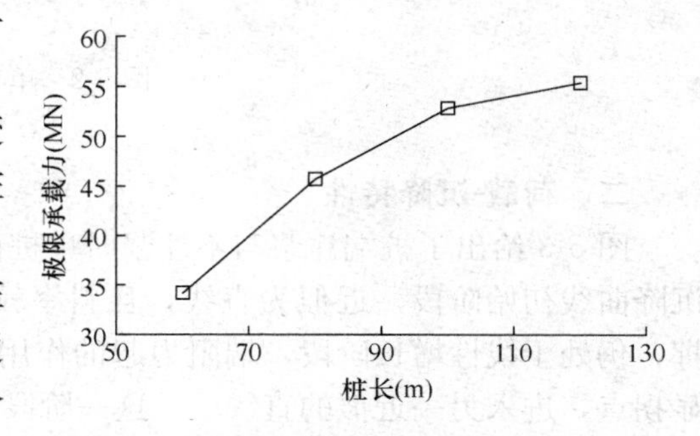

图 5-4 单桩极限承载力随桩长的变化

三、桩身轴力特性

图 5-5 为单桩桩身轴力随桩顶荷载的变化，图 5-6 为单桩各级荷载下桩身轴力沿深度分布。从图中可以看出，桩身轴力随深度的分布合理，桩身轴力随着深度的增加而减小，并在不同土层中以不同的速率减小，随着桩顶荷载的增大而增加。因此，超长大直径钻孔灌注桩随着桩顶荷载的不断增大，桩土相对位移逐渐向下传递，从而产生桩侧摩阻力承担上部荷载。

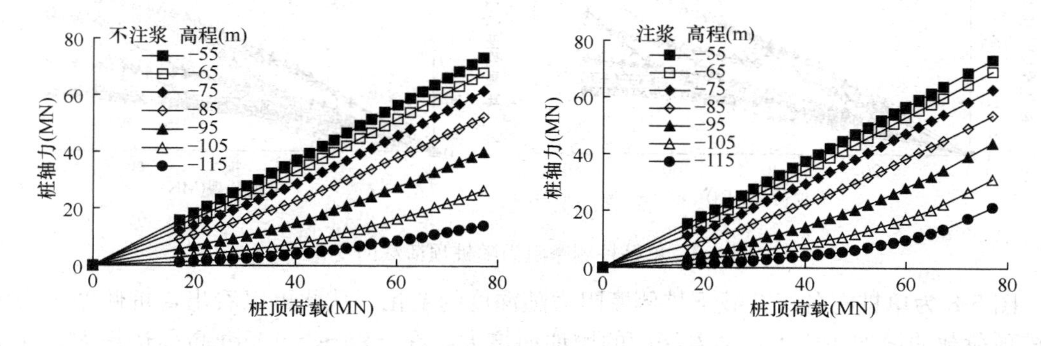

图 5-5 单桩桩身轴力随桩顶荷载的变化

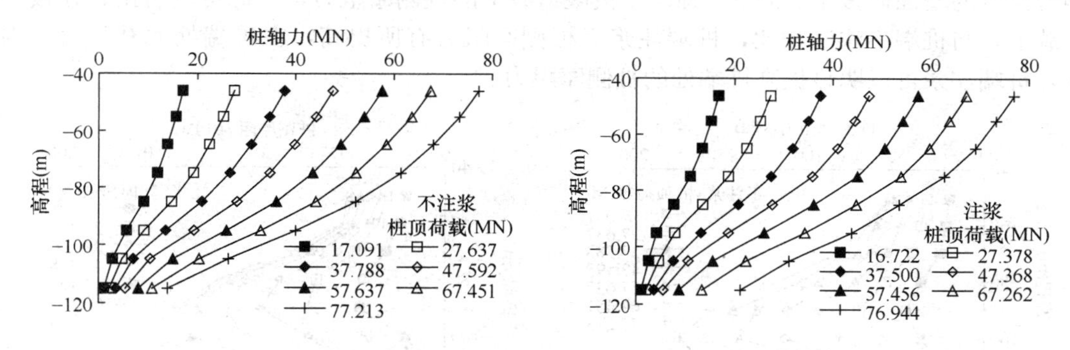

图 5-6 单桩各级荷载下桩身轴力沿深度分布

表 5-4 列出了极限荷载下桩身轴力，可以看出，桩端注浆可以明显提高桩身轴力，且随着深度的增加，桩身轴力提高得越显著，桩身轴力平均提高 52.2%，桩端处的提高近 1 倍。说明桩端注浆对提高桩侧土体尤其桩端处土体摩阻力和桩端阻力效果显著。

极限荷载下桩身轴力 **表 5-4**

高程（m）	−55	−65	−75	−85	−95	−105	−115
不注浆（MN）	46.6	42.1	36.9	30.1	20.9	11.5	6.1
注浆（MN）	61.5	57.6	51.8	42.7	32.1	20.2	11.9
$\frac{注浆-不注浆}{不注浆}\times 100$（%）	32.0	36.7	40.3	42.1	53.5	75.8	96.7

四、桩侧摩阻力特性

图 5-7 为单桩不同深度桩侧摩阻力随桩顶荷载的变化。由图中可以看出，桩侧摩阻力随着桩顶荷载的增加而增大，但不同深度处桩侧摩阻力随桩顶荷载的增加而增大的幅度不同，在−105m 高程以上，桩侧摩阻力随桩顶荷载呈下弯趋势；在−105m 高程以下，桩

侧摩阻力随桩顶荷载呈上翘趋势；−80～−90m 高程处桩侧摩阻力发展最快。因此，桩侧摩阻力的发挥是一个渐进的过程，上部土体桩侧摩阻力先发挥，而后逐渐向下传递，而桩端附近的摩阻力只有在桩顶荷载达到桩的极限承载力时才能完全发挥。

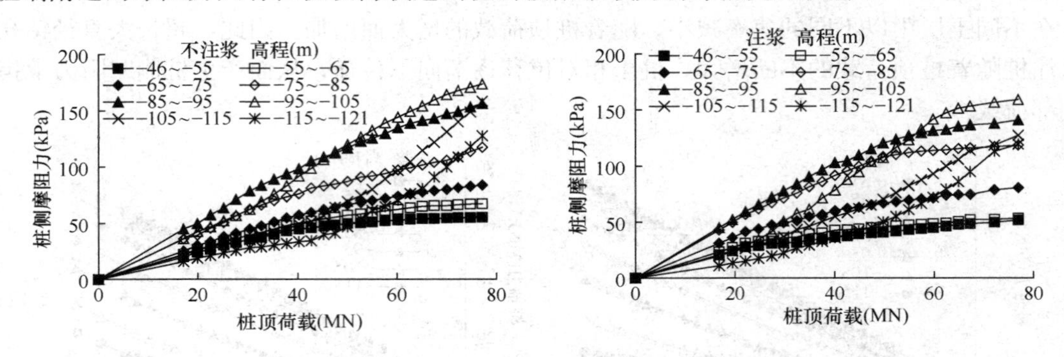

图 5-7 单桩桩侧摩阻力随桩顶荷载的变化

图 5-8 为单桩在各级荷载下桩侧摩阻力随深度的变化。从此可以看出，桩侧摩阻力随着桩顶荷载的增加而增大，随着深度的增加而增大，在−95～−105m 高程达最大，往下随着深度的增加而减小。表 5-5 列出了极限荷载下的桩侧摩阻力，从此可以看出，在极限荷载下，与桩端不注浆相比，桩端注浆后桩侧摩阻力有所提高，在桩端处尤其显著，因此，桩端注浆可以明显提高桩端处的桩侧摩阻力。

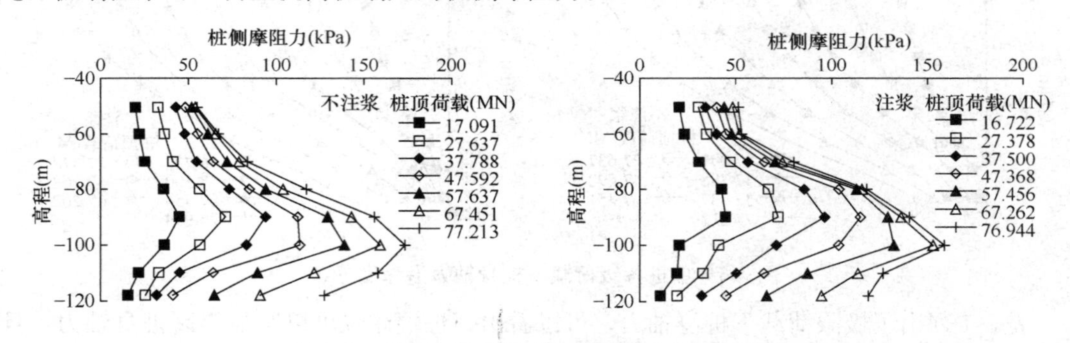

图 5-8 单桩各级荷载下桩侧摩阻力沿深度分布

极限荷载下的桩侧摩阻力 **表 5-5**

高程(m)	−46～−55	−55～−65	−65～−75	−75～−85	−85～−95	−95～−105	−105～−115	−115～−121
不注浆(kPa)	49.7	57.2	66.6	91.1	116.5	119.8	69.2	46.6
注浆(kPa)	50.7	59.2	73.2	102.3	135.2	151.3	105.6	85.8
$\frac{注浆-不注浆}{不注浆}\times100(\%)$	2.0	3.4	9.9	12.3	16.0	26.3	52.5	84.2

图 5-9 为单桩不同深度桩侧摩阻力随桩土相对位移的变化。从图中可以看出，桩侧摩阻力随着桩土相对位移的增加而增大，但不同深度处桩侧摩阻力随桩土相对位移的增加而增大的幅度不同，且当桩土相对位移大到一定程度时，桩侧摩阻力就基本稳定而不再增大。桩端不注浆时，桩端附近的桩侧摩阻力随着桩土相对位移的增加一直增大；桩端注浆

时，桩端附近的桩侧摩阻力随着桩土相对位移的增加，开始增大得较快，尔后就基本趋于稳定。表 5-6 列出了极限荷载下的桩土相对位移，从此可以看出，在极限荷载下，与桩端不注浆相比，桩端注浆可明显提高桩端处的桩侧摩阻力和减小桩土相对位移。

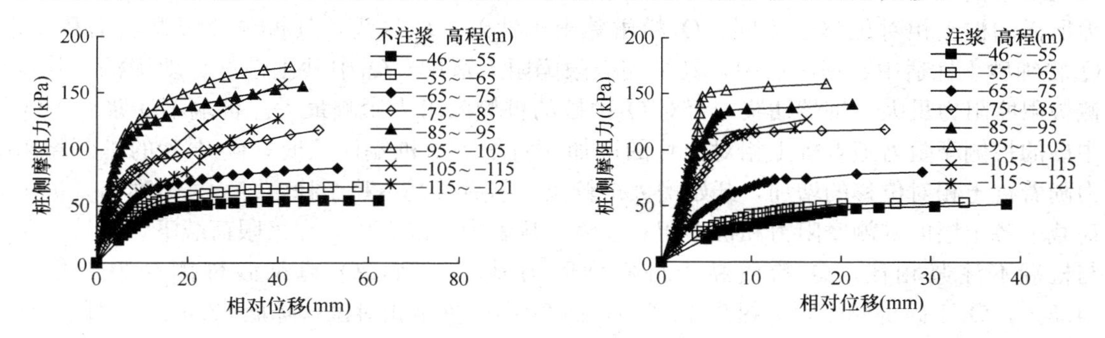

图 5-9 单桩桩侧摩阻力与桩土相对位移的关系

极限荷载下桩土相对位移 **表 5-6**

高程(m)	－46～－55	－55～－65	－65～－75	－75～－85	－85～－95	－95～－105	－105～－115	－115～－121
不注浆(mm)	19.3	16.3	13.5	11.0	9.0	7.6	6.8	6.4
注浆(mm)	21.7	17.7	13.9	10.4	7.5	5.4	3.9	3.2
$\frac{注浆-不注浆}{不注浆}\times100(\%)$	12.3	8.6	2.8	－5.5	－16.4	－29.2	－41.6	－49.7

下面，针对离心模型试验所简化的土层，Q_4 粉质黏土，代表高程－46～－51.8m，Q_3 粉细砂，代表高程－51.8～－95.6m，Q_3 中砂，代表高程－95.6～－127.9m，进一步分析桩侧摩阻力的变化规律。

图 5-10 为单桩各土层桩侧摩阻力随桩顶荷载的变化。从图中看出，各土层桩侧摩阻力随着桩顶荷载的增加而增大，但由于各土层土性、埋深不同，桩侧摩阻力随桩顶荷载的增加而增大的幅度不同。Q_4 粉质黏土土性差、埋深浅，其桩侧摩阻力最小，随桩顶荷载呈下弯趋势；Q_3 中砂土性好、埋深深，其桩侧摩阻力随桩顶荷载呈上翘趋势。当桩顶荷载大于一定数值时，Q_3 中砂桩侧摩阻力大于 Q_3 粉细砂。因此，桩侧摩阻力的发挥是一个渐进的过程，上部土体桩侧摩阻力先发挥，而后逐渐向下传递，而桩端附近的摩阻力只有在桩顶荷载达到桩的极限承载力后才能完全发挥。

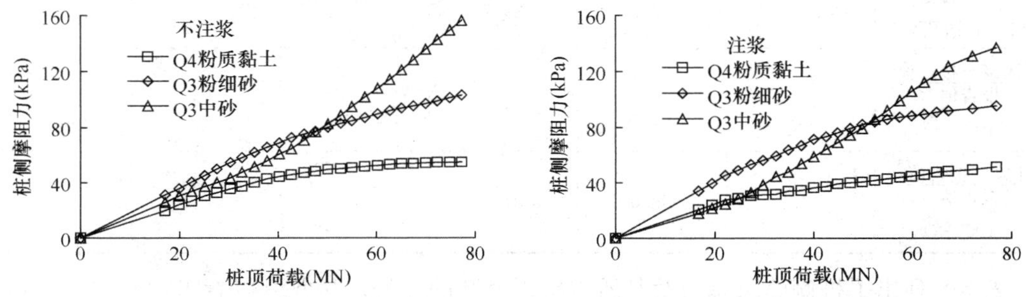

图 5-10 单桩各土层桩侧摩阻力随桩顶荷载的变化

图 5-11 为单桩各土层桩侧摩阻力随桩土相对位移的变化。从图中可以看出，桩侧摩阻力随着桩土相对位移的增加而增大，当桩土相对位移达一定数值后，桩侧摩阻力就趋于稳定或增幅明显减小，即达到桩侧极限摩阻力；土层土性、埋深不同，达到桩侧极限摩阻力所需的桩土相对位移也不同。Q_4 粉质黏土土性差、埋深浅，其桩侧极限摩阻力最小，Q_3 粉细砂土性适中、埋深适中，其桩侧极限摩阻力适中，Q_3 中砂土性好、埋深深，其桩侧极限摩阻力最大。桩端注浆与否对 Q_3 中砂的桩侧摩阻力影响最大。桩端不注浆时，Q_3 中砂的桩侧摩阻力随着桩土相对位移的增加一直增大；桩端注浆时，Q_3 中砂的桩侧摩阻力随着桩土相对位移的增加，开始增大得较快，尔后就基本趋于稳定。表 5-7 列出了极限荷载下各土层的桩侧摩阻力和桩土相对位移，从表中可以看出，在极限荷载下，桩端注浆与桩端不注浆相比，Q_4 粉质黏土桩侧摩阻力基本一致，Q_3 粉细砂桩侧摩阻力提高 14.5%，Q_3 中砂桩侧摩阻力提高 42.6%，而 Q_3 中砂桩土相对位移降低 38.4%。因此，桩端注浆可明显提高桩端附近的桩侧摩阻力和减小桩土相对位移。

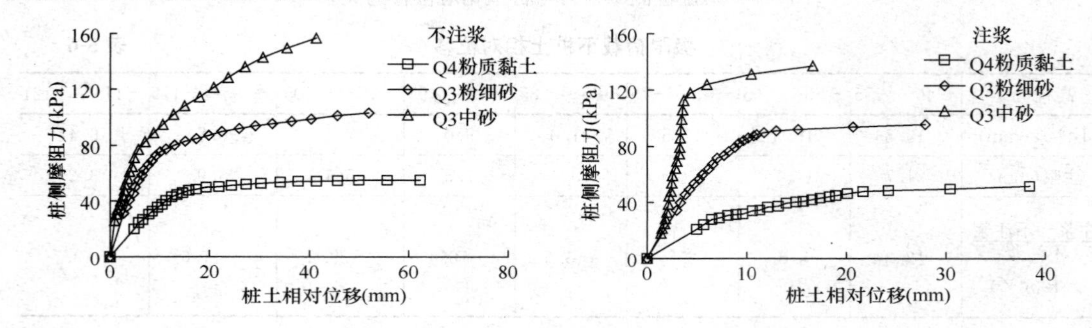

图 5-11 单桩各土层桩侧摩阻力与桩土相对位移的关系

极限荷载下各土层桩侧摩阻力和桩土相对位移 **表 5-7**

参数	桩侧摩阻力(kPa)			桩侧相对位移(mm)		
土层	Q_4 粉质黏土	Q_3 粉细砂	Q_3 中砂	Q_4 粉质黏土	Q_3 粉细砂	Q_3 中砂
代表高程(m)	−46～−51.8	−51.8～−95.6	−95.6～−121	−46～−51.8	−51.8～−95.6	−95.6～−121
不注浆	49.7	80.0	82.6	19.3	12.9	7.0
注浆	50.7	91.6	117.8	21.7	13.0	4.3
$\frac{注浆-不注浆}{不注浆}\times100(\%)$	2.0	14.5	42.6	12.3	0.6	−38.4
地质报告值(127#钻孔)	35.0	57.6	89.7			
$\frac{不注浆-报告值}{报告值}\times100(\%)$	42.0	38.9	−7.9			
$\frac{注浆-报告值}{报告值}\times100(\%)$	44.8	59.0	31.3			

表 5-8 列出了桩侧摩阻总力及其所占桩顶荷载的比例。从此可以看出，桩端注浆可以提高桩侧摩阻力，极限荷载条件下提高 23.1%。

极限荷载下桩侧摩阻总力　　表 5-8

参　数	极限荷载(MN)	桩侧摩阻总力(MN)	桩侧摩阻总力/极限荷载(%)
不注浆	50.1	46.3	92.4
注浆	64.9	57.0	87.8
$\frac{注浆-不注浆}{不注浆}\times100(\%)$	29.5	23.1	−5.0

五、桩端阻力特性

图 5-12 为单桩桩端阻力随桩顶荷载的变化，从图中可以看出，桩端阻力随着桩顶荷载的增加而增大，当桩顶荷载小于桩端不注浆单桩极限荷载时，桩端注浆与不注浆的桩端阻力随着桩顶荷载的变化基本一致，当桩顶荷载大于桩端不注浆单桩极限荷载时，桩端不注浆的桩端阻力仍以此前的速率随着桩顶荷载的增加而增大，而桩端注浆的桩端阻力则以更大的速率随桩顶荷载的增加而增大，明显呈上翘形态。因此，桩端注浆可显著提高桩端阻力。

图 5-13 为单桩桩端阻力随桩端沉降的变化，从图中可以看出，桩端阻力随着桩端沉降的增加而增长，但增长的速率不同，当桩端沉降小于临界值时，增长速率较大，桩端沉降大于临界值时，增长速率较小，桩端注浆时增长速率明显大于桩端不注浆。因此，桩端注浆可显著提高桩端阻力。

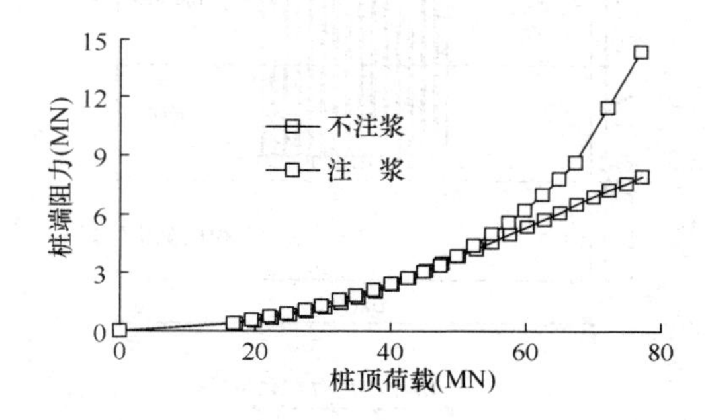

图 5-12　单桩桩端阻力随桩顶荷载的变化

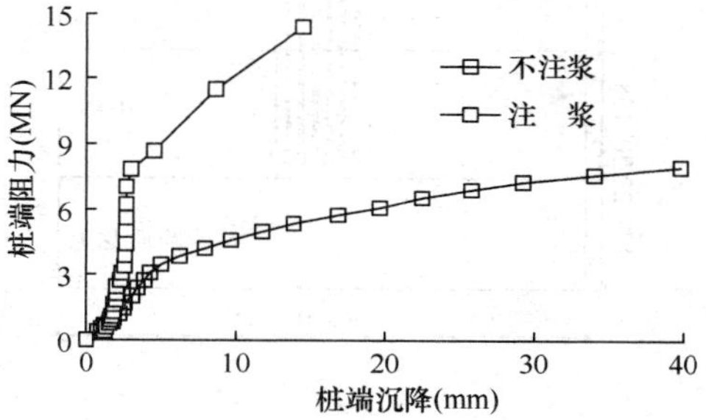

图 5-13　单桩桩端阻力随桩端沉降的变化

表 5-9 汇总了极限荷载下桩端阻力和桩端沉降。从此可以看出，桩端注浆可以提高极限荷载条件下的桩端阻力，极限荷载下提高 107.9%；不注浆桩端阻力占桩顶荷载的 7.6%，注浆桩端阻力占桩顶荷载的 12.2%。从桩端沉降来看，注浆的桩只有 3.0mm，不注浆的桩为 6.2mm，桩端注浆可使桩端位移减小 51.6%。

极限荷载下桩端阻力和桩端位移　　表 5-9

参　数	极限荷载(MN)	桩端阻力(MN)	桩端阻力/极限荷载(%)	桩端位移(mm)
不注浆	50.1	3.8	7.6	6.2
注浆	64.9	7.9	12.2	3.0
$\frac{注浆-不注浆}{不注浆}\times100(\%)$	29.5	107.9	60.5	−51.6

第三节　群桩竖向承载特性离心模型试验研究

一、试验方案

群桩竖向承载试验主要研究主桥索塔超大超深钻孔灌注桩群桩在竖向荷载作用下，群桩作用机理、群桩效应，确定群桩效应与承载力及沉降随荷载的变化过程。按主桥索塔群桩基础的实际简化地层、地面最大冲刷深度、桩长、桩径、桩间距、桩端全注浆考虑，考虑群桩数量影响，分别取 18 根群桩和 1/2 主桥索塔群桩进行竖向承载试验，试验布置如图 5-14 所示。

18 根群桩试验在 A1、A2、B1、B2、C1、C2 六根桩上布置了桩身压缩应变测点，每根桩的测点高程均为－40m、－60m、－75m、－95m、－115m。1/2 主桥索塔群桩试验，在 A1～A4、B1～B4、C1～C4、D1～D4、E1～E3 十九根桩上布置了桩身压缩应变测点，其中 A1、A4、C1、E1、E3 五根桩布置两个测点，高程为－40m、－115m，其余十四根桩布置一个测点，高程为－40m。

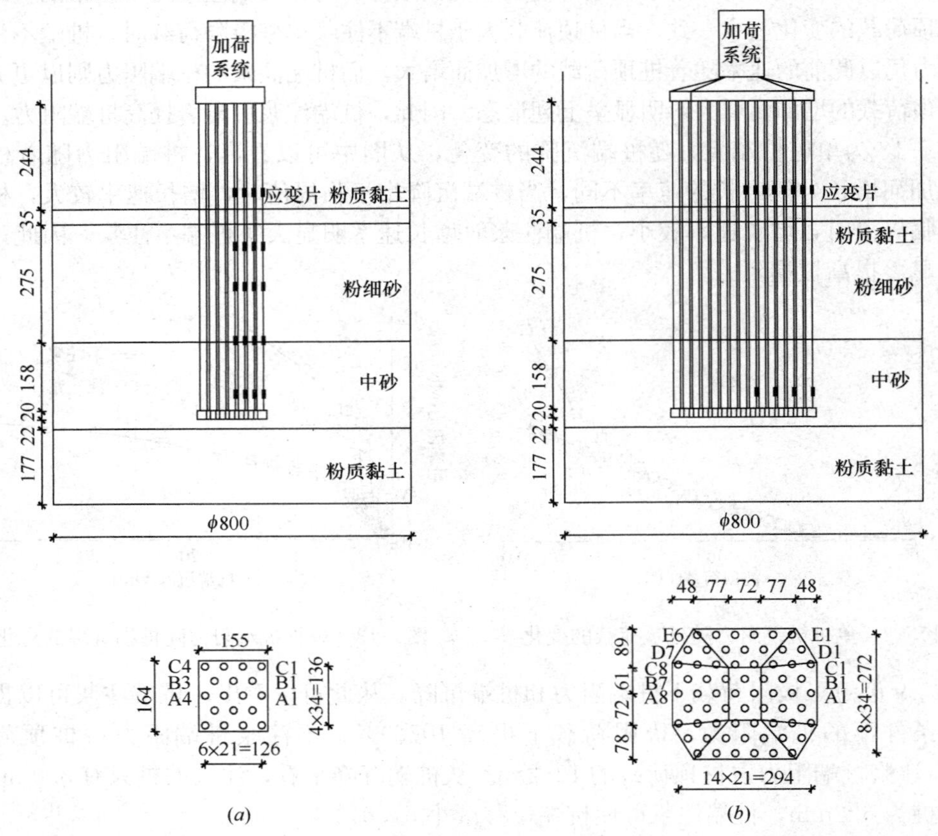

图 5-14　群桩试验布置图

(*a*) 18 根群桩；(*b*) 1/2 主桥索塔群桩

另外，为研究桩间距对群桩效率的影响，还进行了 3×3 群桩的离心模型试验，桩正方形布置，桩间距分别为 2.5 倍、4 倍、6 倍桩径，桩底高程为－120m，冲刷深度为－20m高程。

二、荷载-沉降特性

图 5-15 给出了 18 根群桩和 1/2 主桥索塔群桩荷载-沉降曲线。从图中可以看出，荷载-沉降曲线整体变化比较平缓，转折点不是很明显。在达极限荷载前，荷载-沉降曲线变化比较平缓，在极限荷载下，桩顶沉降有所增大。

荷载-沉降曲线表明，由摩擦桩组成的群桩基础，在竖向荷载作用下，承台及桩间土、

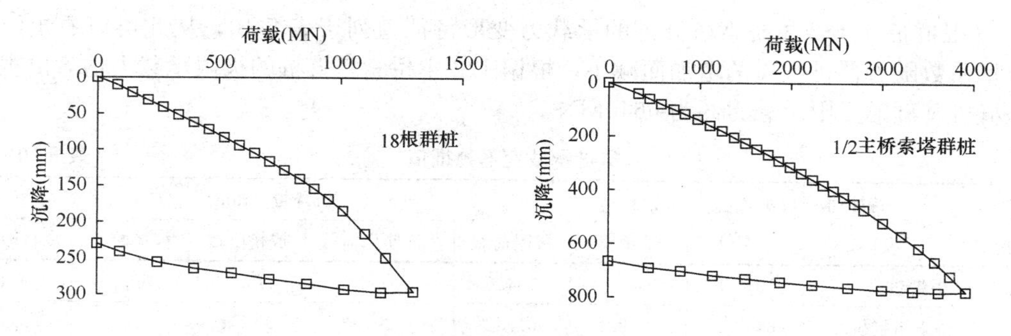

图 5-15　群桩荷载-沉降关系曲线

桩端土都参与工作，形成承台、桩、土相互影响、共同工作，使群桩的工作性状趋于复杂。

从前面分析的单桩情况可知，作用于桩顶的竖向荷载主要借助桩侧土的摩阻力传到土层中，使桩周摩阻力影响面积和桩底水平面处的压力分布面积要比桩身截面积大得多。对于由此组成的群桩，当桩间距较大，各桩桩周摩阻力和桩端反力互不影响时，群桩的竖向承载力显然应等于诸单桩竖向承载力之和；反之，如桩间距较小，则各桩桩周摩阻力和桩端阻力相互影响，群桩的竖向承载力就不是等于各单桩承载力总和的简单关系。

试验结果表明，对于桩身强度较大、入土较深、土质均匀且强度较低的群桩，随着桩台竖向荷载不断增加，桩端土的不断变形，桩身贯入土中，破坏形式为刺入破坏。

群桩的效率系数是指群桩的极限承载力与群桩中各桩按独立单桩考虑的极限承载力之和的比值。制约群桩效应的主要因素，一是群桩自身的几何特征，包括承台的设置方式（高或低承台）、桩距、桩长及桩长与承台的宽度比、桩的排列形式、桩数；二是桩侧与桩端的土性、土层分布和成桩工艺（挤土或非挤土）。因此群桩效应具体反映于以下几方面：群桩的侧摩阻力、群桩的端阻力、承台土反力、桩顶荷载分布、群桩沉降及其随荷载的变化、群桩的破坏模式等，由此可见，群桩效率系数可能小于 1，也可能大于 1，应该具体问题具体分析。

图 5-16 给出了 3×3 群桩效率系数随桩间距的变化关系曲线，从图中可以看出，群桩效率系数随着桩间距的增大而增加，当桩间距大于 6 倍桩径时，群桩效率系数略大于 1，可认为没有群桩效应。桩距对群桩效应的影响可以从桩距对桩侧摩阻力和桩端阻力的影响两方面来分析。桩侧摩阻力只有在桩土间产生一定相对位移的条件下才能发挥出来，而桩间土竖向位移受相邻桩影响。因此桩距越小，桩土相对位移也越小，这就使得在相等沉降条件下，群桩侧摩阻力发挥值小于单桩。在桩距很小情况下，即使发生很大沉降，群桩中各桩的侧摩阻力也不能得到充分发挥。一般情况下，桩端阻力随桩距减小而增大，这是由于邻桩的桩侧剪应力在桩端平面上重叠，导致桩端平面的主应力差减小，以及桩端土的侧向变形受到邻桩逆向变形的制约而减小所致。群桩效率系数反映了桩侧摩阻力和桩端阻力的综合影响。

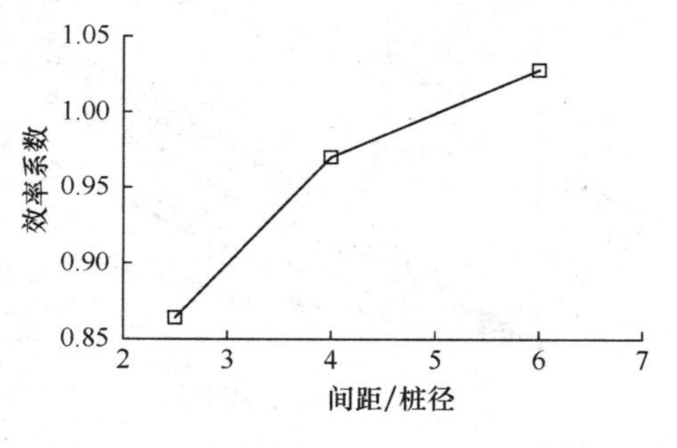

图 5-16　群桩效率系数随桩间距的变化

18 根群桩和 1/2 主桥索塔群桩的承载力变形特征值列于表 5-10，从此可以看出，群桩效率系数随着群桩数量的增加而减小，根据 1/2 主桥索塔群桩的极限承载力估算出主桥索塔群桩基础的极限承载力约为 6640MN。

群桩承载变形特征值 **表 5-10**

桩数 \ 特征值	极限承载力（MN）	群桩效率系数	沉降量（mm）				
			极限荷载	2 倍使用荷载	成桥阶段	裸塔竣工	承台竣工
18 根群桩	1011.5	0.87	184.6	91.1	43.6	36.0	19.4
1/2 主桥索塔群桩	3403.2	0.82	616.2	320.9	143.1	121.1	66.4

从表 5-10 还可看出，群桩的沉降明显大于单桩，极限荷载下，18 根群桩的沉降是单桩沉降的 4.5 倍，1/2 主桥索塔群的沉降是单桩的 15 倍，是 18 根群桩的 3.3 倍。说明随着群桩数量的增多，对下卧层土体的附加应力越大、影响深度越深，从而引起下卧层土体的沉降也越大。

三、桩身轴力特性

图 5-17 为 18 根群桩各桩不同深度桩身轴力随承台荷载的变化。从图中可以看出，各

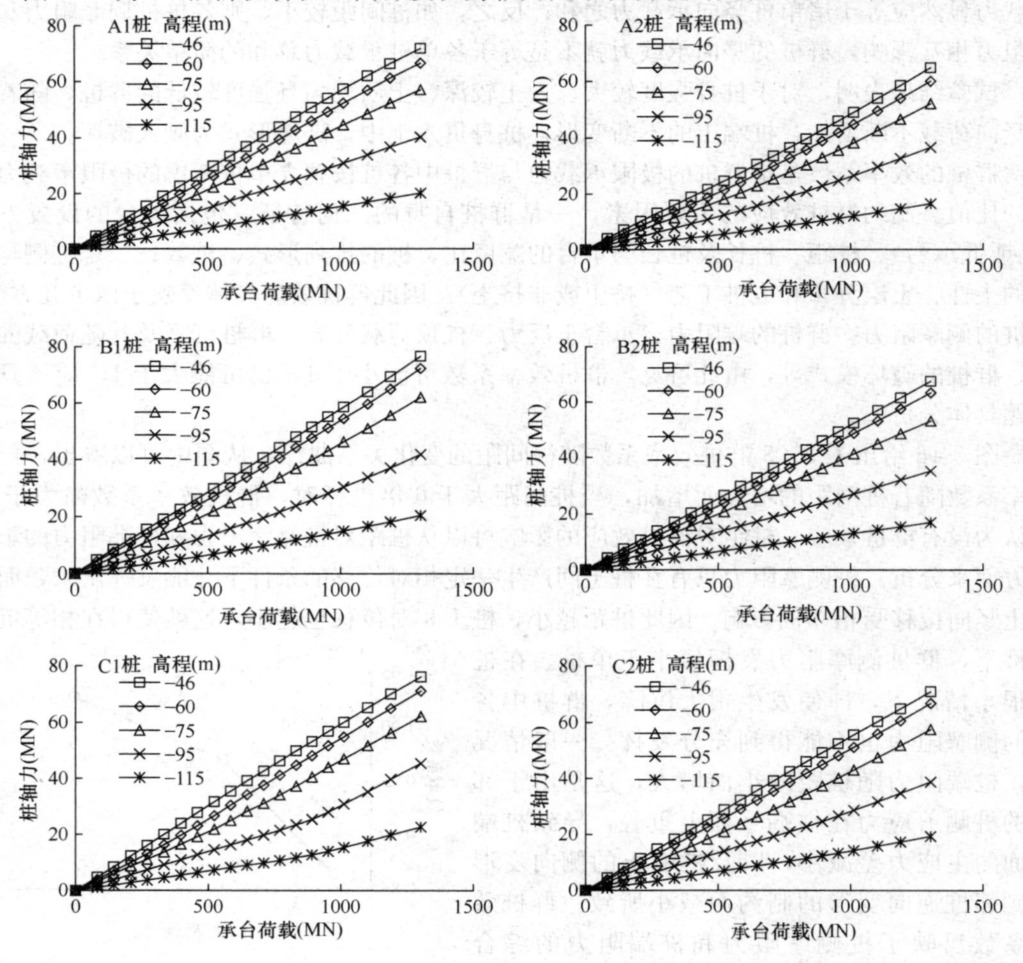

图 5-17 18 根群桩桩身轴力随承台荷载的变化

桩桩身轴力随着承台荷载的增加而增大，接近冲刷线，桩身轴力随桩荷载呈线性增大，往下，桩身轴力随桩顶荷载呈上翘趋势。因此，不同深度处桩身轴力随承台荷载的增长速率不同，深度越深，增长速率越小；不同位置处桩身轴力随承台荷载的增长速率不同，角桩C1增长速率最大，边桩C2和A1次之，中间桩A2和B2最小；不同承台荷载时桩身轴力随承台荷载的增长速率也不同，承台荷载越大，增长速率也越大。

图5-18（*a*）～（*e*）为1/2主桥索塔群桩基础A、B、C、D、E排桩桩顶荷载随承台荷载的变化，图5-18（*f*）为1/2主桥索塔群桩基础A、C、E排桩部分桩－115m高程处桩身轴力随承台荷载的变化。从图中可以看出，1/2主桥索塔群桩基础桩顶荷载和－115m高程处桩身轴力随着承台荷载的增加而线性增大，但各桩桩顶荷载随承台荷载增加的增长幅度相差较大。在承台边角位置桩顶荷载的增幅明显大于承台中间位置的桩。

图5-19为18根群桩各桩在各级荷载下桩身轴力随深度的变化，图5-20为18根群桩

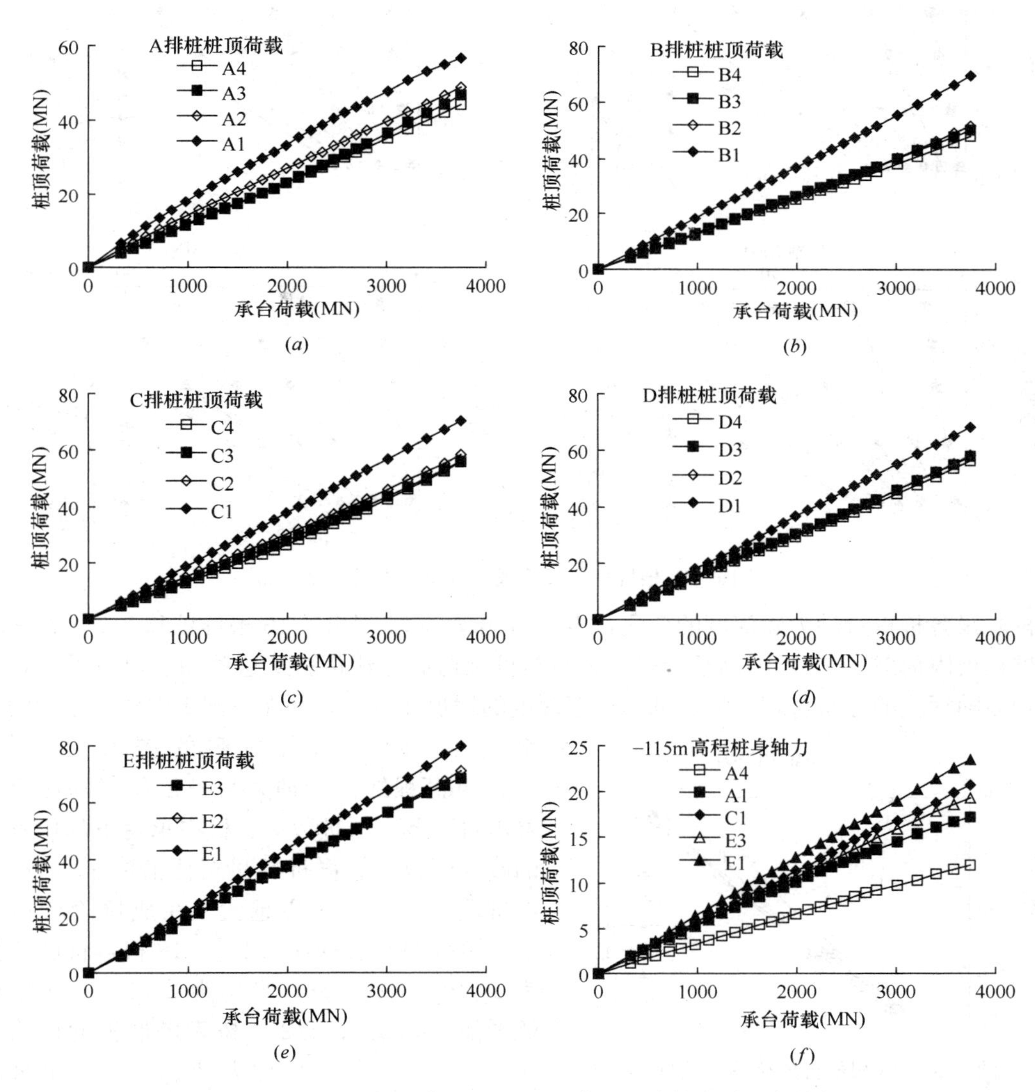

图5-18　1/2主塔群桩桩顶荷载和－115m高程桩身轴力随承台荷载的变化

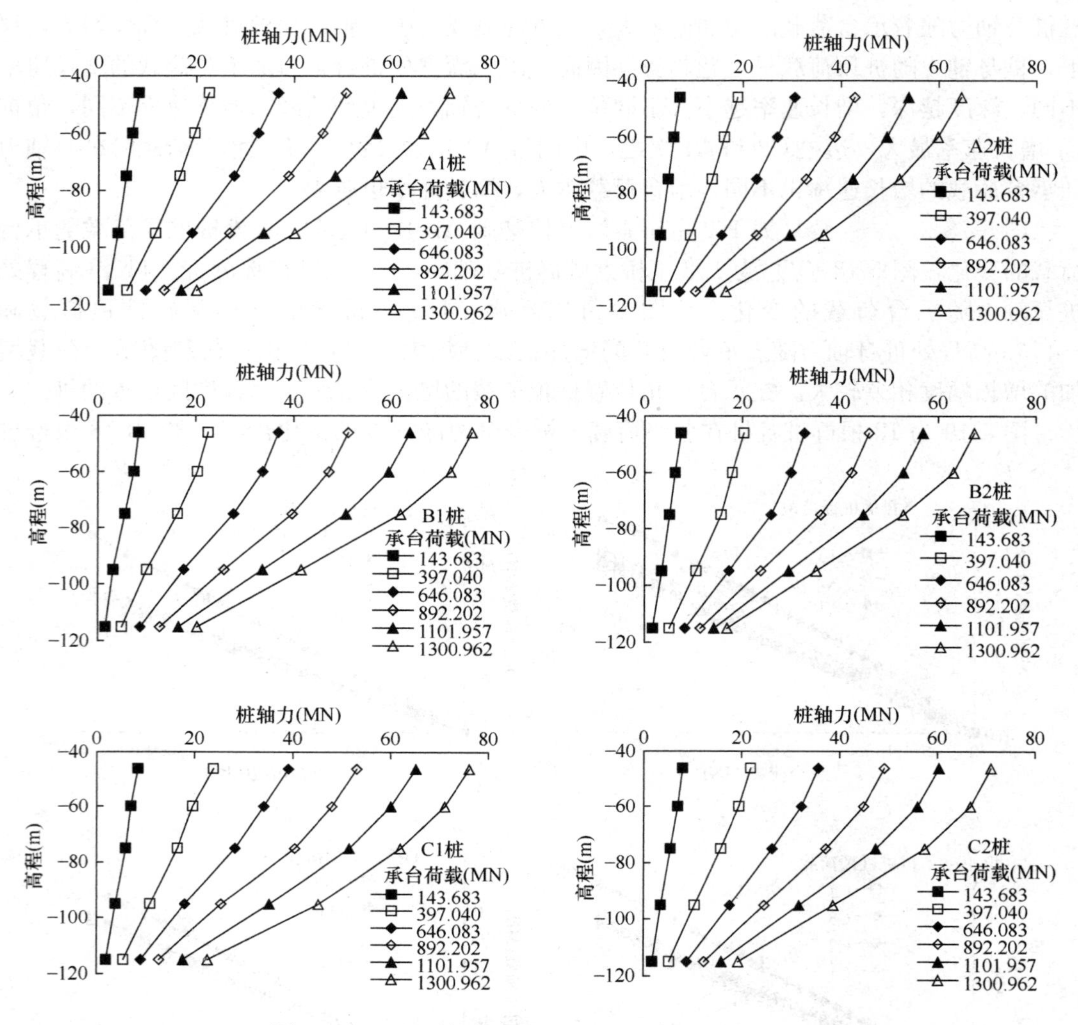

图 5-19　18 根群桩各级荷载下桩身轴力沿深度分布

成桥阶段各桩桩身轴力随深度的变化，表 5-11 和表 5-12 列出了 18 根群桩和 1/2 主桥索塔群桩在极限荷载下－115m 高程处桩身轴力与桩顶荷载之比值。从这些图表可以看出，桩身轴力随深度的分布合理，桩身轴力随着深度的增加而减小，并在不同土层中以不同的速率减小，随着承台荷载的增大而增加。－115m高程处桩身轴力与桩顶荷载的比值随着承台荷载、群桩数量、桩在承台下的位置等的改变而改变。群桩数量对比值的影响较大，群桩数量越多，比值越大。在成桥阶段荷载下，单桩的比值只有 6.1%，18 根群桩的比值为 20.9%～25.4%，平均为 22.8%，比单桩的增加 273.8%；1/2 主桥索塔群桩的比值为 28.2%～30.3%，平均为 29.1%，比单桩的增加 377.0%，比 18 根群桩的增加 27.6%。

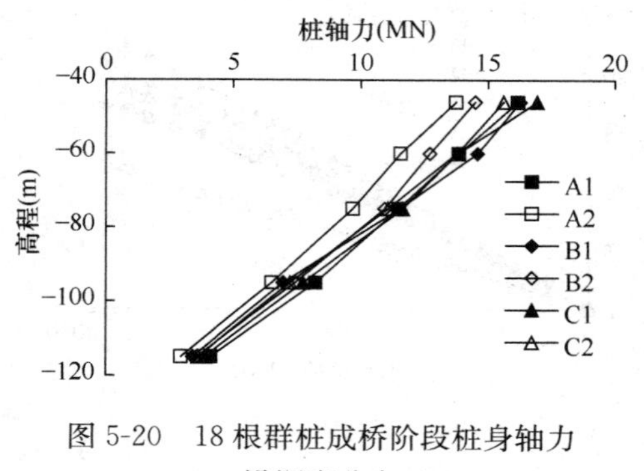

图 5-20　18 根群桩成桥阶段桩身轴力沿深度分布

在极限荷载下，单桩的比值约为18.4%，18根群桩的比值为24.3%～26.9%，平均为25.5%，比单桩的增加38.6%；1/2主桥索塔群桩的比值为28.5%～30.6%，平均为29.4%，比单桩的增加59.8%，比18根群桩的增加15.3%。承台荷载越大，比值越大。18根群桩极限荷载下的比值比成桥阶段荷载下的比值平均提高11.8%。桩在承台下的位置对比值的影响不大，一般中间桩的较小，边角桩的较大。

18根群桩－115m高程处桩身轴力与桩顶荷载之比值 表5-11

阶段	参　　数	边桩A1	中间桩A2	中间桩B1	中间桩B2	角桩C1	边桩C2
成桥阶段	桩顶荷载（MN）	16.18	13.75	16.26	14.5	16.92	15.6
	桩身轴力（MN）	4.11	2.93	3.41	3.56	3.87	3.62
	比值（%）	25.4	21.3	20.9	24.6	22.9	23.2
极限荷载	桩顶荷载（MN）	57.23	48.95	58.45	52.12	59.96	55.56
	桩身轴力（MN）	15.41	11.91	14.85	13	15.42	14.3
	比值（%）	26.9	24.3	25.4	24.9	25.7	25.7

1/2主桥索塔群桩－115m高程处桩身轴力与桩顶荷载之比值 表5-12

阶段	参数	边桩A1	中间桩A4	角桩C1	角桩E1	边桩E3
成桥阶段	桩顶荷载（MN）	18.5	11.97	19.27	22.64	19.46
	桩身轴力（MN）	5.61	3.37	5.63	6.66	5.48
	比值（%）	30.3	28.2	29.2	29.4	28.2
极限荷载	桩顶荷载（MN）	53.08	39.92	63.85	72.8	63.38
	桩身轴力（MN）	16.24	11.38	18.76	21.62	18.13
	比值（%）	30.6	28.5	29.4	29.7	28.6

四、桩顶荷载分布

由于承台、群桩、土相互作用效应导致群桩基础各桩桩顶荷载分布不均。图5-21为18根群桩各排桩中最大、最小桩顶荷载与平均桩顶荷载之比及最大桩顶荷载与最小桩顶

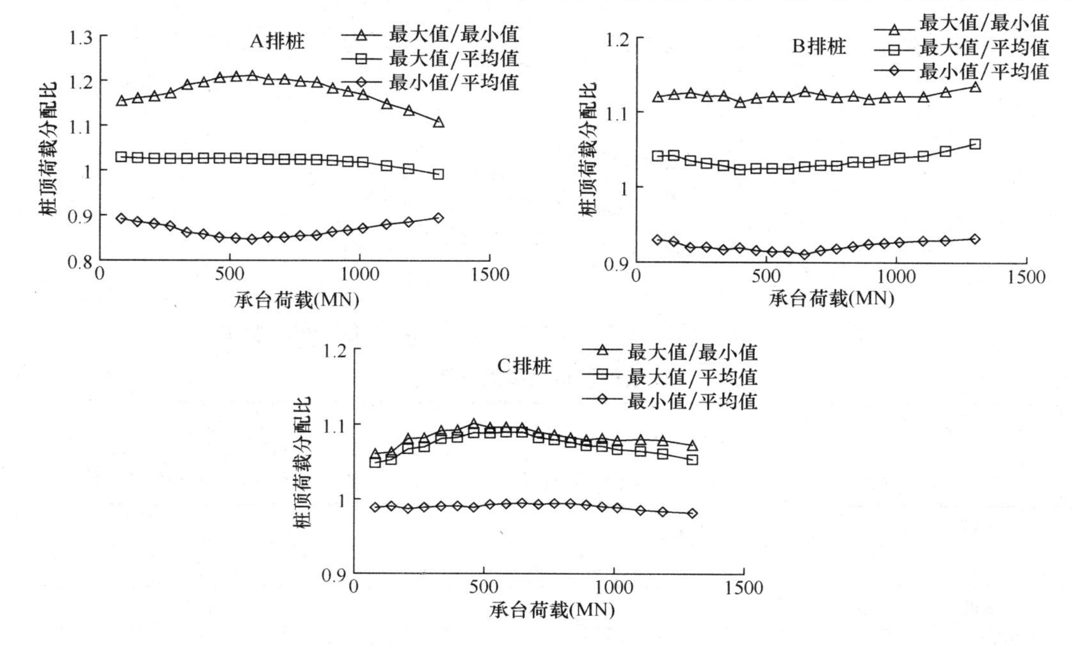

图5-21　18根群桩桩顶荷载分配比随承台荷载的变化

荷载之比随承台荷载的变化，图 5-22 为 1/2 主桥索塔群桩各排桩中最大、最小桩顶荷载与平均桩顶荷载之比及最大桩顶荷载与最小桩顶荷载之比随承台荷载的变化，表 5-13 和表 5-14 列出了 18 根群桩和 1/2 主桥索塔群桩基础在成桥阶段荷载和极限荷载下桩顶荷载与平均荷载比值。其中最大、最小桩顶荷载是对该范围内的桩而言，平均桩顶荷载是对承台下所有桩而言的。从这些图表可以看出，A 排桩的桩顶荷载相差最大，E 排桩的桩顶荷载相差最小；桩数越多，桩顶荷载相差越大；荷载越大，桩顶荷载相差越小。

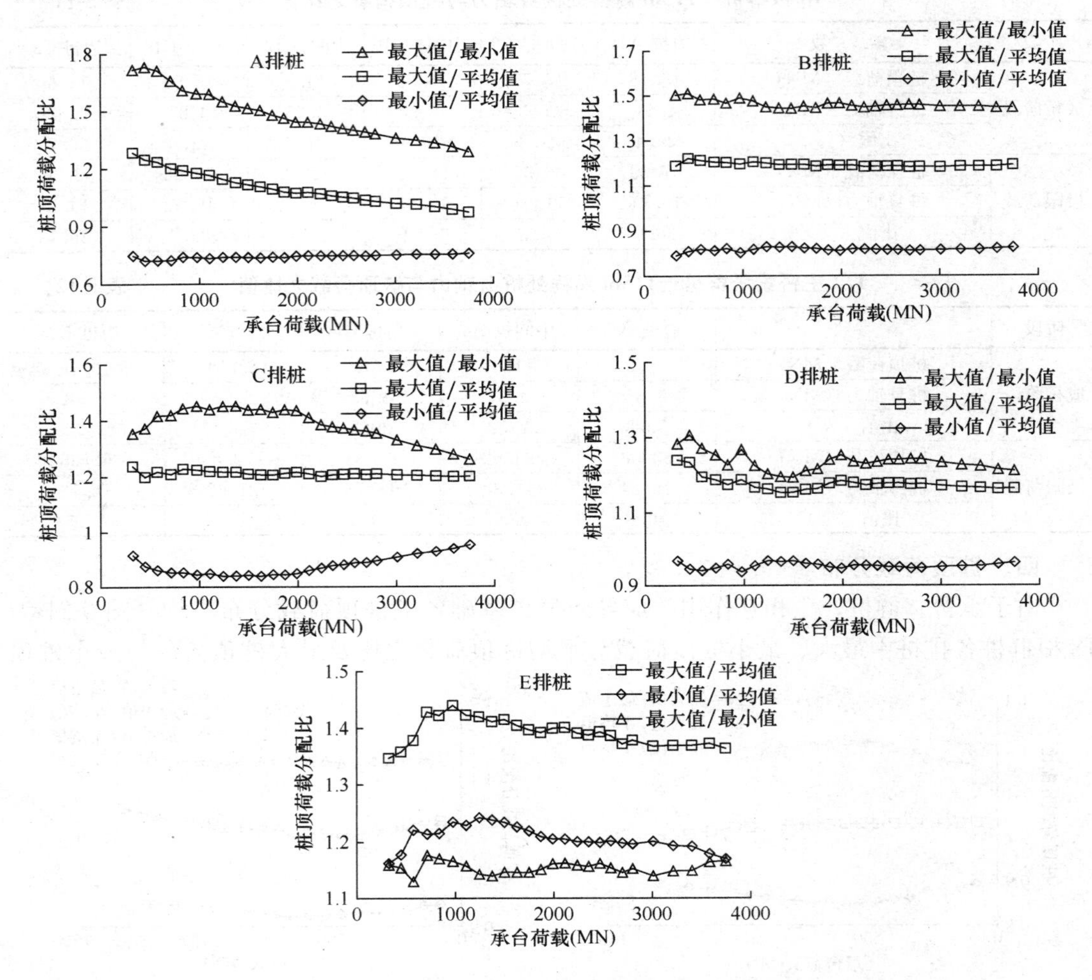

图 5-22　1/2 主桥索塔群桩桩顶荷载分配比随承台荷载的变化

18 根群桩桩顶荷载分配比　　**表 5-13**

参数 桩排	成桥阶段			极限荷载		
	最大值/最小值	最大值/平均值	最小值/平均值	最大值/最小值	最大值/平均值	最小值/平均值
A 排桩	1.18	1.02	0.87	1.17	1.02	0.87
B 排桩	1.12	1.03	0.92	1.12	1.04	0.93
C 排桩	1.08	1.07	0.99	1.08	1.07	0.99
全部桩	1.23	1.07	0.87	1.22	1.07	0.87

1/2 主桥索塔群桩基础桩顶荷载分配比 **表 5-14**

阶段	桩排	最大值（MN）	最小值（MN）	最大值/最小值	最大值/平均值	最小值/平均值
成桥阶段	A 排桩	18.50	11.64	1.59	1.17	0.74
	B 排桩	18.90	12.72	1.48	1.20	0.81
	C 排桩	19.27	13.31	1.45	1.22	0.84
	D 排桩	18.63	14.85	1.26	1.18	0.94
	E 排桩	22.64	19.46	1.16	1.44	1.23
	全部桩	22.64	11.64	1.94	1.44	0.74
极限荷载	A 排桩	53.08	39.92	1.33	1.00	0.75
	B 排桩	62.97	43.40	1.45	1.18	0.82
	C 排桩	63.85	49.28	1.30	1.20	0.93
	D 排桩	61.96	50.65	1.22	1.16	0.95
	E 排桩	72.80	63.38	1.15	1.37	1.19
	全部桩	72.80	39.92	1.82	1.37	0.75

图 5-23 为 1/2 主桥索塔群桩各排桩各级荷载下桩顶荷载的分布。从图中可以看出，中间桩的桩顶荷载较小，边、角桩的桩顶荷载较大，最大桩顶荷载出现在 E1 桩上。以上

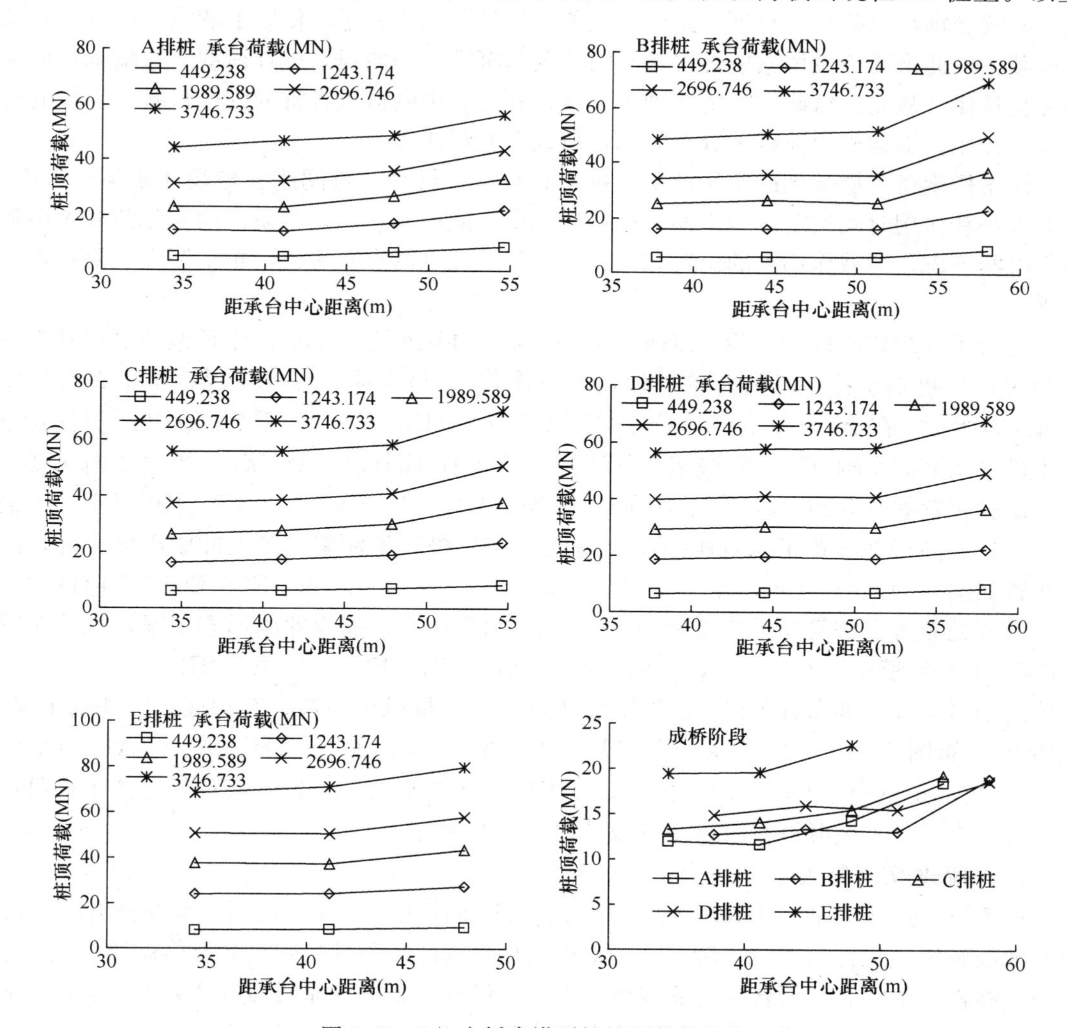

图 5-23 1/2 主桥索塔群桩桩顶荷载分布

结果表明，随着承台荷载的变化，桩顶荷载将重分布，不同位置桩侧摩阻力和桩端阻力的发挥不是同步的。角桩和边桩由于桩土间相对位移比中心桩大，其桩侧摩阻力的发挥先于中心桩，因而中心桩的分担荷载比边桩和角桩小。

第四节　主塔群桩基础竖向承载特性离心模型试验研究

一、试验方案

从前面的单桩和群桩竖向承载变形特性我们可以看出，苏通大桥主桥索塔群桩基础的超长超大钻孔灌注桩是摩擦桩。对于这样的摩擦桩，工程设计中最为关心的问题是，不同工况条件下主桥索塔群桩基础在承台施工过程、承台竣工期、裸塔竣工期、成桥阶段、运营阶段的竖向荷载作用下的承台基础沉降、桩顶反力分布等承载变形。

主桥索塔群桩基础竖向承载试验主要研究在承台施工过程、承台竣工期、裸塔竣工期、成桥阶段、运营阶段的竖向荷载作用下的承台基础沉降、桩顶荷载分布等，并在此基础上继续施加承台荷载，直到达到试验设备的设计荷载或大于两倍以上的承台群桩基础设计荷载，以此来研究主桥索塔群桩基础的荷载与沉降关系曲线，桩顶荷载分布随承台荷载的变化规律，从而分析确定主塔基础施工过程和运营中的群桩各桩的安全贮备、群桩的桩土相互作用、引起桩顶荷载重分布的承台荷载及其规律等。

按主桥索塔群桩基础的实际地层、桩数、桩长、桩径、桩间距、桩端注浆与否考虑，荷载大小和作用时间按基础竣工期、裸塔竣工期、成桥阶段、运营阶段的实际荷载大小和施工时间考虑，荷载作用点的位置和大小按实际情况（两点）考虑，桩上测点主要布置在桩顶。

进行了 5 组离心模型试验，以研究桩端注浆、冲刷形态、护底对主桥索塔群桩基础的影响。（1）桩端全注浆（所有桩桩端均进行注浆）、最大冲刷深度工况，试验布置如图 5-24（*a*）所示，在 A1～A9、C1、C3、C5、C7、C9、E1～E6 二十根桩的－40m 高程处布置了桩身压缩应变测点。（2）桩端部分注浆（最外围一圈桩桩端注浆）、最大冲刷深度工况，试验布置如图 5-24（*a*）所示，在 A1～A9、C1、C3、C5、C7、C9、E1～E6 二十根桩的－40m 高程处布置了桩身压缩应变测点。（3）桩端不注浆、最大冲刷深度工况，试验布置如图 5-24（*b*）所示，在 A1～A9、C1、C3、C5、C7、C9、E1～E6 二十根桩的－40m 高程处布置了桩身压缩应变测点。（4）桩端全注浆、潮汐冲刷形态工况，试验布置如图 5-24（*c*）所示，在 A1～A5、A7、A9～A17、E1、E3、E6、E7、E10、E12 二十一根桩的－11m 高程处布置了桩身压缩应变测点。（5）桩端全注浆、有护底、无冲刷工况，试验布置如图 5-24（*d*）所示，在 A1、A2、A4、A5、A7～A11、A13、A14、A16、A17、C1、C8～C10、C17、E1、E6、E7、E12 二十二根桩的－11m 高程处布置了桩身压缩应变测点。各工况群桩平面布置与编号如图 5-25 所示。

二、荷载-沉降特性

图 5-26 为 5 种工况主桥索塔群桩基础的荷载-沉降关系曲线。从图中可以看出，荷载-沉降曲线整体变化比较平缓，转折点不是很明显，因此，群桩基础在 2.5 倍设计荷载作用下，从线性变形状态缓慢转化为非线性状态；在设计荷载下，非线性特征并不明显，说明群桩基础的工作状态处于似弹性状态或合理的范围之内。所有工况下主塔群桩基础的极限

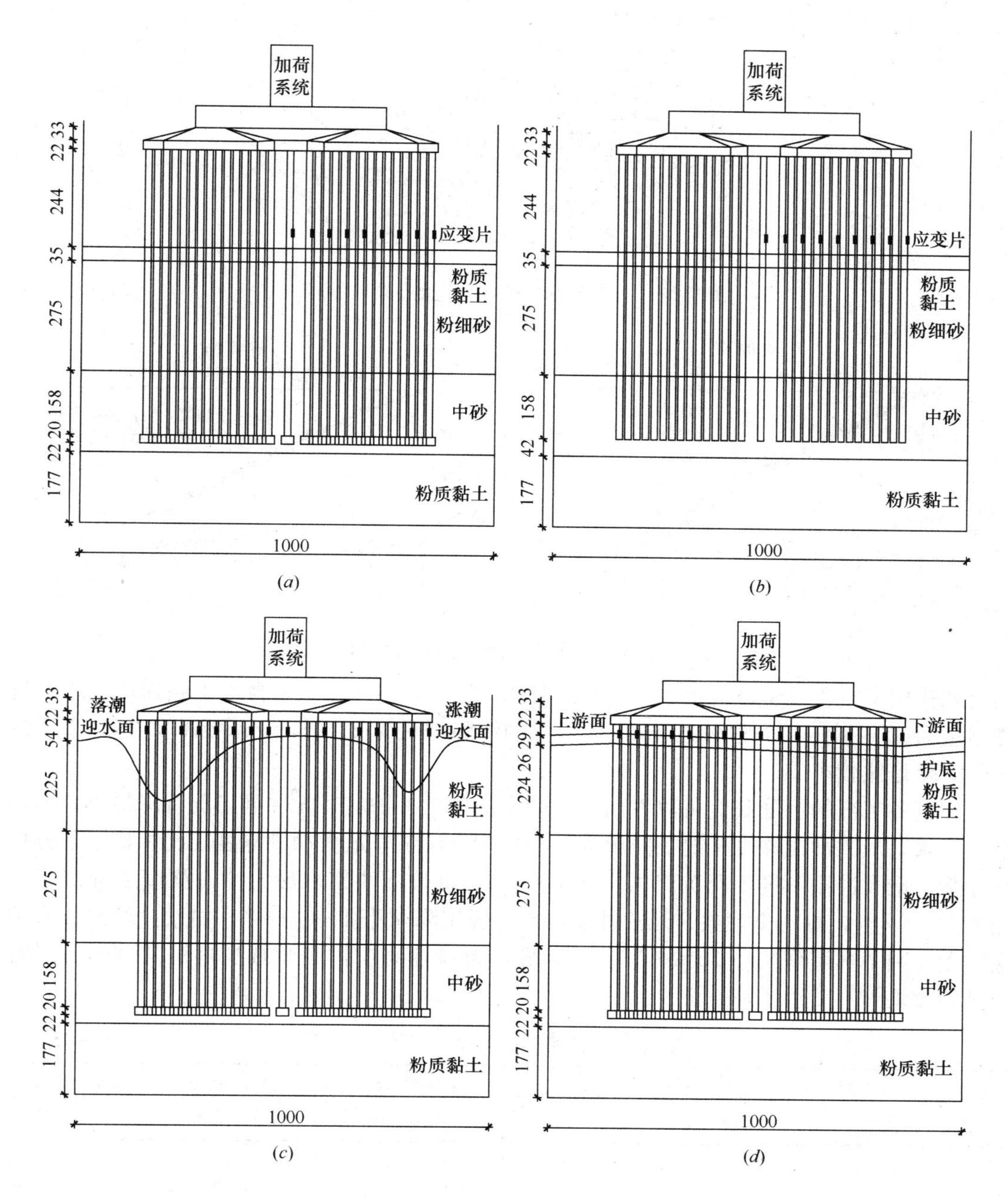

图 5-24 主桥索塔群桩基础试验布置图

（*a*）注浆、最大冲刷深度工况；（*b*）不注浆、最大冲刷深度工况；
（*c*）全注浆、潮汐冲刷形态工况；（*d*）全注浆、有护底、无冲刷工况

承载力均大于 5000MN，在试验荷载范围内，群桩基础沉降稳定，因此基础整体稳定。

群桩基础在上部荷载作用下产生沉降，从 5 种工况群桩基础的荷载-沉降曲线来看，在设计荷载作用下，群桩基础变形非线性特征并不明显，对大桥的稳定和安全十分有利。表 5-15 列出了各阶段的沉降值，主桥索塔群桩基础承台竣工期的总沉降为 63～88mm，裸塔竣工期的总沉降为 119～155mm，成桥阶段的总沉降为 148～186mm，即使在 2 倍使

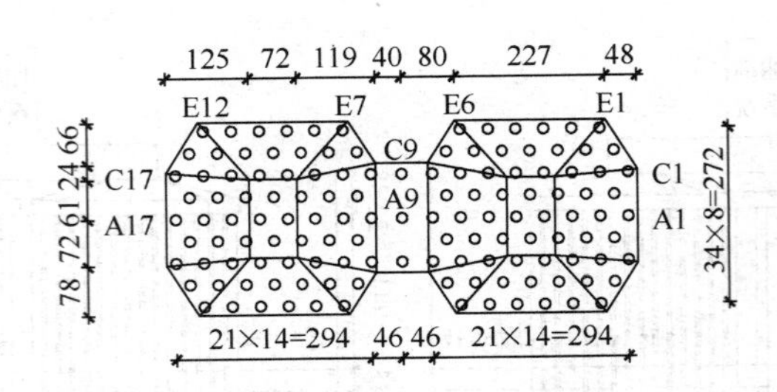

图 5-25　主桥索塔群桩基础平面布置与编号

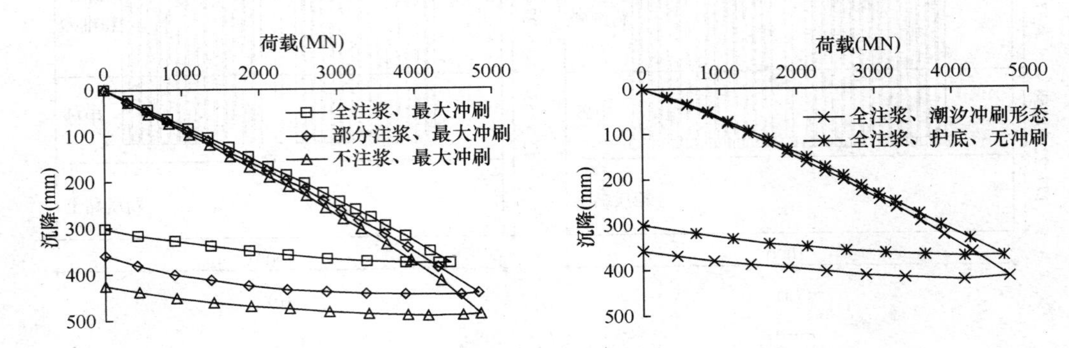

图 5-26　主桥索塔群桩基础承台荷载和沉降关系曲线

用荷载作用下，主桥索塔群桩基础的总沉降为 324～394mm；从承台竣工到裸塔竣工的沉降增量为 57～67mm，裸塔竣工到成桥阶段的沉降增量为 28～32mm。因此，苏通大桥的残余沉降是比较小的。

比较各工况的沉降我们可以看出，桩端全注浆、有护底、无冲刷工况沉降最小，而桩端不注浆、最大冲刷深度工况沉降最大。与桩端全注浆、最大冲刷深度工况相比，部分桩端注浆、最大冲刷深度工况沉降增加 6%～8%，桩端不注浆、最大冲刷深度工况沉降增加 13%～14%，桩端全注浆、潮汐冲刷形态工况沉降减小 4%～14%，桩端全注浆、有护底、无冲刷工况沉降减小 10%～19%。因此，桩端注浆、护底对减少群桩基础的沉降有明显的效果。

主桥索塔群桩基础各阶段的沉降（mm）　　**表 5-15**

阶段 \ 工况	全注浆、最大冲刷深度	部分注浆、最大冲刷深度	不注浆、最大冲刷深度	全注浆、潮汐冲刷形态	全注浆、有护底、无冲刷
承台竣工	77.2	83.2	88.1	66.8	62.6
裸塔竣工	135.0	146.3	154.9	128.3	119.4
成桥阶段	164.4	174.7	186.0	158.3	147.8
2 倍使用荷载	346.0	370.0	393.8	348.1	323.6

三、桩顶荷载随承台荷载的变化

图 5-27～图 5-31 为 5 种工况主桥索塔群桩基础桩顶荷载随承台荷载的变化，图 5-32～图 5-36 为 5 种工况主桥索塔群桩基础桩顶荷载分配比随承台荷载的变化。从图中可以看出，主桥索塔群桩基础桩顶荷载随着承台荷载的增加而线性增大，但各桩桩顶荷载随承台

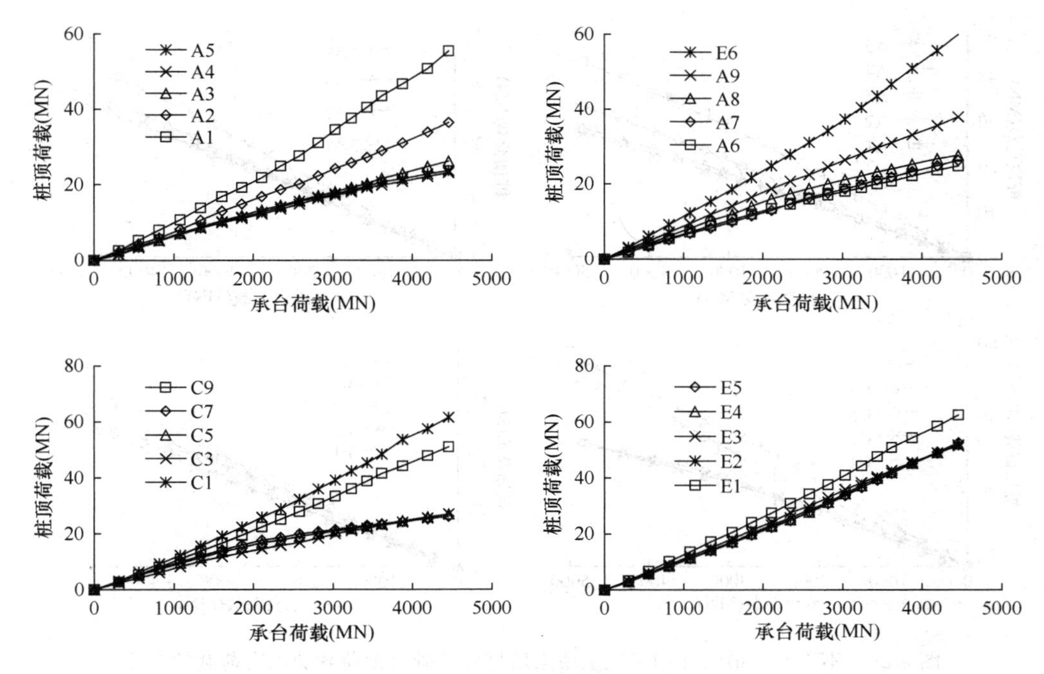

图 5-27　全注浆、最大冲刷工况主桥索塔群桩基础桩顶荷载随承台荷载的变化

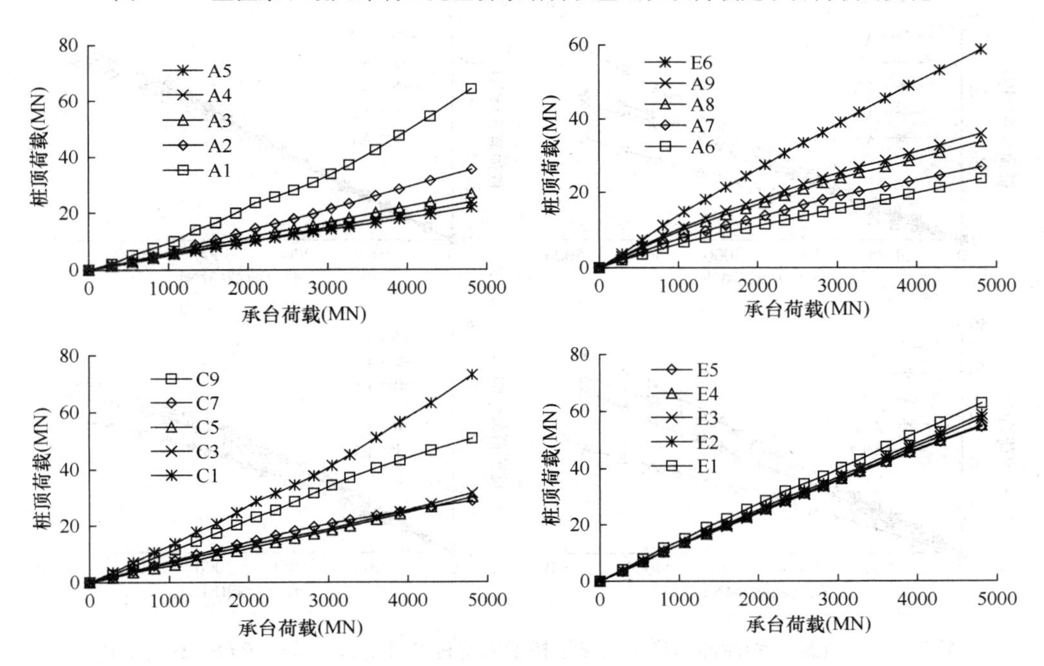

图 5-28　部分注浆、最大冲刷工况主桥索塔群桩基础桩顶荷载随承台荷载的变化

荷载增加的增长幅度相差较大。在承台边角位置桩顶荷载的增幅明显大于承台中间位置的桩。在哑铃形承台两端中部的桩桩顶轴力，随承台荷载增大，刚开始时是按线性增加，在荷载达到一定时，桩顶荷载随承台荷载的曲线逐渐向上翘，到一定荷载时，又随承台荷载线性增大；哑铃形承台两端的边桩和角桩，随承台荷载增大，刚开始时是按线性增加，

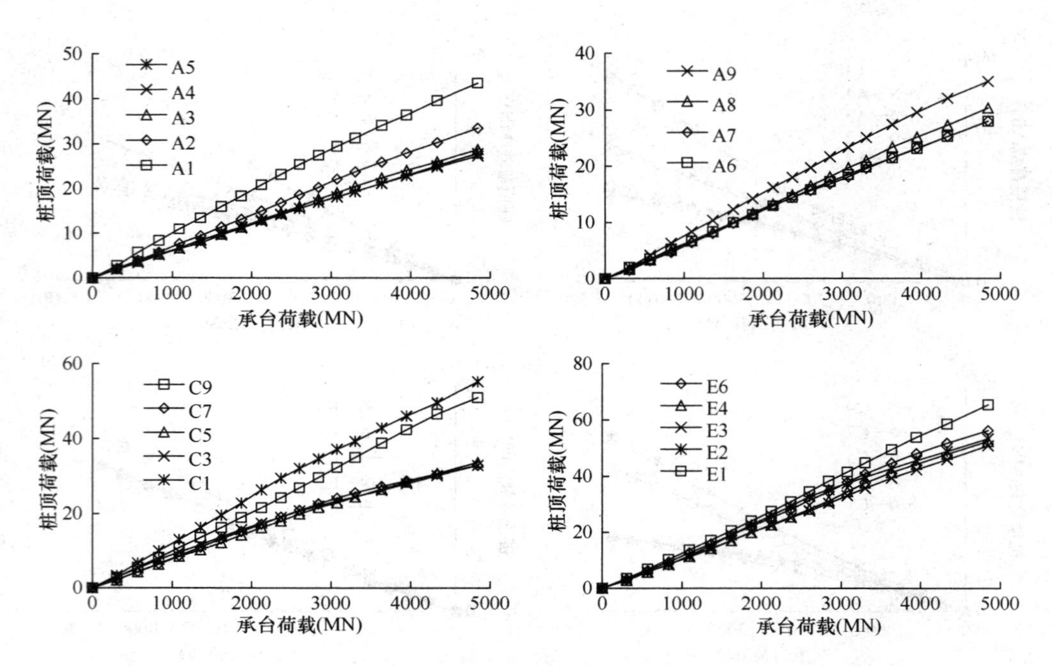

图 5-29　不注浆、最大冲刷工况主桥索塔群桩基础桩顶荷载随承台荷载的变化

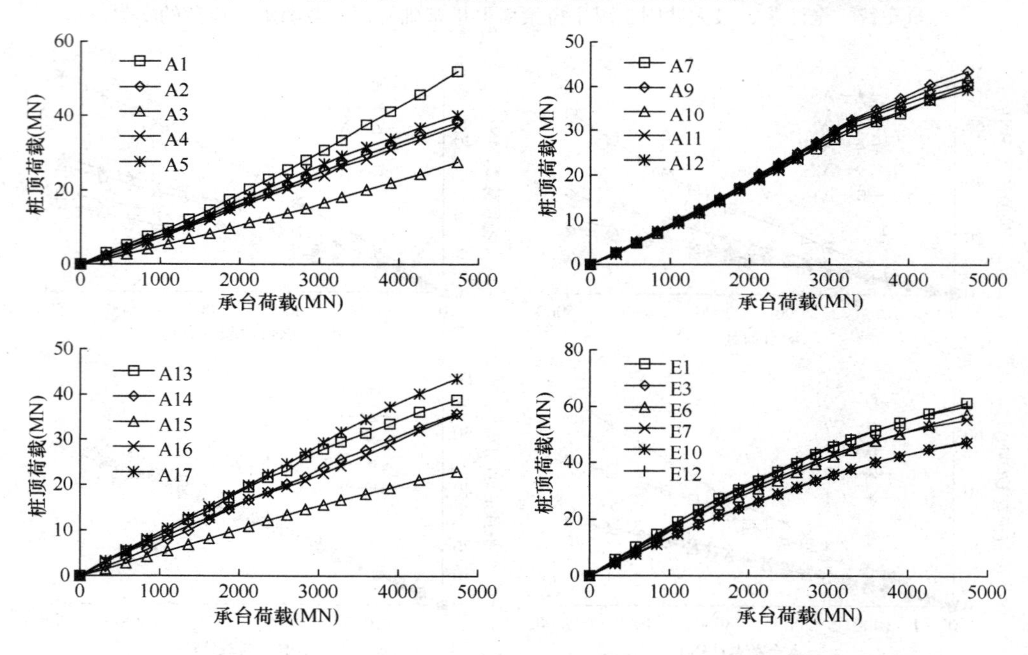

图 5-30　全注浆、潮汐冲刷形态工况主桥索塔群桩基础桩顶荷载随承台荷载的变化

在荷载达到一定时，桩顶荷载随承台荷载的曲线逐渐向下弯曲。

四、桩顶荷载分布

图 5-37～图 5-41 为 5 种工况主桥索塔群桩基础桩顶荷载分布。从图中可以看出，因桩与土的相互作用，在不同位置处的桩受到周围的桩和土相互作用程度不同，使得其受力变形特性也不同，因此，主桥索塔群桩基础桩顶荷载成两边和中间连接段大、塔位下小的

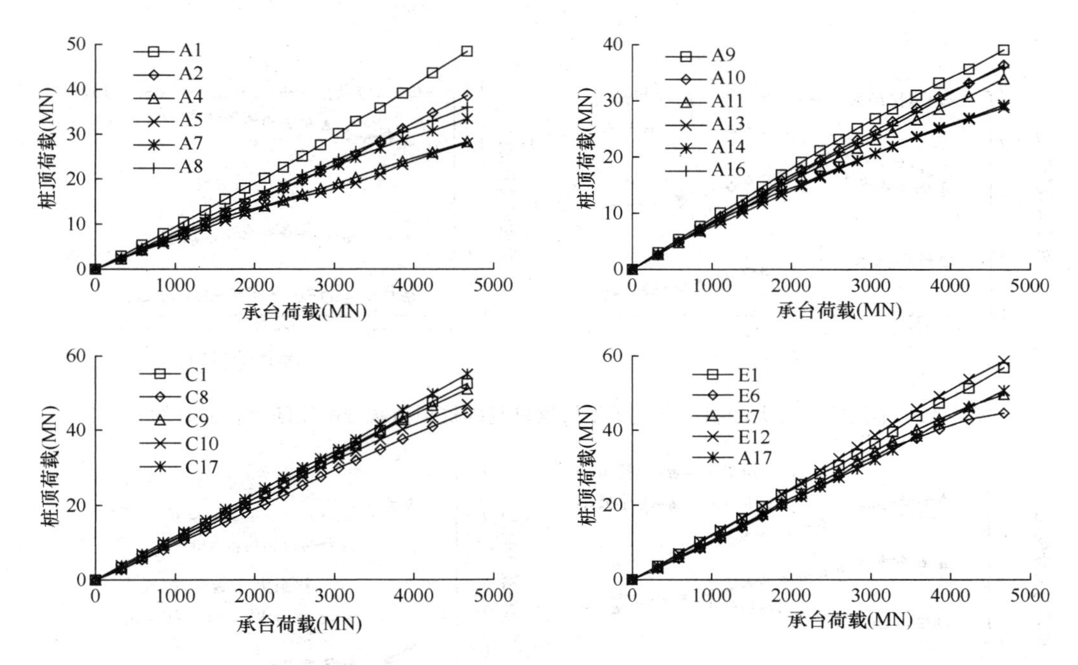

图 5-31　全注浆、有护底、无冲刷工况主桥索塔群桩基础桩顶荷载随承台荷载的变化

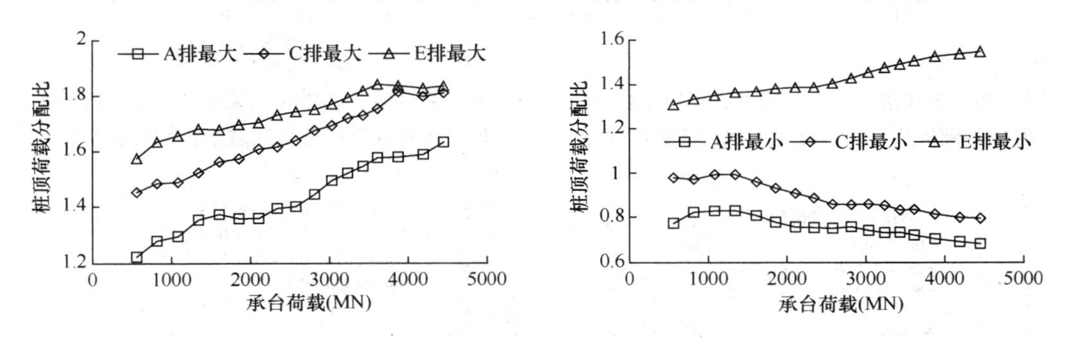

图 5-32　全注浆、最大冲刷工况主桥索塔群桩基础桩顶荷载分配比随承台荷载的变化

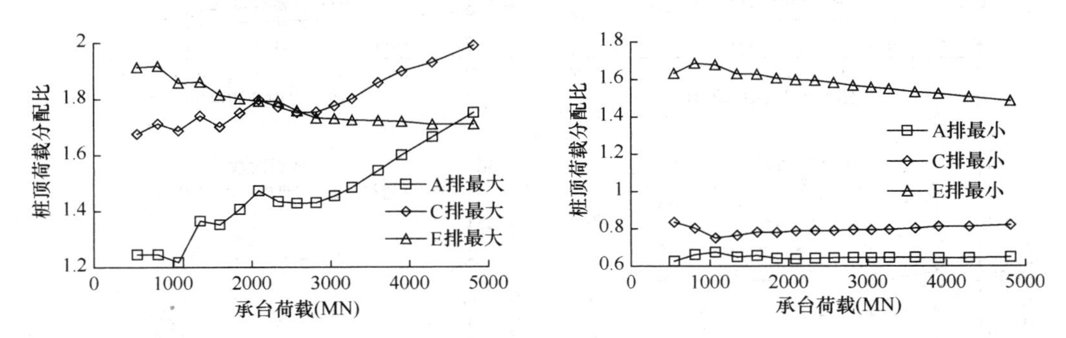

图 5-33　部分注浆、最大冲刷工况主桥索塔群桩基础桩顶荷载分配比随承台荷载的变化

"W"形分布，随着承台荷载的增加，桩顶荷载也相应增大，而桩顶荷载与平均桩顶荷载的比值也作调整；相同的承台荷载下，在同一排桩，承台内部处的桩桩顶荷载比承台边缘处的桩小；离顺桥轴线距离相同的桩，随离横桥轴线的距离越大，其桩顶荷载越大。

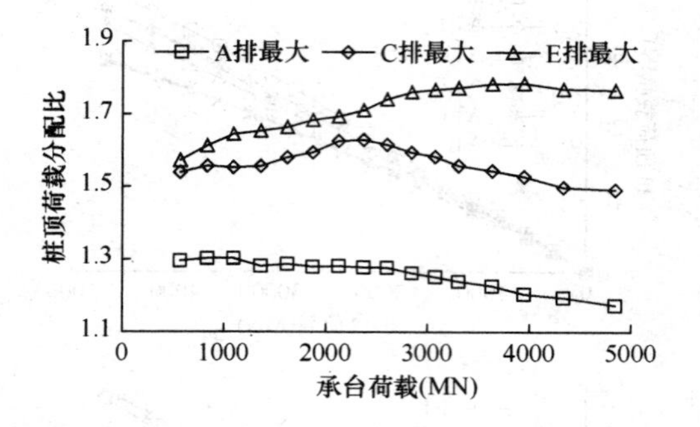

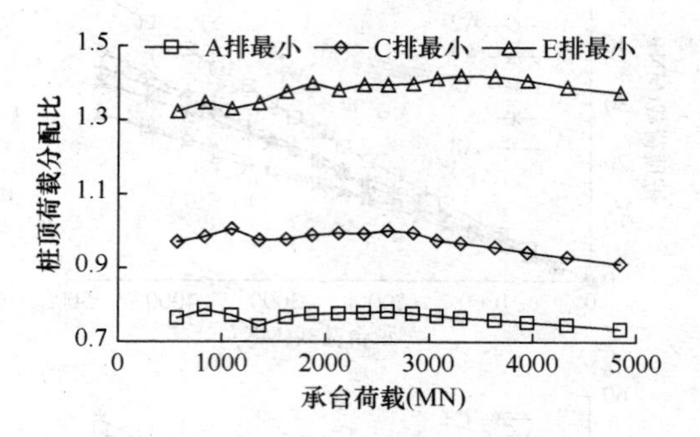

图 5-34　不注浆、最大冲刷工况主桥索塔群桩基础桩顶荷载分配比随承台荷载的变化

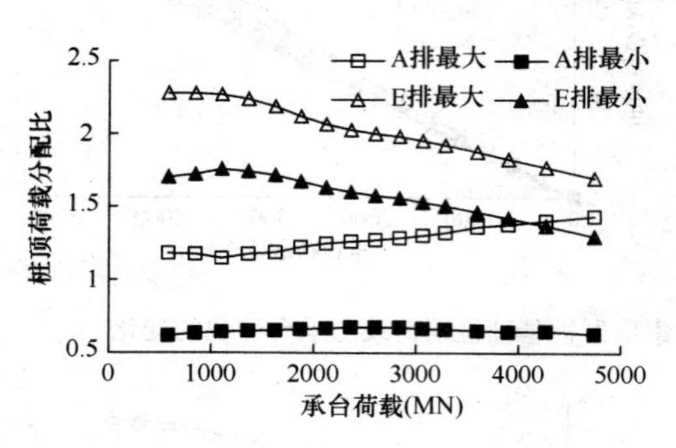

图 5-35　全注浆、潮汐冲刷形态工况主桥索塔群桩基础桩顶荷载分配比随承台荷载的变化

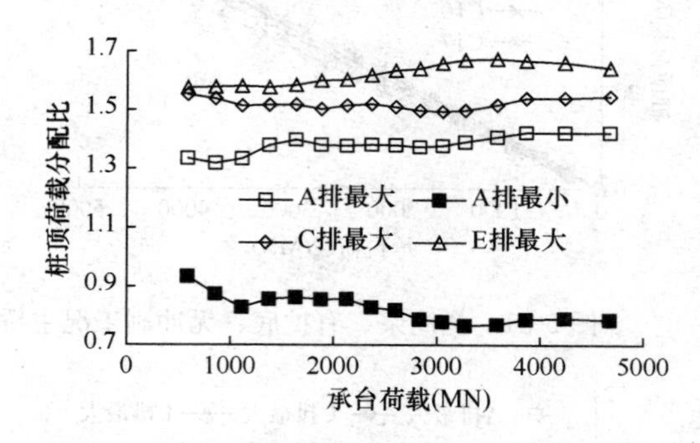

图 5-36　全注浆、有护底、无冲刷工况主桥索塔群桩基础桩顶荷载分配比随承台荷载的变化

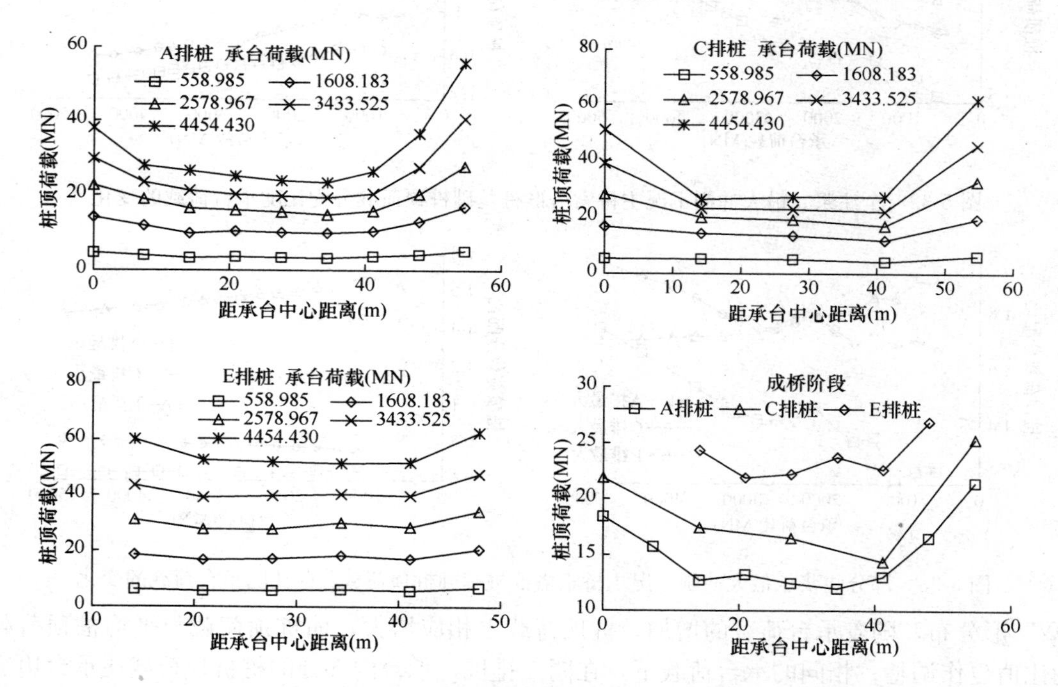

图 5-37　全注浆、最大冲刷工况主桥索塔群桩基础桩顶荷载分布

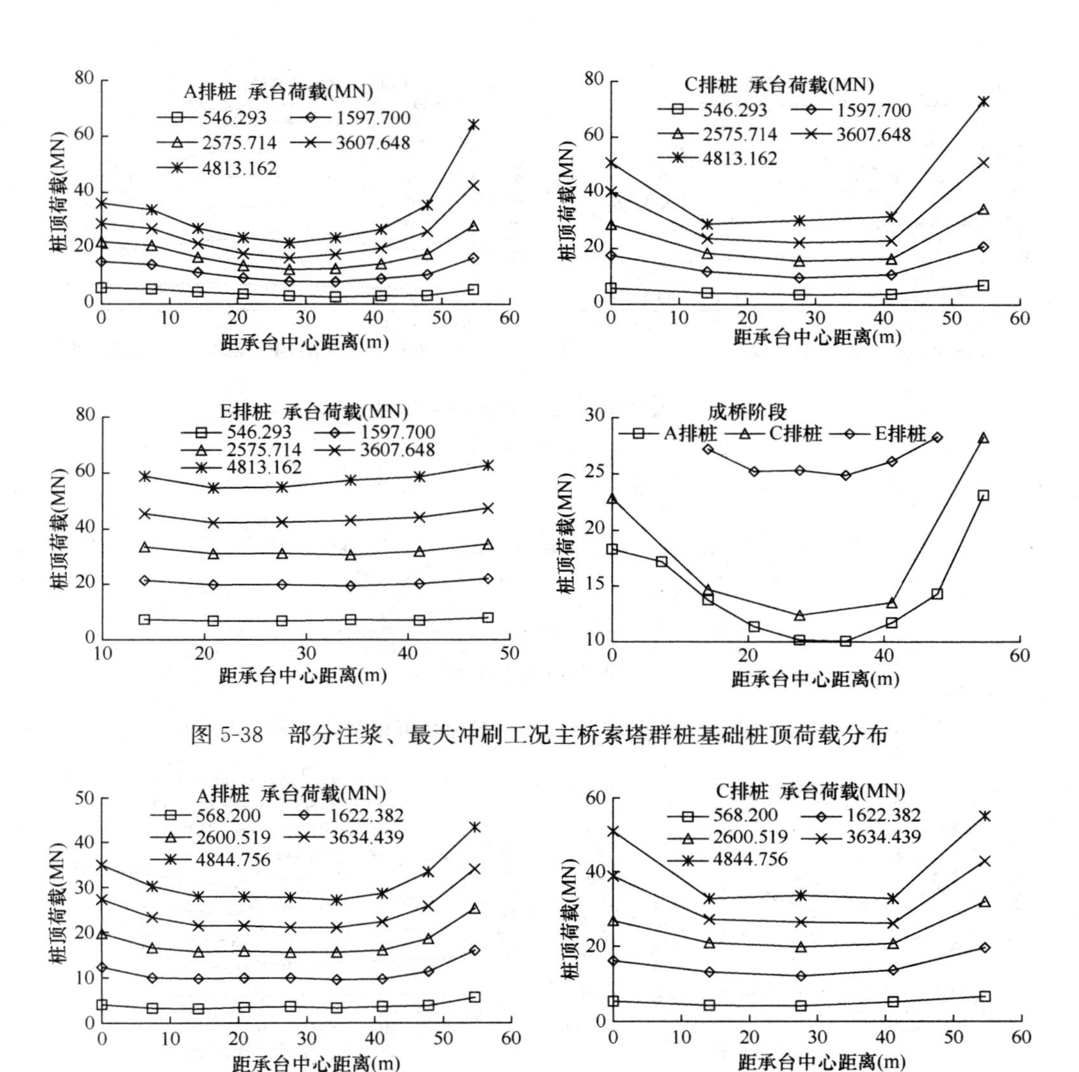

图 5-38 部分注浆、最大冲刷工况主桥索塔群桩基础桩顶荷载分布

图 5-39 不注浆、最大冲刷工况主桥索塔群桩基础桩顶荷载分布

表 5-16 列出了 5 种工况主桥索塔群桩基础各排桩的最大、最小桩顶荷载及其与平均桩顶荷载之比值，从此可以看出，最小桩顶荷载出现在 A 排桩上，最大桩顶荷载出现在 C 排桩上；A 排桩桩顶荷载与平均桩顶荷载之比为 0.61～1.45，B 排桩桩顶荷载与平均桩

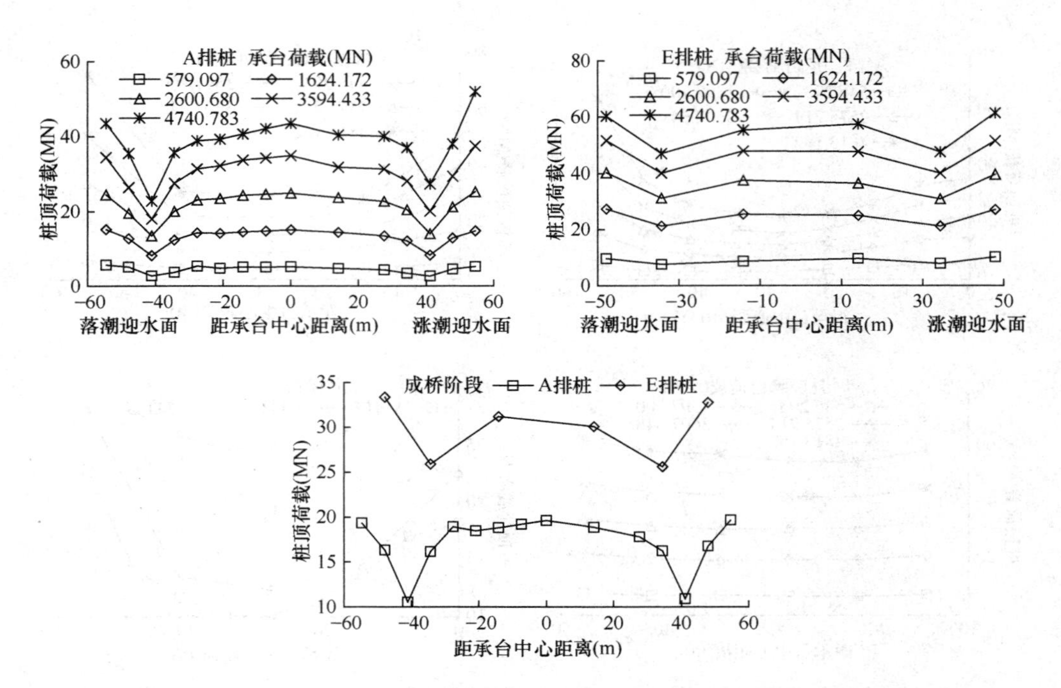

图 5-40 全注浆、潮汐冲刷形态工况主桥索塔群桩基础桩顶荷载分布

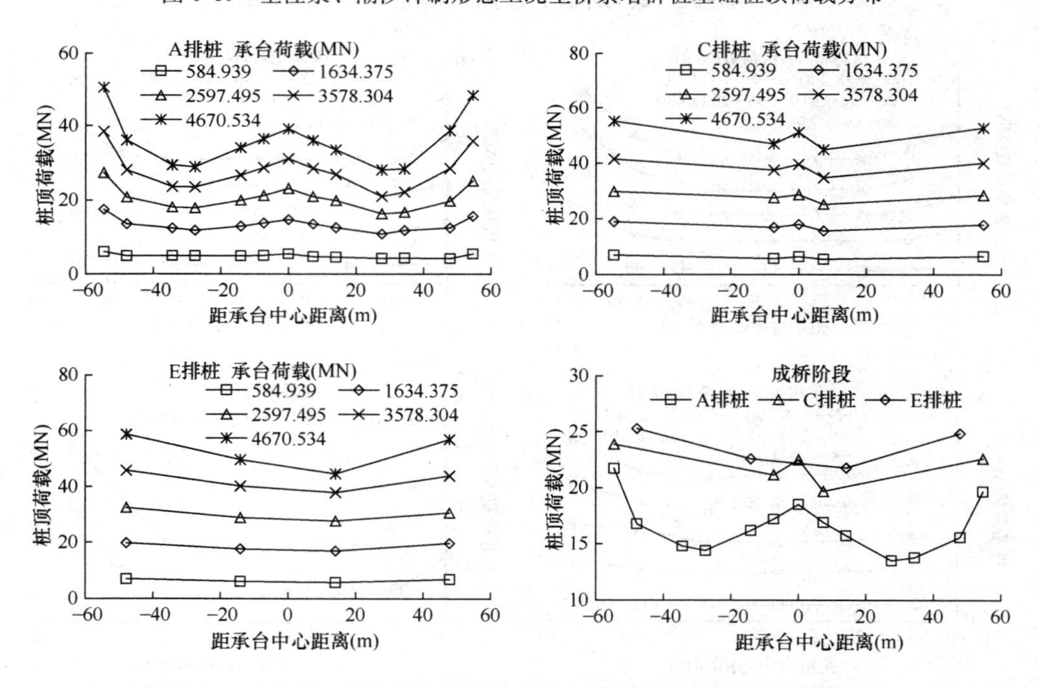

图 5-41 全注浆、有护底、无冲刷工况主桥索塔群桩基础桩顶荷载分布

顶荷载之比为 0.77～1.69，C 排桩桩顶荷载与平均桩顶荷载之比为 1.21～1.88，说明 C 排桩桩顶荷载分布相对 A、B 排桩要均匀些，但其桩顶荷载最大，就连最小桩顶荷载也大于平均桩顶荷载。从不同工况来看，A 排桩桩顶荷载分布从最均匀到最不均匀依次是：全注浆、有护底、无冲刷工况，部分注浆、最大冲刷深度工况，全注浆、最大冲刷深度工

况，全注浆、潮汐冲刷形态工况，不注浆、最大冲刷深度工况；主桥索塔群桩基础在成桥阶段，最大桩顶荷载约为28.3MN，出现在部分注浆、最大冲刷深度工况的C排桩上，最小桩顶荷载约为9.6MN，出现在全注浆、最大冲刷深度工况的A排桩上，因此，苏通大桥主桥索塔群桩基础各桩荷载均小于单桩的极限承载力。

主桥索塔群桩基础的桩顶荷载与分配比 **表 5-16**

工况	排号	项 目	承台竣工		裸塔竣工		成桥阶段		2倍使用荷载	
			荷载（MN）	分配比	荷载（MN）	分配比	荷载（MN）	分配比	荷载（MN）	分配比
全注浆、最大冲刷深度	A	最小值	6.17	0.82	10.41	0.79	11.97	0.76	21.88	0.69
		最大值	9.64	1.29	17.93	1.36	21.42	1.35	50.05	1.59
	C	最小值	7.37	0.99	12.43	0.95	14.37	0.91	25.11	0.80
		最大值	11.12	1.49	20.61	1.57	25.28	1.60	56.82	1.80
	E	最小值	10.05	1.34	18.08	1.38	21.87	1.39	48.18	1.53
		最大值	12.32	1.65	22.16	1.68	26.85	1.70	57.76	1.83
部分注浆、最大冲刷深度	A	最小值	5.01	0.67	8.51	0.65	10.06	0.64	18.78	0.60
		最大值	9.98	1.33	18.14	1.38	23.14	1.47	51.73	1.64
	C	最小值	5.73	0.77	10.26	0.78	12.41	0.79	25.61	0.81
		最大值	12.67	1.69	22.70	1.73	28.29	1.79	60.51	1.92
	E	最小值	12.57	1.68	20.86	1.58	24.89	1.58	47.76	1.51
		最大值	14.02	1.88	23.76	1.81	28.30	1.79	54.08	1.71
不注浆、最大冲刷深度	A	最小值	5.58	0.75	10.01	0.77	12.25	0.78	23.63	0.75
		最大值	9.73	1.30	16.87	1.28	20.20	1.28	37.83	1.20
	C	最小值	7.46	1.00	12.90	0.98	15.66	0.99	28.99	0.92
		最大值	11.62	1.55	20.84	1.58	25.53	1.62	47.73	1.51
	E	最小值	9.99	1.34	18.16	1.38	21.83	1.38	44.06	1.40
		最大值	12.20	1.63	21.97	1.67	26.67	1.69	56.04	1.78
全注浆、潮汐冲刷形态	A	最小值	4.74	0.63	8.66	0.66	10.54	0.67	20.44	0.65
		最大值	9.29	1.24	16.07	1.22	19.65	1.24	44.00	1.39
	E	最小值	13.03	1.74	22.11	1.68	25.56	1.62	43.77	1.39
		最大值	17.00	2.27	28.76	2.19	33.37	2.11	56.43	1.79
全注浆、有护底、无冲刷	A	最小值	6.34	0.85	11.30	0.86	13.50	0.86	24.93	0.79
		最大值	9.92	1.33	18.27	1.39	21.72	1.38	44.85	1.42
	C	最大值	11.40	1.52	19.86	1.51	23.85	1.51	48.58	1.54
	E	最大值	11.82	1.58	20.90	1.59	25.28	1.60	52.47	1.66

第五节 初步设计方案比选离心模型试验研究

根据苏通大桥的地层特点，初步设计阶段提出沉井基础、箱形承台桩基础和钢围堰加钻孔灌注桩基础作为主塔基础，通过离心模型试验对三个方案进行了研究。

一、沉井基础方案

1. 设计方案

沉井基础方案采用钢制外壳沉井，内部填充混凝土。钢沉井的外壳和内部构件均采用Q235D钢材，内部填充混凝土采用C25水下混凝土。封底采用2m厚不离析混凝土以及8m厚的25号水下混凝土。沉井基础顶面高程8.30m，北塔基础底面高程−68.7m，南塔基础底面高程−71.7m。上部平面尺寸88m×40m长圆形，下部平面尺寸78m×40m长圆形，中部为12m变截面过渡段。沉井顶板厚度为7m，封底厚10m，外壁厚1.6m，内部隔仓壁厚1.0m，隔仓间距7m。沉井下沉至设计高程封底后，仓壁内浇注混凝土，隔仓内填砂压重以增加整体刚度。主塔沉井基础构造见图5-42。北塔沉井底部位于粗砂层中，南塔沉井底部位于砾砂层中，容许承载力$\sigma_0=500$kPa，级配良好，分布较稳定，工程地质条件较好，是沉井基础适宜的持力层。

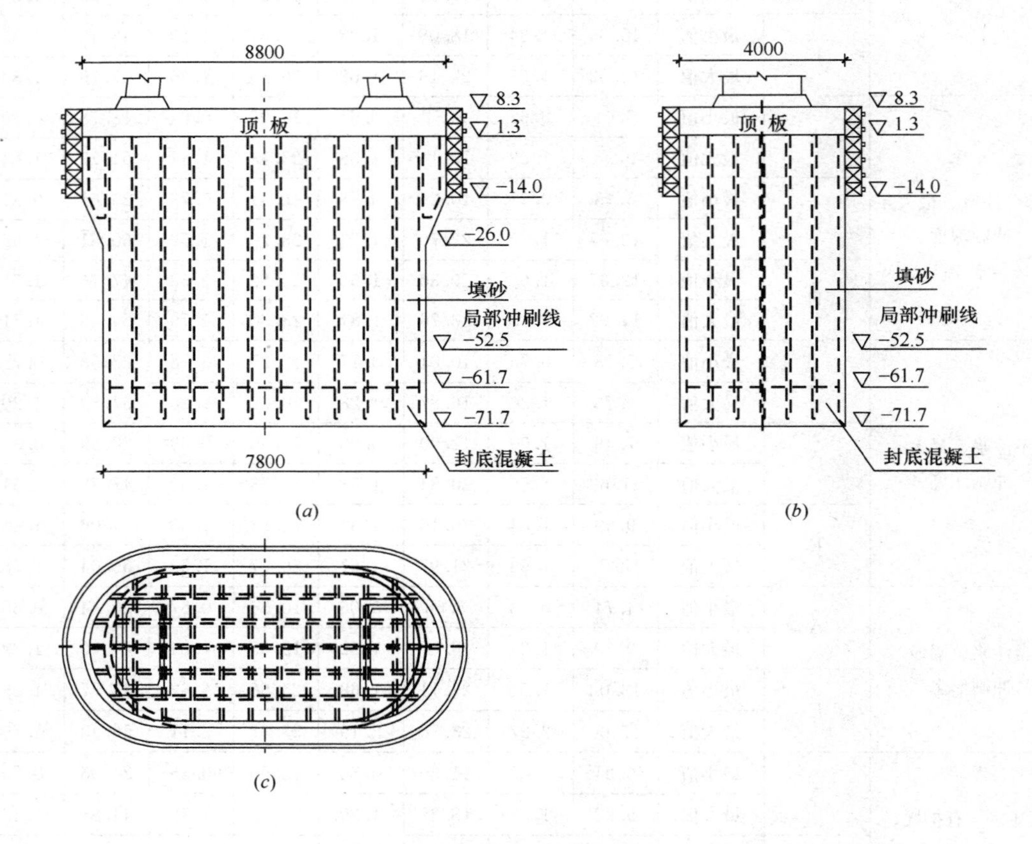

图5-42　主桥南塔沉井基础方案构造图

(a) 立面图；(b) 侧面图；(c) 平面图

2. 试验方案

沉井基础方案试验主要研究沉井的稳定性、沉降过程、极限承载力等性状，试验布置见图5-43。模型沉井采用5mm钢板制作，外形和重量与原型相似；模型承台采用厚40mm的钢板，刚度、外形和重量与原型相似。

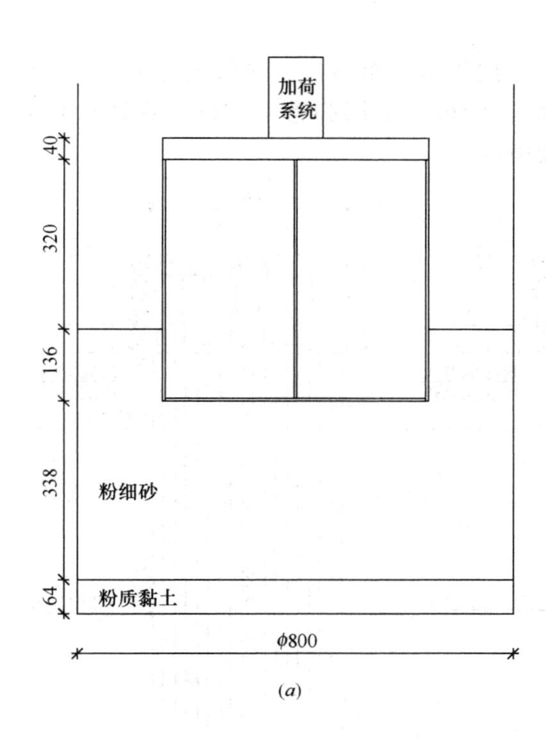

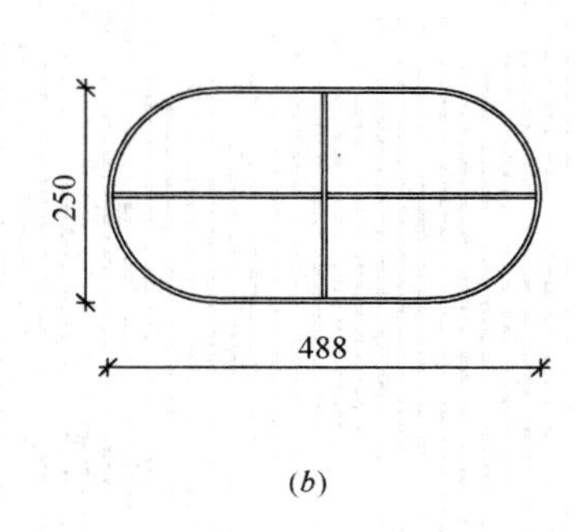

图 5-43　沉井基础试验布置图

（a）立面图；（b）沉井平面图

3. 荷载-沉降特性

图 5-44 为沉井基础方案荷载-沉降关系曲线，表 5-17 列出了沉井基础方案各阶段的沉降值。从此可以看出，荷载-沉降曲线整体变化比较平缓，转折点不是很明显。沉井基础的极限承载力约为 2500MN，沉降在极限荷载下稳定，基础整体稳定。沉井基础方案从沉井基础及承台竣工到裸塔竣工的沉降增量为 93mm，裸塔竣工到成桥阶段的沉降增量为 61mm，成桥阶段到运营阶段的沉降增量为 6mm。

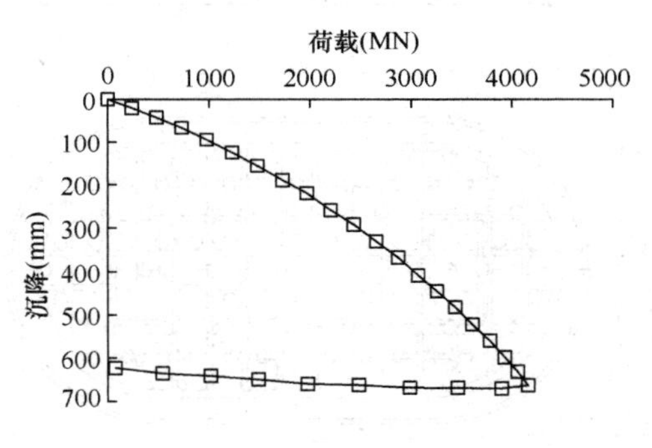

图 5-44　沉井基础方案荷载-沉降关系曲线

沉井基础方案各阶段的沉降　　**表 5-17**

阶段	基础及承台竣工	裸塔竣工	成桥阶段	运营阶段
沉降（mm）	195	288	349	355

二、箱形承台桩基础方案

1. 设计方案

箱形承台桩基础方案，钻孔灌注桩基础，桩身材料采用 C30 水下混凝土，承台采用 C40 钢筋混凝土。承台顶面尺寸 98m×48m，承台顶高程 8.3m，顶、底板厚度为 5m，外隔墙厚 1.5m，内隔墙厚 1.0m，隔墙间距 5.5m。桩基为 120 根 $D2.5$m 钻孔桩，为缩小承台平面尺寸，采用梅花式布置，桩基中心间距 6.25m，桩底高程－120m。倒 Y 形塔箱形承台桩基础构造见图 5-45。北塔基础桩尖土层为密实粗砂，容许承载力 $\sigma_0=500\text{kPa}$，桩底已穿过 8-3 层软塑粉质黏土夹层；南塔基础桩尖土层为密实细砂，容许承载力 $\sigma_0=300\text{kPa}$，两个塔基的桩端持力层分布均较稳定。

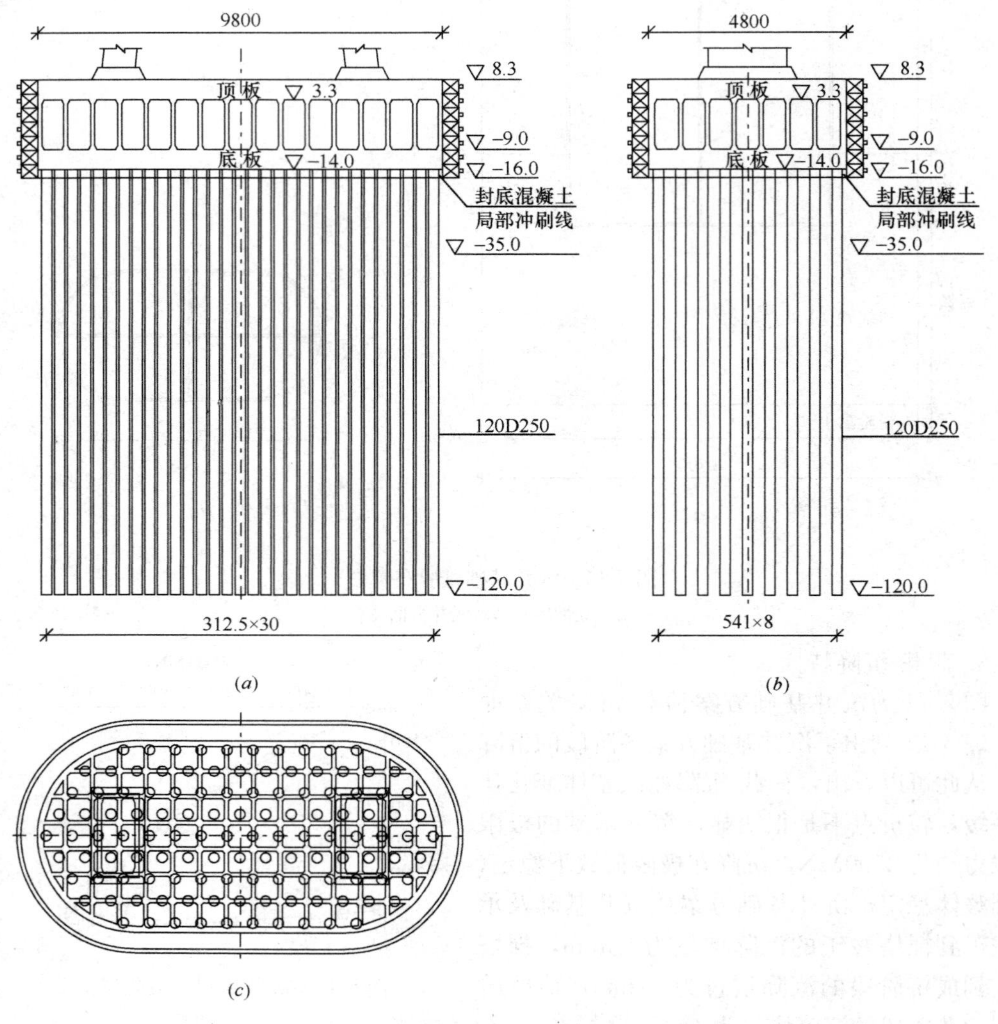

图 5-45　主桥南塔箱形承台桩基础方案构造图

（*a*）立面图；（*b*）侧面图；（*c*）平面图

2. 试验方案

箱形承台桩基础方案主要研究群桩效应、群桩的沉降过程、极限承载力等性状，为了研究承台刚度对桩基的影响，箱形承台桩基础方案试验还考虑了不同的承台厚度，即设计厚度、3/4 设计厚度、1/2 设计厚度，试验布置见图 5-46。模型承台采用厚 40mm 的钢板，刚度、外形和质量与原型相似，采用 30mm 和 20mm 厚的钢板模拟 3/4 和 1/2 倍设计厚度的承台，刚度为设计的 0.422 和 0.125 倍。

3. 荷载-沉降特性

图 5-47 为箱形承台桩基础方案荷载和沉降关系曲线，表 5-18 列出了箱形承台桩基础方案各阶段的沉降值。从此可以看出，荷载-沉降曲线整体变化比较平缓，转折点不是很

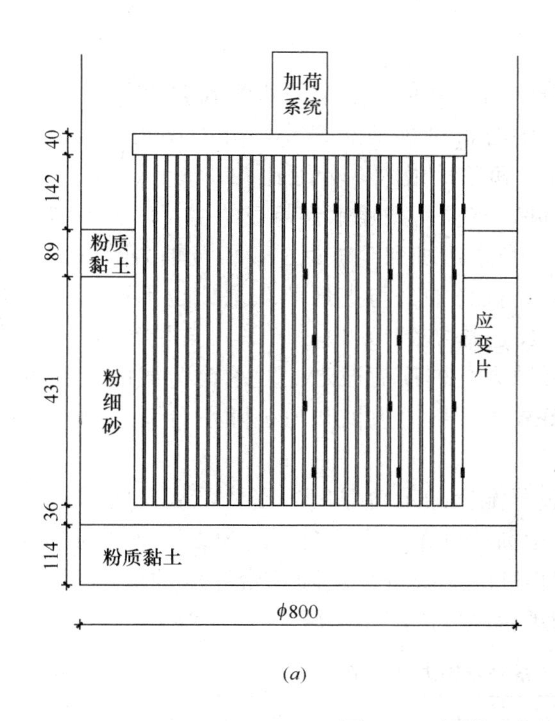

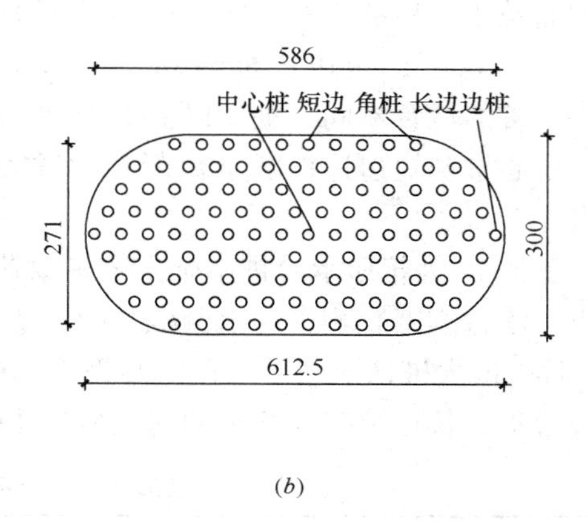

图 5-46 箱形承台桩基础试验布置图

(a) 立面图；(b) 承台和桩基平面图

明显。箱形承台桩基础的极限承载力约为2660MN，沉降在极限荷载下稳定，基础整体稳定。箱形承台桩基础方案从桩基础及承台竣工到裸塔竣工的沉降增量为 41mm，裸塔竣工到成桥阶段的沉降增量为 26mm，成桥阶段到运营阶段的沉降增量为 2mm。随着承台厚度的减小，即承台刚度的减小，箱形承台桩基础方案荷载-沉降曲线变陡，各阶段的沉降明显增加，承台厚度减小 1/4，各阶段沉降增加 50%，承台厚度减小 1/2，各阶段沉降增加一倍。

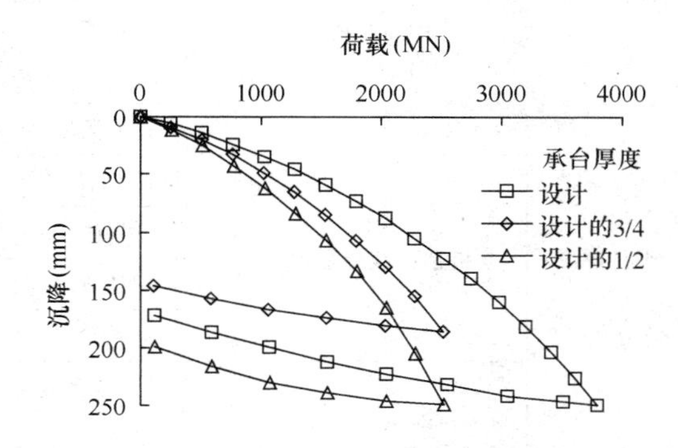

图 5-47 箱形承台桩基础方案荷载-沉降关系曲线

箱形承台桩基础方案各阶段的沉降（mm） **表 5-18**

承台厚度 \ 阶段	基础及承台竣工	裸塔竣工	成桥阶段	运营阶段
设计厚度	68	109	135	137
设计厚度的 3/4	99	163	208	213
设计厚度的 1/2	122	215	281	287

4. 桩身轴力特性

表 5-19 列出了箱形承台桩基础方案桩身轴力特征值。从此可以看出，在设计承台厚度下，不同位置的桩，桩顶荷载相差很大，中心桩桩顶荷载最小，分配比约 0.6～0.8，短边边桩次之，分配比约 1.1 左右，长边边桩和角桩最大，分配比约 1.2～1.5。桩顶荷载随着承台荷载的增大而增加，桩的位置不同，桩顶荷载随承台荷载的增长率也不同，中心桩桩顶荷载的增长率最大，短边边桩次之，长边边桩和角桩最小。桩身轴力随着深度的增加而减小，桩的位置不同，桩端以上 10m 处桩身轴力与桩顶荷载之比也不同，中心桩约 0.27～0.35，短边边桩约 0.33～0.34，长边边桩约 0.20～0.23，角桩约为 0.29～0.30。桩的位置不同，桩端以上 10m 处桩身轴力与桩顶荷载之比随承台荷载的变化也不同，中心桩和短边边桩随承台荷载的增大而减小，长边边桩和角桩随承台荷载的增大而增大。

图 5-48 为箱形承台桩基础方案桩顶荷载分配比随承台厚度的变化，从这些图表可以看出，承台刚度影响箱形承台桩基础方案桩顶荷载分布，当承台厚度为设计厚度的 3/4 和 1/2 时，最大桩顶荷载出现在中心桩上。中心桩的荷载分配比随承台厚度的减小而增大，短边边桩、长边边桩和角桩的荷载分配比随承台厚度的减小而减小。

箱形承台桩基础方案桩身轴力特征值 **表 5-19**

承台厚度	参数	阶段	中心桩	短边边桩	长边边桩	角桩
设计厚度	桩顶荷载（MN）	基础及承台竣工	9.12	14.99	22.03	16.95
		裸塔竣工	14.02	21.16	30.15	24.02
		成桥阶段	17.33	24.96	34.6	28.11
		运营阶段	17.65	25.29	35.16	28.49
	桩顶荷载分配比	基础及承台竣工	0.64	1.06	1.56	1.20
		裸塔竣工	0.72	1.09	1.55	1.23
		成桥阶段	0.77	1.11	1.54	1.25
		运营阶段	0.78	1.11	1.55	1.26
	桩端以上 10m 处桩身轴力与桩顶荷载之比	基础及承台竣工	0.349	0.341	0.201	0.288
		裸塔竣工	0.278	0.329	0.226	0.300
		成桥阶段	0.273	0.326	0.225	0.300
		运营阶段	0.270	0.326	0.229	0.301
设计厚度的 3/4	桩顶荷载（MN）	基础及承台竣工	19.54	10.68	13.94	13.67
		裸塔竣工	26.54	15.82	19.18	21.21
		成桥阶段	29.63	18.60	22.34	26.90
		运营阶段	29.93	18.87	22.64	27.44
	桩顶荷载分配比	基础及承台竣工	1.38	0.75	0.99	0.97
		裸塔竣工	1.36	0.81	0.98	1.09
		成桥阶段	1.32	0.83	1.00	1.20
		运营阶段	1.32	0.83	1.00	1.21

续表

承台厚度	参数	阶段	中心桩	短边边桩	长边边桩	角桩
设计厚度的1/2	桩顶荷载（MN）	基础及承台竣工	30.39	11.36	6.71	6.82
		裸塔竣工	33.75	15.93	9.34	9.61
		成桥阶段	34.50	18.46	10.70	11.04
		运营阶段	34.58	18.71	10.84	11.18
	桩顶荷载分配比	基础及承台竣工	2.15	0.80	0.47	0.48
		裸塔竣工	1.73	0.82	0.48	0.49
		成桥阶段	1.54	0.82	0.48	0.49
		运营阶段	1.52	0.82	0.48	0.49

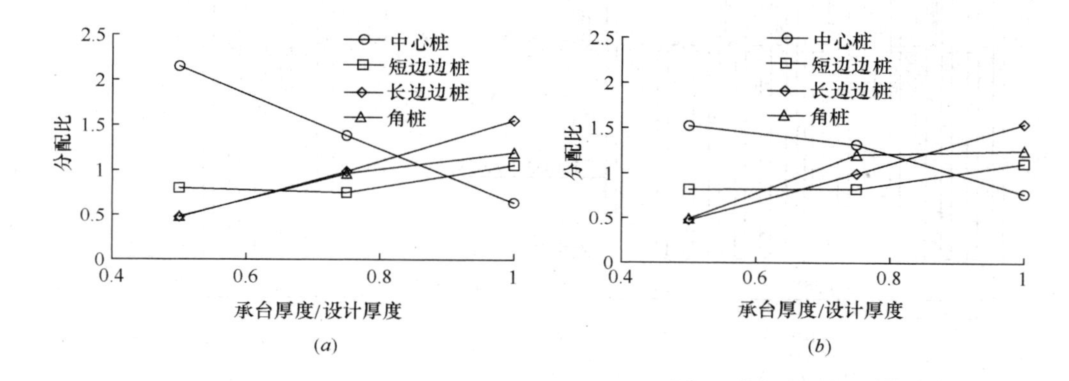

图 5-48　箱形承台桩基础方案桩顶荷载分配比随承台厚度的变化

（a）基础及承台竣工；（b）运营阶段

三、钢围堰加钻孔桩基础方案

1. 设计方案

钢围堰加钻孔桩基础方案，桩身材料采用C30水下混凝土，承台采用C40钢筋混凝土。承台顶面尺寸为102.5m×43m，基础顶面高程为8.3m，承台厚度7m，桩基为100根D2.5m钻孔桩，采用行列式布置，桩中心间距6.25m，桩底高程−120m。围堰平面尺寸为107.5m×48m，顶面高程8.3m，底面高程−60.5m，围堰外隔仓壁厚1.5m，内隔仓壁厚1.0m，围堰下沉到位后填充仓壁混凝土。为减小为提高围堰整体刚度，抵抗船撞力，围堰内部填砂至承台底面，上部隔仓间距6.25m，下部隔仓间距12.5m。围堰分10节接高，首节围堰高度9.6m，顶节围堰高度6.8m，其余8节围堰节高6.3m。倒Y型钢围堰加钻孔桩基础一般构造见图5-49。

2. 试验方案

钢围堰加钻孔桩基础方案主要研究群桩效应、群桩的沉降过程、极限承载力等性状，试验布置见图5-50。模型钢围堰采用5mm厚钢板制作，外形和重量与原型相似；模型承台采用厚40mm的钢板，刚度、外形和重量与原型相似。

3. 荷载-沉降特性

图5-51为钢围堰加钻孔桩基础方案荷载-沉降关系曲线，表5-20列出了钢围堰加钻孔

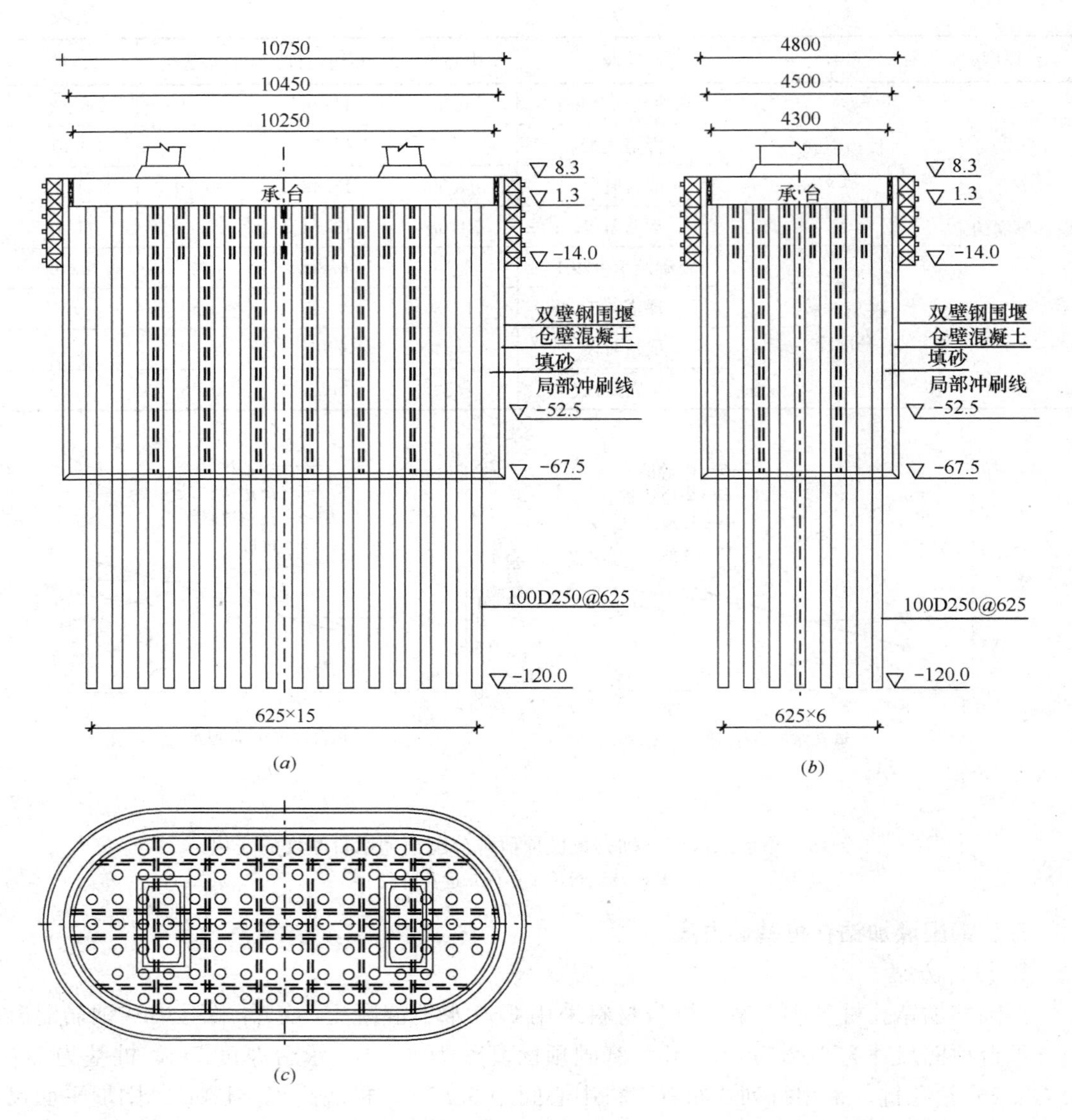

图 5-49 主桥南塔钢围堰加钻孔灌注桩基础构造图

(*a*) 立面图；(*b*) 侧面图；(*c*) 平面图

桩基础方案各阶段的沉降值。从此可以看出，荷载-沉降曲线整体变化比较平缓，转折点不是很明显。钢围堰加钻孔桩基础方案的极限承载力约为 2670MN，沉降在极限荷载下稳定，基础整体稳定。钢围堰加钻孔桩基础方案从桩基础及承台竣工到裸塔竣工的沉降增量为 31mm，裸塔竣工到成桥阶段的沉降增量为 28mm，成桥阶段到运营阶段的沉降增量为 2mm。

钢围堰加钻孔桩基础方案各阶段的沉降 **表 5-20**

阶段	基础及承台竣工	裸塔竣工	成桥阶段	运营阶段
沉降（mm）	26	57	75	77

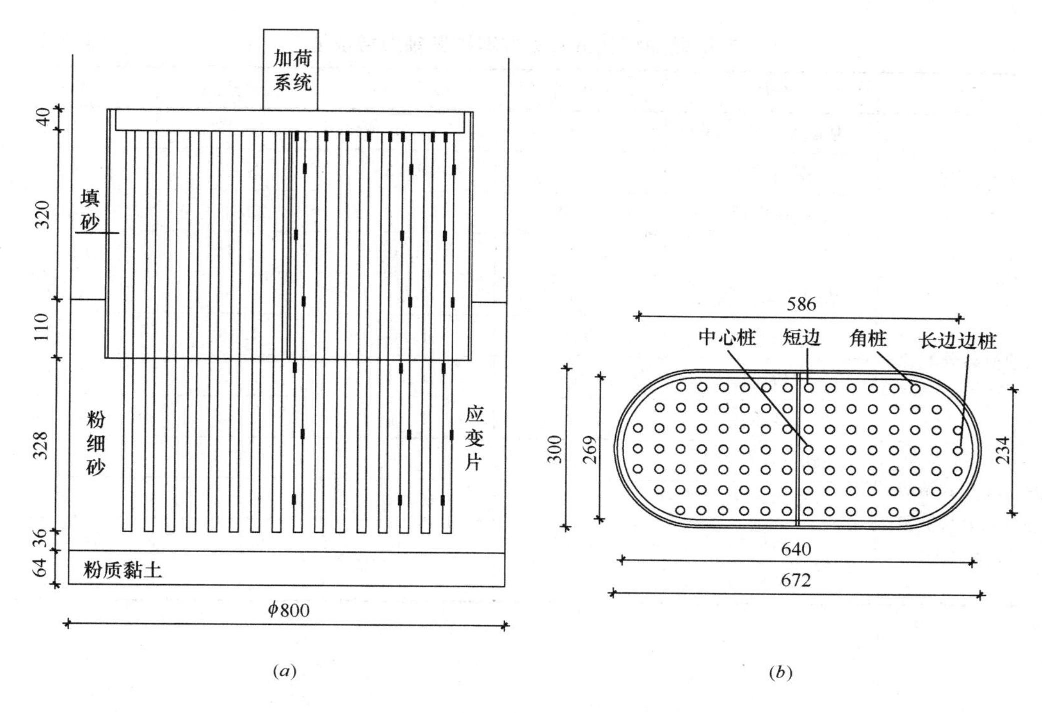

图 5-50　钢围堰加钻孔基础试验布置图

(*a*) 立面图；(*b*) 钢围堰、承台和桩基平面图

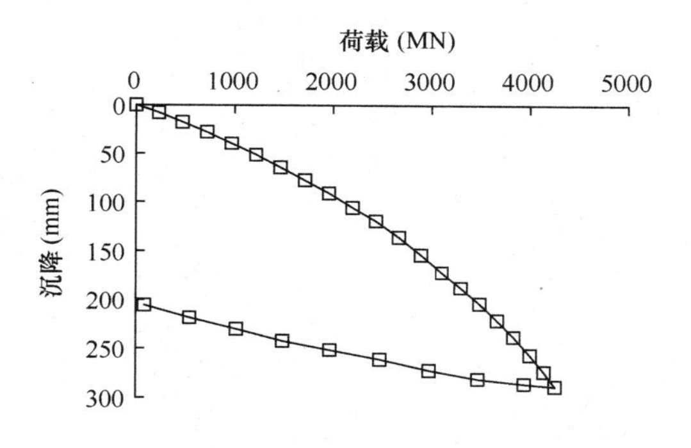

图 5-51　钢围堰加钻孔桩基础荷载-沉降关系曲线

4. 桩身轴力特性

表 5-21 列出了钢围堰加钻孔桩基础方案桩身轴力特征值。从此可以看出，不同位置的桩，桩顶荷载相差很大，中心桩桩顶荷载最小，分配比只有 0.6 左右，短边边桩次之，分配比约 1.1～1.3，长边边桩和角桩最大，分配比约 1.3～1.6。桩顶荷载随着承台荷载的增大而增加，桩的位置不同，桩顶荷载随承台荷载的增长率也不同，中心桩桩顶荷载的增长率最大，短边边桩次之，长边边桩和角桩最小。桩身轴力随着深度的增加而减小，桩的位置不同，桩端以上 10m 处桩身轴力与桩顶荷载之比也不同，中心桩最大，约 0.37～0.39，短边边桩、长边边桩和角桩差不多，约为 0.25～0.29。桩的位置不同，桩端以上 10m 处桩身轴力与桩顶荷载之比随承台荷载的变化也不同，中心桩随承台荷载的增大而减小，短边边桩、长边边桩和角桩随承台荷载的增大而增大。

钢围堰加钻孔桩基础方案桩身轴力特征值 **表 5-21**

参数	阶段	中心桩	短边边桩	长边边桩	角桩
桩顶荷载（MN）	基础及承台竣工	3.92	8.69	11.17	10.30
	裸塔竣工	7.88	15.73	19.11	18.49
	成桥阶段	10.62	18.68	23.67	21.82
	运营阶段	10.89	18.93	24.10	22.10
桩顶荷载分配比	基础及承台竣工	0.58	1.29	1.66	1.53
	裸塔竣工	0.60	1.20	1.46	1.41
	成桥阶段	0.64	1.12	1.42	1.31
	运营阶段	0.64	1.11	1.42	1.30
桩端以上 10m 处桩身轴力与桩顶荷载之比	基础及承台竣工	0.394	0.251	0.254	0.274
	裸塔竣工	0.391	0.263	0.274	0.272
	成桥阶段	0.371	0.275	0.278	0.288
	运营阶段	0.370	0.276	0.279	0.290

第六章　公路膨胀土离心模型试验研究

第一节　膨胀土问题研究概况

膨胀土是一种区域性土，通常位于干旱或半干旱地区，在世界上分布十分广泛，世界六大洲中的40多个国家都有分布。我国先后也有20多个省区发现分布有膨胀土，是世界上膨胀土分布广、面积大的国家之一。

膨胀土是现代工程地质和土力学中出现的较新的专业技术名词，指“土中矿物成分主要由亲水矿物组成，同时具有显著的吸水膨胀和失水收缩两种变形特性的黏性土”。膨胀土是一种具有特殊膨胀结构的黏性土，主要矿物成分为次生黏土矿物蒙脱石和伊利石，外观多呈褐色、棕色、红色、黄色、灰白色和灰绿色，黏粒含量高，液限、塑限和塑性指数均较大。天然状态下的膨胀土一般处于硬塑的非饱和状态，强度很高，土质细腻、有滑感，含钙质结核或铁锰结核，斜交裂隙和光滑面发育，呈碎粒状或鳞片状。遇水则迅速吸水膨胀软化，强度降低，失水收缩开裂，具有较大的往复胀缩性，常给工程建设带来严重灾害。

膨胀土的工程问题是1938年美国垦务局在俄勒冈的一座钢制倒虹吸管基础工程中首先认识并报道的。此后，随着人类活动的不断扩展，越来越多和膨胀土有关的问题进入了工程人员的视野，全球数十个国家相继报告了膨胀土造成危害的相关报告。据Nelson和Miller以及Steinberg等人统计，众多报道过膨胀土工程事故的国家中，以美国、澳大利亚、南非、印度、加拿大、中国和以色列等国尤为突出。美国工程界称膨胀土是“隐藏的灾害”，日本称膨胀土是“难对付的土”、“问题多的土”，我国也曾将膨胀土看作“坏土”。以我国为例，诸多工程中都出现过因膨胀土问题引起的事故。铁路工程中，南昆线、京九线、西南线、石长线、襄渝线等铁路干线都出现过不同程度的膨胀土地基边坡病害，穿越膨胀土的铁路素有“逢堑必崩，无堤不塌”之说。公路工程中，云南楚大路、湖北孝感襄樊高速公路、山东曲荷高速公路、广西南友高速公路、江苏宁连高速公路等都遇到过膨胀土问题，国道上海—瑞丽、衡阳—昆明、二连浩特—河口等公路都有数百公里里程将穿越膨胀土分布地区。水利工程中，澄碧河水库溢洪道进水渠、那板水库北干渠、新疆引额济克工程总干渠、鄂北岗地11条主渠道等都出现过多处膨胀土坡滑坡现象；南水北调中线工程，经过膨胀土地区的渠段累计长达387km，其中强膨胀土段长约21km，中等膨胀土段长约126km，弱膨胀土段长约240km，挖方渠段长约180km，最大挖深达到49m，有相当部分填方高度超过10m，为保证工程建设的顺利进行，已投入大量人力物力财力对渠道沿线膨胀土进行专门研究并已取得一批成果。工业与民用建筑工程中，湖北郧县新城、汉中盆地某厂、广东茂名等都出现过房屋、厂房变形开裂甚至倒塌等问题。据不完全统计，在膨胀土地区修建的各类工业与民用建筑物因胀缩变形而损坏或破坏的有1000万m^2。总而言之，膨胀土给我国的铁路、交通、水利、工民建等工程都带来了严重的灾害，造成的经济损失也非常巨大。如南昆铁路运营以来，每年的膨胀土路堤、边坡灾害处治及维修费用达3000万元左右；襄渝铁路由于膨胀土灾害，每公里造价提高91.64万元；焦枝铁路212公里的膨胀土路基，1972～1978年间，仅防洪工程费一项就支出6.5亿元；云南楚大高速公路一处353m长的膨胀土路堑整治耗资1000余万元；湖北郧县为避丹江口水库淹没而迁城于汉江的二级阶地，六年后新城由于膨胀土地基的危害，30万m^2的房屋中有90%以上变形开裂，无法使用；汉中盆地某厂，因连续几年发生膨胀土滑坡，使建筑物变形开裂及倒塌多次。据统计，我国有3亿以上人口生活在膨胀土分布地区，每年因膨胀土造成的经济损失估计在150亿美元以上。在美国，1998年据Steinberg统计，膨胀土每年给美国带来的经济损失约100亿美元，比洪水、地震、飓风和龙卷风造成损失总和的两倍还多，是美国最严重的自然灾害。在苏丹，1983年据Osman以及Charlie等人统计，全国260万平方公里国土面积中，三分之一以上区域内分布有膨胀土，每年为膨胀土灾害所花的费用保守估计超过16亿苏丹第纳尔。

由于膨胀土带来的巨大危害，膨胀土工程问题已成为一个世界性的研究难题，各国科技人员和工程人员都高度重视膨胀土问题。美国于1959年在科罗拉多州召开首次膨胀性黏土全国性学术会议，自1959年至1977年，英国、美国、罗马尼亚、苏联和日本都先后组织力量专门研究膨胀土工程性质，并相继在正式颁布的土工规范和铁路规范等文件中，增列了有关膨胀土的条文内容，由此在国际上形成了一个膨胀土研究的热潮。首届国际膨胀土会议也在此期间于1965年在美国召开，此后每四年召开一次，一共召开了七次，此后随着非饱和土力学的兴起和成熟而被国际非饱和土会议代替，国际工程地质大会、国际土力学及基础工程大会以及许多地区性的国际会议都将膨胀土工程问题列为重要的议题。这一阶段主要是针对工程中出现的膨胀土工程问题研究膨胀土的工程性质。20世纪70年代中后期起，国际上兴起研究非饱和土特性的热潮，1993年，Fredlund和Rahardjo合作发表出版了《非饱和土土力学》一书，是非饱和土力学研究史上的里程碑，标志着非饱和土力学基本理论框架的建立。人们开始在非饱和土力学理论的指导下来研究膨胀土问题，为膨胀土研究提供了一条新的途径。

我国最早遇到膨胀土是在20世纪50年代初，最初是在修建成渝铁路工程中遇到成都膨胀黏土的危害，后来又出现很多膨胀土地区房屋开裂和倒塌事故，一些应用膨胀土筑坝的工程出现了裂缝、漏水以及滑坡等危害，这些问题当时就引起了我国工程科技人员的注意并对膨胀土展开了研究。当时的研究主要集中于膨胀土的分类判别、试验方法、变形特性以及膨胀土筑坝标准等，当时在膨胀量和膨胀力及其影响因素方面有不少成果，后来还发展到将膨胀力和吸力联系起来。20世纪七八十年代，我国开展了大规模的膨胀土普查工作，选择了若干科学研究试验基地，建立了长期观测网，积累了丰富的资料，取得了一批成果。铁路部门针对我国中西部地区数量众多的新建铁路膨胀土边坡失稳问题，将"裂土的工程性质及其在铁路工程中的应用技术条件研究"项目列为重点科研项目，对裂土（膨胀土）的基本性质、测试方法、判别标准、填筑条件和处理措施等进行了多方面的试验研究。水电部门于1978年修订的《土工试验规程》和铁道部门于1980年制订的《铁路路基工程技术暂行规定》都增列了膨胀土项目，《膨胀土地区建筑技术规范》GBJ 112—87和《膨胀土地区营房建筑技术规定》也在20世纪80年代制定并实施。建工部门于1975在南宁召开了第一次全国膨胀土会议，随后于1977年在泰安又召开了一次，铁路系统也连续三次组织召开了全国膨胀土（裂土）工程学术会议。20世纪90年代以来，在我国掀起一个膨胀土研究的新热潮，无论在研究广度上还是在深度上都是空前的。非饱和土理论被引入到膨胀土研究当中，我国学者在本构关系、吸力、土水特征曲线以及固结理论等方面作出了贡献。1994年，在武汉召开了“中加非饱和土学术研讨会”，截止到2005年4月，我国相继召开了两届全国非饱和土学术研讨会。

由于其不良工程特性导致的工程问题和地质灾害的频繁发生，膨胀土问题一直是岩土工程、地质工程领域中世界性的重大工程问题之一。岩土工程科学工作者们和工程师们从不同的角度、通过不同的途径进行了大量关于膨胀土的成因、分布、物理化学性质等方面的研究和探讨，采用不同的理论和方法来解释和论证膨胀土的工程特性，并针对不同的工程问题提出了各种病害的防治措施。但对膨胀土的认识、分析和处理涉及一系列的理论和工程技术，从研究的深度和工程应用的角度而言，至今仍有许多问题没有解决。例如：非饱和土理论解决工程实际问题还有大量的工作要做，如何准确地评价各种膨胀土的力学性质及公路构造物工程特性，公路构造物与膨胀土地基的相互作用特性，构造物地基与基础的变形、应力状态以及构造物膨胀土地基基础的稳定特性，膨胀土地基设计计算方法与工程处理处理技术等等。

第二节　膨胀土路基离心模型试验研究

一、试验内容和方法

1. 研究内容

（1）填筑含水率对膨胀土路堤性状的影响：研究含水率对所填筑的膨胀土路堤变形性状，尤其是它们在雨水入渗条件下的变形性状的影响。

（2）改良处治对膨胀土路堤性状的影响：研究相同干密度和含水率但不同生石灰掺量所处治的膨胀土路堤的性状，尤其是它们对雨水入渗条件的反应特点，一是对生石灰改良效果进行评价，二是寻求生石灰掺量与处治效果之间的关系，为最佳生石灰掺入量的选取提供依据。

（3）天然干缩裂缝的形成机制和分布特征：模拟降雨形成积水、对部分堤身造成浸泡和自然风干情况下的膨胀土路堤浅表层干缩裂缝的形成过程和分布特征。

（4）路堑边坡在雨水入渗条件下的破坏模式：研究新开挖的膨胀土路堑边坡，在积水短期和长期浸泡条件下的失稳破坏模式和机制，同时研究放缓路堑边坡坡度对防止上述失稳破坏的效果，从而寻求和掌握治理这类膨胀土路堑边坡失稳破坏的关键技术。

2. 试验方法

（1）模型制备

在离心模型试验中，地基和路堤均是采用分层击实法制备而成的。模型边坡分三步制备而成，首先采用分层击实法制备成块状土样，然后置于土工离心机在设计加速度（$100g$）超重力场中进行预先压密，形成一定密度的块状膨胀土样，最后按照一定坡度切削而成边坡。试验土料取自广西南友路某标段的灰白色弱膨胀土，其物理性质指标及矿物组成列于表6-1。土料经自然风干后碾碎，过2.0mm筛，重新加水配制并均衡后，用于模型制备。对于堤身土体，选取90%和95%两种压实度进行控制，相应的干密度为

1.59g/cm^3和1.68g/cm^3；对于地基土层，压实度控制为80%，相应的干密度为1.42g/cm^3，其含水率控制在27.7%；对于路堑模型，干密度和含水率参照现场天然土体干密度确定，以尽量模拟原型路堑土体状况，故用于制备路堑边坡模型的土样干密度控制在1.33g/cm^3，含水率为33%。另外，在路堤模型试验中，配制了2种含水率的膨胀土填料，即21.4%和27.7%。改良膨胀土路堤身，试验了3种生石灰掺量改良土：3%、5%和7%。

膨胀土物理性指标和矿物组成 **表6-1**

物理性指标		液限（%）	塑性指数	自由膨胀率（%）	最大干密度（g/cm^3）	最优含水率（%）
		72.0	43.2	60	1.77	14.4
颗粒级配组成	粒径（mm）	＞2	2～0.074	0.074～0.005	0.005～0.002	＜0.002
	含量（%）	0	10.4	32.6	18.1	38.9
矿物组成（%）		石英	水云母	蒙脱石	绿泥石/高岭石	长石
		25～35	5～15	10～0	10～20	＜5

（2）试验模型

所开展模型试验，按研究对象分为膨胀土路堤、生石灰处治改良膨胀土路堤和膨胀土路堑，它们的模型高度、坡度和土体含水率、干密度以及生石灰掺量、最大积水深度和浸泡时间详见表6-2。

路基试验模型 **表6-2**

对象	模型	坡高 h_m（mm）	坡比 $\tan\beta$	含水率 w_m（%）	干密度 $\rho_{d,m}$（g/cm^3）	石灰掺量 α_{lime}（%）	积水深度 $h_{max,m}/h_m$	浸泡历时 $t_{w,p}$（d）
膨胀土路堤	M1	60	1∶1.75	21.4	1.68	0	1.00	25
	M2	60	1∶1.5	21.4	1.68	0	0.30	40
	M3	60	1∶1.5	27.7	1.59	0	0.80	60
	M4	60	1∶1.5	27.7	1.59	0	0.85	17
	M5	60	1∶1.0	21.4	1.59	0	0.73	70
改良膨胀土路堤	M6	60	1∶1.5	14.7	1.57	3.0	0.79	30
	M7	60	1∶1.5	13.2	1.53	5.0	1.00	68
	M8	60	1∶1.5	12.2	1.51	7.0	0.70	35
膨胀土路堑	M10	160	1∶1.1	33.0	1.33	0	0.56	230
	M11	160	1∶2.0	33.0	1.33	0	0.39	100

注：1. 路堤地基土：$w_{g,m}$=27.7%，$\rho_{gd,m}$=1.42g/cm^3，$h_{g,m}$=120mm。

2. 路堑边坡以下土体：$w_{g,m}$= 33.0%，$\rho_{gd,m}$= 1.33g/cm^3。

（3）降雨入渗模拟装置

离心模型试验中降雨入渗模拟，可分为直接降雨模拟和入渗效果模拟两种途径。东京工业大学 Kimura 等人和曼彻斯特大学 Craig 等人，曾采用各自设计的降雨模拟器，分别进行了“降雨引发的填方破坏”和“马来西亚热带气候条件下修筑于软黏土地基上堤防长期性状”试验研究。然而直接降雨模拟法不仅对技术要求很高，而且降雨模拟器需要占据模型箱中最重要的空间位置，使得模型测量工作难以展开，这也就是为什么仅有较少文献报道采用直接降雨模拟法的模型试验研究。例如 Bolton 等人在研究“强降雨之后杂填土边坡的破坏机理”时，一部分模型试验中采用了降雨模拟器实施降雨模拟，另一部分模型试验则以径流的形式直接让水进入坡面阶地（一种间接模拟法）。

在原型现场，雨水不可能从路基顶部的不透水面层（水泥路面或沥青路面）直接渗入路基土体中（路面开裂情形另当别论），而是从地基和堤坡面渗入路基土体中；特别是，如果公路路堤或路堑的排水失效，在强降水之后就有可能发生一种非常恶劣情况，即地基和一部分路堤或路堑被积水浸泡。因此，试验中拟从降雨所引发的入渗效果角度对降雨进行模拟，并且模拟雨水所形成的公路路基最不利的情形。这样，模型试验时只需控制积水深度和浸泡时间，就可以模拟控制原型降雨入渗的剧烈程度，从而大大简化试验的难度。图 6-1 是降雨入渗效果模拟装置示意图，它由溢流管和固定在离心机转臂上贮水箱、进水电磁阀等组成。

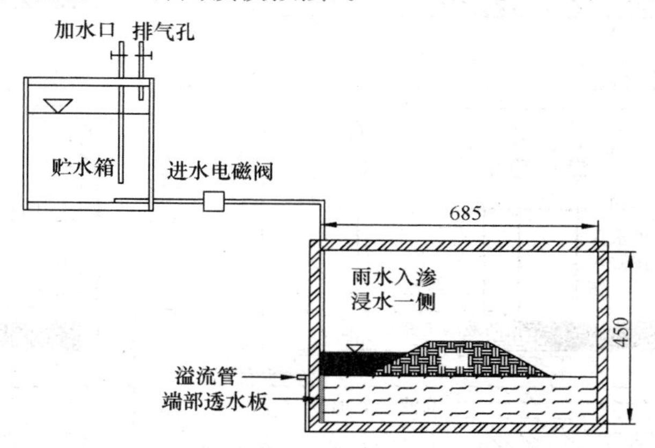

图 6-1　降雨入渗效果模拟装置示意

（4）试验程序

路堤的填筑模拟：按均匀速率升高模型所承受的离心加速度，对于几何比例尺为 1/100 的路堤模型，设计加速度即为 $100g$。当离心加速度达到设计值时，就相当于原型公路路堤竣工时已填筑到设计高度，此时模型的性状即代表原型公路路堤的性状。

路堤的运行期模拟：公路路堤的运行期模拟分无雨水情形和有雨水入渗情形。对于有雨水入渗情形，模拟其最恶劣情形——即公路两侧排水系统功能全部或部分失效，在边坡一侧形成积水，造成地基和部分堤身为积水浸泡。

路堑破坏性试验：为了测定路堑的临界稳定安全高度，将连续升高模型的离心加速度，直到出现破坏迹象。

二、膨胀土路堤变形及破坏性状

共进行了 5 组未处治膨胀土路堤模型试验（模型 M1～M5），试验布置如图 6-2 所示。由于模型试验中所测量的路基表面沉降包括路堤和地基两部分的压缩变形，故在计算相对沉降变形时，分母应取路堤高度和地基厚度之和，即 $H=h+h_g$。图 6-3 是路堤模型的典型结果，表 6-3 详细列出了膨胀土路堤竣工时和浸水后堤顶变形的相对值结果。

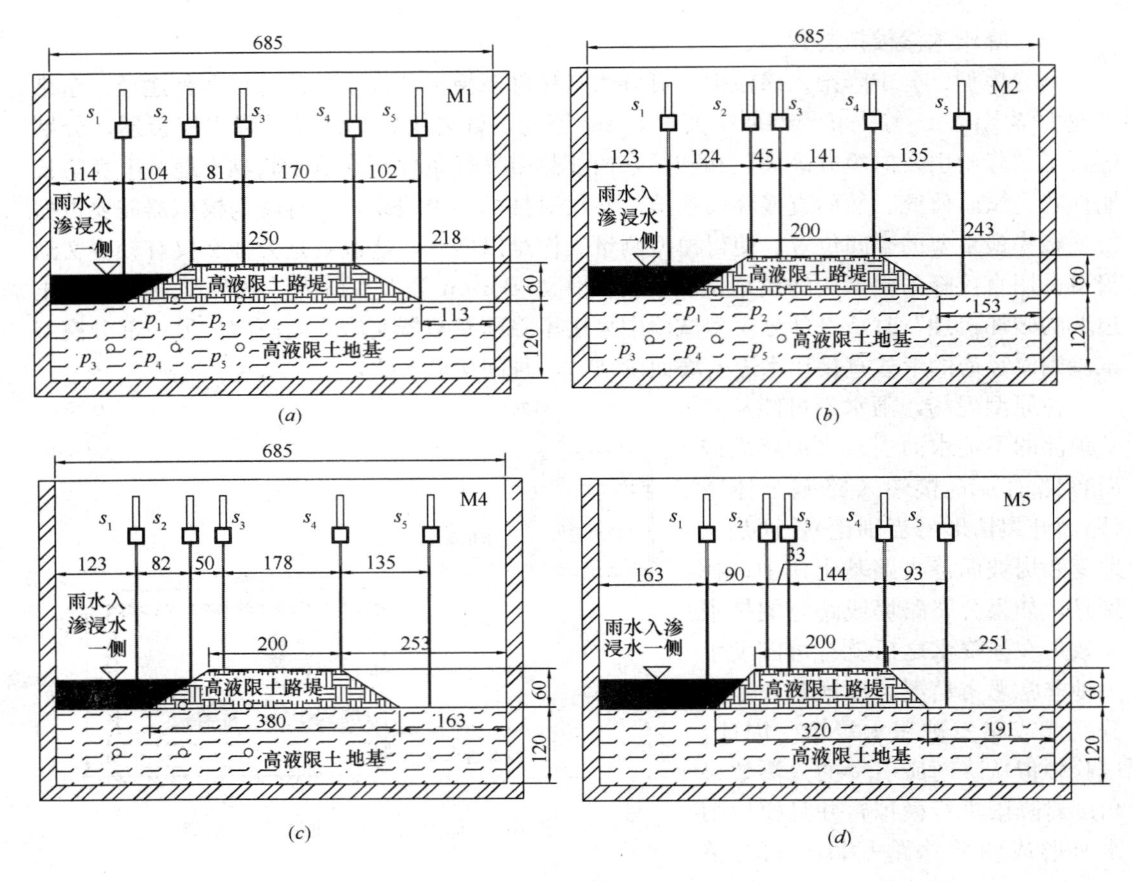

图 6-2 未处治膨胀土路堤试验模型布置图

(*a*) 模型 M1；(*b*) 模型 M2 和模型 M3；(*c*) 模型 M4；(*d*) 模型 M5

膨胀土路堤试验结果 **表 6-3**

模型	路堤填筑含水率（%）	路堤压实度（%）	竣工期相对变形（%）			浸水后相对变形（%）		
			s_2/H	s_3/H	s_4/H	s_2/H	s_3/H	s_4/H
M1	21.4	95	0.4	0.5	0.4	0.7	0.8	0.6
M2	21.4	95	0.4	0.4	0.3	0.4	0.5	0.3
M3	27.7	90	0.7	0.8	0.7	1.1	1.3	1.2
M4（150*g*）	27.7	90	0.9	0.9	0.9	1.0	1.1	1.0
M5	21.4	90	0.5	0.6	0.6	0.7	0.9	0.8

按较高压实度标准填筑的膨胀土路堤（原型堤身高度为6m），在竣工期发生的沉降相对值一般不超过0.8%，在雨水入渗期，当坡前形成较大深度的积水时，堤顶相对沉降量有较明显的增加，最大增幅可达0.5%。填筑干密度越大（压实度越高），路堤顶面发生较小，竣工后，沉降随时间的发展速率较小。

相同填筑压实度条件下（0.90）填筑含水率高低对路堤性状有相当大的影响：模型M2和模型M5填筑含水率分别为21.4%和27.7%，比最优含水率（14.4%）分别高出7%和13.3%，模型M2和模型M5在竣工期（100*g*）发生的相对沉降（s_3/H）分别约为

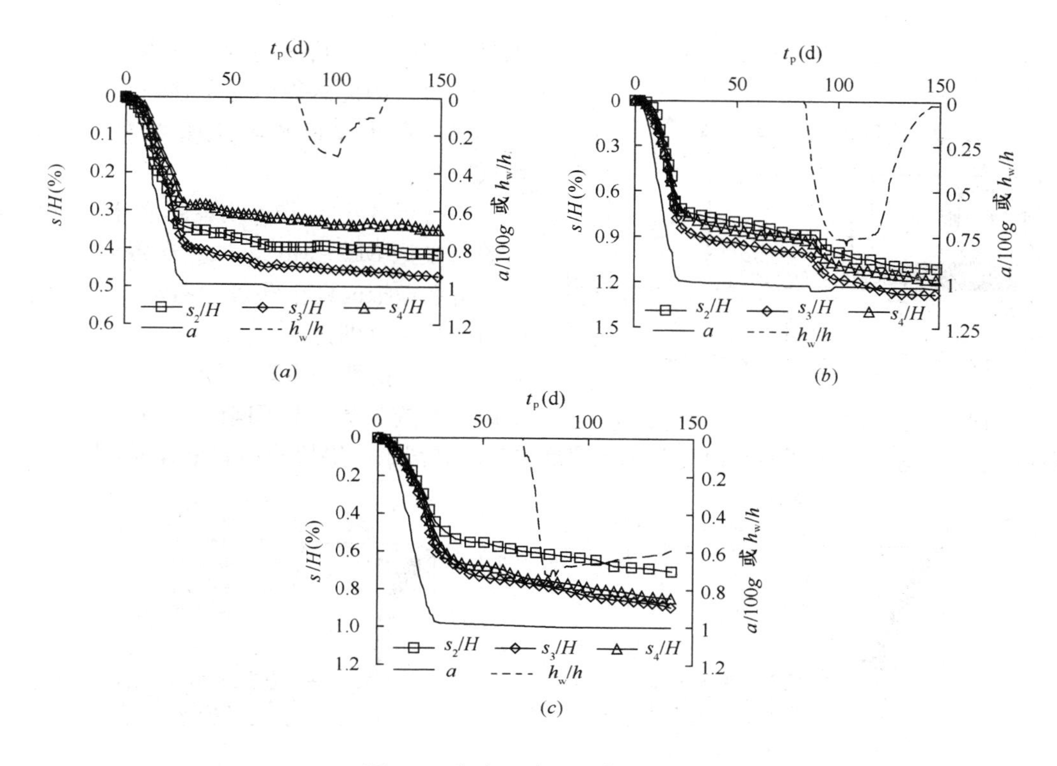

图 6-3　膨胀土路堤沉降过程线

（a）模型 M2；（b）模型 M3；（c）模型 M5

0.8%和 0.6%，而且在竣工后，模型 M2 沉降随时间发展速率很小，基本趋于稳定，模型 M5 仍以一定速率缓慢发展。由此表明，路堤填筑含水率不仅会影响到路基竣工期的相对沉降量，而且影响到路基投入运行后后期沉降变形性状，填筑含水率越高，竣工后发展的相对沉降量越明显。

填筑含水率的影响还表现在路基对积水浸泡反应的差异上，填筑含水率较高的模型 M3 对积水浸泡反应强烈：一是附加沉降量大，二是积水浸泡后，沉降随时间发展的速率更大。积水对路堤浸泡的影响具有后效性，即使在积水退去后，沉降发展速率仍然较大。这种后效性似乎与路堤填筑含水率密切相关，填筑含水率低的模型 M2 和 M5 很不明显。

5 组路堤模型试验后的检查发现，受积水浸泡过的路堤边坡部分，土体变软；同时发现，分层压实制模时在坡面所形成的层面附近，土体变软范围和程度又比其他部位大而严重，并伴有局部鼓胀和土块剥落现象。可见积水容易从这些薄弱环节渗入堤身，其上下周围土体含水率容易出现剧烈变化，导致土体局部膨胀、强度软化、压缩性增大和强度降低。

所有模型路堤均未出现严重的大规模堤身或坡体破坏，雨水入渗所引发的都是浅表层土体的局部软化和坡面土块的剥落破坏，而其他部分土体无明显侧向位移仍保持稳定。从模型剖面位移矢量可以发现，在离心力超重和积水浸泡双重作用下，堤身和地基中发生位移基本呈垂直向，侧向变形不明显，因此土体总体处于稳定状态。

应该提醒的是，降雨引起的积水对地基和堤身坡体的浸泡入渗虽没有造成非常明显的严重破坏，但引发了浅表层土体的局部软化，并伴有坡面土块的剥落破坏现象。这些破坏

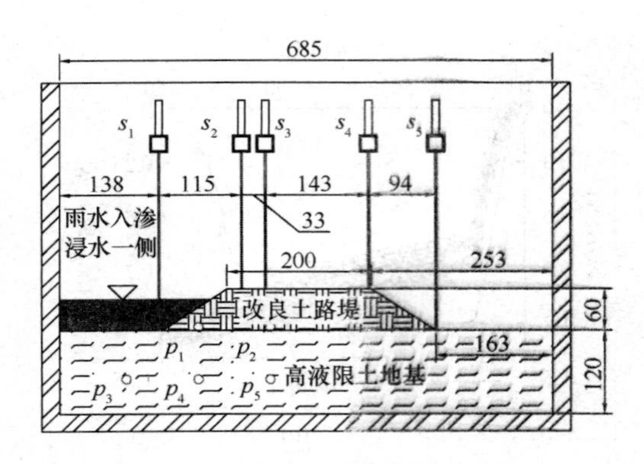

图 6-4　改良膨胀土路堤模型布置图

虽是浅层的，但具有向堤身内部逐渐推进发展的趋势，因此必须引起足够的重视。

三、石灰改良膨胀土路堤变形及破坏模式

进行了 3 组生石灰改良膨胀土路堤模型试验（模型 M6～M8），试验布置如图 6-4 所示，旨在模拟改良土路堤对雨水入渗的反应，生石灰掺量分别为 3%、5%和 7%，试验时生石灰改良土龄期均为 7d。图 6-5 分别是 3 组模型路堤在施工模拟期和雨水入渗期的沉降过程线，表 6-4 详细列出了石灰改良膨胀土路堤竣工时和浸水后堤顶变形的相对值结果。

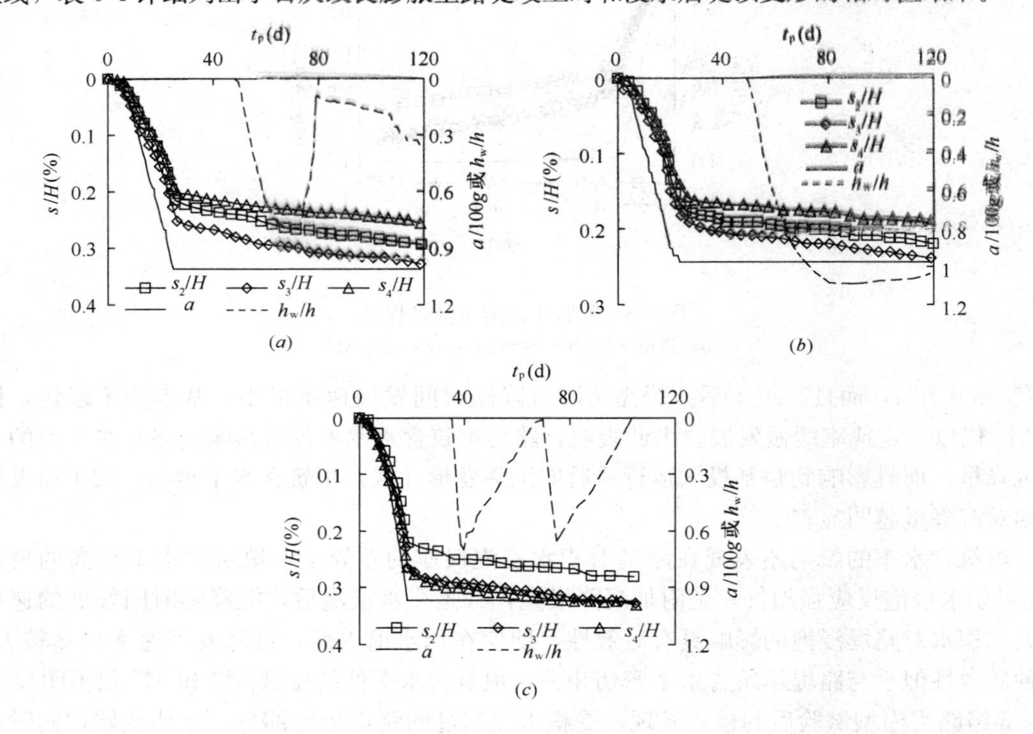

图 6-5　改良膨胀土路堤沉降过程线

(a) 模型 M6；(b) 模型 M7；(c) 模型 M8

石灰改良膨胀土路堤试验结果　　表 6-4

模型	路堤填筑含水率（%）	掺灰量（%）	竣工期相对变形（%）			浸水后相对变形（%）		
			s_2/H	s_3/H	s_4/H	s_2/H	s_3/H	s_4/H
M6	14.7	3	0.22	0.26	0.20	0.27	0.31	0.24
M7	13.2	5	0.17	0.18	0.14	0.22	0.23	0.19
M8	12.2	7	0.23	0.28	0.28	0.29	0.33	0.33

改良膨胀土路堤在施工期发生的堤顶相对沉降约 0.2%～0.3%，在最恶劣的雨水入

渗情形——堤身下部为坡前积水所浸泡后，总相对沉降量均不超过 0.35%，比膨胀土路堤的要小。5%掺灰量路堤堤顶最大相对沉降量小于 0.25%，而 3%和 7%掺灰量的最大相对沉降量分别为 0.32%和 0.33%，似乎表明，掺灰量达 5%时，对所试验的膨胀土改良效果最佳，过高或过低的掺灰量不一定能达到预期的效果。

受积水浸泡后，即便是发生了积水漫过堤顶从一侧流到另一侧（模型 M7），路堤表面沉降发展速率并未出现明显增大的趋势；积水退去后，堤身表面也未出现开裂或起皮等浅表层破坏；这些现象表明，在积水浸泡期间，雨水很难渗入到改良土堤身土体中，同时也表明改良能有效抑制这种膨胀土原有的胀缩特性。

试验后的检查发现，由于天然膨胀土地基未作改良，在积水浸泡下，地基土体含水率增加而出现软化膨胀，以致出现膨胀后的地基层上抬路堤坡脚的现象。图 6-6 是 5%生石灰改良路堤模型 M7 试验后存放了 7d 和 21d 自然风干的情形：受积水浸泡过的地基表面起皮开裂。干缩变形还导致地基土层与模型箱侧壁相分离，表现出非常显著的干缩变形。

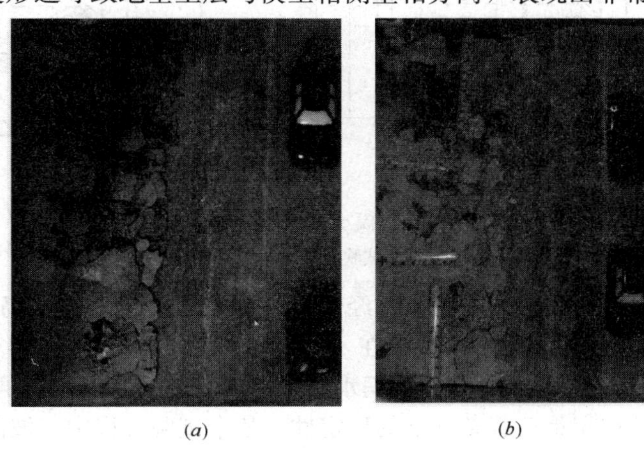

(*a*)　　(*b*)

图 6-6　模型 M7 试验自然风干的情形

(*a*) 试验后 7d；(*b*) 试验后 21d

四、雨水入渗条件下膨胀土路堑边坡性状

模型 M10 的制备过程如下，首先采用分层击实法制备厚 350mm 膨胀土样；然后置于 100g 离心加速度的超重条件下压密 30min（相当于原型 7 个月），结果整个土体被压缩了 15mm，干密度由起始的 1.28g/cm^3 提高到 1.33g/cm^3；然后将土体切削成高 160mm、坡度 1∶1.1 的边坡，如图 6-7（*a*）所示，试验模拟了雨水入渗最恶劣的情形——排水不畅，坡前形成积水的情形。

图 6-8 给出了雨水入渗前后模型路堑表面沉降和积水深度随时间过程线，可以看出，雨水入渗前，位于坡底两个测点（s_1 和 s_2）的相对沉降均很小，不足 0.1%；而此时位于坡顶的两个测点（s_4 和 s_5）相对沉降量已分别达到了 0.37%和 0.45%。雨水入渗期间积水最大深度达 90mm，s_1 和 s_2 测点的沉降反应显著，沉降量随着积水深度的增加而不断增加，当积水深度达到最大值时，沉降量也同时达到最大，s_1/H 和 s_2/H 分别约为 0.38%和 0.27%；当积水渐渐排出，水深慢慢减小时，沉降并未减小。坡底发生了如此明显的沉降反应，并且坡脚处出现相对隆起（期间 $s_2/H < s_1/H$），表明此处土体已为积

水浸泡而软化，边坡局部稳定性受到一定的削弱。

然而，坡顶两测点的沉降随原型时间发展规律似乎还未受到坡前积水浸泡的影响。含水率传感器 P2D（图 6-7a）的监测读数也未出现任何变化，再次表明历时 228d 的积水尚未渗透到该测点处，路堑大部分土体此时还没有受到坡前积水浸泡入渗的影响。停机后检查发现，模型剖面位移变形网格未见明显的侧向位移，仅仅是水位线以下的坡前坦地和靠近坡脚的坡面表层出现了泡软褶皱现象。

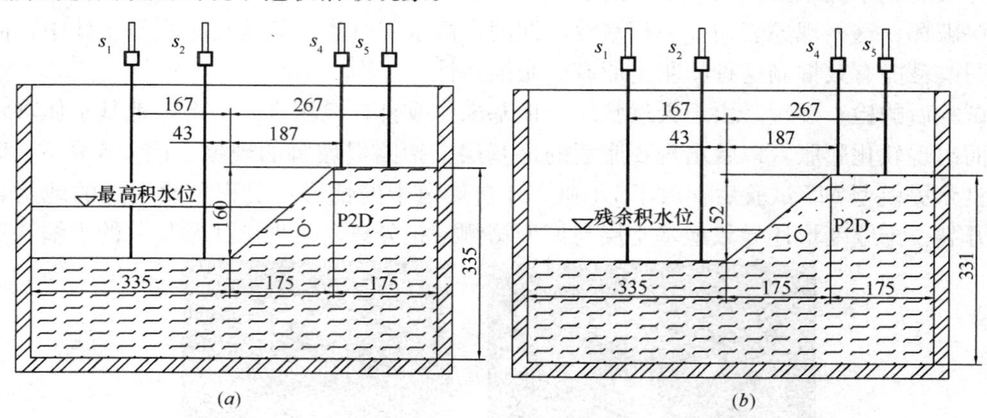

图 6-7　模型 M10 布置图

（a）新开挖边坡的雨水入渗试验；（b）积水浸泡后边坡稳定性试验

为了观察膨胀土路堑的破坏模式，将经过雨水入渗试验但整体上仍稳定的边坡模型，在其坡前一侧保留少量积水（图 6-7b），在 1g 条件下静置 2d，让水继续向更深层的土体内入渗，但含水率传感器 P2D 读数显示积水仍未入渗到此处。这时，再次升高模型的离心加速度，测定边坡在超重荷载条件下的稳定性。整个试验过程中，坡前积水深度基本维持在 55mm 左右。

稳定性模型试验过程中沉降随加速度的变化如图 6-9 所示，在离心加速度升至 42.8g 时，靠近坡脚处的 s_2 沉降读数开始减小，表明坡脚处土体开始向上隆起；当离心加速度升至 50.2g，坡顶处的 s_4 的沉降读数突然快速增加；当离心加速度升至 55.5g 过程中，s_2 处位移读数显示土体隆起迅速，而坡顶处的 s_4 处沉降骤增，使 s_4 激光位移传感器测值很快超出量程。在这一过程中，所埋设的含水率传感器 P2D 检测到含水率有增加。据此可

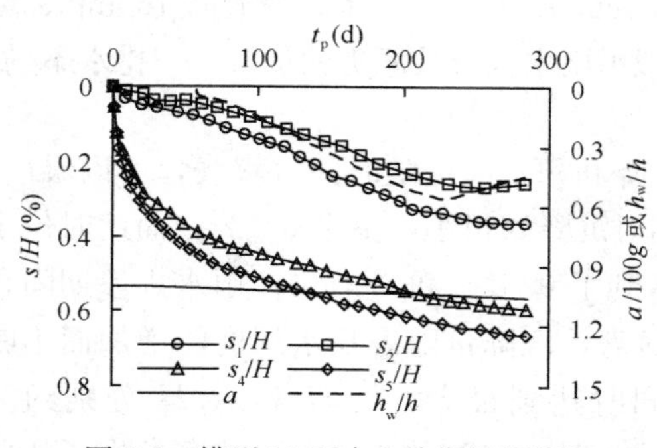

图 6-8　模型 10 雨水入渗期间沉降及积水深度过程线

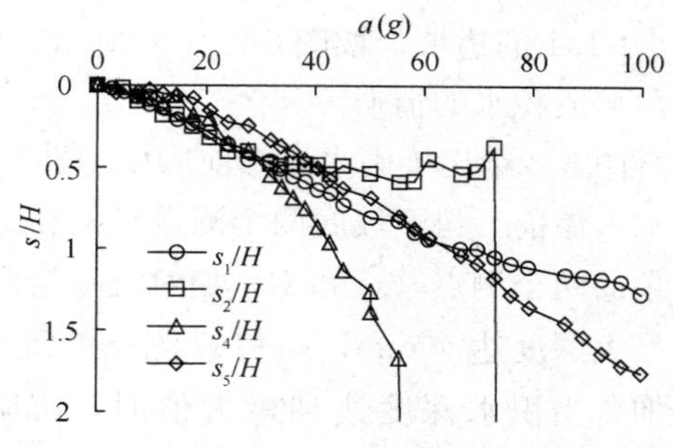

图 6-9　模型 10 积水长期浸泡后的破坏性试验

判定，坡脚隆起、坡顶塌陷这一失稳破坏的起点离心加速度为 42.8g。失稳破坏所形成的裂缝使积水直接进入土体，导致了上述 P2D 处含水率的增加。受积水长时间浸泡后，对应的原型边坡临界稳定高度是 6.5m，它远远低于短期有雨水入渗条件下的边坡临界稳定高度（>15.5m）。

图 6-10 分别给出了破坏后路堑边坡模型正视图和俯视图。从图中可以看出，滑动体的轮廓线明显，滑动体以外的稳定土体无明显沉降和侧向变位，滑动体与稳定体两部分无明显过渡带；滑裂面呈折线。对模型破坏后的剖面进行测量，绘制出了如图 6-11 所示的位移矢量分布图，清晰地显示了滑裂破坏面；同时可以看到，坡前坍塌土体来自于边坡浅表层厚约 48mm（相当于原型约 2.0m）范围内的土体，显然这是一种典型的浅层破坏。

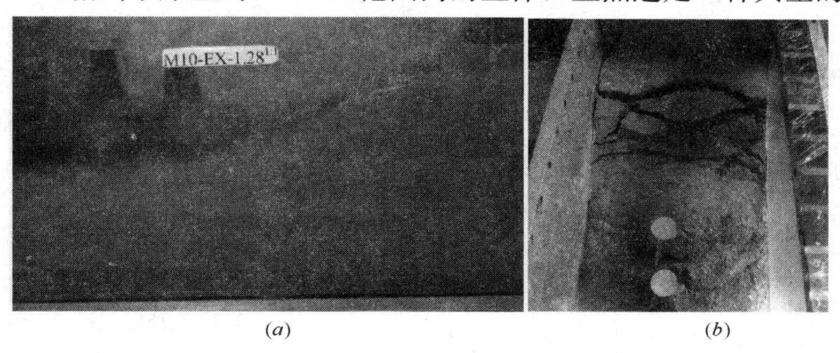

图 6-10　模型 10 路堑边坡破坏

（a）正视图；（b）俯视图

破坏时的含水率分布如图 6-12 所示，其中 40%含水率等值线以上土层厚度，在坡前坦地深度约为 32 mm（相当于原型约 1.4m），在边坡处厚约为 50mm（相当于原型约 2.1 m）。与制模时的 33%初始含水率相比，浅表层的含水率增大明显，最大增幅达 11%，往下较深部位的含水率变化较小，并逐渐过渡到制模时的初始含水率。对照图 6-11 和图 6-12 可以看出，40%含水率等值线以上土层厚度与边坡划动体的厚度大体相同，表明边坡浅层破坏与雨水入渗引起的含水率增加直接相关。

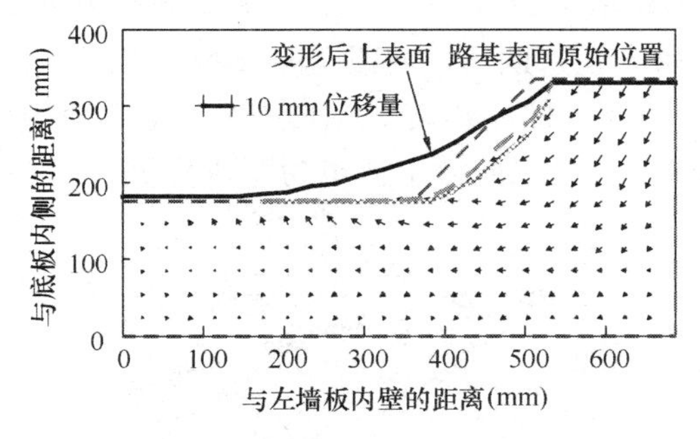

图 6-11　模型 10 破坏时的剖面位移矢量图

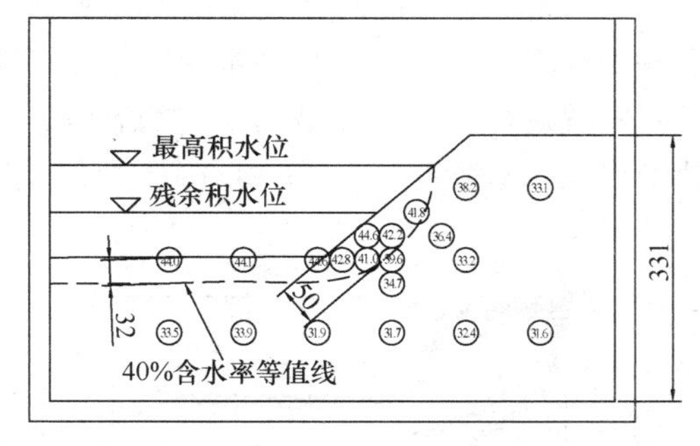

图 6-12　模型 10 破坏时的含水率分布

利用袖珍贯入仪对破坏后路堑边坡区域土体进行了原位不排水剪强度试验，绘制了如图 6-13 所示的滑坡区域强度分布图。从图中标出的强度分布区域明显可以看出，受积水浸泡的影响，浅表层土体软化，形成低强度区（不排水剪强度 s_u 小于 15kPa）。比较这一区域范围（图 6-13）与含水率有明显变化的区域范围（图 6-12），发现它们形状大体一

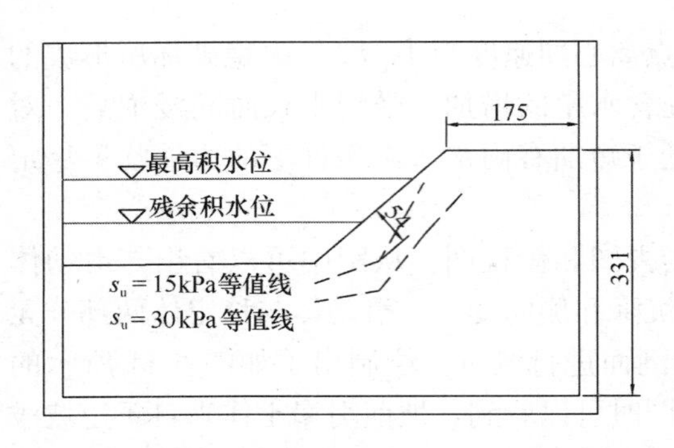

图 6-13 模型 10 受雨水入渗而形成边坡强度软化层

致，厚度也相当接近：边坡软化土层（s_u小于15kPa）厚度约为 54mm（相当于原型约2.3m）。而其他区域因与坡前积水区域相距较远，强度衰减相对不很明显，并且，距离越远，影响越小。可见，膨胀土路堑边坡强度软化与其含水率增加直接相关，软化后的坡体最终构成了坍塌的主体（图 6-11）。

五、开挖坡度对膨胀土路堑稳定性的影响

为了研究边坡坡度对膨胀土路堑稳定性的影响，在陡坡路堑模型 M10 的试验基础上，设计了一组较缓坡度（坡比为 1∶2.0）路堑模型 M11 的试验（图 6-14）。该试验同样模拟在雨水长期入渗条件下路堑边坡的稳定性状，进而观察和比较坡度对这种膨胀土路堑稳定性状的影响规律。模型 M11 的制备过程与模型 M10 相同，制备后路堑模型如图 6-14 所示，高 160mm、坡度 1∶2.0。试验模拟雨水入渗最恶劣的情形—排水不畅，坡前形成积水的情形，试验中积水深度最大达 63mm。

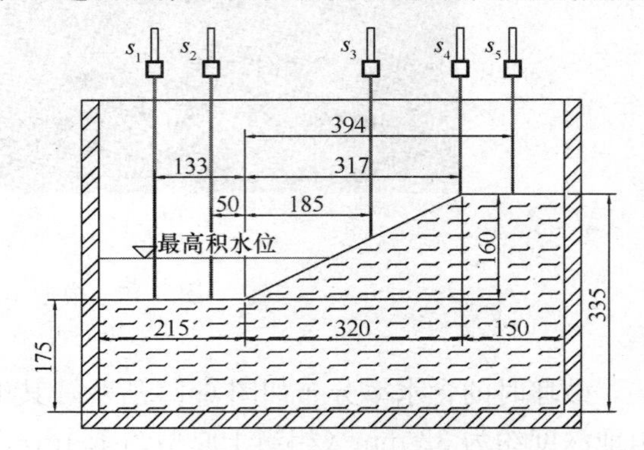

图 6-14 缓坡模型 M11 布置图

图 6-15 显示了雨水入渗模拟期间的沉降和积水深度随时间的变化过程线，可以看出，在坡前形成积水之前，位于坡底的两个测点（s_1 和 s_2）沉降不多，相对值 s/H 不足 0.1%；而位于坡顶的两个测点（s_4 和 s_5）相对沉降量分别达 0.33%和 0.42%。而在坡前形成积水过程中，测点 s_1 和 s_2 的沉降反应显著，其沉降量随积水深度的增加而迅速增加，当积水深度达到最大值（$h_w=63$mm，$h_w/h=0.39$）时，沉降量也同时达到最大，相对沉降值 s/H 为 0.24%。当积水渐渐排出，水深慢慢降低时，沉降量基本保持不变，略有回落。在这期间，坡顶两测点的沉降随原型时间发展规律几乎不受坡前积水的影响。与坡度 1∶1.1 的路堑模型 M10 相比，M11 坡脚处未出现相对隆起（s_2/H 和 s_1/H 数值差别不大），故表明此处土体虽为积水浸泡软化而

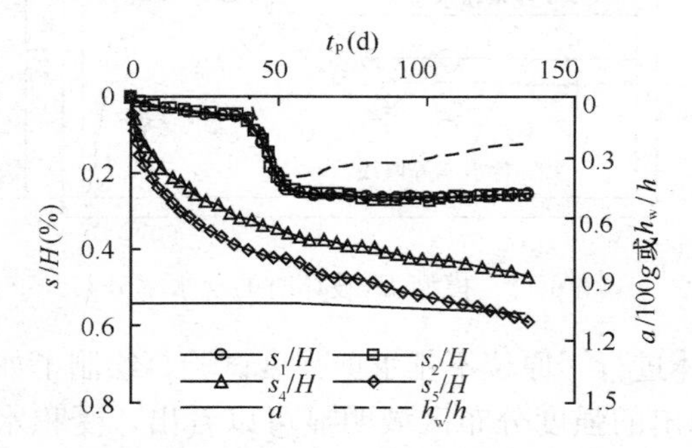

图 6-15 模型 11 雨水入渗期间沉降及积水深度过程线

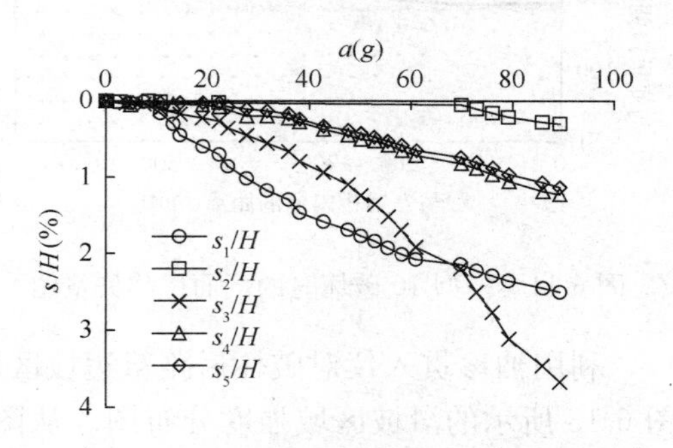

图 6-16 模型 11 积水长期浸泡后的破坏性试验

发生了沉降变形，但可能因为边坡较缓（1∶2.0），局部和整体稳定性均未受到明显削弱。

同模型M10试验过程一样，在离心机停机后，在模型中保留深约12mm积水，在1g条件下静置2d，让水充分地向深层土体内入渗。然后，再次升高模型的离心加速度，开展土体自重荷载快速增大条件下的路堑边坡稳定性测试，以推求此时边坡的临界坡高。图6-16是稳定性模型试验过程中沉降随加速度的变化，s_3处的相对变形曲线$s_3/H \sim a$，其斜率由缓变陡，在离心加速度升至60g时，突然开始变缓，随后变得更陡。经过分析，在60g时出现转折是因为此时坡体发生了明显的侧向位移，其后的斜率变陡为坡体坍塌所致，这就是说，边坡在60g自重应力条件下开始滑动。换算至原型，受积水长时间浸泡后，这一缓坡路堑边坡临界稳定高度为7.2m。

图6-17给出了模型M11路堑边坡破坏情况，从图中可以看出，滑动体的轮廓线明显，滑动体主要位于坡脚附近、受过积水浸泡过的坡体中，最高积水位以上的坡体仍处于稳定状态，坡顶虽有沉降但无明显侧向变位；滑裂面呈折线。对滑动过程所作的实时图像监视表明，滑动仍是由坡脚逐级向上发展的，所形成坍塌土体主要堆积在坡脚和坡前坦地上（如位移矢量分布图6-18所示），整个破坏过程短暂而具有突发性，最终形成了如俯视图所显示的破坏形态，显然这仍是一种逐级牵引式渐进破坏。由于滑动范围较浅（厚约49mm），因此，这是一种类似模型M10的浅层破坏。滑动体的轮廓线明显，滑动体主要位于坡脚附近、为雨水长期入渗而软化的坡体中，上部坡体仍处于稳定状态，坡顶虽有沉降但无明显侧向变位；滑裂面呈折线。

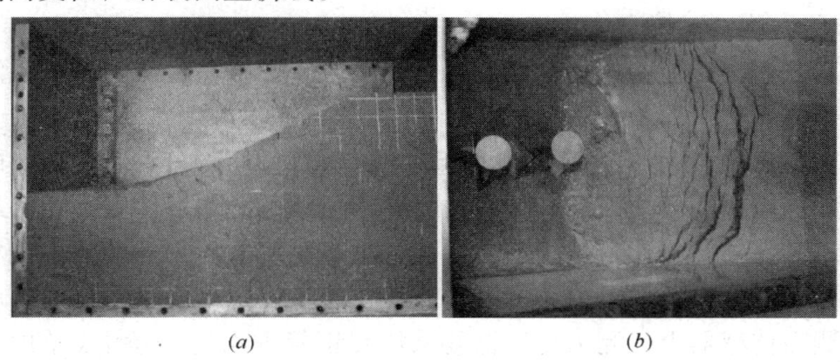

(*a*)　　(*b*)

图6-17　模型M11路堑边坡破坏

(*a*) 正视图；(*b*) 俯视图

对路堑边坡模型破坏后剖面28个不同位置沿水平方向取土样测定了坡体坍塌时的含水率，从而得出了如图6-19所示的含水率分布图。可见，坡前坦地和坡脚以上一部分坡体（最高积水位以下）浅表层土体含水率增幅较为明显，约8%～9%；图中40%含水率等值线以上土层厚度大约40～43mm。另外，从强度分布图6-20也可以看出，受积水浸泡的影响，浅表层土体强度明显低于未受浸水影响区域土体的强度。

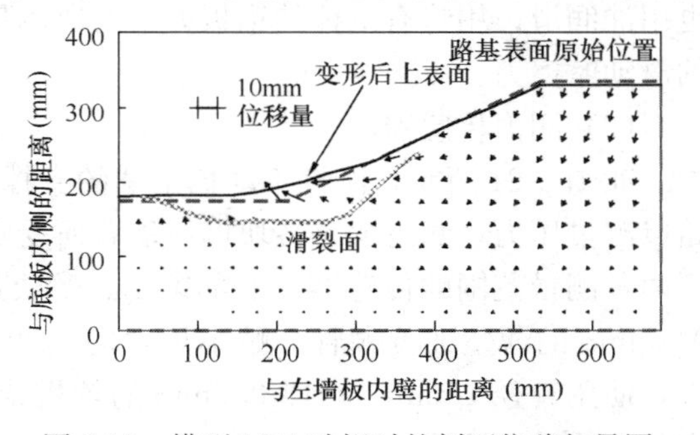

图6-18　模型M11破坏时的剖面位移矢量图

缓坡路堑边坡模型M11试验结果表明，减缓开挖坡度，虽能使临界坡度有所增加，但不能完全有效防治膨胀土路堑边坡的失稳破坏。要提高这种膨胀土路堑边坡的稳定性，关键之一就是要避免坡脚处为雨水长期入渗而发生膨胀软化，从而防止软弱坡脚对整个路堑边坡稳定性所造成的削弱。这样看来，加强路堑工程排水设施的设计、施工和维护保养，确保足够排水能力，是一项十分关键的措施。其次，对路堑坡脚重点部位进行必要的防水、隔水和加固处治，同样十分重要。

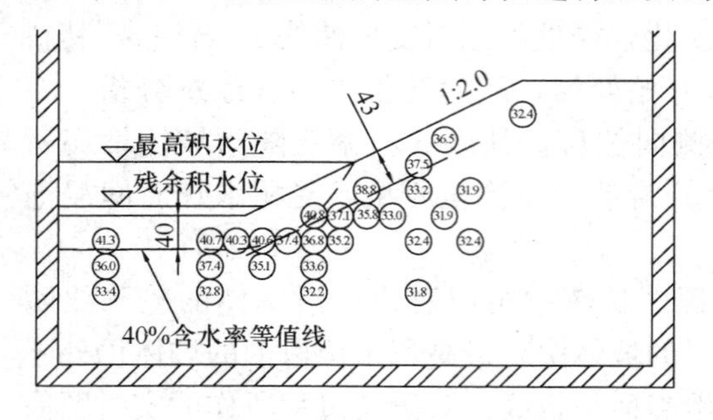

图 6-19　模型 M11 破坏时的含水率分布

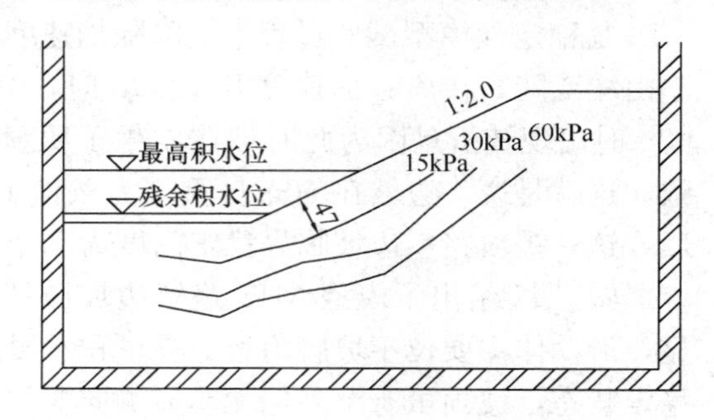

图 6-20　模型 M11 受雨水入渗而形成强度软化层

第三节　膨胀土挡土墙离心模型试验研究

一、试验方法

1. 挡墙土压力测试系统

为了测试膨胀土挡墙上土压力，我们自行研制了一套挡墙土压力测试系统。

（1）系统整体布置

试验所用模型箱内尺寸长宽高为 0.685m×0.2m×0.4m，系统布置如图 6-21 所示。系统各部分为：挡墙采用分块式的设计，由①～⑤所示的分块墙体上下相叠组成一个模型挡土墙，每一块墙体独立工作，承担各自后面的填筑膨胀土压力。墙体由钢材制成，分块墙体的宽高均为 200mm×60mm，通过钢筋支架在居中位置焊接了一个钢球，以便将墙后的压力传递到测力传感器上。测力传感器⑥采用在铜管上布置全桥电路的方式测量压力，测得的是各块墙体墙背所受压力的合力。传感器由后面的支承板⑦支撑，板上对应位置钻了螺纹孔，装有套筒套着传感器，可以通过旋拧螺纹对传感器与模型墙前端钢球的接触进行微调，保证压力的顺利传递。为了测力的准确，对模型墙体之间、墙体与模型箱底板及边壁的摩擦力要设法消除。墙块之间的接触面打磨光滑并涂油润滑；墙体与模型箱边壁间也用油润滑；用垫有滚棒的铝板如⑧⑨所示垫高模型墙，用滚动来消除与模型箱底板之间的滑动摩擦力。

（2）测力传感器

如图 6-21 所示，刚性不动挡土墙的支撑物为铜管，这些铜管上布置了电阻应变片电路以测量压力，测得的是各块墙体墙背所受膨胀土压力的合力。试验中根据受力大小制作了两种测量范围的传感器：上部第①、②块挡墙所受土压力较小，使用管径 8mm、壁厚 0.25mm 的薄壁细黄铜管，贴小尺寸的应变片；下部第③、④、⑤块挡墙所受土压力较大，使用管径 15mm、壁厚 0.7mm 的较粗紫铜管，贴尺寸较大的应变片；在布置好的应变片电路外面涂 703 胶加以防水和保护。电阻应变片按全桥电路布置。

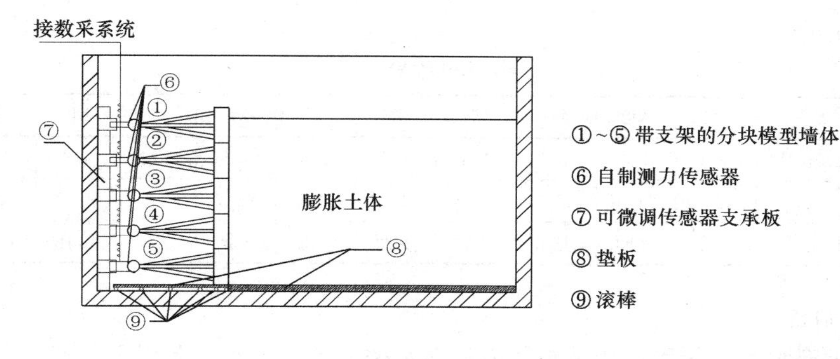

图 6-21　试验装置系统布置图

(3) 系统的试验验证

对系统的可行性进行试验验证。用水来代替图 6-21 中所示的膨胀土体，即可进行水压力的离心模型试验，制备模型时用柔软的薄膜盛水形成一个水袋，在水压力的作用下，薄膜紧贴在模型箱边壁和模型挡墙上，水压力就直接作用到了模型墙的墙背。试验采用 $10g$ 一级逐级加载到 $50g$ 的加载方式，每一级荷载下，对各块墙体上所受水压力理论值和测量值进行比较；同时也对每级荷载下挡墙整体所受水压力进行了分析比较，模拟了不同水深下的水压力。共做了三种方案的水压力标定试验：①模型墙下垫不可滑动的有机玻璃；②模型墙下垫可滑动的铝板，墙块之间涂黄油润滑；③模型墙下垫可滑动的铝板。结果表明，前两种方案测量值与理论值误差较大，方案 3 测量值与理论值基本一致，且重复性好（图 6-22），因此最终选定方案 3 进行膨胀土压力的试验。

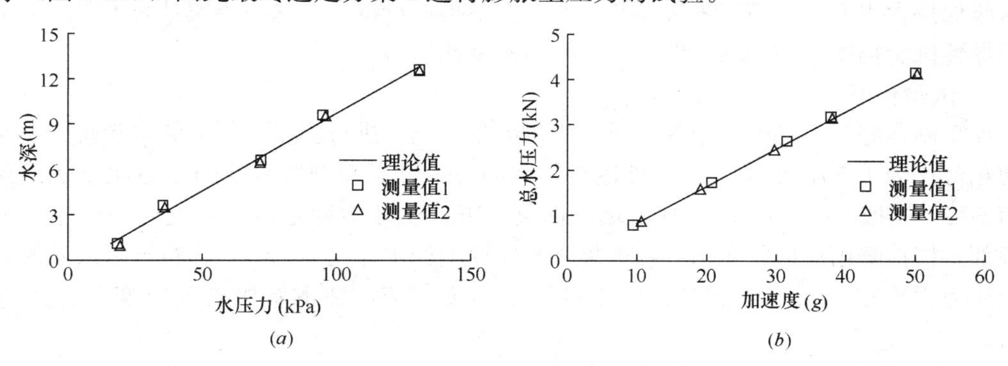

图 6-22　挡墙土压力测试系统验证结果

(a) $50g$ 荷载下墙块所受水压力分布；(b) 各级荷载下总水压力

2. 试验模型

试验土料取自广西南友路某段灰白色弱膨胀土，模拟了不同土体填筑干密度和填筑含水率、浸水条件。选择 2 种填筑干密度，分别为 $1.4g/cm^3$ 和 $1.5g/cm^3$，选择 4 种填筑含水率，分别为 20.0%、21.1%、22.7%、23.6%，浸水条件分别为表面浸水和钻孔浸水，钻孔深 10cm，孔径 0.8cm，孔间距为 3cm，正方形布置。模型布置如图 6-23 所示，试验模型具体情

图 6-23　挡墙试验模型

况列于表 6-5。

挡墙试验模型　　表 6-5

试验模型	M1	M2	M3	M4	M5	M6	M7	M8	M9	M10	M11
制样干密度（g/cm^3）	1.4	1.4	1.4	1.4	1.5	1.5	1.5	1.4	1.4	1.5	1.5
制样含水率（%）	20	21.1	22.7	23.6	20	21.1	22.7	20	21.1	20	21.1
浸水条件	表面	表面	表面	表面	表面	表面	表面	钻孔	钻孔	钻孔	钻孔

3. 模型制备

（1）将土料晾干、粉碎，按试验所需的含水率配置，闷料 24h 以上，使配置的土料含水率均匀。（2）清洁模型箱，在模型箱壁和有机玻璃内侧涂硅油，粘贴塑料薄膜；摆放传感器支承板、滚棒和垫板。（3）在 5 块分块墙之间、模型箱边壁、垫板等接触面上涂油润滑；用金属插杆和螺母把分块墙体联结成整体挡墙，将整体墙摆放就位。（4）在挡墙和支承板之间放置好测力传感器，支承板上的对应套筒暂不拧紧，不使传感器在填土时受力；支承板和挡墙之间用多根同样长度的铝管支撑，防止填土时挡墙移动。（5）按照试验所需的填筑干密度和填筑含水率，在墙后分层填筑膨胀土体，每层土体 4cm，共填筑 7 层，两层交界处的土面都进行了刨毛处理。（6）土体填筑完毕后，在挡墙高出填土面的部分与模型箱之间的缝隙里堵塞橡皮泥，防止试验过程中向填土面的浸水泄漏。（7）拧紧支承板上的套筒使传感器受力；卸下支承板和挡墙之间的铝管以及联结挡墙的螺母和金属插杆，使分块挡墙开始独立工作，并将所受的土压力传递到传感器上。（8）在填筑膨胀土体表面覆盖薄膜保持含水率，将模型静置 24h 左右，然后再进行试验。这一步骤是为了消除由于夯填而导致试验挡墙在初期存在的尚未平衡的紊乱侧压力。

4. 试验程序

模型制备好后，将模型箱放置于离心机的吊篮里，进行膨胀土压力的试验研究。模型几何相似比为 1/50，采用 10g 一级逐级加载的方式升高模型所承受的离心加速度达到设计值 50g，模拟 15m 高挡墙，其后填土高度 14m。土压力稳定后，从土体表面加水至挡墙顶部，模拟降雨形成的积水入渗效果（对应原型积水深度为 1m），运行至积水入渗稳定且土压力再次稳定，停止试验。待停机后取出模型箱，卸下有机玻璃对变形标志进行测量。

二、常态土压力分布

以模型 M6 和模型 M9 为例，图 6-24 给出了测得的土压力过程线，其他各组模型均与此相类似，不再一一赘述。模型挡墙后的击实填土按设计的模型比尺运行至 50g，稳定后测得的土压力平均值即为填筑完毕后常态下的土压力分布。

图 6-25 给出了填筑干密度为 1.4g/cm^3 和 1.5g/cm^3 的土样在各含水率下填筑完毕后的土压力情况，图 6-26 是相同填筑含水率、不同填筑干密度土体填筑后的土压力对比。由图可以看出，填筑完毕后较深土体的静止土压力大体呈直线分布；常态下的静止土压力随着填筑含水率增大而增大；填筑后的常态静止土压力随填筑干密度增大而增大；上部土压力一律偏离了整体的直线形分布，土压力值显得较大；上部土压力随填筑含水率增大而略微增大，但变化不大；上部土压力随填筑干密度增大也略有增加。

图 6-27 是相同的填筑条件下，表面浸水模型和钻孔浸水模型的常态土压力分布和理

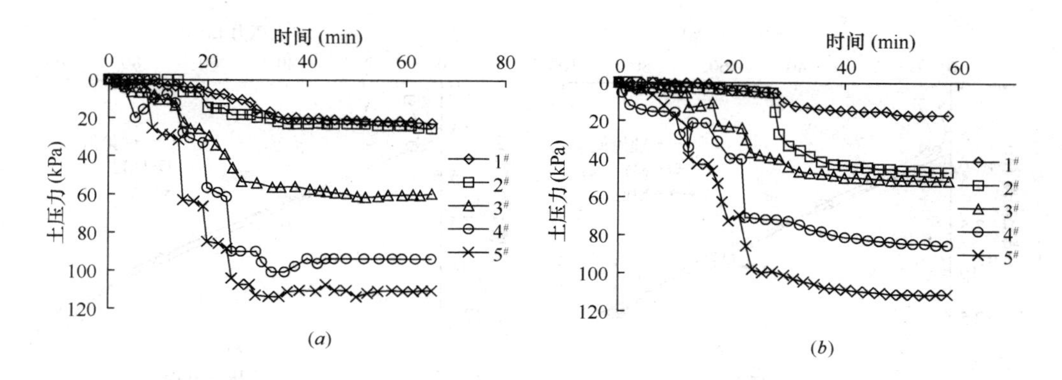

图 6-24　土压力过程线

（a）模型 M6；（b）模型 M9

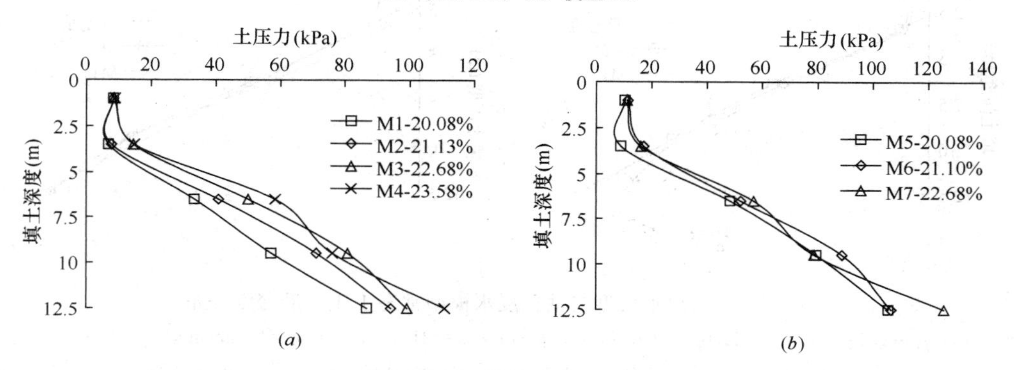

图 6-25　不同含水率土体填筑完毕后的土压力分布对比

（a）$\rho_d=1.4g/cm^3$；（b）$\rho_d=1.5g/cm^3$

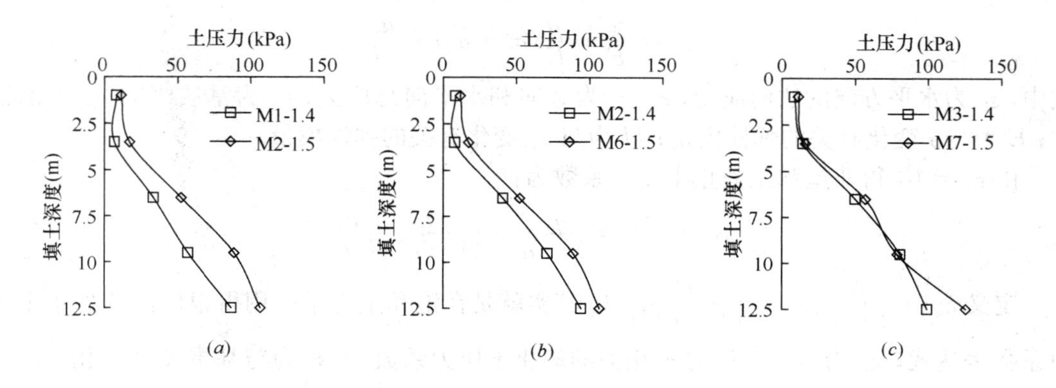

图 6-26　不同干密度土体填筑完毕后的土压力分布对比

（a）$w=20.0\%$；（b）$w=21.1\%$；（c）$w=22.7\%$

论值的对比，可以看出，相同条件时表面浸水模型和钻孔浸水模型土压力分布规律一致，都是深层膨胀土压力呈线性分布，浅层具有超固结的特性。不过，与表面浸水模型相比，钻孔浸水模型浅层静止土压力略小，这是由于钻孔时过大的侧压力得到了一定程度的释放，但随着标准砂填入浸水孔内，就不再有明显的应力释放了。

按非饱和土的弹性本构关系分析，均质、各向同性非饱和土水平向的应力应变关

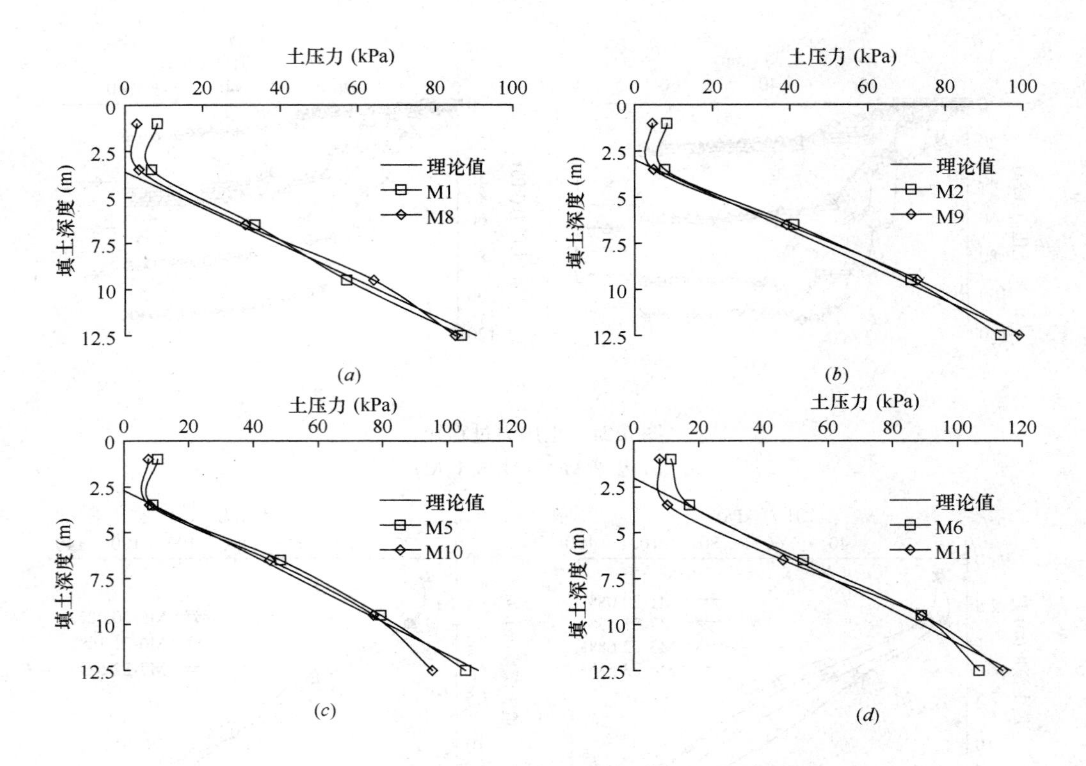

图 6-27　表面浸水模型与钻孔浸水模型常态土压力沿深度分布

(*a*) $\rho_d=1.4g/cm^3$，$w=20.0\%$；(*b*) $\rho_d=1.4g/cm^3$，$w=21.1\%$；(*c*) $\rho_d=1.5g/cm^3$，$w=20.0\%$；(*d*) $\rho_d=1.5g/cm^3$，$w=21.1\%$

系为：

$$\varepsilon_h=\frac{\sigma_h}{E}-\frac{\mu}{E}(\sigma_v+\sigma_h)+\frac{u_s}{H} \tag{6-1}$$

式中，ε_h 为水平方向的法向应变；σ_v、σ_h 为竖向和水平向总应力；u_s 为基质吸力；μ 为泊松比；E 为与 σ 变化有关的弹性模量；H 为与 u_s 变化有关的弹性模量。

由 $\varepsilon_h=0$，得非饱和土静止土压力系数为：

$$K_0=\frac{\sigma_h}{\sigma_v}=\frac{\mu}{1-\mu}-\frac{E}{(1-\mu)H}\frac{u_s}{\sigma_v} \tag{6-2}$$

定义 $k_\sigma=\frac{\mu}{1-\mu}$、$k_s=\frac{E}{(1-\mu)H}$，$k_\sigma$ 其实就是在饱和土力学中用得很广泛的静止土压力系数表达式，称为与上覆压力 σ_v 相关的静止土压力系数，k_s 称为与基质吸力 u_s 相关的静止土压力系数，可得

$$\sigma_h=k_\sigma\sigma_v-k_s u_s \tag{6-3}$$

$$K_0=k_\sigma-k_s\frac{u_s}{\sigma_v} \tag{6-4}$$

试验中的土体填筑时沿深度含水率不变，则吸力沿填筑深度也不变。由式（6-3）可以得出，理论上非饱和膨胀土在正常固结情况下的静止土压力是线性分布的；随着填筑干密度和填筑含水率的增加，上覆压力 σ_v 是增加的，而 u_s 是减小的，σ_h 是随土体干密度和含水率增加而增加的。

按照式（6-3）的分析，土体较浅处不大的基质吸力就可以使 σ_h 变为零，甚至变为负值，使地面产生向下的裂缝。然而试验中实测的上部浅层土压力（对于原型 1m 深度）不但没有减小至零，反而显得较大，K_0 大于 1，填筑完毕的土体中也不可能存在裂缝。这是试验中采用了分层击实法填筑土体，造成浅层土体超固结所引起的。为了区分正常固结状态下的 k_σ，浅层超固结土与上覆压力 σ_v 相关的静止土压力系数改为 k'_σ。

三、表面浸水对膨胀土的影响

1. 表面浸水膨胀土的吸水与膨胀

图 6-28 给出了表面浸水模型试验后测得的含水率沿深度分布，从图中可以看出，浸水的影响深度均小于 4m，甚至不到 2m，表明表面浸水只影响浅表层的膨胀土。对模型进行试验后的检测发现，表面浸水条件下土体的膨胀微乎其微。

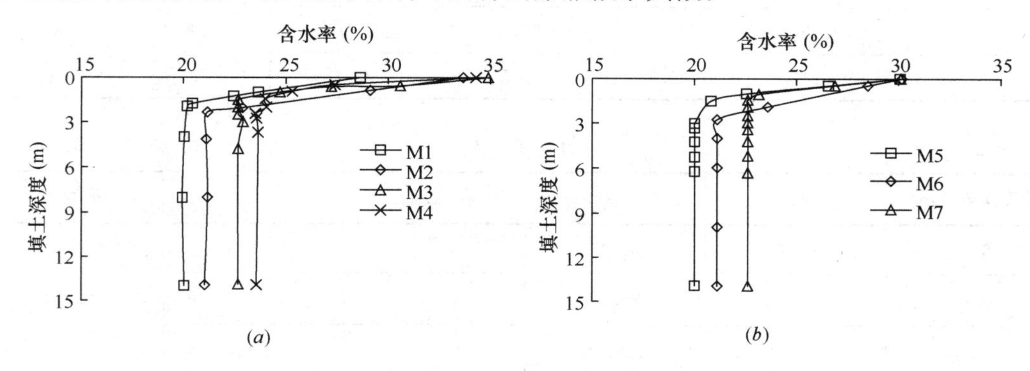

图 6-28　表面浸水后含水率沿深度分布

(a) $\rho_d=1.4g/cm^3$；(b) $\rho_d=1.5g/cm^3$

2. 静止土压力系数的计算

当上覆压力增加时，土的侧压力也增加，根据式（6-3），有：

$$\sigma_h+\Delta\sigma_h=k_\sigma(\sigma_v+\Delta\sigma_v)-k_s u_s \tag{6-5}$$

将式（6-3）与式（6-5）相减，得：

$$\Delta\sigma_h=k_\sigma\Delta\sigma_v \tag{6-6}$$

试验中膨胀土体所受上覆压力的增加来自于降雨积水的模拟，按原型尺寸，积水深 1m，增加的上覆压力 $\Delta\sigma_v$ 为 9.8kPa。根据试验后测得的土体含水率剖面确定出未受积水浸泡的土体部分，利用测得的这部分土体的土压力变化 $\Delta\sigma_h$，根据式（6-6）推求出系数 k_σ 的值；利用常态下的静止土压力剖面和滤纸法测出的 u_s，可以进一步推求出系数 k_s 的值；对浅层测点再根据 k_s 推算出超固结静止土压力系数 k'_σ。

模型运行至设计的离心加速度，得到了常态下的土压力分布后，继续模拟运行期并考虑在此期间遭遇最不利情形，即有降雨入渗并且挡墙排水系统失效导致形成积水浸泡，模拟方法是向模型土体表面加水直至挡墙顶部。待积水入渗稳定后，测得的土压力即为表面浸水条件下的土压力分布。

用浸水前后的土压力剖面、浸水后的含水率剖面以及由滤纸法试验拟合的基质吸力 u_s 与含水率的关系，可以求出正常固结状态下分别对应于上覆压力和基质吸力的静止土压力系数 k_σ 和 k_s。下面即以模型 M2 为例，推求系数 k_σ 和 k_s。模型 M2 的制样干密度为

1.4g/cm^3，制样含水率21.1%，利用滤纸法试验的结果求得这个含水率下的基质吸力 u_s 为934kPa，试验后土体含水率沿深度分布如图6-28（a），由此选取计算深度，由式（6-6）计算出 k_σ 列于表6-6，由式（6-3）就可以计算出 k_s 列于表6-7，由式（6-3）就可以计算出浅层超固结土的静止土压力系数 k'_σ 列于表6-8。同样的方法推出模型M1～模型M3的 k_σ、k'_σ 和 k_s 值列于表6-9。

由未受浸水影响部分的土压力变化推求 k_σ 表6-6

计算深度（m）	常态土压力（kPa）	浸水后土压力（kPa）	$\Delta\sigma_h$（kPa）	$k_\sigma=\frac{\Delta\sigma_h}{\Delta\sigma_v}$	平均 k_σ	μ
6.5	41.01	46.88	5.87	0.599		
9.5	70.99	76.20	6.21	0.634	0.622	0.383
12.5	94.24	100.44	6.20	0.633		

计　算　k_s 表6-7

计算深度（m）	σ_v（kPa）	$k_\sigma\sigma_v$（kPa）	σ_h（kPa）	k_s	平均 k_s
6.5	108.00	67.18	41.01	0.028	
9.5	157.84	98.18	70.99	0.029	0.031
12.5	207.69	129.18	94.24	0.037	

计算顶层土的 k'_σ 表6-8

计算深度（m）	σ_h（kPa）	$k_s u_s$（kPa）	σ_v（kPa）	k'_σ
1	8.37	28.95	16.61	2.25

模型M1、M2和M3的 k_σ、k'_σ 和 k_s 值 表6-9

试验模型	制样干密度（g/cm^3）	制样含水率（%）	k_σ	k'_σ	k_s
M1	1.4	20.0	0.625	2.80	0.032
M2	1.4	21.1	0.622	2.25	0.031
M3	1.4	22.7	0.623	1.87	0.034
平均值			0.623		0.032

3. 实测数据与理论计算对比

不同土的 E 和 μ 并不相同，同一种土在不同的应力阶段，其大小也不尽相同，实际应用时准确取值比较困难，主要靠经验；所幸各种土的 E 和 μ 值变化都不大，近似取值对工程计算结果影响很小。表6-9表明，k_σ 和 k_s 理论上虽然不是常数，却它们的值还是相对稳定的，分析时认为 k_s 和正常固结土的 k_σ 是常数，浅层超固结土的静止土压力系数 k'_σ 则随于 w 和 ρ_d 的增加而减小。按式（6-3）计算各组模型理论上的浸水前静止土压力，并将其和浸水前后的实测土压力对比于图6-29。由此可以看出，浸水前静止土压力实测值和理论值之间没有很好地吻合，还是有一定差异的，主要体现在上部的浅层实测值。可能的原因即是由于夯击填土而造成的超固结性，因此在理论的土压力值等于实测值的填土深度以上的浅层土体可以认为处于超固结状态；而在此深度以下的土体在分析中认为处于正常固结状态，这部分土体的实测静止土压力值也与理论的线性分布差异较小，虽然实测值相对于理论计算值略有扭曲，但还是较好地体现出了理论分析的线性规律。

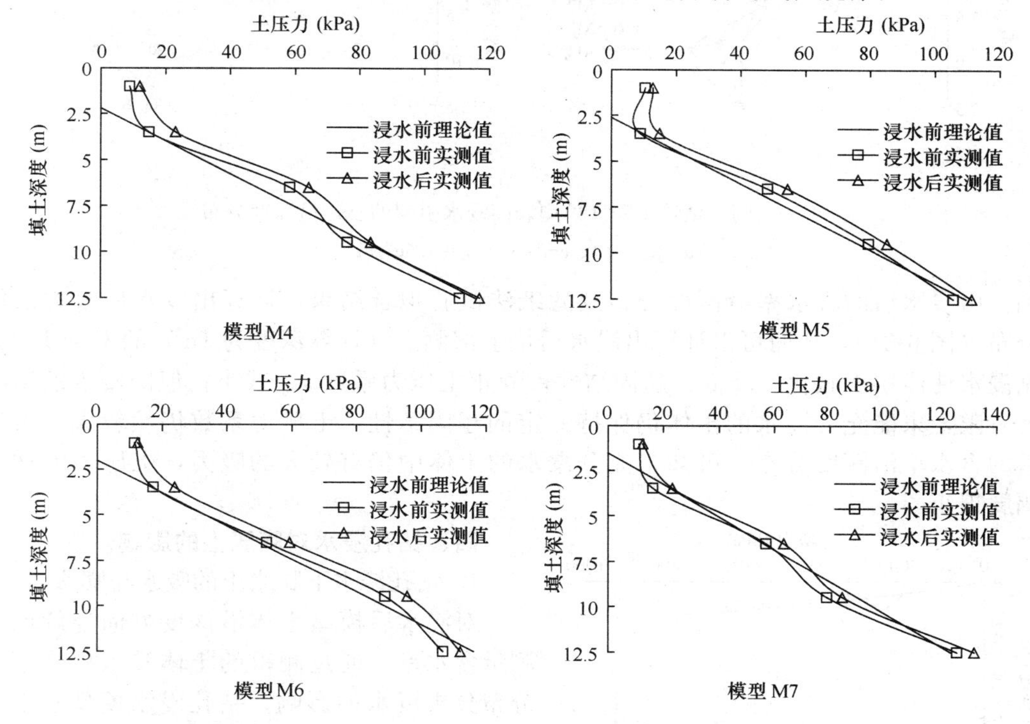

图 6-29 浸水前后实测土压力与理论值对比

4．表面浸水对土压力的影响

膨胀土浸水后，既发生垂直方向的膨胀，也发生水平方向的变形；若土体的膨胀在某个方向上受到限制，则将在该方向上作用膨胀压力。当膨胀土体含水率增加时，作用于它的支挡结构物将承受附加的膨胀压力。试验中的挡墙没有侧向位移，限制了浸水土体的侧向膨胀，受土体的膨胀作用影响，测得的土压力也有所改变。

为了便于分析浸水对膨胀土侧压力的影响，首先计算出各组试验浸水引起的侧压力增量 $\Delta\sigma_h$ 沿深度分布，如图 6-30 所示，由此可知，下部土体的侧压力增量都很接近，表明均是由于上覆压力增加引起的，土体未受积水浸湿；位于最上部的测点处土压力虽然有所增加，但相比于其他的深部测点增加量很小。通过试验结束后对模型的检察发现，含水率增加的土体明显变软，夯填造成的过大侧压力得到了消散，土体超固结程度大大降低。也就是说，浸水对土体造成的影响有两方面，既使土体膨胀侧压力增加，又使击实填土软化造成土压力减小。

膨胀土的晶格构造决定了其强烈的吸水性和膨胀性，而非饱和土的吸力是表征土吸水能力的应力状态变量，因此吸力与膨胀力并不矛盾，甚至有着一定的关系。在这一思想的基础上，根据 Fredlund 的吸力理论继续采用式（6-3）进行分析。仍以模型 M2

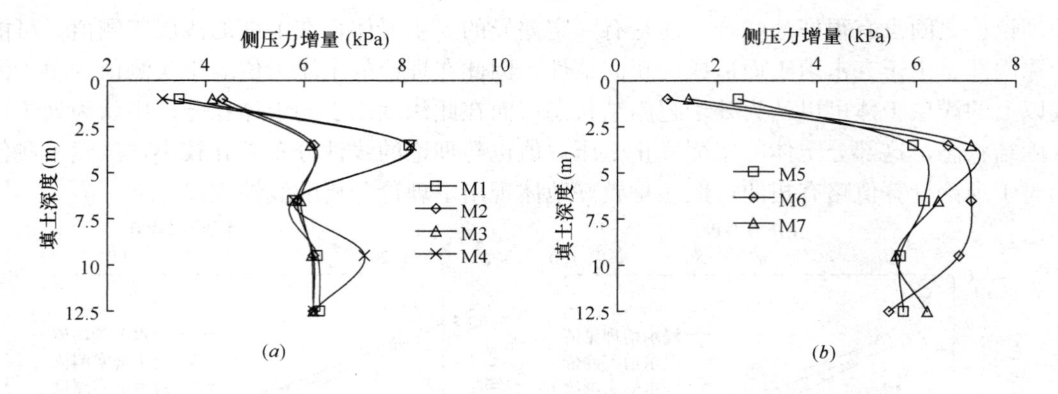

图 6-30　同一填筑干密度模型表面浸水引起的 $\Delta\sigma_h$ 沿深度分布

(*a*) $\rho_d=1.4g/cm^3$；(*b*) $\rho_d=1.5g/cm^3$

为例，由浸水后的含水率沿深度分布及滤纸法试验拟合结果，计算出浸水后吸力沿深度分布（图 6-31），从而可以计算出浸水后最上部测点（计算深度为 1m）的 $k'_\sigma=1.28$。可见浸水使浅层土软化，降低了超固结性，静止土压力系数 k'_σ 减小；但因浸水的影响深度有限，未能充分浸水的土体仍保持一定的超固结性，土压力系数仍然较大。由试验后的含水率沿深度分布，可知未充分浸水的土体中仍有较大的吸力，土压力值增加的幅度很小。

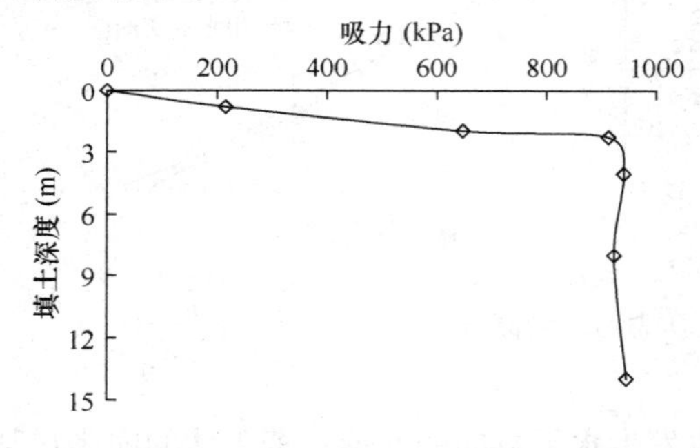

图 6-31　模型 M2 浸水后吸力沿深度分布

四、钻孔浸水对膨胀土的影响

1. 钻孔浸水下膨胀土的吸水与膨胀

对浸水后模型土体沿深度方向连续取样测量含水率，通过测得的土体浸水后含水率分布分析浸水的影响。钻孔浸水模型浸水后含水率沿深度分布如图 6-32 所示，可以很明显地看到钻孔浸水的影响范围比表面浸水大得多，钻孔使水能够达到 5m 的深度，试验中选择了适当的孔间距，大大增加了与水的接触面积，以保证浸水深度范围的土层均匀吸水。在 5m 的孔深范围内，若不考虑不良数据点，土体的含水率分布还是比较均匀的，与饱和含水率很接近，表明浸水范围内的膨胀土体能够充分均匀地吸水。孔底以下浸水的影响迅速减小，在孔底以下不到 1m 的范围内即告消失。孔底深度处的土体与水的接触面积相比于表面浸水条件来得更小，因而浸水孔底以下深度的土体几乎不受浸水的影响。

由于试验土料属于弱膨胀土，土体的膨胀量并不大，换算到原型尺寸，表面的隆起最大达到 70mm，且土体的隆起量随初始填筑深度增加而很快减小，接近浸水最大深度 5m 时，隆起量几乎减为零，如图 6-33 所示。土体表面的隆起量之所以最大是因为它吸水后是自由膨胀条件；随着初始填筑深度的增加，土体受到越来越大的上覆压力，即使吸水也是有荷载膨胀条件。可以从图 6-33 看到，当膨胀土体从自由膨胀到有荷膨胀其膨胀量减小很快；而同是有荷膨胀的土体随深度增加膨胀量减小得则没有那么快，相比之下较平缓。由图 6-33 还能观察到土体的膨胀随初始含水率的增加而减小；随填筑干密度的增加

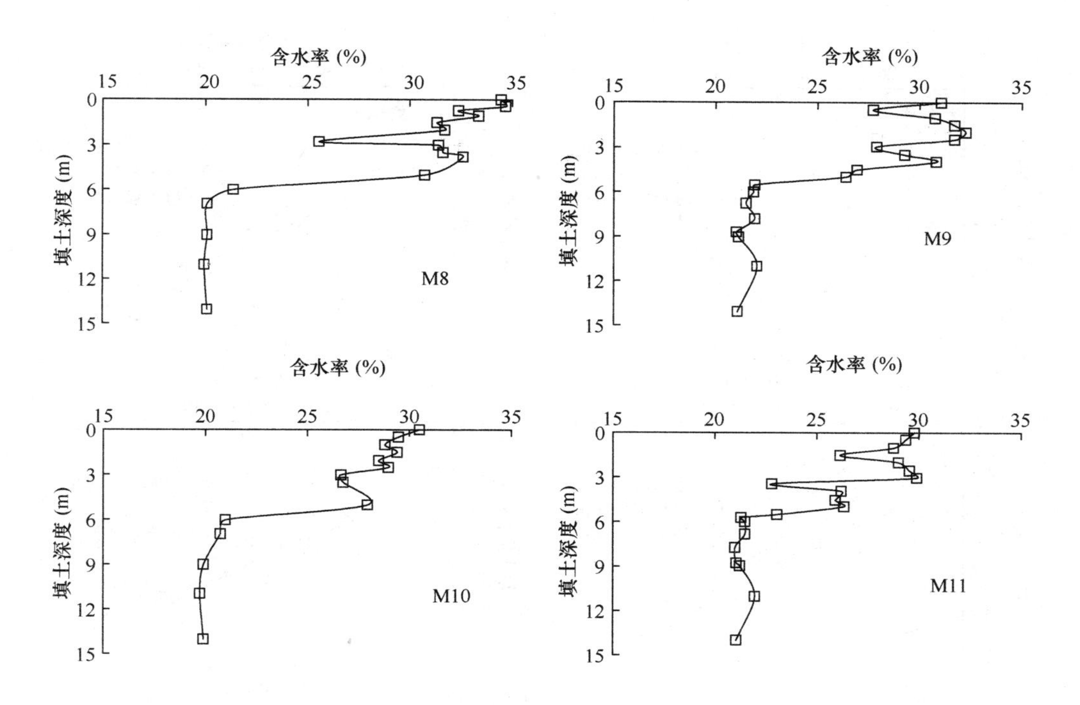

图 6-32 钻孔浸水模型浸水后含水率沿深度分布

而减小。膨胀的原因是土颗粒吸附结合水体积增大，包括粒间膨胀和晶内膨胀。土体初始含水率越大，土颗粒已有的结合水就越多，能进一步吸附的结合水越少。对单个土颗粒而言，当它不接触其他颗粒时，它可以吸附的结合水最多，此时整个颗粒周围的水膜厚度是常数。土颗粒间的接触点随着土体干密度的增大而增多，接触处水膜厚度小于颗粒自由面上的水膜厚度，颗粒能够吸附的结合水总量减少了。

2. 钻孔浸水后的土压力

模型浸水孔深度为5m，在此范围内覆盖了上部两个测力点，而浸水的影响也只到孔底，因此着重对这两个测力点进行分析。又因钻孔模型土体浸水比较均匀透彻，吸水后含水率接近或达到饱和含水率，对浸水土层的基质吸力按 0kPa 考虑。为保证吸水的充分，试验中保持土体表面积水深度为1m，因此增加的上覆压力 $\Delta\sigma_v$ 分为两部分，即土体因吸水增加的自重（由干密度和含水率之差计算）和未吸收的水压力 9.8kPa。图 6-34 为钻孔浸水模型浸水前后的土压力实测值对比，根据图 6-34 的实测结果，计算出各钻孔模型浸水前后土压力增量 $\Delta\sigma_h$ 沿深度分布（图 6-35）。可以看出，未受浸水影响的深部测点侧压力增量基本一致，浸水影响范围内土体的膨胀引起了较大的 $\Delta\sigma_h$；浅层第一个测点处的土体软化导致侧压力增量小于第二个测点。

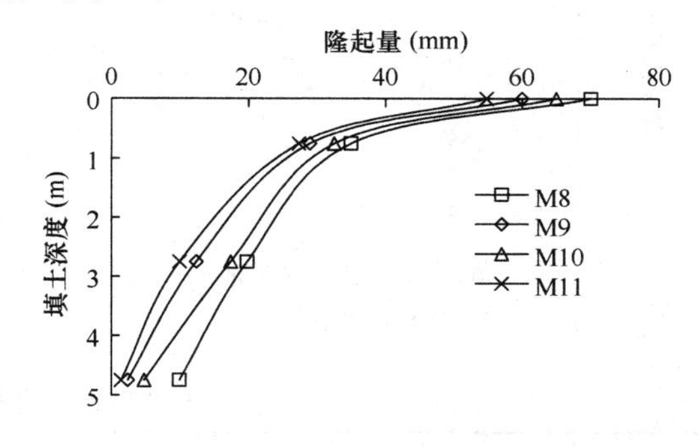

图 6-33 钻孔浸水模型土体隆起量沿深度分布

钻孔浸水的影响范围较大，且影响程度比较均匀充分，下面用膨胀力来分析浸水引起

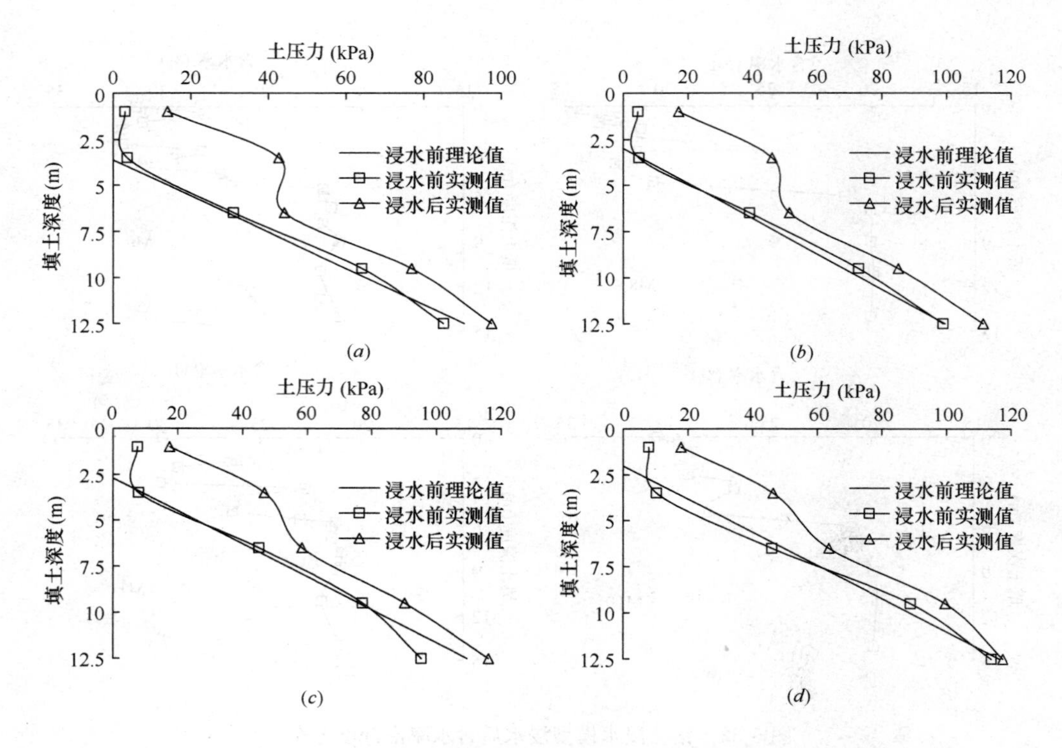

图 6-34　钻孔浸水模型浸水前后的土压力实测值对比

(a) 模型 M8；(b) 模型 M9；(c) 模型 M10；(d) 模型 M11

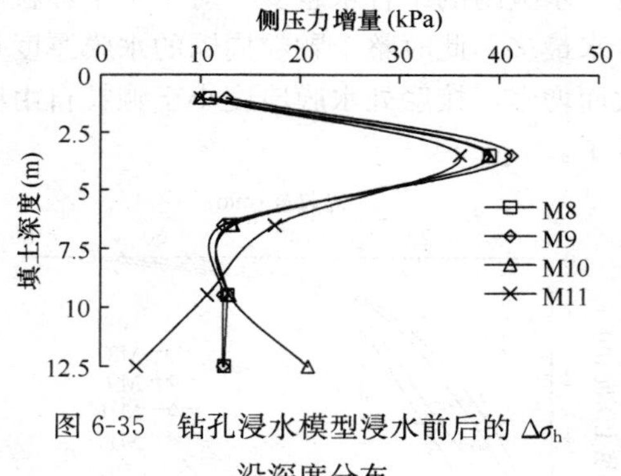

图 6-35　钻孔浸水模型浸水前后的 $\Delta\sigma_h$ 沿深度分布

的 $\Delta\sigma_h$。针对钻孔浸水模型的第二个测点进行分析。未受浸水影响部分土体即测点 3、4、5 的 $\Delta\sigma_h$ 是由上覆压力增加而引起的，从第二个测点的 $\Delta\sigma_h$ 中减去这一部分增量，便得到因土体膨胀而产生的附加土压力，并与膨胀力试验的结果进行对比分析，结果列于表 6-10 中。算得的折减系数对于不同填筑干密度的土体有一定差别；对于同一填筑干密度的模型而言则基本一致，验证了已有的对膨胀力使用折减系数的计算方法。

考虑膨胀力的土压力增量分析　　表 6-10

测点	$\Delta\sigma_h$ (kPa)						测点 2 的膨胀附加土压力 $\Delta\sigma_{hP}$ (kPa)	膨胀力 P (kPa)	折减系数 ($\Delta\sigma_{hP}/P$)
	1	2	3	4	5	3、4、5 测点平均值			
深度 (m)	1	3.5	6.5	9.5	12.5				
M8	10.92	39.08	12.48	12.55	12.44	12.49	26.59	94.48	0.28
M9	12.35	40.97	12.00	12.10	12.20	12.10	28.87	93.45	0.31
M10	9.96	38.71	13.28	12.98	20.75	15.67	23.04	123.1	0.19
M11	9.80	35.66	17.51	10.63	3.16	10.43	25.23	121.72	0.21

再用非饱和土吸力理论计算静止土压力。以模型 M8 为例，按式（6-3）分析上部两个测点的静止土压力，$k_{\sigma}=0.625$，充分浸水后 u_s 为 0kPa。分析过程如表 6-11 所示。可以看到按非饱和土吸力理论计算的静止土压力是比较准确的，充分吸水后基质吸力为零，便回归到饱和土的计算方法。钻孔模型浸水后浅层土压力比表面浸水情况下还要小，说明充分浸水使土体软化超固结性消散。其他三个钻孔模型充分浸水后实测的静止土压力值比理论计算值也略小，可能的原因是浸水土体软化，μ 改变导致 k_{σ} 有所降低；试验后的含水率剖面图表明土体没有达到完全饱和，土体可能还残留一定的基质吸力减小了土压力。

模型 M8 上部测点浸水土压力分析 **表 6-11**

测点	计算深度（m）	实测土压力（kPa）		浸水后上覆压力（kPa）		浸水后土压力计算值（kPa）
		浸水前	浸水后	$\rho_{sat}gh$	积水压力	
1	1	3.01	13.93	18.52	9.8	17.7
2	3.5	3.57	42.65	64.83	9.8	46.64

对照表面浸水和钻孔浸水模型试验结果来看，用弹性平衡分析和非饱和土吸力理论来分析常态和浸水情况下的非饱和土静止土压力是合理准确的。这种分析可以处理土体充分浸水和不充分浸水的情况，只需要测得浸水引起的含水率分布变化，就可以根据该种土的基质吸力和含水率的关系计算静止土压力；而在土体充分浸水膨胀的条件下，对膨胀力使用一个经验性的折减系数的计算方法就显得很方便合理，这也表明了吸力和膨胀力之间有着一定的关系。

第四节　膨胀土地基桥涵离心模型试验研究

一、试验方法

试验以南友路桥台和圆管涵洞工程原型为基础，进行适当简化，模型模拟半幅路堤的性状。地基为膨胀土，厚 8m，路堤采用非膨胀性黏性土填筑，高 4.5m，边坡坡度为 1∶1。

模型材料：膨胀土地基，液限 $w_L=123.0\%$，塑限 $w_P=38.5\%$，塑性指数 $I_P=84.5$，自由膨胀率 $\delta_{ef}=147\%$。路堤采用非膨胀性黏性土填筑，塑限为 28%。模型桥台采用铝材加工而成，模型涵洞采用壁厚 5mm，内径 80mm 的铝管模拟。

桥台模型的测量包括结构物上的土压力、堤顶土体表面竖向位移观测和剖面变形网格，涵洞模型的测量包括堤顶土体表面竖向位移观测和剖面变形网格。土压力由采用微型土压力盒测量，位移用激光位移传感器测量。

模型制备：(1) 将土料晾干、粉碎，按试验所需的含水率配置，闷料 24h 以上，使配置的土料含水率均匀。(2) 清洁模型箱，在模型箱壁和有机玻璃内侧涂硅油，粘贴塑料薄膜。(3) 按照设计的填筑干密度和填筑含水率，采用分层填筑法制备膨胀土地基土层，每层土体 4cm，共填筑 4 层，分层之间的交界处土面都进行了刨毛处理。(4) 桥台模型：将预先加工好的桥台填筑在填筑完毕的膨胀土地基上，埋深为 0m 的桥台直接放置在地基表面；埋深不为 0m 的桥台填筑前要开挖膨胀土地基进行填筑；有桩基础的桥台不仅要开挖地基，还要在设计的位置钻桩孔，再进行桩基础和桥台的填筑；在桥台两侧的膨胀土地基上，采用分层填筑法填筑路堤。（5）涵洞模型：采用分层填筑法填筑路堤土层的下半部分；在路堤土层的设计位置，开挖半圆形土沟，填筑上预先加工好的圆管涵；继续采用分层填筑法填筑上半部分路堤土层。（6）架设激光位移传感器，上模型箱盖。

试验过程：模型制备好后，将模型箱放置于离心机的吊篮里进行试验。模型几何相似比为1/50，试验时在5min内逐渐加载的方式升高模型所承受的离心加速度达到设计值50g。待观测数据稳定后，从路堤坡脚土体表面加水，模拟降雨形成的积水入渗效果，继续运行一段时间，停机并让模型继续浸泡至积水入渗稳定；然后再次运行浸泡后的模型。停机后取出模型箱并测量变形标志。

二、桥台试验结果分析

1. 试验模型和主要结果

共进行了12组桥台模型试验，如表6-12所示，分别对膨胀土地基中薄弱渗水层、桩基础、桥台上的附加荷载和桥台埋深这几方面因素进行了研究。

桥台试验模型 **表6-12**

研究对象	模型	地基土含水率（%）	路堤土含水率（%）	地基中水平渗水层	地基处治	上覆荷载	基底压力（kPa）	结构物埋深（m）
渗水层	MA1	30.4	24.5	无	无	桥台自重＋路堤	131	0
	MA2	27.1	24.6	右侧路基表面	无	桥台自重＋路堤	131	0
	MA3	24.4	20.1	右侧路基下1m	无	桥台自重＋路堤	131	0
桩基础	MA4	30.4	23.2	无	桩基	桥台自重＋路堤	145	1
	MA5	34.1	23.8	右侧路基下1m	桩基	桥台自重＋路堤	145	1
	MA6	32.3	23.4	右侧路基下2m	桩基	桥台自重＋路堤	145	1
附加荷载	MA7	32.1	24.9	右侧路基下1m	无	桥台自重＋路堤＋附加荷载1	187	1
	MA8	32.4	22.7	右侧路基下1m	无	桥台自重＋路堤＋附加荷载2	232	1
	MA9	32.5	22.6	右侧路基下1m	无	桥台自重＋路堤＋附加荷载3	273	1
桥台埋深	MA10	31.7	25.3	路基下1m	无	桥台自重＋路堤	131	0
	MA11	30.7	26.2	右侧路基下1m	无	桥台自重＋路堤	145	1
	MA12	30.1	24.6	右侧路基下1m	无	桥台自重＋路堤	172	2

试验模型MA1～MA3，桥台结构物都是一样的，膨胀土地基各不相同，模型MA1的路基没有缺陷，模型MA2的路基与路堤交界面右半部分土体中存在薄弱渗水层，模型MA3的路基表面下1m深度右半部分土体中有薄弱渗水层。这3组模型主要研究渗水层的影响，模型布置见图6-36（a）。

试验模型MA4～MA6，桥台结构物都是一样的，在路基中的埋深均为1m，模型桥台自重8.63kg；桥台两侧下的膨胀土路基都有桩基础处理，模拟直径0.75m、桩长6.5m、桩间距3m、2×2布置的钻孔灌注桩；膨胀土路基各不相同，模型MA4的路基是没有缺陷的，模型 MA5 的路基表面下 1m 深度右半部分土体中存在薄弱渗水层，模型 MA6 的路基表面下 2m 深度右半部分土体中有薄弱渗水层。这 3 组主要研究桩基础处治效果和传力机理，模型布置见图 6-36（*b*）。

试验模型 MA7～MA9，桥台结构物都是一样的，在路基中的埋深均为 1m，模型桥台自重 8.63kg；桥台两侧下的膨胀土路基也都是一样的，在右侧路基表面下 1 m 深度存在薄弱渗水层，不同之处在于这 3 组模型桥台上有不同的附加荷载作用，主要研究附加荷载抑制膨胀的效果，模型布置见图 6-36（*c*）。

试验模型 MA10～MA12，模型 MA11 和 MA12 膨胀土路基都是一样的，在右侧路基表面下 1m 深度存在薄弱渗水层，模型 MA10 的膨胀土路基在表面下 1m 深度存在贯通的薄弱渗水层，不同之处在于这 3 组模型桥台的埋深不同，主要研究桥台埋深的影响，模型布置见图 6-36（*d*）。

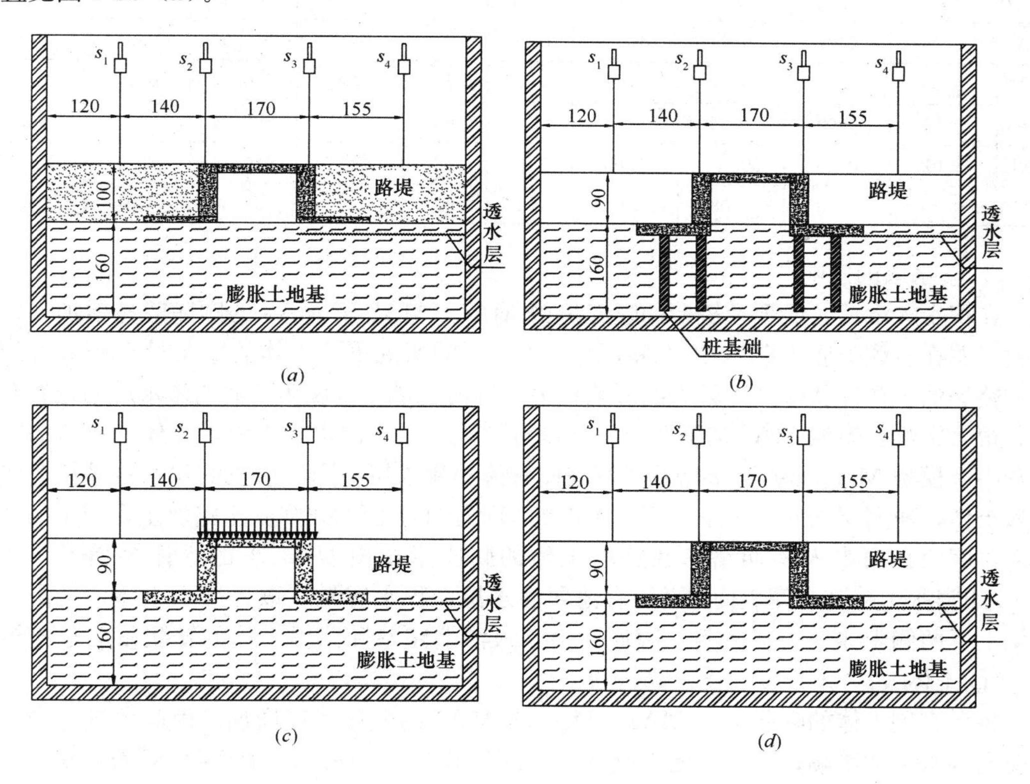

图 6-36　桥台试验模型布置图

（*a*）模型 MA1～MA3；（*b*）模型 MA4～MA6；（*c*）模型 MA7～MA9；（*d*）模型 MA10～MA12

模型试验中位移传感器 S_1～S_4 测得的路堤表面变形包括路堤和地基两部分的变形，因而在计算相对变形时，土层厚度应为路堤高度和路基厚度之和。表 6-13 列出了路堤降雨初期及浸水后路堤表面和桥台表面变形的相对值，由此可以看出，路堤和桥台在降雨初期发生的相对沉降量都较小，一般不超过 0.1%，说明在一般情况下，膨胀土地基上的路堤和桥台运行性状较好。在积水入渗期，路堤和桥台相对降雨初期呈现隆起的趋势，说明膨胀土路基在有降雨并形成积水入渗的情况下，土体吸水膨胀软化，路基、路堤以及桥台结构物均受膨胀影响而隆起变形，公路整体运行性状会受到影响。

路堤和桥台表面变形相对值 **表 6-13**

模型	降雨初期路堤表面变形相对值（%）		降雨初期桥台表面变形相对值（%）		浸水程度		浸水后路堤表面变形相对值（%）		浸水后桥台表面变形相对值（%）	
	S_1/H	S_4/H	S_2/H	S_3/H	h_{max}/h	t_w/d	S_1/H	S_4/H	S_2/H	S_3/H
MA1	0.08	0.10	0.06	0.07	0.80	62	−0.04	0.00	0.00	0.02
MA2	0.08	0.25	0.06	0.06	0.93	63	−0.09	0.08	−0.03	0.00
MA3	0.05	0.07	0.06	0.08	0.82	46	−0.12	−0.26	−0.09	−0.27
MA4	0.03	0.04	0.01	0.05	0.02	66	0.05	0.03	0.00	0.03
MA5	0.05	0.12	0.06	0.11	0.11	62	0.00	−0.09	0.01	0.05
MA6	0.02	0.09	0.00	0.05	0.02	68	0.03	0.06	−0.01	0.04
MA7	0.05	0.05	0.05	0.09	0.07	64	0.07	0.04	0.03	0.05
MA8	0.06	0.07	0.09	0.10	0.06	63	0.06	−0.06	0.09	0.05
MA9	0.05	0.10	0.17	0.21	0.09	63	0.03	−0.03	0.14	0.16
MA10	0.06	0.08	0.05	0.09	0.8	63	−0.32	−0.24	−0.27	−0.22
MA11	0.07	0.05	0.10	0.05	0.47	62	0.03	−0.24	−0.02	−0.17
MA12	0.05	0.08	0.08	0.06	0.1	80	—	0.05	0.01	−0.05

2. 渗水层的影响

在积水入渗期，堤顶及桥台的隆起量由 MA1、MA2 至 MA3 的顺序明显增加。这一方面表明在右侧膨胀土路基中出现了薄弱渗水层的情况下，土体的膨胀量会有显著的增加，路堤的工作性状受到了较大的影响；另一方面也进一步说明了薄弱渗水层的位置对此也有很大影响。模型 MA1 的膨胀土路基没有缺陷，因而雨水难以渗入土体，土体的膨胀量较小；模型 MA2 的膨胀土路基右侧表面有薄弱渗水层，降雨形成的积水容易从薄弱层渗入土体，薄弱层两侧土体不一样，下面的膨胀土比上面的非膨胀土路堤土受积水的影响要大，因而在雨水入渗期路基和路堤土体的膨胀量比模型 MA1 的土体要稍大；模型 MA3 的膨胀土路基右侧表面下 1m 有薄弱渗水层，积水容易从该处渗入土体，又由于薄弱层上下两侧土体均为膨胀土，因而在雨水入渗期路基和路堤土体的膨胀量明显比模型 MA2 的土体大。

桥台右侧土体的隆起量由 MA1、MA2 至 MA3 的顺序明显增加。由此也进一步体现了薄弱渗水层的影响，若在膨胀土路基上进行路堤工程，一定要对路基中是否有薄弱渗水层充分重视，如果膨胀土路基中存在缺陷，就容易在降雨入渗时期出现过大的隆起变形和土体软化。由于上覆有路堤土体和桥台结构物，膨胀土路基虽然吸水膨胀软化，但隆起量并不很大，只有模型 MA3 的膨胀土路基在薄弱渗水层之上的部分有明显隆起。由此可以说明膨胀土路基及其上的路堤工程在降雨入渗期出现的问题主要体现在路堤土体上，路基土体由于有较大的上覆压力而不容易出现大的变形。

降雨入渗期的膨胀土压力发展过程有两个明显阶段——前期吸水软化阶段和后期吸水稳定阶段。在常态下运行时，桥台底部的土压力的发展较为平稳；在降雨初期，由于降雨形成的积水压力作用，桥台底部的土压力短暂地有所增加，随即由于膨胀土体吸水软化膨胀，土压力很快降至一个较低数值；等到模型膨胀土体吸水稳定再次运行时，膨胀土体已充分膨胀桥台底部的土压力则发展到较大的数值。如 MA1 在前期吸水软化阶段桥台底部膨胀土压力约为 252kPa，而吸水稳定后则达到了约 399kPa；MA2 在前期吸水软化阶段桥台底部膨胀土压力约为 370kPa，而吸水稳定后则达到了约 540kPa；MA3 在前期试验的数据因故障丢失，吸水稳定后桥台底部膨胀土压力达到了约 293kPa。试验测得的土压力均远大于基底压力（131kPa），这是因为直立桥台底板下存在着应力集中的原因，与实际工程中的阶梯状桥台有所不同；但通过 MA1 和 MA2 这两个模型的土压力数值的前后对比也可从另一方面说明了渗水层的不利影响。

3. 桩基础的影响

与模型 MA1～MA3 相比，模型 MA4～MA6 的相对沉降量同比减小了约 50%，运行性状有了改善。说明在一般情况下，采用桩基础处理后的膨胀土路基上的路堤运行性状很好。

在积水入渗期，总体来看堤顶和桥台隆起的趋势不大，只有模型 MA5 的右侧路堤因浸水程度较大而略有隆起。与模型 MA1、MA2 与 MA3 总体比较来看，路基和路堤土体的隆起得到了有效抑制，说明采用桩基础处理膨胀土路基能明显抑制土体的膨胀，在这样的膨胀土路基上填筑的路堤运行性状优于在未经处理的膨胀土路基上填筑的路堤。

从试验后对模型的拆除观察来看，桩基础附近和薄弱渗水层附近的土体含水率有明显增加，说明雨水还会沿桩基础渗入附近的土体，桩基础在处理膨胀土路基的同时往往容易提供雨水入渗途径，这一点需要引起注意。

这 3 组模型桥台右侧土体的隆起量虽不及模型 MA2 和 MA3 那么显著，也还是体现出由 MA4、MA6 至 MA5 的顺序递增的规律，其中以浸水程度最严重的模型 MA5 竖向隆起最为显著。由此也能在一定程度上体现出薄弱渗水层的影响。这里的模型 MA5 和 MA6 中路基中的薄弱渗水层都是在膨胀土体较浅层的内部，因而浸水程度更严重的模型 MA5 土体隆起量更大。说明桩基础处理膨胀土路基能够有效抑制土体吸水膨胀变形，同时桩基础附近的防水和排水工作也要引起注意。由于上覆有路堤土体和桥台结构物，以及有桩基础的锚固作用，膨胀土路基虽然吸水膨胀软化，但隆起量很小，只有模型 MA5 的膨胀土路基在薄弱渗水层之上的部分有明显隆起。由此同样可以说明膨胀土路基及其上的路堤工程在降雨入渗期出现的问题主要体现在路堤土体上。

试验中未观测到桥台底部膨胀土压力的明显吸水软化阶段。从表 6-14 模型桥台底部的典型土压力数值来看，在降雨初期，由于雨水沿着桩基础和薄弱渗水层渗入土体的过程较为迅速剧烈，没有形成太深的积水，加上桩基础的支撑作用，桥台底部的土压力发展不充分；等到模型的膨胀土体充分吸水膨胀再次运行时，桥台底部的土压力也没有发展到较大的数值。这里面的原因有桩基础对桥台的支撑作用，还有桩基础的锚固作用抑制了土体膨胀的充分发展，另外桩基础在提供渗水途径的同时也为土体的膨胀提供了一定的空间，因而尽管桥台底部的膨胀土体充分吸水膨胀，膨胀土压力却不能充分发展。

模型 MA4 至 MA6 桥台底部典型土压力值 **表 6-14**

模型	MA4	MA5	MA6
降雨初期土压力（kPa）	29.37	24.48	40.79
积水浸泡后土压力（kPa）	164.47	146.84	95.22

4. 附加荷载的影响

这3组模型路堤和桥台在降雨初期发生的相对沉降量都较小，均不超过0.1%，随着桥台上附加荷载的增加，桥台的沉降量越来越大于路堤的沉降量。

在雨水入渗期，总体来看，堤顶隆起的趋势不大，即使有右侧路堤的隆起也只是很微小的数值。说明桥台结构物上的附加荷载能抑制土体的膨胀。

这3组模型桥台右侧土体的隆起量体现出了由MA7、MA8至MA9的顺序递减的规律，其中以桥台上附加荷载最小的模型MA7竖向隆起最为显著。由此更明显地体现出了附加荷载对于抑制土体膨胀的作用。

从试验后对模型的拆除观察来看，在存有薄弱渗水层的情况下，附加荷载大的模型桥台下的膨胀土路基土体吸水并没有受到阻碍。这说明附加荷载并不能有效抑制雨水渗入膨胀土路基。

从模型桥台底部的土压力发展过程线来看，模型MA7还能大致表现出前期吸水软化阶段和后期积水入渗稳定阶段；而模型MA8和MA9基本没有明显的吸水软化阶段。先看模型MA7的情况，在竣工期，由于桥台上有附加荷载作用，桥台底部的土压力数值较大，达到约497kPa；降雨初期，由于降雨规模较小，形成的积水荷载很小，也就没有形成可观的积水压力，土体吸水软化后桥台底部土压力减至约416kPa；等到积水入渗完毕，土压力仅发展到约285kPa，说明土体软化了，土压力比竣工期减小了约212kPa。再看模型MA8的情况，在竣工期桥台底部的土压力数值达到约383kPa；降雨初期土体吸水软化后桥台底部土压力减至约364kPa；等到积水入渗完毕，土压力则仅发展到约402kPa，土压力比竣工期增加了仅约19kPa，说明路基土体的膨胀很不充分。最后来看模型MA9的情况，在竣工期桥台底部的土压力数值达到约781kPa；降雨初期土体吸水软化后桥台底部土压力减至约734kPa；等到积水入渗完毕，土压力则仅发展到约640kPa，说明土体也软化了，土压力比竣工期减小了约141kPa。这3组模型因桥台上有附加荷载作用，路基吸水后膨胀土压力没有充分发展，除模型MA8外膨胀土压力均有所减小。分析表明，附加荷载会增加桥台底部的土压力，对于压实土体、改善运行性状有益；在降雨并形成积水入渗的情况下，膨胀土路基也不能充分膨胀，土体软化的程度严重，甚至会比膨胀的程度大，膨胀土压力不能充分发展。

5. 桥台埋深的影响

表6-13详细列出了这3组模型试验路堤降雨初期和浸水后路堤表面变形的相对值结果。填筑含水率差别不大的3组模型路堤在降雨初期发生的相对沉降量都较小，均不超过0.1%，与模型MA1、MA2与MA3总体比较来看，降雨初期路堤的运行性状有所提高。说明在一般情况下，增加结构物的埋深对改善路堤的运行性状有一定的作用。

在雨水入渗期，这3组模型积水荷载较大，除埋深最大的模型MA12外，埋深较小的模型MA10和MA11堤顶的隆起量尤其是右侧隆起量与模型MA3（−0.26）很接近。说明桥台结构物的埋深必须达到一定深度才能抑制土体的膨胀。

埋深较小的模型MA10和MA11土体的隆起量明显地体现出受薄弱渗水层影响的规律，模型MA10的膨胀土路基中有贯通的薄弱渗水层，土体呈现出整体隆起；模型MA11的膨胀土路基右侧有薄弱渗水层，土体呈现出右侧隆起。埋深最大的模型MA12土体的变形则小得多。由此更加能够说明桥台结构物的埋深必须达到一定深度才能抑制土体的膨胀。从试验后对模型的拆除观察来看，增加结构物埋深没有明显抑制雨水渗入膨胀土路基的作用。

三、涵洞试验结果分析

如图 6-37 所示，MC1～MC3 这 3 组模型试验中，涵洞结构物都是一样的，在路基中的埋深均为 0 m，地基未处治；膨胀土路基各不相同，模型 MC1 的路基是没有缺陷的，模型 MC2 的路基与路堤交界面右半部分是有缺陷的薄弱渗水层，而模型 MC3 的路基表面下 1m 深度右半部分有薄弱渗水层存在。这 3 组模型试验的大体情况见表 6-15。

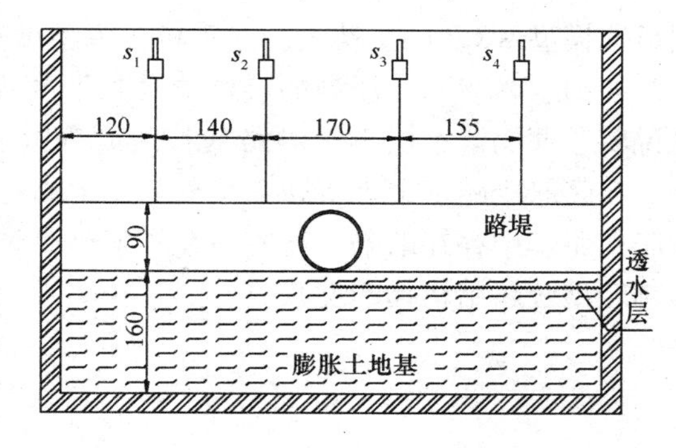

图 6-37　涵洞模型布置剖面图

模型 MC1～MC3 的概况　　表 6-15

模型	MC1	MC2	MC3
路基土含水率（%）	31.2	40.7	33.4
路堤土含水率（%）	24.0	23.3	23.6
路基中水平渗水层	无	右侧路基表面	右侧路基下 1 m

表 6-16 详细列出了路堤在降雨初期和浸水后路堤表面变形的相对值结果。表 6-17 是这 3 组模型试验后圆管涵洞圆心的位置变化。填筑含水率略有差别的 3 组模型路堤在降雨初期发生的相对沉降量都较小，均不超过 0.1%。说明在一般情况下，膨胀土路基上的路堤运行性状很好。

涵洞路堤表面变形相对值　　表 6-16

模型	降雨初期路堤表面变形相对值（%）				浸水程度		浸水后路堤表面变形相对值（%）			
	S_1/H	S_2/H	S_3/H	S_4/H	h_{max}/h	t_w/d	S_1/H	S_2/H	S_3/H	S_4/H
MC1	0.03	−0.01	0.00	0.02	0.02	64	0.04	0.00	0.01	0.03
MC2	0.02	0.02	0.06	0.07	0.02	64	0.03	0.00	−0.03	0.00
MC3	0.02	0.01	0.02	0.05	0.02	63	0.02	−0.01	0.05	0.08

试验后涵洞圆心位移情况（MC1～MC3）　　表 6-17

模型编号	MC1	MC2	MC3
涵洞圆心位移值（已换算至原型尺寸）	无位移	向上 15mm	向上 75mm

在雨水入渗期，路堤右侧土体的隆起量由 MC1、MC2 至 MC3 的顺序明显增加。说明了薄弱渗水层的位置对土体变形有很大影响。模型 MC1 的膨胀土路基没有缺陷，因而降雨形成的积水难以渗入土体，土体的膨胀量较小；模型 MC2 的膨胀土路基右侧表面有薄弱渗水层，降雨形成的积水容易从薄弱层渗入土体，薄弱层下面的膨胀土比上面的非膨胀土受积水的影响要大，因而在雨水入渗期路基和路堤土体的膨胀量比模型 MC1 的土体要稍大；模型 MC3 的膨胀土路基右侧表面下 1m 有薄弱渗水层，积水容易从该处渗入土体，又由于薄弱层上下两侧土体均为膨胀土，因而在雨水入渗期路基和路堤土体的膨胀量

明显比模型MC2的土体大。这和桥台模型试验对薄弱渗水层的研究结果一致。

在雨水入渗期，涵洞的整体位移按照模型MC1、MC2至MC3的顺序明显增加。由此说明了薄弱渗水层不仅对路基和路堤有影响，也对涵洞这样的轻型结构物有可观的影响。在膨胀土路基上进行路堤工程，一定要对路基中是否有薄弱的渗水层充分重视，如果膨胀土路基中存在缺陷，就容易在降雨入渗时期出现过大的隆起变形和土体软化，也容易影响轻型公路结构物的性状。

参 考 文 献

[1] Arulanandan K, Anandrajah A, Abghari A. Centrifuge modeling of soil liquefaction susceptibility. Journal of Geotechnical Engineering, 1983, 109(3): 281～300

[2] Avgherinos P J, Schofield A N. Drawdown failures of centrifugal models. Proc. 7th Int. Conf. Soil Mech. Found. Eng., 1969, 2: 497～505

[3] Bucky P B. Use of models for the study of mining problems. American Institution of Mining and Metallurgical Engineers, 1931, 425: 3～28

[4] Butterfield R. Scale-modelling of fluid flow in geotechnical centrifuges. Soils and foundations, 2000, 40(6): 39～46

[5] Craig W H. Application of centrifuge modelling to geotechnical design. Proc. Symp. on Application of Centrifuge Modelling to Geotechnical Design, Manchester, Balkema A A, Rotterdam, Boston, 1984

[6] Craig W H. Geotechnical centrifuge: past, present and future. Geotechnical Centrifuge Technology, 1995, 1～18

[7] Dewoolkar M M, Ko H Y, Stadler A T, et al. A substitute pore fluid for seismic centrifuge modeling. Geotechnical Testing Journal, 1999, 22(3): 196～210

[8] Dief H M, Figueroa J L. Shake table calibration and specimen preparation for liquefaction studies in the centrifuge. Geotechnical Testing Journal, 2003, 26(4): 1～8

[9] Fuglsang L D, Ovesen N K. The application of the theory of modeling to centrifuge studies. Centrifuge in Soil Mechanics, Craig, James, Schofield(eds), Balkema A A, Rotterdam, 1988, 119～138

[10] Garnier J, Gaudin C, Springman S M, et al. Catalogue of scaling laws and simulitude questions in geotechnical centrifuge modelling. International Journal of Physical Modelling in Geotechnics, 2007, 7(3): 1～23

[11] Garnier J. Properties of Soil Samples used in centrifuge models. Physical Modelling in Geotechnics, ICPMG'02, Philips, Guo & Popescu(eds), St. John's, 2002, 5～19

[12] Hou Y J, Zhang X D, Xu Z P, et al. Performance of horizontal and vertical 2D shaker in IWHR centrifuge. Physical Modelling in Geotechnics. Gaudin, White(Eds). London: Taylor & Francis Group, 2014, 207～213

[13] Jitendra S Sharma, Lal Samarasekera. Effect of centrifuge radius on hydraulic conductivity measured in a falling-head test. Canadian Geotechnical Journal, 2007, 44(1): 96～102

[14] Kim N R, Park D S, Shin D H, et al. An 800g-tonne geotechnical centrifuge at K-water Institute, Korea. Physical Modelling in Geotechnics. Gaudin, White(Eds). London: Taylor & Francis Group, 2014, 175～180

[15] Ko H Y. Modeling seismic problems in centrifuges. Leung, Lee, Tan(eds). Centrifuge 94, Balkema: Rotterdam, 1994, 3～12

[16] Ko H Y. Summary of the state of the art in centrifuge model testing. The Centrifuges in Soil Mechanics, Craig W H, James R G, Schofield A N(Eds). Balkema: Rotterdam, 1988, 11～18

[17] Lee J, Fox P J. Efficiency of seepage consolidation for preparation of clay substrate for centrifuge testing. Geotechnical Testing Journal, 2005, 28(6): 1～9

[18] Lou Qiang, Luan Mao-tian, Yang Yun-ming, et al. Numerical analysis and centrifuge modeling of

shallow foundations. China Ocean Engineering, 2014, 28(2): 163～180

[19] Ng C W W. The state-of-the-art centrifuge modelling of geotechnical problems at HKUST. Journal of Zhejiang University-SCIENCE A(Applied Physics & Engineering), 2014, 15(1): 1～21

[20] Pan S, Pu J, Yin K, et al. Development of pile driver and load set for pile group in centrifuge. Geotechnical Testing Journal, 1999, 22(4): 317～323

[21] Philips E. De l'equilire des solides elastiques semblabes. C. R. Acad. Sci. Paris. 68, 1869, 75～79

[22] Philips E. Du mouvement des corps solides elastiques semblabes. C. R. Acad. Sci. Paris. 69, 1869, 911～912

[23] Pokrovskii G I, Fiodorov I S. Centrifugal model testing in the construction industry. 1, 2, English translation by Building Research Establishment Library Translation Service of monographs originally published in Russian, Watford, 1975

[24] Pokrovskii G I, Fiodorov I S. Studies of soil pressures and deformations by means of a centrifuge. In Casagrande A, Rutledge P C, Watson J D (eds). Proc. 1st Int. Conf. Soil Mech. Found. Eng. , Cambridge, Massachusette: Harvard University, 1936, 1: 70

[25] Sasanakul I, Abdoun T, Tessari A, et al. RPI in-flight two directional earthquake simulator. Physical Modelling in Geotechnics. Gaudin, White(Eds). London: Taylor & Francis Group, 2014, 259～264

[26] Schofield A N. Cambridge geotechniacl centrifuge operation[J]. Geotechnique, 1980, 30(3): 227～268

[27] Schofield A N. Dynamic and earthquake geotechnical centrifuge modeling. Int. Conf. on Recent Adv. in Geotech. Earthquake Eng. and Soil Dyn. St. Louis, Missouri, 1981, 1081～1100

[28] Sharma J S, Bolton M D, Boyle R E. A new technique for simulation of tunnel excavation in a centrifuge. Geotechnical Testing Journal, 2001, 24(4): 343～349

[29] Singh D N, Gupta A K. Modelling hydraulic conductivity in a small centrifuge. Canadian Geotechnical Journal, 2000, 37(5): 1150～1155

[30] Tan T S, Scott R F. Centrifuge scaling considerations for fluid-particle systems. Géotechnique, 1985, 35(4): 461～470

[31] Tani K, Craig W H. Development of centrifuge cone penetration test to evaluate the undrained shear strength profile. Soil and Foundations, 1995, 35(2): 37～47

[32] Taylor R N. Centrifuges in modeling: principles and scale effects. Taylor R N. Geotechnical Centrifuge Technology. Biaekie Academic and Pmfessianal, Glasgow, 1995, 19～33

[33] Toyosawa Y, Itoh K, Kikkawa N, et al. Influence of model footing diameter and embedded depth on particle size effect in centrifugal bearing capacity tests. Soils and foundations, 2013, 53(2): 349～356

[34] White D J, Take W A, Bolton M D. Soil deformation measurement using particle image velocimetry (PIV) and photogrammetry. Géotechnique, 2003, 53(7): 619～631

[35] Whitman R V. Experiments with earthquake ground motion simulation. Proc. Symp. on the Application of Centrifuge Modelling to Geotechnical Design, 1984, 281～299

[36] Wilson D W, Allmond J D. Advancing geotechnical earthquake engineering knowledge through centrifuge modeling. Physical Modelling in Geotechnics. Gaudin, White(Eds). London: Taylor & Francis Group, 2014, 125～137

[37] Zeng X, Lim S L. The Influence of variation of centrifugal acceleration and model container size on accuracy of centrifuge test Geotechnical Testing Journal, 2002, 25(1): 24～43

[38] Zeng X, Wu J, Young B A. Influence of viscous fluids on properties of sand. Geotechnical Testing Journal, 1998, 21(1): 43~49
[39] 包承纲. 我国离心模拟试验技术的现状和展望. 岩士工程学报, 1991, 13(6): 92~97
[40] 包承纲. 我国岩土离心模拟技术的应用与发展. 长江科学院院报, 2013, 30(11): 55~66, 71
[41] 包承纲, 饶锡保. 土工离心模型的试验原理. 长江科学院院报, 1998, 15(2): 1~3, 7
[42] 包承纲, 饶锡保. 岩土工程中离心模型试验的现状和若干技术问题. 土工基础, 1990, 4(1): 22~29
[43] 陈生水, 徐光明, 钟启明, 等. 土石坝溃坝离心模型试验系统研制及应用. 水利学报, 2012, 43(2): 241~245
[44] 陈兴华等编著. 脆性材料结构模型试验. 北京: 水利电力出版社, 1984
[45] 陈云敏, 韩超, 凌道盛, 等. ZJU400 离心机研制及其振动台性能评价. 岩土工程学报, 2011, 33(12): 1887~1894
[46] 杜延龄. 土工离心模型试验基本原理及其若干基本模拟技术研究. 水利学报, 1993, (8): 19~28
[47] 杜延龄, 韩连兵. 土工离心模型试验技术. 北京: 中国水利水电出版社, 2010
[48] 韩世浩, 王慧华. 离心模型技术在三峡工程高边坡研究中的应用. 长江科学院院报, 1991, (增刊): 32~38
[49] 胡黎明, 劳敏慈, 濮家骝, 等. LNPALs 在非饱和土中迁移的离心试验模拟. 岩土工程学报, 2002, 24(6): 690~694
[50] 胡黎明, 劳敏慈, 张建红, 等. 离心模型试验技术在环境岩土工程中的应用现状与展望. 土壤与环境, 2001, 10(4): 327~330
[51] 黄志全, 王思敬. 离心模型试验技术在我国的应用概况. 岩石力学与工程学报, 1998, 17(2): 199~203
[52] 李德寅, 王邦循, 林亚超. 结构模型实验. 北京: 科学出版社, 1996
[53] 李明, 张嘎, 李焯芬, 等. 离心模型试验中边坡开挖设备的研制与应用. 岩土工程学报, 2010, 32(10): 1638~1642
[54] 林明. 国内土工离心机及专用试验装置研制的新进展. 长江科学院院报, 2012, 29(4): 80~84
[55] 马立秋, 张建民, 张武. 爆炸离心模型试验研究进展与展望. 岩土力学, 2011, 32(9): 2827~2833
[56] 马险峰, 王俊淞, 李削云, 等. 盾构隧道引起地层损失和地表沉降的离心模型试验研究. 岩土工程学报, 2012, 34(5): 942~947
[57] 南京水利科学研究院等. 水工模型试验. 北京: 水利电力出版社, 1985
[58] 南京水利科学研究院土工研究所. 土工试验技术手册. 北京: 人民交通出版社, 2003
[59] 濮家骝. 土工离心模型试验及其应用的发展趋势. 岩土工程学报, 1996, 18(5): 92~94
[60] 任国峰, 蔡正银, 徐光明, 等. 多功能离心机四轴机器人操纵臂的开发. 第四届中国水利水电岩土力学与工程学术讨论会暨第七届全国水利工程渗流学术研讨会, 郑州, 2012, 23~30
[61] DL/T 5102—1999 土工离心模型试验规程. 北京: 中国电力出版社, 2000
[62] 王年香, 章为民. 离心模型试验技术在岩土工程中的应用. 见: 周晶主编, 中国水利水电工程未来与发展, 大连: 大连理工大学出版社, 2002: 396~399
[63] 王睿, 张建民, 张嘎. 侧向流动地基单桩基础离心机振动台试验研究. 工程力学, 2012, 29(10): 98~105
[64] 王新伦, 赵文凯, 林明, 等. 定点高速闪光摄影技术在土工离心机中的应用. 长江科学院院报, 2012, 29(3): 87~90

[65] 邢建营，邢义川，梁建辉. 土工离心模型试验研究的进展与思考. 水利与建筑工程学报，2005，3(1)：27～31
[66] 徐光明，章为民. 离心模型中的粒径效应和边界效应研究. 岩土工程学报，1996，18(3)：80～86
[67] 《岩土离心模拟技术的原理和工程应用》编委会. 岩土离心模拟技术的原理和工程应用. 武汉：长江出版社，2011
[68] 闫澍旺，邱长林，孙宝仓，章为民. 波浪作用下海底软黏土力学性状的离心模型试验研究. 水利学报，1998，(9)：66～70
[69] 杨俊杰，刘强，柳飞，等. 离心模型试验中离心加速度取值误差探讨. 岩土工程学报，2009，31(2)：241～246
[70] 姚燕明，周顺华，李尧臣. 离心模型试验边界效应分析. 力学季刊，2004，25(2)：291～296
[71] 于玉贞，邓丽军. 土工动力离心模型试验在边坡工程中的应用综述. 世界地震工程，2007，23(4)：212～215
[72] 詹良通，曾兴，李育超，等. 高水头条件下氯离子击穿高岭土衬垫的离心模型试验研究. 长江科学院院报，2012，29(2)：83～89
[73] 张建红，严冬. 非饱和粉质砂土中铜离子迁移的离心模型试验研究. 岩土工程学报，2004，26(6)：792～796
[74] 张建民，于玉贞，濮家骝，等. 电液伺服控制离心机振动台系统研制. 岩土工程学报，2004，26(6)：843～845
[75] 张敏，吴宏伟. 颗粒图像测速技术在离心试验变形分析中的应用. 岩石力学与工程学报，2010，29(增 2)：3858～3864
[76] 章为民，赖忠中，徐光明. 加筋挡墙力学机理离心模型试验研究. 土木工程学报，2000，33(3)：84～91
[77] 章为民，赖忠中，徐光明. 电液式土工离心机振动台的研制. 水利水运工程学报，2002，(1)：63～66
[78] 章为民，徐光明. 土石坝填筑过程的离心模拟方法. 水利学报，1997，(2)：8～13
[79] 章为民，窦宜. 土工离心模拟技术的发展. 水利水运科学研究，1995，(9)：294～301
[80] 周小文，濮家骝. 隧洞结构受力及变形特征的离心模型试验研究. 清华大学学报(自然科学版)，2001，41(8)：110～112，116
[81] 左东启等. 模型试验的理论与方法. 北京：水利电力出版社，1984
[82] Mikasa M，Takada N，Yamada K. Centrifuge model test of a rockfill dam. Proc. 7th Int. Conf. Soil Mech. Found. Eng.，1969，2：325～333
[83] Saboya F J，Byrne P M. Parameters for stress and deformation analysis of rockfill dams. Canadian Geotechnical Journal，1993，30(4)：690～701
[84] Seed H B，Duncan J M. The Teton Dam failure-A retrospective review. In：the Proc. 10th ICSMFE. Stockholm，1981，219～239
[85] Yuji Kohgo，Akira Takahashi，Tomokazu Suzuki. Centrifuge model tests of a rockfill dam and simulation using consolidation analysis method. Soils and foundations，2010，50(2)：227～244
[86] DL/T 5016—1999 混凝土面板堆石坝设计规范. 北京：中国电力出版社，2000
[87] DL/T 5395—2007 碾压式土石坝设计规范. 北京：中国电力出版社，2008
[88] 杜延龄. 土石坝离心模型试验研究. 水利水电技术，1997，28(6)：54～58
[89] 冯晓莹，徐泽平，栾茂田. 黏土心墙水力劈裂机理的离心模型试验及数值分析. 水利学报，2009，40(1)：109～114

[90] 冯晓莹，徐泽平．心墙水力劈裂机理的离心模型试验研究．水利学报，2009，40(10)：1259～1263，1273
[91] 傅志安，凤家骥．混凝土面板堆石坝．武汉：华中理工大学出版社出版，1993
[92] 韩连兵，黄丽清．天生桥一级水电站面板堆石坝离心模型试验．岩土工程师，1998，(3)：1～4，14
[93] 李凤鸣，饶锡保，卞富宗．高土石坝离心模型试验技术研究．水利学报，1994，(4)：23～32
[94] 李国英．覆盖层上面板堆石坝防渗墙和面板应力变形的离心模型模拟技术．江苏力学，1995，(10)：47～52
[95] 李全明，张丙印，于玉贞，等．土石坝水利劈裂发生过程的有限元数值模拟．岩土工程学报，2007，29(2)：212～217
[96] 郦能惠，孙大伟，王年香，等．混凝土面板堆石混合坝性状的预测．岩土工程学报，2009，31(8)：1149～1155
[97] 牛起飞，侯瑜京，梁建辉，等．坝肩变坡引起心墙裂缝和水力劈裂的离心模型试验研究．岩土工程学报，2010，32(12)：1935～1941
[98] 饶锡保，包承纲．离心试验技术在土石坝工程中的应用．长江科学院院报，1992，9(2)：21～27
[99] 沈珠江，易进栋，左元明．土坝水力劈裂的离心模型试验及其分析．水利学报，1994，(9)：67～78
[100] 司洪洋．混凝土面板堆石坝的监测性态．中国混凝土面板堆石坝十年学术研讨会论文集(1985-1995)，1995，88～100
[101] 王俊杰，朱俊高，张辉．关于土石坝心墙水力劈裂研究的一些思考．岩石力学与工程学报，2005，24(增2)：5664～5668
[102] 王年香，章为民，顾行文，等．高堆石坝心墙渗流特性离心模型试验研究．岩土力学，2013，34(10)：2769～2773，2780
[103] 王年香，章为民，张丹，等．高心墙堆石坝初次蓄水速率影响研究．郑州大学学报(工学版)，2012，33(5)：72～76
[104] 王年香，章为民．新疆吉林台混凝土面板堆石坝离心模型试验研究．见：中国水利学会青年科技工作委员会．中国水利学会首届青年科技论坛论文集．北京：中国水利水电出版社，2003，353～357
[105] 徐光明，王年香，曾友金．倾斜基岩上边坡稳定性离心模型试验研究．中国土木工程学会第九届土力学及岩土工程学术会议论文集(下册)．北京：清华大学出版社，2003，1025～1028
[106] 徐光明，邹广电，王年香．倾斜基岩上的边坡破坏模式和稳定性分析．岩土力学，2004，25(5)：703～708
[107] 徐泽平，侯瑜京，梁建辉．深覆盖层上混凝土面板堆石坝的离心模型试验研究．岩土工程学报，2010，32(9)：1323～1328
[108] 张丙印，于玉贞，张建民．高土石坝的若干关键技术问题．见：中国土木工程学会第九届土力学及岩土工程学术会议论文集．北京：清华大学出版社，2003，163～186
[109] 张丙印，张美聪，孙逊．土石坝横向裂缝的土工离心机模型试验研究．岩土力学，2008，29(5)：1254～1258
[110] 张延亿，徐泽平，温彦锋，等．糯扎渡高心墙堆石坝离心模拟试验研究．中国水利水电科学研究院学报，2008，6(2)：86～92
[111] 章为民，唐剑虹．瀑布沟坝基防渗墙离心模型试验．岩土工程学报，1997，19(2)：95～101
[112] 朱俊高，王俊杰，张辉．土石坝心墙水力劈裂机制研究．岩土力学，2007，28(3)：487～492
[113] 朱维新．用离心模型研究土石坝心墙裂缝．岩土工程学报，1994，16(6)：82～95

[114] Abdoun T，Gonzalez M A，Thevanayagam S，et al. Centrifuge and large-scale modeling of seismic pore pressures in sands：cyclic strain interpretation. Journal of Geotechnical and Geoenvironmental Engineering，2013，139(8)：1215～1234

[115] Ahmed Elgamal，Zhaohui Yang，Tao Lai，et al. Dynamic response of saturated dense sand in laminated centrifuge container. Journal of Geotechnical and Geoenvironmental Engineering，2005，131(5)：598～609

[116] Arulanadan K，Manzari M，Zeng X，et al. What the VELACS project has revealed[C]//Proceedings of Centrifuge 94. Rotterdam：Balkema A A，1994：25～32

[117] Arulanandan K，Canclini J，Anandarajah A. Simulation of earthquake motions in the centrifuge. Journal of the Geotechnical Engineering Division，ASCE，1982，114，1442～1449

[118] Arulanandan K，Seed H B，Yogachandran C，et al. Centrifuge study on volume changes and dynamic stability of earth dams. Journal of Geotechnical and Geoenvironmental Engineering，1993，119(11)：1717～1731

[119] Baziar M H，Salemi S H，Merrifield C M. Dynamic centrifuge model tests on asphalt-concrete core dams. Géotechnique，2009，59(9)：763～771

[120] Brennan A J，Thusyanthan N I，Madabhushi S P G. Evaluation of shear modulus and damping in dynamic centrifuge tests. Journal of Geotechnical and Geoenvironmental Engineering，2005，131(12)：1488～1497

[121] Iai S，Tobita T，Nakahara T. Generalised scaling relations for dynamic centrifuge tests. Géotechnique，2005，55(5)：355～362

[122] Lili Nova-Roessig，Nicholas Sitar. Centrifuge model studies of the seismic response of reinforced soil slopes. Journal of Geotechnical and Geoenvironmental Engineering，2006，132(3)：388～400

[123] Madabhushi G S. P. Modelling of earthquake damage using geotechnical centrifuges. Current Science，2004，87(10)：1405～1416

[124] Michael K Sharp，Ricardo Dobry，Ryan Phillips. CPT-based evaluation of liquefaction and lateral spreading in centrifuge. Journal of Geotechnical and Geoenvironmental Engineering，2010，136(10)：1334～1346

[125] Mohammad H T R，El Naggar M H. Seismic response of sands in centrifuge tests. Canadian Geotechnical Journal，2008，45(4)：470～483

[126] Ng C W W，Li Ximg-Song，Paul A Van Laak，et al. Centrifuge modeling of loose fill embankment subjected to uni-axial and bi-axial earthquakes. Soil Dynamics & Earthquake Engineering，2004，(24)：305～318

[127] Peiris L M N，Madabhushi S P G，Schofield A N. Centrifuge modeling of rock-fill embankments on deep loose saturated sand deposits subjected to earthquakes. Journal of Geotechnical and Geoenvironmental Engineering，2008，134(9)：1364～1374

[128] Stewart D P，Chen Y-R，Kutter B L. Experience with the use of methylcellulose as a viscous pore fluid in centrifuge models. Geotechnical Testing Journal，1998，21(4)：365～369

[129] Teymur B，Madabhushi S P G. Experimental study of boundary effects in dynamic centrifuge modelling. Géotechnique，2003，53(7)：655～663

[130] Zhang Xiangwu. Earthquake simulation in geotechnical engineering. 第九届土力学及岩土工程学术会议论文集．北京：清华大学出版社，2003，228～233

[131] DL 5073—2000 水工建筑物抗震设计规范．北京：中国电力出版社，2000

[132] 常亚屏．高土石坝抗震关键技术研究．水力发电，1998，(3)：36～40

[133] 陈国兴，谢君斐，张克绪. 土坝震害和抗震分析评述. 世界地震工程，1994，10(3)：24～33
[134] 陈生水，霍家平，章为民. “5.12”汶川地震对紫坪铺混凝土面板坝的影响及原因分析. 岩土工程学报，2008，30(6)：795～801
[135] 程嵩，张建民. 面板堆石坝的动力离心模型试验研究. 地震工程与工程振动，2011，31(2)：98～102
[136] 顾淦臣. 土石坝地震工程. 南京：河海大学出版社出版，1989
[137] 韩国城，孔宪京，王承伦，等. 天生桥面板堆石坝三维整体模型动力试验研究. 第三届全国地震工程会议论文集(Ⅲ). 大连：1990，1373～1378
[138] 韩国城，孔宪京. 混凝土面板堆石坝抗震研究进展. 中国混凝土面板堆石坝十年学术研讨会论文集(1985～1995). 1995，29～42
[139] 孔宪京，邹德高，邓学晶，等. 高土石坝综合抗震措施及其效果的验算. 水利学报，2006，37(12)：1489～1495
[140] 李红军，迟世春，钟红，等. 高土石坝地震永久变形研究评述. 水利学报，2007，38(增刊)：178～183
[141] 刘小生，王钟宁，汪小刚，等. 面板坝大型振动台模型试验与动力分析. 北京：中国水利水电出版社，2005
[142] 沈慧，迟世春，贾宇峰，等. 覆盖层地基上250m级土石坝抗震分析. 河海大学学报(自然科学版)，2007，35(3)：271～275
[143] 沈珠江，徐刚. 堆石料的动力变形特性. 水利水运科学研究，1996，(2)：143～150
[144] 王年香，章为民，顾行文，等. 长河坝动力离心模型试验研究. 水力发电，2009，35(5)：67～70
[145] 王年香，章为民，顾行文，等. 高心墙堆石坝地震反应复合模型研究. 岩土工程学报，2012，34(5)：798～804
[146] 王年香，章为民. 混凝土面板堆石坝地震反应离心模型试验. 水利水运工程学报，2003，(1)：18～22
[147] 王年香，章为民. 混凝土面板堆石坝动态离心模型试验研究. 岩土工程学报，2003，25(4)：504～507
[148] 王年香，章为民. 离心机振动台模型试验的原理和应用. 水利水电科技进展，2008，28(增刊1)：48～51
[149] 吴俊贤，倪至宽，高汉棪. 土石坝的动态反应：离心机模型试验与数值模拟. 岩石力学与工程学报，2007，26(1)：1～14
[150] 杨贵，何敦明，刘汉龙，王年香. 土石坝动力离心模型试验颗粒流数值模拟. 河海大学学报(自然科学版)，2011，39(3)：296～301
[151] 于玉贞，李荣建，李广信，等. 饱和砂土地基上边坡地震动力离心模型试验研究. 清华大学学报(自然科学版)，2008，48(9)：1422～1425
[152] 张锐，迟世春，林皋. 高土石坝地震动态分布系数研究. 水力发电，2005，31(8)：30～31，41
[153] 章为民，陈生水. 紫坪铺面板堆后坝汶川地震永久变形实测结果分析. 水力发电，2010，36(8)：51～53
[154] 章为民，日下部治. 砂性地层地震反应离心模型试验研究. 岩土工程学报，2001，23(1)：28～31
[155] 章为民，王年香，顾行文，等. 土石坝坝顶加固的永久变形机理及离心模型试验验证. 水利水运工程学报，2011，(1)：22～27
[156] 赵剑明，常亚屏，陈宁. 加强高土石坝抗震研究的现实意义及工作展望. 世界地震工程，2004，

20(1)：95～99
[157] 朱百里，沈珠江. 计算土力学. 上海：上海科学技术出版社，1990
[158] Almeida M S S，Davies M C R，Parry R H G. Centrifuge tests of embankments on strengthened and unstrengthened clay foundations. Géotechnique，1985，35(4)：425～441
[159] Bo M W，Choa V，Wong K S. Compression tests on a slurry using a small-scale consolidometer. Canadian Geotechnical Journal，2002，39(2)：388～398
[160] Bo M W，Sin W K，Choa V，et al. Compression tests of ultra-soft using a hydraulic consolidation cell. Geotechnical testing Journal，2003，26(3)：310～319
[161] Kitazume M，Okano K，Miyajima S. Centrifuge model tests on failure envelope of column type deep mixing method improved ground. Soils and foundations，2000，40(4)：43～56
[162] Koerner G R，Koerner R M. Geotextile tube assessment using a hanging bag test. Geotextiles and Geomembranes，2006，24(2)：129～137
[163] Koerner R M，Koemer G R. Performance tests for the selection of fabrics and additives when used as geotextile bags，containers，and tubes. Geotechnical Testing Journal，2010，33(3)：1～7
[164] Moo-Young H K，Gaffney D A，Mo X. Testing procedures to assess the viability of dewatering with geotextile tubes. Geotextiles and Geomembmnes，2002，20(5)；289～303
[165] Terashi M，Tanaka H，Kitazume M. Extrusion failure of ground improved by the deep mixing method. Proc. 7th Asian Regional Conference on Soil Mechanics and Foundation Engineering，1983，1：313～318
[166] Wang Nianxiang. Numerical analysis of interaction between pile-supported pier and bank slope. China Ocean Engineering，2001，15(1)：117～128
[167] Wei Rulong，Tu Yumin. Preliminary study on interaction between pile-supported pier and bank slope. Ko H Y，McLean F G(eds). Centrifuge 91. Balkema：Rotterdam，1991，193～200
[168] Wei Rulong，Wang Nianxiang，Yang Shouhua. Interaction between pile supported pier and bank slope. China Ocean Engineering，1992，6(2)：201～214
[169] Wei Rulong，Wang Nianxiang. Performance monitoring for a pile-supported pier. Int. Symp. on Soil Improvement and Pile Foundation，Nanjing，1992，2：497～502
[170] Wei Rulong，Yang Shouhua. Centrifuge model tests of pile-supported piers. Proc. Int. Symp. on Soil Improvement and Pile Foundation，Nanjing，1992，2：503～508
[171] GB 50286—98 堤防工程设计规范. 北京：中国计划出版社，1998
[172] JGJ 79—2002 建筑地基处理技术规范. 北京：中国建筑工业出版社，2002
[173] JTJ 239—2005 水运工程土工合成材料应用技术规范. 北京：人民交通出版社，2006
[174] JTJ 250—98 港口工程地基规范. 北京：人民交通出版社，1999
[175] JTJ 290—98 重力式码头设计与施工规范. 北京：人民交通出版社，1999
[176] JTJ 298—98 防波堤设计与施工规范. 北京：人民交通出版社，1999
[177] 蔡正银，李景林，徐光明，等. 土工离心模拟技术及其在港口工程中的应用. 港工技术，2005，(增刊)：47～50
[178] 蔡正银，徐光明，顾行文，等. 波浪荷载作用下箱筒型基础防波堤性状试验研究. 中国港湾建设，2010，(增刊1)：90～94，99
[179] 陈胜立，张丙印，张建民，等. 软基上加筋防波堤的离心模型试验. 岩石力学与工程学报，2005，24(15)：153～158
[180] 陈胜立，张建民，张丙印，等. 软土地基上土工织物加筋堤的离心模型试验研究. 岩土力学，2006，27(5)：803～806

[181] 高长胜，陈生水，徐光明，等. 堤防边坡稳定离心模型试验技术. 岩石力学与工程学报，2005，24(23)：4308～4312
[182] 高长胜，魏汝龙，陈生水. 抗滑桩加固边坡变形破坏特性离心模型试验研究. 岩土工程学报，2009，31(1)：145～148
[183] 顾行文，徐光明，蔡正银，等. 人工岛软基处理离心模型试验研究. 水利与建筑工程学报，2010，8(4)：126～130
[184] 侯瑜京，韩连兵，梁建辉. 深水港码头围堤和群桩结构的离心模型试验. 岩土工程学报，2004，2(5)：594～600
[185] 胡长明. 深层搅拌桩挡土墙土工离心模拟试验研究. 西安建筑科技大学学报，1997，(12)：463～469
[186] 胡红蕊，陈胜立，沈珠江. 防波堤土工织物加筋地基离心模型试验及数值模拟. 岩土力学，2003，23(3)：77～82
[187] 蒋敏敏，蔡正银，徐光明，等. 离心模型试验中深水防波堤上波浪循环荷载的模拟研究. 岩石力学与工程学报，2013，32(7)：1491～1496
[188] 李宝强. 土工织物充灌袋在天津港海堤建设中的研究及应用. 中国港湾建设，2003，(126)：36～38
[189] 李景林，蔡正银，徐光明，等. 遮帘式板桩码头结构离心模型试验研究. 岩石力学与工程学报，2007，26(6)：1182～1187
[190] 王年香，顾行文，任国峰，等. 充填土袋堤变形与稳定离心模型试验研究. 工程勘察，工程勘察，2014，42(11)：1～5
[191] 王年香，顾行文，任国峰，等. 充填土袋受力和变形特性离心模型试验研究. 三峡大学学报(自然科学版)，2014，36(5)：37～41
[192] 王年香，顾行文，朱群峰，等. 充填土袋排水特性试验研究. 水运工程，充填土袋排水特性试验研究. 水运工程，2014，(10)：156～160
[193] 王年香，孙斌. 被动桩与土体相互作用的研究. 岩土工程师，1996，8(4)：18～23
[194] 王年香，魏汝龙. 岸坡上桩基码头设计方案的分析比较. 水利水运科学研究，1995，(1)：43～54
[195] 王年香，章为民. 深层搅拌法加固码头软基离心模型试验研究. 岩土工程学报，2001，23(5)：634～638
[196] 王年香. 被动桩与土体相互作用研究综述. 水利水运科学研究，2000，(3)：69～76
[197] 王年香. 码头桩基与岸坡相互作用的数值模拟和简化计算方法研究[博士学位论文]. 南京：南京水利科学研究院，1998
[198] 王年香. 桩基码头岸坡稳定和桩基性状的简化计算. 水利水运科学研究，2000，(1)：21～29
[199] 王雪奎，王年香，顾行文，等. 充填泥袋筑堤关键技术的离心模型试验研究. 郑州大学学报(工学版)，2014，35(5)：64～68
[200] 王雪奎，王年香，顾行文，等. 黏粒含量对充填泥袋沉积和排水的影响研究. 人民长江，2014，45(19)：51～54
[201] 魏汝龙，窦宜，沈珠江. 地基变形引起的码头损坏及其修复. 水利水运科学研究，1979，(1)：81～89
[202] 魏汝龙，王年香，杨守华. 桩基码头和岸坡的相互作用. 岩土工程学报，1992，14(6)：38～49
[203] 魏汝龙，总应力法计算土压力的几个问题，岩土工程学报，1995，17(2)：120～125
[204] 魏汝龙. 大面积填土对邻近桩基的影响. 岩土工程学报，1982，4(2)：132～137
[205] 徐光明，顾行文，任国峰，等. 防波堤椭圆形桶式基础结构的贯入受力特性实验研究. 海洋工

程，2014，32(1)：1～7，16
[206] 徐光明，吴宏伟. 大圆筒岸壁码头的量纲分析和离心模拟(英文). 岩土工程学报，2007，29(10)：1544～1552
[207] 闫玥，闫澍旺，邱长林，等. 土工织物充灌袋的设计计算方法研究. 岩土力学，2010，(31)：327～330
[208] 曾友金，王年香，章为民，等. 软土质地区微型桩基础离心模型试验研究. 岩土工程学报，2003，25(2)：242～245
[209] 张嘎，王爱霞，张建民. 土工织物加筋土坡变形和破坏过程的离心模型试验. 清华大学学报(自然科学版)，2008，48(12)：2057～2060
[210] 张忠苗，辛公锋，吴庆勇，王年香，曾友金. 考虑泥皮效应的大直径超长桩离心模型试验研究. 岩土工程学报，2006，28(12)：2066～2071
[211] 张忠苗，辛公锋，夏唐代，等. 高荷载水平下超长桩承载性状试验研究. 岩石力学与工程学报，2005，24(13)：2397～2402
[212] 朱维新，易进栋. 用离心模型技术研究五湾码头坍塌原因. 海洋工程，1990，8(3)：40～45
[213] Boris Rakitin，Ming Xu. Centrifuge modeling of large-diameter underground pipes subjected to heavy traffic loads. Canadian Geotechnical Journal，2014，51(4)：353～368
[214] Choy C，Standing J，Mair R. Centrifuge modelling of diaphragm wall construction adjacent to piled foundations. Geotechnical Testing Journal，2014，37(4)：141～159
[215] De Nicola A，Randolph M F. Centrifuge modelling of pipe piles in sand under axial loads. Géotechnique，1999，49(3)：295～318
[216] El Naggar M H，Sakr M. Evaluation of axial performance of tapered piles from centrifuge tests. Canadian Geotechnical Journal，2000，37(6)：1295～1308
[217] Hölscher P，van Tol A F，Huy N Q. Rapid pile load tests in the geotechnical centrifuge. Soils and foundations，2012，52(6)：1102～1117
[218] Ilyas T，Leung C F，Chow Y K，et al. Centrifuge model study of laterally loaded pile groups in Clay. Journal of Geotechnical and Geoenvironmental Engineering，2004，130(3)：274～283
[219] Kong L G，Zhang L M. Centrifuge modeling of torsionally loaded pile groups. Journal of Geotechnical and Geoenvironmental Engineering，2007，133(11)：1374～1384
[220] Lee F H，Ng Y W，Yong K Y. Effects of installation method on sand compaction piles in clay in the centrifuge. Geotechnical Testing Journal，2001，24(3)：314～323
[221] Zeng Y J，Xu G M，Zhang W M，Wang N X，Gu X W. Influence of modeling boundary on the behaviour of pile group with dumbbell shaped pile-cap supporting a super large bridge. In：Physical Modelling in Geotechnics—6th ICPMG'06，2006，2：1593～1598
[222] Zhang L M and Wong Eric Y W. Centrifuge modeling of large-diameter bored pile groups with defects. Journal of Geotechnical and Geoenvironmental Engineering，2007，133(9)：1091～1101
[223] Zhang L，McVay M C，Lai P. Centrifuge testing of vertically loaded battered pile groups in sand. Geotechnical Testing Journal，1998，21(4)：281～288
[224] Zhang W M，Wang N X Zeng Y J，et al. Application of centrifuge modeling in design of a super bridge foundation，In：Physical Modelling in Geotechnics—6th ICPMG'06，2006，2：901～905
[225] 《桩基工程手册》编写委员会. 桩基工程手册. 北京：中国建筑工业出版社，1995
[226] JGJ 94—2008 建筑桩基技术规范. 北京：中国建筑工业出版社，2008
[227] JTG D63—2007 公路桥涵地基与基础设计规范. 北京：人民交通出版社，2007
[228] 陈传水，甘正常. 超长大直径钻孔灌注桩垂直承载力的试验研究. 建筑结构，2001，31(5)：

67～68
[229] 陈仁朋，金建明．桩底注浆技术的应用及注浆效果的实测分析．工业建筑，2001，31(8)：36～39
[230] 池跃君，顾晓鲁，周四思，等．大直径超长灌注桩承载性状的试验研究．工业建筑，2000，30(8)：26～29
[231] 董金荣，林胜天，戴一鸣．大口径钻孔灌注桩荷载传递性状．岩土工程学报，1994，16(6)：123～131
[232] 胡念，高睿，曾亚武．超长嵌岩钻孔灌注群桩承载特征与受力机理研究．长江科学院院报，2008，25(5)：162～165，170
[233] 柳飞，杨俊杰，侯瑜京，等．端承型桩承载力离心模型试验中的粒径效应研究．中国海洋大学学报，2011，41(9)：59～66
[234] 任国峰，徐光明，顾行文．单桩竖向抗拔承载力离心模型试验研究．长江科学院院报，2012，29(1)：91～94
[235] 沈婷，李国英，章为民．超深桩基础的有效应力地震反应有限元分析．岩土力学，2004，25(7)：1045～1049
[236] 石名磊，蒋振雄，吴凯，等．公路桥梁大型钻孔灌注桩静载荷试验实录．重庆交通学院学报，2000，19(1)：31～37
[237] 王年香，章为民．超大型群桩基础承载特性离心模型试验研究．世界桥梁，2006，(3)：45～48
[238] 王年香，章为民．特大型桥梁群桩基础承载特性离心模型试验研究．公路交通科技，2008，25(4)：79～83
[239] 徐新跃．某工程大直径钻孔灌注桩竖向承载力的试验研究．地基基础工程，2000，10(3)：20～24
[240] 游庆仲，王年香，章为民．大直径超长单桩竖向承载性能离心模型试验研究．桥梁建设，2006，(1)：1～4
[241] 俞炯奇，张土乔，兰柳和．大直径钻孔灌注桩荷载传递机理及承载性能．建筑结构，1998，(11)：18～20
[242] 俞宗卫．西安黄土地区钻孔灌注桩承载性状的工程特性．四川建筑科学研究，2000，26(2)：30～33
[243] 曾友金，章为民，王年香，等．模型边界对大型哑铃型承台群桩基础承载变形特性的影响．岩土工程学报，2007，29(2)：260～267
[244] 曾友金，章为民，王年香，等．某大型哑铃型承台群桩基础与土体共同作用竖向承载变形特性数值模拟分析．岩土工程学报，2005，27(10)：1129～1135
[245] 曾友金，章为民，王年香，等．确定苏通长江公路大桥单桩有效桩长．中国土木工程学会第九届土力学及岩土工程学术会议论文集(上册)．北京：清华大学出版社，2003，565～571
[246] 曾友金，章为民，王年香，等．运营期船桥碰撞时大型哑铃型承台群桩基础承载变形特性．岩土工程学报，2006，28(5)：575～581
[247] 曾友金，章为民，王年香，等．桩基模型试验研究现状．岩土力学，2003，24(增刊)：674～681
[248] 张利民，胡定．用离心模型研究桩基承载特性．岩土工程学报，1991，13(3)：26～35
[249] 张志勇，陈晓平，茜平一．大型沉井基础下沉阻力的现场监测及结果分析．岩石力学与工程学报，2001，20(增1)：1000～1005
[250] 赵明华．桥梁桩基计算与检测．北京：人民交通出版社，2000
[251] 周健，王强强，郭建军．桩端刺入的离心机试验研究．工业建筑，2012，42(8)：75～78
[252] Brackley I J A，Sanders P J. In situ measurement of total natural horizontal stresses in an expansive

clay. Geotechnique，1992，42(2)：443～451

[253] Craig W H，Bujang B K H，Merrifield C M. Simulation of climatic conditions in centrifuge model tests. Geotechnical Testing Journal，1991，14(4)：406～412

[254] Kimura T，Takemura J，Suemasa N，et al. Failure of fills due to rain fall. Proceedings of International Conference Centrifuge 1991，Balkema，Rotterdam，1991，509～516

[255] Ling H，Ling H I. Centrifuge model simulations of rainfall-induced slope instability. Journal of Geotechnical and Geoenvironmental Engineering，2012，138(9)：1151～1157

[256] Ling H I，Wu Min-Hao，Leshchinsky D，et al. Centrifuge modeling of slope instability. Journal of Geotechnical and Geoenvironmental Engineering，2009，135(6)：758～767

[257] Tristancho J，Caicedo B，Thorel L，et al. Climatic chamber with centrifuge to simulate different weather conditions. Geotechnical Testing Journal，2012，35(1)：119～131

[258] Wang Nianxiang，Zhang Weimin，Gu Xingwen，et al. Model tests on inundation swelling deformation of expansive soil foundation. Journal of Highway and Transportation Research and Development，2008，3(2)：72～76

[259] Zhang Ga，Qian Jiyun，Wang Rui，et al. Centrifuge model test study of rainfall-induced deformation of cohesive soil slopes. Soils and foundations，2011，51(2)：297～305

[260] GBJ 112—87 膨胀土地区建筑技术规范. 北京：中国计划出版社，1987

[261] 陈生水，郑澄锋，王国利. 膨胀土边坡长期强度变形特性和稳定性研究. 岩土工程学报，2007，29(6)：795～799

[262] 陈铁林，陈生水，章为民，王年香. 折减吸力在非饱和土土压力和膨胀量计算中的应用. 岩石力学与工程学报，2008，27(S2)：3341～3348

[263] 陈新民，罗国煜，李生林. 生石灰改良膨胀土的试验研究. 水文地质工程地质，1997，(6)：41～44

[264] 程永辉，李青云，龚壁卫，等. 膨胀土渠坡处理效果的离心模型试验研究. 长江科学院院报，2009，26(11)：42～46，51

[265] 弗雷德隆德，拉哈尔佐. 非饱和土土力学. 陈仲颐，张在明等译. 北京：中国建筑工业出版社，1997

[266] 龚壁卫，包承纲，刘艳华，等. 膨胀土边坡的现场吸力量测. 土木工程学报，1999，(2)：9～13

[267] 龚壁卫，刘艳华，詹良通. 非饱和土力学理论的研究意义及其工程应用. 人民长江，1999，(7)：20～22

[268] 顾行文，徐光明. 膨胀土地基中薄弱渗水层对桥台构造物影响离心模型试验研究. 第一届中国水利水电岩土力学与工程学术讨论会论文集(下册)，昆明，2006，1017～1020

[269] 顾行文，章为民，徐光明. 挡墙后回填膨胀土深层浸水的离心模型试验研究. 中国水利学会2007学术年会物理模拟技术在岩土工程中的应用分会，苏州，2007，163～169

[270] 顾行文，章为民，徐光明. 离心模型土压力测量的一种新方法. 第二届全国非饱和土学术研讨会论文集，杭州，2005，679～685

[271] 金峰，罗强，蔡英. 砂性填土对拉式挡土墙离心模型试验. 路基工程，2000，(1)：14～16

[272] 康佐，谢永利，冯忠居，等. 应用离心模型试验分析涵洞病害机理. 岩土工程学报，2006，28(6)：784～788

[273] 李浩，罗强，张良，等. 衡重式加筋土路肩挡墙土工离心模型试验研究. 岩土工程学报，2014，36(3)：458～465

[274] 廖世文. 膨胀土与铁路工程. 北京：中国铁道出版社，1984

[275] 卢肇钧，吴肖茗，孙玉珍，等．非饱和土抗剪强度的探索研究．中国铁道科学，1999，(6)：10～16
[276] 卢肇钧，张惠明，陈建华，等．非饱和土的抗剪强度与膨胀压力．岩土工程学报，1992，14(5)：1～8
[277] 卢肇钧．膨胀力在非饱和土强度理论中的作用．岩土工程学报，1997，19(9)：20～27
[278] 钱纪芸，张嘎，张建民．降雨条件下土坡变形机制的离心模型试验研究．岩土力学，2011，32(2)：398～402，416
[279] 饶锡保，陈云，曾玲．膨胀土渠道边坡稳定性离心模型试验及有限元分析．长江科学院院报，2000，(9)：105～107
[280] 商庆森，谢新柱，关瑞士，等．曲菏高速公路膨胀土地基与路基处治技术研究．公路交通科技，2003，20(1)：10～15
[281] 司文明，曹新文，魏建兵．膨胀土路堤桩板式挡土墙离心模型试验研究．路基工程，2010，(4)：177～179
[282] 索洛昌．膨胀土上建筑物的设计与施工．徐祖森等译．北京：中国建筑工业出版社，1982
[283] 王国利，陈生水，徐光明．干湿循环下膨胀土边坡稳定性的离心模型试验．水利水运工程学报，2005，(1)：6～10
[284] 王年香，顾荣伟，章为民，等．膨胀土中单桩性状的模型试验研究．岩土工程学报，2008，30(1)：56～60
[285] 王年香，章为民，顾行文，等．浸水对膨胀土地基承载力影响的研究．工程勘察，2008，(6)：5～8
[286] 王年香，章为民，顾行文，等．膨胀土挡墙侧向膨胀压力研究．水利学报，2008，39(5)：580～587
[287] 王年香，章为民，顾行文，等．膨胀土地基浸水膨胀变形模型试验研究．公路交通科技，2008，25(5)：51～55
[288] 王年香，章为民．高液限土路基填料的选用与改良方法．见：郑健龙，杨和平主编．膨胀土处治理论、技术与实践．北京：人民交通出版社，2004，329～333
[289] 王年香，章为民．膨胀土地基膨胀变形计算方法研究．工业建筑，2008，38(6)：58～61
[290] 王年香．高液限土路基设计与施工技术．北京：中国水利水电出版社，2005
[291] 王年香．膨胀土工程特性试验研究综述．见：郑健龙，杨和平主编．膨胀土处治理论、技术与实践．北京：人民交通出版社，2004，270～274
[292] 王鹰，汉会增，韩同春．南昆线膨胀岩路堤离心模型试验研究．铁道学报，1997，19(6)：103～109
[293] 王钊，邹维列，李侠．非饱和土吸力测量及应用．四川大学学报(工程科学版)，2004，(3)：1～6
[294] 吴立坚，钟发林，吴昌兴，等．高液限土的路用特性研究．岩土工程学报，2003，25(2)：193～195
[295] 吴立坚，钟发林，吴昌兴，等．高液限土路基填筑技研究．中国公路学报，2003，16(1)：32～36
[296] 邢义川，李京爽，杜秀文．膨胀土地基增湿变形的离心模型试验研究．西北农林科技大学学报(自然科学版)，2010，38(9)：229～234
[297] 徐光明，王国利，顾行文，等．雨水入渗与膨胀性土边坡稳定性试验研究．岩土工程学报，2006，28(2)：270～273
[298] 杨海鸣，宫全美，周顺华．膨胀土地区铁路路基拼接离心试验分析．郑州大学学报(工学版)，

2008，29(1)：110～114
[299] 姚裕春，姚令侃，王元勋，等. 水入渗条件下边坡破坏离心模型试验研究. 自然灾害学报，2004，13(2)：149～154
[300] 岳祖润，彭胤宗，张师德. 压实黏性填土挡土墙土压力离心模型试验. 岩土工程学报，1992，14(11)：90～96
[301] 张颖钧. 裂土挡墙土压力分布探讨. 中国铁道科学，1993，(6)：90～99
[302] 张颖钧. 裂土挡土墙模型试验缓冲层设置的研究. 岩土工程学报，1995，17(1)：38～45
[303] 张颖钧. 裂土挡土墙土压力分布、实测和对比计算. 大坝观测与土工测试，1995，(2)：20～26
[304] 章为民，戴济群，王芳. 高液限路基土改良设计方法研究. 路基工程，2006，(5)：76～77
[305] 章为民，王年香，顾行文，等. 膨胀土的膨胀模型. 水利水运工程学报，2010，(1)：69～72
[306] 章为民，王年香，杨守华，等. 关于高液限土路基改良工程中几个问题的探讨. 公路交通科技，2005，22(8)：15～18
[307] 邹越强，李永康，邵孟新. 膨胀土侧压力研究. 合肥工业大学学报(自然科学版)，1993，(9)：109～114